U0172629

城市

重新发现市中心

[美]威廉·H.怀特　　叶齐茂　倪晓晖　译

上海译文出版社

献给珍妮·贝尔和亚历山德拉

目录

前　言

怀特 1999 年去世。城市规划师、建筑师和社会进步的倡导者们都在颂扬他。怀特发表了三部重要著作。1956 年,《组织人》第一次出版,这本著作解构了"公司"这一组织形式的价值观,并就人们的战后心理状态这一话题给出了永不过时的解读,至今仍是对美国 20 世纪 50 年代的价值观的贴切描述。1968年《最后的景观》出版,这本著作给现代环境保护思潮提供了一些基础。《最后的景观》是在"绿色"意味着善待环境之前谈论"绿色"的。我们手上的这本著作《城市:重新发现市中心》是在 1988 年出版的,可以认为是怀特的集大成之作,他把原先对美国城市健康和富足的认识都集中到了这本专著中。在集中讨论大都市更新问题上,其他著作都不足以与这本书相比。怀特的天才在于他的观察能力和让观察到的现象得到解释,从而产生实际意义。这本书是这个美国杰出人物的收官之作。

怀特是一个完全、彻底的白人盎格鲁-撒克逊新教徒。他在费城富裕的郊区长大,就读于一个精英预校,之后考入普林斯顿大学,毕业后进入美国海军陆战队,然后在《财富》杂志当编辑。他理应最终回到普林斯顿大学去当新闻学的教授,或者到哈佛大学商学院去教商业伦理学。可是,怀特与城市结下了不解之缘,他爱上了城市,尤其是纽约。他怀着宗教信仰一般的虔诚做着他的城市研究。

爱上城市,是不是有些古怪?从历史的角度去看怀特和他的著作很重要。20 世纪 50 年代和 60 年代,美国的中产阶级陆续迁出了市中心。他们这样做不无道理。污染、犯罪、糟糕的公共教育、崩溃的公共交通、地方腐败之风,都是人们逃离城市时常常提及的因素。怀特加上了另外一个因素——建筑和城市规划已经失去了与人的联系。

我们中间很多人把怀特视作偶像。他有一个浪漫的理想城市远景,他迷恋规则与秩序,在纽约列克星敦大道拥挤的人行道上漫步让他兴奋不已。他对城市的生活方式做了归类,认识到了人口密度对人的意义。他发现了街头的演员们,如"马古先生",戴着一顶礼帽,手提一个有年头的购物袋,指挥着梅西百货周围的人行道上的人流;或"丈夫解放斗士"哈里[①],带着他手工制作的标语站在人来人往的第五大道;或"东区"的女巫,加上她的小丑的嘴唇和满天飞的吐沫,还有那些怀特称之为不受欢迎的、不浪漫的或没有威胁的城市街头的表演者们。怀特的论点是,合适的人在,不合适的人自然会离开,这是一种知性的俏皮话。他所说的是合理的,是他对街头生活的亲身感受。当我还是个青年学生时,他激励了我。我第一次听了他的讲座之后,我对我的生活有了新的看法。我们都忘不了怀特的那些思想的精灵,但是,这本书提醒我们,从本质上讲,怀特是一个孜孜不倦的研究者,一个很有主见的新闻工作者。

《城市:重新发现市中心》的前 2/3 引导读者了解他的调查研究成果,旨在回答究竟是什么让城市运转起来的问题。他使用的那些例子至今都不过时,那些例子所包含的信息至今仍然是无价的。怀特的著作里充满了美国童子军的探索精神,正如他这个人一样。他精心地、充满感情地探索着城市,他所获得的堪比达尔文探索加拉帕戈斯群岛时获得的。怀特的至理名言是,对城市的热爱始于街头巷尾。城市的天际线让人印象深刻,与此同时,路面和星星点点的草坪也是城市生活须臾不可或缺的部分。这本书的内容十分翔实,从楼梯的设计到分区规划简史,几十年以来,分区规划一直影响着美国城市大厦和广场的建设。简单观察、超 8 延时摄影机、手绘示意图、图示表格等,怀特使用这些工具组织他的论点,而这些工具蕴藏着原始的力量。他从"街头生活项目"和"公共空间项目"中获取资料,尽管这两个项目的资金捉襟见肘,但是,就像海军陆战

---

① 哈里,原名 Harry Britton,发起"解放丈夫"的活动——译者。

队员一样,怀特和他的战士们充分利用了他们手中掌握的那些资源。

《城市:重新发现市中心》剩下的 1/3 研究了那些弃城区而落脚郊区和远郊大学园区的企业。怀特十分正确地把密度和经济健康联系了起来。例如,我知道,我在第二十街和百老汇大街拐角处的办公室是最容易造访的地方之一。一些人确实可以通过电话或电子邮件与我联系,但是,我们不应该低估面对面的力量。我的办公室和我在市区的家之间需要步行 17 分钟,在此期间,我肯定会遇到我所认识的人。在城市里,我们的工作与生活是混在一起的,而在郊区的办公园区里,我们在围合起来的大院里工作,我们是孤独的。一些重要企业把它们的总部迁移到了郊区,那些执行官们把他们的家安在公司十英里的范围内,怀特对此嗤之以鼻。当这本书第一次面市时,许多这类公司正碰到麻烦。现在,一些办公园区已经不存在了。

从一个 21 世纪城市研究者的角度看,《城市:重新发现市中心》的确遗漏了许多事情。它几乎没有谈及公共交通问题或种族和多样性问题。谁都知道,经过过去 20 年以来的所有改良,美国城市依然在公共教育、医疗和经济适用房方面面临重大挑战。这本书的副标题是"重新发现市中心",只有重新发现市中心,才能应对那里存在的公共教育、医疗和经济适用房的重大挑战。

走遍纽约市,我们目睹了那些小城市空间逐步转变成了清洁的、美丽的和使用率高的小公园。从翠贝卡到西村,从联合广场到上东区,世界上没有几个城市可以与纽约的市中心相比。怀特在分析佩利和格里纳克公园时概括出来的原理已经得到了普遍的应用。纽约市兴旺的最好标志也许是,希望在纽约居住和抚育孩子的家庭重新出现了。

怀特对我们影响至深,不仅体现在有形的场所里,也体现在我们研究城市生活的方式上。通过与怀特的接触,我们这些散落在纽约市和城市规划团体中的人都受到他的感染。通过他的演讲和讲座,通过他的著作,一批人接受了他的思想,而这批人继续影响着我们。

城市研究者看上去是什么样呢?其他专业人士有他们的制服,银行家是灰色制服,律师是条纹的制服,时尚达人是黑色制服。怀特身着细条纹的上衣,喜欢头戴窄边软呢帽。从外表，我们看不出他是一个研究城市的学究，他的为人和作品都能打动人的一部分原因恰恰就是这一点。他写了《组织人》，他看上去也适合"组织人"的角色。不像那些在街上走的人，他不穿便鞋，不穿运动鞋，不穿商务休闲款的 POLO 衫。我至少见过一次他不打领带，不过，记不起是何时了。

我一生中崇拜三个偶像：流行歌手吉米·亨德里克斯(Jimi Hendrix)，视像艺术家白南准(Nam June Paik)和怀特。在他去世前一年，我与怀特有过最后一次谈话。在那次谈话中，他与我谈起他正在写的一本书，揭示医院的软肋，更确切地讲，揭示医院工作人员没有做到的事情。甚至到了生命结束的时候，怀特还有一心追求的目标和计划。谢谢阅读。

帕科·昂德希尔(Paco Underhill)

第一章　导论

过去的 16 年里，我一直漫步在市区的街头巷尾和公共空间里，观察着人们如何使用街头巷尾和公共空间。我的一些发现兴许对改善城市规划设计有所帮助。市区里烦心的事比比皆是：台阶太陡；门太难开；马路牙子、花坛边沿之类的设施太高或太低，我们坐不上去，更有甚者，有人竟然在台沿上边安装一些尖状物，让我们连坐一下的愿望都没了。设计如此笨拙的城市空间，让人们不去使用它，其实也真是煞费苦心，不过，这种不近人情的空间还真不少。从比较大的尺度上讲，城市里有了大块空白的墙壁，这种墙壁可能延伸至整个街段，形成堡垒似的巨大构造物。巨大建筑综合体里有了曲曲折折的廊道，形成了封闭起来的购物中心。地下通道和天桥让人们失去了方向，只能依靠我们难以辨认的亮闪闪的各种标识来行走。面对大问题或小问题，我们总有具体的办法去解决它们，我会提出一些办法，包括解决空白的墙壁的办法。

尽管如此，令人鼓舞的事情也不少。一个城市又一个城市，一直都在重新发现市中心那些让人流连忘返的地方。使用市中心的人数现在已经明显上升了，这个指标在一定程度上说明，我们在市中心创造出了更多的空间。有些城市空间的设计很拙劣；但是，很多城市空间的设计并非不可理喻，有些城市空间的设计堪称优秀。我的研究小组精确计算了一些关键城市空间的使用人数，我们发现，从 20 世纪 70 年代初开始，人们日常使用的关键城市空间年均增加率为 10％。关键城市空间的供应产生了对关键城市空间的需要；城市空间不仅每年增加，而且，越来越多的人习惯使用城市空间。在城市空间达到一个有效承载能力时，我们会发现，城市空间的承载能力大到令人惊讶的程度，而且城市空间的承载能力是人们自己决定的。对让一个场所工作起来的因素，我们已经有了不少的认识，我们还把那些认识用到了那些很有魅力的地方，效果不错。（我们的基本认识之一是：人们最倾向于去坐一下的地方是那些有地方可坐的地方。）

露天咖啡馆一直都在增加。不久以前，人们还普遍认为，如果美国人去了欧洲，他们会乐意露天用餐，但露天用餐违反了加尔文教义，所以美国人在自己国家，是不会乐于露天用餐的。现在，许多曾经刻板的城市，在春天和夏天，都有了大部分地中海民族所具有的那种在室外喝咖啡、喝酒、用餐的氛围。华盛顿特区其实就是一个很好的案例。

重新发现市中心似乎是一种普遍现象。欧洲城市在建设空间友好方面一直走在我们的前头，所以，他们的城市核心区的人口持续增长。哥本哈根就是一个明显的例子。在建筑师盖尔（Jan Gehl）的劝导下，哥本哈根的城市核心区已经很大程度地步行化了。盖尔对此发展进行过详细记录，他的那些记录显示，人们在这个核心区里走走、落座，到商店里闲逛之类的简单快感大大增加了。那些记录还揭示，人们计划和没有计划的活动，甚至在冬季，都大大增加了。从1982年开始，"哥本哈根狂欢节"成了一个新的"传统"，这个狂欢节持续三天，在通往城市核心区的路上，人们就跳起了桑巴。

这本书的相当一部分涉及城市空间开发，尤其是城市空间的设计和管理。当然，我的主要兴趣一直都是理论研究，或者说，我的主要兴趣不那么涉及具体操作。无论街头生活有什么意义，最让人着迷的街头生活都发生在人们的互动交流之中。这种互动交流的形式林林总总。我在下一章里会详细展开论述，不过，让我在这里先说几句。

最基本的互动交流形式是我们所说的纯粹闲聊式的交谈，也就是说，人们在步行人流中停下来寒暄几句的交流形式。纯粹闲聊式的交谈的一个变种是延长了的或分三个阶段说再见的方式。尽管有时人们说了好多遍再见，但是，交谈还在继续。

观察神侃的人是有意义的。神侃的人成排地站在人行道上，最常见的是沿着马路牙子站着，在这种时候，那些神侃的人的脚可能正在演绎一场复杂的芭蕾。一个人的脚可能在不断地移动。其他人则不这样做。他停下来。另一个人的脚会在几秒钟里开始移动起来。第三个人可能来回踱步，从左到右，画个半圆。那里似乎正在展开某种交流。但是，人们动来动去是什么意思呢？我还没有破解这个密码。

另一个令人不解的事情是训练有素的行人。在举止、信号和装扮这些细微的地方，训练有素的行人的确不一般。我会分析人们擦肩而过的模式和避开了的各种冲突，用这些可以重复的例子作为证据。

让我简单回顾一下所有这些是如何开始的。1969 年，纽约市规划委员会的主席埃利奥特（Donald Elliott）要我帮助这个委员会的成员编制一个综合规划。埃利奥特已经把一群很有能力的青年建筑师、规划师和律师组织到了一起，所以，编制一个综合规划是一个让人很高兴去做的工作。另外，这个综合规划涉及的是纽约市的发展和可行性的重大问题，而不是具体的土地使用预测以及这类规划所特有的对未来的预测，所以，这个综合规划的重点就是非同寻常的挑战。这个综合规划还特别强调城市设计，强调使用奖励式分区规划的办法，要求开发商提供公园和广场。在城市设计领域，纽约当时堪称先锋，因此，这个综合规划是在城市设计问题上适当的自我陶醉。

我好奇的一件事是，新的空间如何运转起来。当时没有这方面——观察一个场所是否使用得当——的研究。如果使用不当，原因是什么？实际上，没有资金来展开这类研究，也没有人有这样一份工作。我忽然想到，建立一个评估单元来填充这个空白，也许会是一个不错的想法。

时来运转。纽约市立大学亨特学院邀请我做特聘教授，去完成另一个创新性的纽约项目。（特聘教授，多么优美的头衔！换句话说：没有博士学位；聘期仅 1 年。）在亨特学院社会学系期间，我能够让一些学生去研究特定的场所。有些研究的确很不错。那些研究还证明了时间如何让感知发生变化。正值校园动荡期间——亨特学院院长的画像正常地悬挂着——学生们在校园和校园周边地区的研究表明，整个场所糟糕透了。紧挨着麦迪逊大道的地方被看成一个充满敌意的地方是不无道理的。无论其主观因素如何，有些学生的观察是非常到位的，这个事实让我更加相信，建立一个评估小组是可靠的。

为了建立这类评估小组，我向有关部门提交了预算申请。第一批有关部门之一就是"全国地理学会研究分会"的信托人。我提交这份申请的基本理由是，全国地理学会研究分会已经支持了对很远的人和很远的地方进行观察，为什么不对城里人也做同样的观察呢？那些信托人认为这个理由有些冒失，不过，他们还是接受了这个判断。那些信托人给了我一笔拨款，实际上是一笔"探险拨款"，这是他们第一次这样做。（我必须提交一个印有"探险"标签的表格，看看探险队员是否接种了疫苗，以防止热带疾病。）

关于方法。直接观察是我们工作的核心。我们做访谈，偶尔也做实验。但是，我们观察的最多的恰恰是人。我们努力让我们的观察不要影响被观察者，所以，我们很少影响到我们正在观察的对象。我们很主动地去做到不干扰观察对象。街上有些人如果觉得他们被窥视了，他们有可能采取暴力行动。

我们使用了很多摄影技术：用 35 毫米胶片拍摄静态照片，用超 8 镜头做延时摄影，用 16 毫米胶片制作文献。我们使用了望远镜，可以很容易地做到不惊动观察对象，但是，我们发现，对于大部分街头交流来讲，望远镜的效果不尽如人意。我们逐步靠近我们的对象，直到 5 英尺—8 英尺的近距离为止。我们在水平仪顶部安装摄像机，使用各式各样的广角镜头，保证在大部分时间里不干扰观察对象。

我们的第一批研究涉及人口密度。必须首先研究人口密度。20 世纪 60 年代末和 70 年代初，人们普遍担心"过度拥挤"这个幽灵。人口高密度被认为是一个主要的社会病和城市本身的疾病。"行为变异"是当时的一个新角度。城市不仅因为它的明显问题而受到非议，而且还因为城市被压缩成为一种状态而受到责难。**通过望远镜来观察纽约的第五大道：8 个街段的人挤进 1 个街段，**

人们神色紧张，不带笑容；城市的背景声音有电钻声、警笛声，俨然是一段格什温（Gershwin）的不谐和音。这是文献中的城市形象。城市还有希望吗？城市当然有希望，城市有一个光明的未来。一个小孩跑上了新城长满绿草的山坡。他回首看看城里，头戴安全帽的工人正在用落锤破碎机拆除旧的建筑物。他们都是好人。孩子们观望着，就像科比西埃（Le Corbusier）的光辉城市那样，白色的塔楼拔地而起，向上生长起来。这些乌托邦带着美好的愿望成为了现实。

对人口密度的研究比比皆是。值得注意的有全国卫生研究所的卡尔霍恩（John Calhoun）博士的研究，他在老鼠实验中发现，改变拥挤程度与神经行为，有时与自杀行为具有相关性。一些大学的研究揭示了不同空间形式对人的影响，如 20 个人坐在一个圆形的房间 A 里，而另外 20 个人坐在一个正方形的房间 B 里，他们完成相同的工作，有研究对此进行了比较。另外一种研究是，向测试人展示不同空间的画面，从拥挤的城市街道到荒野沼泽，监控人对这些画面所做出的生理反应。

安装在列克星敦大道和第五十七街交会处的摄像头。我们利用这个摄像头跟踪步行人流、街头巷尾邂逅的人们，以及右边那个报亭的日常生活。

　　有些研究是具有启发性的。然而，这种研究都是间接的，人们把他们所要研究的根本事实从它所处的背景中抽取出来，一次或两次，从而形成了它们都具有的一个共同缺失。这个根本事实就是正常情况下的人。我们所要研究的是正常情况下的人。

　　人们最关注人口高密度问题的时候恰恰是城市明显不再得到人口反而是流失人口的时候。在 1950 年至 1970 年的 20 年间，纽约哈莱姆区的人口减少了 25％，处于严重衰退状态。人口流失并没有让哈莱姆受益。那时，哈莱姆随处可见坍塌的建筑物，荒芜的建设用地地块。许多街区的人口数量不足以维持商店和活动的正常运转，但是，尚存的建筑里却人满为患。我们研究了西班牙裔聚集的东一百零一街。虽然它有它自己的麻烦，但是，它运转良好，像一个小规模的、凝聚起来的街区。之所以如此的一个理由是，那里仅有一块空置的地块，而且那块地成了这个街段嬉戏的场所。

　　城市更新计划的动力依然存在。城市更新的想法曾经是，清除内城衰落地区的破旧建筑，用低密度的高层建筑替代内城这些腾出来的空间。然而，许多内城衰落地区并非真正萎缩，但是，正因为大家都这么预期，它反而真

的萎缩了。一旦我们宣布一个地区衰退，也不再去更新维护它，在雅皮士①们到来之前很久，人们就开始迁徙了。有时，这类城市更新阶段根本就没有出现。许多城市都有大量的闲置空间，爱达荷州的博伊西几乎摧毁了它自己，现在，许多街段还在等待更新改造。

　　闲置空间太多，人太少，这是博伊西市已经出现的城市中心区问题，许多城市或多或少同样有这类城市中心区问题。闲置空间太多、人太少的情况已经持续很长时间了，遗憾的是，我们对这类城市中心区问题的认识长期落后。博伊西市是一个较小城市的案例，许多城市至今依然如此，并未改观。

---

① 雅皮士（Yuppie）是美国人根据嬉皮士（Hippie）仿造的一个新词，意思是"年轻的都市职业工作者"。——译者

谁都以为小城市比大城市更友善。果真如此吗？我们对街头生活的研究表明，逆判断可能更符合现实情况。就人与人之间的交流而言，大城市可能更友善，这种比较不仅仅是就人与人之间交流次数的绝对数字而言，还包括人与人之间交流的整体比例而言。对比之下，在小城市里，我们看到，人与人之间的交流比较少，很少见到不断说再见又不断继续下去的那种谈话现象，街头聚会比较少，纯粹闲聊式的交谈比较少，货真价实的商业要地比较少。就个案而言，比较小的城市，友善的比例会更高一些。我自己就居住在一个小城镇里，我想这种情况的确是事实。我们还能提出，与大城市相比，小城市里的友谊更加深入一些。然而，就人与人之间交流的频率而言，大城市的街头巷尾明显比小城市要活跃一些。

人与人之间的交流不是关于整体人口的问题，而是关于人口分布的问题。与蔓延开来的大城市相比，小城市有一个紧凑的核心，核心聚集了更多的人口。但是，大部分小城市并非集中的，实际上，没有几个城市的集中可以与它们过去曾经有过的那种集中相提并论。街区与街区的连续性被破坏，只要一个停车场就能打断这种连续性。有些城市的停车场空间超出了全部城市空间的50%，停车场占据的空间大于城区占据的空间。

当我去一个城市时，我喜欢粗略地估算一下那个城市中心区在中午时分的状况。如果人行道上的步行人流不足 1 000 人/小时的话，这个城市可以用金子来铺装街道，让这个城市看上去有所不同。这种城市是丢失了城市中心区的城市。简单而言，没有足够的人来支撑城市中心区的运转，来支撑百货商店的经营，来支撑好的餐馆，也没有足够的人来活跃街头巷尾的生活。

我们遗憾地看到，不少城市中心区呈现出这种空荡荡的状况，我们更遗憾地看到，很多城市采用了相同的加剧城市中心区衰退的方式。它们的大部分项目都有一个共同目标：消除步行拥挤。其实那些城市中心区根本不存在步行拥挤。那些城市中心区所需要的恰恰是步行拥挤。然而，那些城市中心区正在做的却是把人赶到别处去。在一场对大街的圣战中，城市中心区建起了过街天桥，地下通道，封闭起来的廊道。总而言之，把人随便安排在哪里

7

都可以，就是不要把人留在道路平面上。

这样做的一个后果符合格雷欣法则：期望让大街更具有竞争性，然而，事与愿违，城市中心区的街道变得更加索然无味了。**空白的墙壁**是这个判断的一个证据。按照我粗略的计算，**空白的墙壁**在城市中心区道路平面上的比例已经迅速增加了，郊区购物中心**空白的墙壁**最直接地伤害了小城镇，为了与郊区购物中心抗争，小城镇建筑物的周边也效仿郊区购物中心建起了**空白的墙壁**。

效仿是为了自我防御。不喜欢城市的那些人的城市是两个世界中最糟糕的那个。正如全国历史保护托管协会展开的"主街项目"一直都在证明，最有成效的方式是那些可以持续下去的方式，是那些可以提高而不是降低人口密度的方式，是那些可以集中、簇团和让行人回到街头巷尾上去的方式。

然而，正是大城市面对着市中心人口密度降低的严酷挑战。大城市的市中心会控制住人口流失吗？或者，大城市会向乡村地区蔓延开来吗？现在，似乎还是去中心化的倾向占优势。人口统计也证实了这点。高楼群在立交桥之间竖起来。甚至在城市内部，郊区建设方式正在成为赢家。正在到来的这个时代属于全新的一代规划师和建筑师，对于他们来讲，对城市中心的感受就是在郊区购物中心的中庭中所获得的那种感受。一些城市已经按照这种形象重新塑造了，还有很多城市会追随郊区购物中心的方式建设市中心。

在这本书里，我会尽量避免预言。要弄明白现在发生的事情就很困难，更不要说预测20年后会怎样了。当然，人们可以憧憬。我认为中心会继续存在，原因在于人们用行为证明了中心的活力。街头相遇程式化的寒暄问好，与人打个招呼，反复说再见，纯粹闲聊式的交谈，所有这些行为非同小可，不是可以忽视掉的。它们显示的是最重要的推动力之一，推动市中心的运转。

大街小巷是城市的生命之河，是通往市中心的途径，街头巷尾是我们聚集的地方，所以，大街小巷和街头巷尾在城市里具有首要地位。我希望能在以下的章节里讲清这个道理，街头巷尾还有许多事情要告诉我们。

第二章　街头巷尾的社会生活

　　这是一个极好的假说。我一直很好奇，两个人在人流中邂逅时，他们会在离开人流多远的地方，开始他们的谈话？那时，我的假说是，他们会沿着建筑物的墙根，找到一处没有什么人或具有某种缓冲功能的地方驻足，然后开始他们的交谈。我过去认为，这是一个再简单不过的常识。

　　后来，我们在纽约的若干条大街的拐角处安装了延时摄影机，观察了两个星期。我们在这些拐角处的照片上标记出每一个谈话的地点和谈话的时间长度，并剔除掉那些等待红绿灯过街的人，以及不超过1分钟的那些谈话。

　　结果是我们始料未及的。我们惊讶地发现，驻足交谈的人并没有离开主行人流；而且，如果他们不在主行人流里的话，他们也会挪进主行人流里。大量的谈话都发生在人流中间，借用一句房地产术语，人流中间恰恰是货真价实的商业要地。在随后的研究中，我们发现，边走边谈的人同样被推进了主行人流里，边走边谈会持续一段路程，但两人一起不会走得太远。如果绘制他们行走的轨迹，我们会发现，谈话的两个人始终没有离开货真价实的商业要地，换句话说，谈话的两个人始终没有离开人流中间。

　　其他国家的观察者也注意到了这种自拥挤的倾向。盖尔研究了哥本哈根的行人，他绘制的图形几乎与我们的观察一致。乔韦克对澳大利亚的购物中心展开了研究，其结果也与我们的观察相似。乔韦克指出："与我们的'常识'相反，我们发现大部分人选择非常靠近这个购物广场人流的地方或能够换乘到这个广场的线路作为他们展开社会交往的场所。相对而言，很少的人

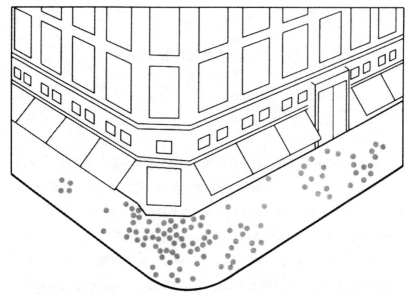

在萨克斯第五大道百货公司和第五十街的交会处，街头谈话持续 2 分钟或 2 分钟以上的位置。数据累积于 6 月的 5 天中。注意，谈话主要集中在大街的拐角处。其次集中在入口处的外边。

会避开人流去聚会。"

　　我始终都不懂，为什么人的行为是这样的。可以理解的是，交谈应该起始于主行人流。在人最多的地方，人们相会的可能性或告别的可能性都是最大的。不太好解释的是，边走边谈的人为什么倾向于留在人流里，那样做既妨碍交通，也被人流挤来挤去。留在人流里边走边谈似乎并非惯性而是人们的选择，也许是他们潜意识的选择，不过，这种直觉并不意味着就是不合理的。在人群中，我们有了最大的选择，我们可以终止谈话，转换话题，继续谈话。留在人流里边走边谈很像身处鸡尾酒会，鸡尾酒会本身提供的就是一种移动谈话形式，人们会越来越密集地簇拥在一起，最后有可能以所有人都挤到同一个角落里而告终。留在人流里边走边谈是一种遭到普遍谴责的行为，然而，留在人流里边走边谈也是一种普遍存在的行为。

简单讲，**最吸引人的还是人**。我之所以重提这个观点是因为，**许多设计出来的城市空间似乎把这个相反的判断当成了事实，他们认为人们最喜欢的地方实际却是他们避而远之的**。人们常常这样谈论，所以，他们对这类问题的回答可能会造成误导。有几个人会说他愿意呆在人群里呢？相反，他们会说，他会躲开人群，他们使用诸如"沙漠绿洲""僻静的角落""逃避"之类的术语。我很高兴，事实证明我的假说是不正确的。它迫使我去观察人们究竟在做什么。

观察人的行为的最好场所莫过于街头巷尾了。作为一个一般规则，纯粹闲聊式的交谈出现最多的地方常常是在最繁忙的交叉路口。纽约第五大道和第五十街的交会处可谓一个纯粹闲聊式的交谈的位置。百货公司入口处和大街拐角处也是人流最集中的地方。最大数目的谈话发生在百货公司入口处和大街拐角处，实际上，这两个地方的空间都是相对狭小的。几天之内，我们标记了 133 个谈话，57％的谈话集中在人流最多的地方。男人和女人之间没有重大差异，男人的谈话时间一般比女人的谈话时间长：50％的男性人群谈话 5 分钟或超过 5 分钟，而 45％的女性人群谈话 5 分钟或超过 5 分钟。

列克星敦大道第五十七街和第五十八街之间那一段也是最拥挤的地方。招牌、植物花卉、街头小摊等，把原本就只有 12.5 英尺宽的人行道变得更加狭窄了，让人行道的有效宽度仅剩 5 英尺—6 英尺。中午时分，行人只能排队通过那里。在这种情况下，如果发生交谈，很可能会进一步堵塞人行道。

令人惊讶的是，行人容忍了这类塞路的交谈者。我们做了一个实验，两个研究者在这个路段中间进行了一场马拉松式的谈话。一位研究者这样写道："为了避免干扰我们的交谈，几乎所有的行人都得靠展示货架那边走，或从停在马路牙子旁边的小汽车那边绕着走。有一位妇女故意挤了我一下。有些人嘴里虽然嘟囔着，不过还是侧身过去了。其他人即使心里在抱怨，表面上并没有流露出来。当他们从我们身边走过时，他们如此彬彬有礼，当他们不得不打断我们的谈话时，他们还会喃喃地道歉。"

观察等人的行人很有意思，尤其是那些等了近 1 小时的人更有意思。但是，最有趣的当属碰到了不期而遇的人。邂逅是一种发生率很高的事情，所以，在我开始观察人们在街巷里的行为时，邂逅很快就引起了我的关注。但你仔细思考下会发现邂逅其实根本就不是纯粹偶然的。在 1 小时的时间里，有 3 000 人会通过一个场所，所以，在那个场所遇到个把你能想出来的朋友、熟人或熟悉的面孔不足为怪，它出现的精算概率的确存在，当然不是完全确定的。如果我们考虑到变化因素，这个概率可能还要高。

大约在下午 1 点钟左右，用完午餐的人群开始折返，那些青年人和中年人看上去像管理人员。我们可以看到少数上了年纪的人。上了年纪的人衣着得体，走起路来慢条斯理。

就我们跟踪的街头交谈看，大约 30％交谈者是不期而遇的。有些人只是寒暄几句，点点头，挥挥手，没有把寒暄发展成为谈话，有些人则有些犹豫不定，不能确定自己是寒暄一下匆匆走过呢，还是停下来展开一次交谈。但是，许多人的确把寒暄变成了 3 分钟以上的谈话。如果这些人中的一个是与一群人在一起的话，邂逅者有时会卷入一圈的介绍和握手之中。

很难判定邂逅的价值。一对老朋友会如所约定的那样，在午餐时会面吗？商业八卦可以变成真的吗？也许。但是，有一件事情是可以肯定的：我们正是在十字路口才有了最大的邂逅机会。大公司从城市中心迁了出去，它们损失的其实就是邂逅的机会。

大部分告别都很简单："回见""保重"，挥挥手，就算告别了。但是，当告别没有成功时，人们以后究竟会再说几次"回见"，就不好说了。一些人站在办公室门口，一直都保持着要走的姿态，实际上却一直都没有离开门槛，告别不成的情况与此相似。如果一个人说声"回见"不过是走过场，而不真正地采取告别行动的话，这个人实际上等于建立了一种契机，这个契机可以导致他用更有力的语气说"再见"，直至最后他以坚定的态度说"回见"为止。看看那些说了三四次"回见"的情景，而且努力把真正的告别与装模作样的"回见"区别开来，那一定很神奇。别想用看手表的姿态结束一次谈话。

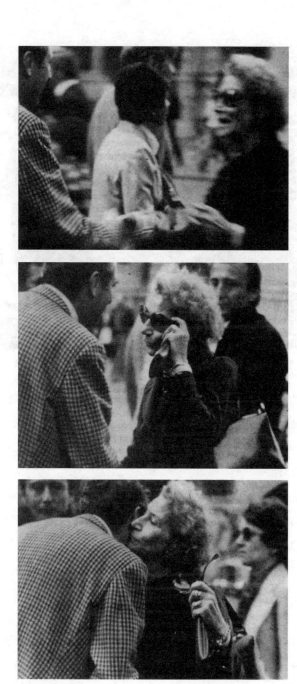

亲吻，亲吻。

在第七大道上神侃。

看手表只是告别的前兆。我有一段很好的录像，记录了两个人在告别问题上犹豫不决的情景，地点是萨克斯第五大道百货公司门前。他们反复说"再见"和看手表，可是怎么也没能让他们分开，最后是因为第三人掺和进来，才打破了这个僵局。

最有意思的是观察公司老总午餐后的告别。有时的确存在走还是不走的犹豫不决的情景，仿佛本来设想在午餐时讨论的正事还没有讨论似的。最后，有一个人把这个正事提了出来。交易？合同？对，当然是交易、合同之类的正事。老总们怎么会把这种正事抛在他们的脑后呢？他们现在开始进行他们的正事，在他们这么做的时候，他们手和脚的动作彼此呼应。这是一种标识，人们进入了互助状态，问题会很快得到解决。

最值得注意的社会习俗之一就是神侃。在第七大道上的纽约服装区，我们会看到成群结队的人面朝里地站在马路牙子上。那一段人行道上人太多了，如果我们真想走过去，我们必须推推搡搡，或绕到马路上，才过得去。有时，

13

因为神侃的人太多，机动车辆行驶到那里时，也不得不把速度降至最低。

"神侃"没有确切定义。不过，它的基本涵义无非是"什么也没说"，无聊闲扯、政治观念、体育话题，无所不及，可是，就是不谈正事。当然，这种人群一般会按照职业划分，例如，买卖人一般会与其他买卖人神侃。服装设计师乐于与服装设计师神侃。一些神侃的人是退休的人，他们喜欢中午来到人头攒动的地方与人保持接触，避免孤独。服装区几乎所有神侃的人都是男人。

纽约服装区的建筑环境很糟糕。没有树，市容不整，满是噪声和烟尘，机动车行驶状况很差，甚至自行车手也试图在那里得到一席之地。当我们询问那些"侃爷"是否乐于往北走找一个广场和开放空间神侃时，他们会盯着我们，仿佛我们是疯子。其他地方？人们并不在那里工作。极其简单。第七大道的这个地方是人们聚集的中心。

最确定的一点是，我们找不到几个地方会如此清晰地证明，中心位置和口头交流词汇之间的关系。神侃群体不是静态的，它在不断变动中。有些人的神侃可能延续10分钟，然后散开，新的群体取代他们。其他群体会不断更新他们自己，旧人走了，新人来了，这些群体会把新人融合进来。那里有一些闲逛的人，常常是年资较深的人，我们可以通过周围人对他们的尊重来确定这点。他们在那个地方工作，喊住朋友，瞎聊几句，大概了解当时那里的人们在谈什么，然后瞎扯几句。我们当时跟踪过一个人，他与8个不同的小组交谈。他与他们搭讪，一副迫不及待的样子，他们带着兴趣听他说什么。无论他说的是什么，他与人交流的内容几乎是几何增长的。——而且也并不是"什么也没说"。

另外一个神侃的地方是纽约的钻石区，第四十七街在第五大道和第六大道之间那一街段。那里的主角是哈西德派犹太人。那里的神侃基本上都是在侃生意经，那条街上有许多重要商务机构。当然，那里也有很多社交神侃，冬季的几个月里，那里的神侃也不间断。

这里的确有民族因素需要考虑。我们发现了植根于正统派犹太教文化中的

14

丰富的手势语汇。埃弗龙（David Efron）把纽约东部犹太人与南部意大利人进行了比较。埃弗龙发现，意大利人的手势具有非常具体的意义，而且，这些手势已经流传了很多代人。埃弗龙阅读了有关手势的古书（如约里奥1832年写的《那不勒斯人的手势》），他发现，手势与100年以前相同，实际上，那不勒斯人的手势沿袭了古罗马和古希腊人的手势。现在，手势被描绘成具有特定意义的东西，一个人可以用它们讲故事，其他人可以遵循和理解。

　　然而，欧洲犹太人并非这样。埃弗龙把欧洲犹太人的手势与他们正在说的内容进行了比较，他发现，欧洲犹太人的手势强调和凸显了他们正在说的内容，但是，手势本身并没有象征意义。埃弗龙写道："做一个类比，犹太人很少把他的手臂当成一支铅笔来描绘他所说的事情，但是，犹太人使用他的手臂作为一个指针，把一个命题与另一个命题联系起来，或者追踪一个逻辑的线索；要不然，把他的手臂作为一个指挥棒，拍打出他的内心活动的节奏

15

来。"犹太人惯于论证和演绎推理，埃弗龙发现，用手势强调自己说的内容尤其是犹太人的一个典型特征。

　　这一点在第四十七街很容易看到。如果你观察正在谈话中的两个人，你不会知道他们正在说什么，但是，你会非常清楚他们的交谈到了哪一阶段了。这是有理智的、无偏见的人对逻辑的运用。手势有时显示出对另一方论证之弱的挫败感，当然，这种交流一般以一种明显友好的氛围结束，或者说，至

16

少解决了。

无论是上曼哈顿，还是下曼哈顿，我们现在都可以看到神侃现象，基本模式相似，但是，其他地方的神侃的密集程度都不及服装区。银行和大公司都有许多办公人员，所以，一般会有许多神侃的人。这些地方提供室内餐饮、休闲娱乐设施、电视厅、爱好俱乐部等诸如此类的空间。但是，神侃的人依旧要到外边去。他们到了外边，也并不会神侃多少；他们一般会站成一排。这是看人流来往最实用的办法。神侃的人会时不时与路人交流，有时当然也就是瞅瞅而已，环绕着一种和睦寂静的氛围。

神侃的人在挑地方上相当一致。他们显示出他们喜好界限分明的地方，例如，马路牙子上或路边。他们总是想要找个柱子，希望背后有什么东西，这是他们的本能。他们很少会待在大型空间的中间部位上。

神侃的人在神侃一个主题的时间长短上也是相当一致，或相当简短，或相当长——15分钟甚至更长。有些群体，如第七大道的那些群体，具有半永久性，而许多群体也就是存在于整个午餐时间而已。留下来的人主导那个群体。如果把1个小时里每个神侃的人所占用的时间累积起来的话，我们会发现，绝大部分神侃时间是由长期的神侃的人占用的。

最一般的街头交谈形式是配角和主角的形式。在一个时间段里，一个人主导，其他人通过安静聆听的方式配合。然后，会有一个变更，旁观者可以感觉到变更的时间到了，主讲人变成了听讲人。

有时，人们会违反潜规则，超出他们的时间，不停地讲，不停地打手势。反过来，这个配角可能在轮到主角的时候没有暂停，而是提前越过主角的时段。当这类调节失败时，他们的举止就会出现对称缺失。我在第五十七街录制了一段很长的冲突版的谈话。一个抽着雪茄烟的人不断延长他的时段。听者的手势开始有所反映。于是，这个抽着雪茄烟的人开始东张西望，仿佛可以得到帮助似的，同时他拉扯自己的衣领。他晃动晃动自己的脚跟，然后，他戛然而止。他准备转身离开。另一个人还在讲话，那个讲话的人抓住了他

17

的衣袖，最后还是放开了他。

街头演说家们展示了升级版的合作性对抗。大约下午 1 点，他们在百老汇街和华尔街集合。他们大部分都是常规的街头演说家；有些是亨利·乔治的单一税论者，有些在国际事务方面见长，许多人集中在宗教上，尤其是解释《圣经》。他们的诉求会是十分对立的，这就是为什么街头演说家都在反对和被反对。有些人组织好了他们的论辩以应对诘问，如果他们不做准备，会被打败的。

他们相遇的典型形式是用言语攻击和反击。一个人用手势强调每一个观点，向他的对手进攻，他的对手随之撤退。在他的戏剧性的手势高潮过后，他停了下来，他的手也放松下来。还有什么可能要说的呢？另一个人竖起他的手指。这话怎么能与《创世记》达成一致呢？他向第一个人发起进攻，第一个人随之撤退。现在整个过程逆转过来。另外一些街头演说家们可能怂恿他们。一个脸上长着络腮胡子，而且还头戴一顶不相称的花格鸭舌帽，被认为是逻辑学家的人，可能结束这次较量。两个人都丢了分。

街头演说家来来回回地走动，伴随着他们的演讲。暂停是关键因素。伦敦大学学院的戈德曼-艾斯勒教授发现，在即兴演讲中，40%—50%的时间是无声的，语速几乎是与暂停的频率相关的。暂停有意义：频繁的暂停表示新思想，没有几个暂停表示平铺直叙。当两个人正在谈话时，他们有配合彼此暂停节奏的倾向。

贾菲（Joseph Jaffe）和费尔德斯坦（Stanley Feldstein）在他们的著作《对话节奏》一书中提出了相同的现象。讲话者倾向于配合彼此暂停的时间间隔，而且在相同的时间间隔里发表演讲。佐治亚州立大学的小达布斯（James M. Dabbs Jr.）在研究交谈问题时提出，每一个"转折"都包含着许多暂停。这些暂停是连续变化的，而不是为了休止。包含一个转折的暂停是一个"开关"，而且是给另一个人的明显信号——他可以接过话茬了。区分不同的暂停是艺术，如果一个人在一个连续暂停上逗留超过半秒钟或者更长，另一个人可能会打破这个沉默，继续这场交谈。

18

华尔街和沃特街拐角处。

手势强化演讲和暂停。一个人可能用暂停来产生效果，用"啊"或者"嗯"之类的声音发出信号，他打算继续说下去。他可能做个手势来传达相同的信息。手势特别重要，如果一个讲话人不是拿演讲当游戏的话，例如，跳过暂停或延长谈话时间。在这种时候，手势很容易触碰手势，例如，把一只手放到另一个人的衣袖上，仿佛在说："我还没讲完呢。"

大部分接触性手势都是友善的；比较一般的手势之一就是把手搭在另一个人的肩膀上。但是，在谈话中这样做的目的常常是为了实施一种控制。这样做的那个人是主角，在一个特定时刻，至少他试图成为这次谈话的主角。当正在讲话的那个人伸出手，接触另一个人的手臂时，他等于在说：现在不要开始讲，我还没有讲完呢。一个更赤裸裸的强制是按住另一个人的胳膊，让他不要开口。

谁肢体接触谁呢？男人想当然地认为，女人的肢体接触比男人多。我过去也认为是这样，我还有相当好的例证，我录了一段录像，一个妇女在大街上拽每一个人的大衣，这是另一种接触的习惯。但是，我们的一个女研究人员提出了与我不一致的看法，她认为，这样想是典型的男人思维，我们可能需要全面观察。她的确是对的。在随后的街头调查中，我们发现，男人比女人更多地用肢体接触他人。最常见的还是男人用肢体接触男人。

另一项研究得出了类似的结果。心理学家亨利（Nancy Henley）发现，肢体接触与权力和身份强有力地联系在一起。在一次随机观察中，男人做出来的肢体接触最多；男人用肢体接触女人比女人用肢体接触男人要更频繁一些，老人用肢体接触年轻人比年轻人用肢体接触老人要频繁得多。我们的那位女研究人员对喜剧和电视剧中的肢体接触做过分析，结果显示男人在肢体接触上多于女人。如同在生活中一样，在虚构的故事里也是上位者发起肢体接触。

显而易见，手势帮助一个人与另一个人交流。但是，手势还有第二个功能，第二个功能可能更重要。当一个人正在对另一个人说某件事情，他可能用手势强调他的观点。然而，第二个人会盯着说话人的脸，而不是说话人的

手。所以，说话人的手势更多地是对说话人自己的，其次才是对另一个人。

另一方并没有看见一些最有意思的手势。正在做手势的那个人常常用放在他自己背后的双手做手势，而那些手势本来所针对的对象却根本看不到。当我们尾随两个边走边谈的人，我们会看到，其中一个人的一双手常常会勾在一起背在后头，可以看到手指在动弹，有时与那个人展示给对方的平和的外表并不一致。（出于职业习惯，我观察过许多这样藏着的手势；在录制街头边走边谈情景时，我发现在他们背后录制比在他们前面录制更容易一些，背后录制的结果，我不得不更多地注意到这些背后的手势。）

无论手势和动作的功能是什么，街头巷尾总是一个适合用手势和动作来表达思想的地方。手势和动作一般在街头巷尾比在室内空间里更直截了当一些。我们可能在建筑物的大厅里看到人们环绕起来交谈的情景，但是，走出建筑，在大街上，这些交谈会覆盖更大的空间。街头巷尾真有更大的空间吗？事实并非如此；恰恰是在街头巷尾最拥挤的地方，那里的邂逅发生率最高。

街头巷尾是一个舞台，观众正在观看表演者的手势和动作。例如，"女孩观察家们"真的在瞧女孩们吗？**他们是在装疯，不过是拿瞧女孩子作秀罢了。**

21

建筑工人一马当先，他们背靠建筑物，坐在马路边。他们的感情十分外露，他们吹口哨，直接与"女孩们"打招呼。如果"女孩观察家们"中有几个年长男士，其他人可能会戏弄那些男士，好像那些男士不在竞争之列。"女孩观察家们"是很无情的：当一个流浪妇女经过那里，他们会呵斥她。"女孩观察家们"中的白领人士或站或坐在路边上，他们要沉默些。"女孩观察家们"打趣取乐很在行，其中不无讥笑的成分。他们针对路过那里的人交换看法，他们窃笑，他们傻笑。**但是，这种游戏是大男子主义的。我从来没有看过任何一个"女孩观察家"直接冲向任何一个女孩。**正如我们的录像所记录下来的那样，当一个真正漂亮的女人从他们面前走过时，他们会觉得自惭形秽，耳垂情不自禁地抽动，不由自主地摸摸脑袋，这些举动恰恰泄露了他们内心世界里那个天机。

有魅力的妇女会吓着这些"女孩观察家们"。佐治亚州立大学的小达布斯和斯托克斯（Neil Stokes）记录了经过的路人，研究陌生人会相互给出多大空间让对方通过。他们有不少发现，其中之一是，单个行人让给正在走过来的

22

在纽约引来围观人群很容易。

一对人的道路比让给单个人的道路空间更宽，让给正在走过来的男人的道路比让给女人的道路空间更宽。但是，最有趣的莫过于美的影响。人们会比较靠近一个有魅力的妇女，还是一个平常的妇女呢？对了，假定同一个妇女来扮演二者。一次，她身穿紧身衣，浓妆；下一次，她穿着邋遢，素颜。当她有吸引力时，行人对她避而远之。无论行人是男性还是女性，对此并无差别。反之，当她毫不起眼时，行人明显靠近她，在若干个场合，男行人抢先几步超过了她。而当她浓妆艳抹衣着时尚时，没有任何人超过她。小达布斯和斯托克斯认为，这种行为可以用社会权力理论来理解，那些社会等级高的人会获得尊敬。

街头巷尾还有许多其他的表演者。街头有"三个快乐的家伙"，以致我们几乎认为它们是街头娱乐者的安排。另一个例子是，在交通最为繁忙的街头，相爱的人热烈地相拥在一起，如入无人之境。可是，他们是真没有觉察街头的繁忙吗？我不信。他们展示的爱情可能是真实的，但是，这是一种炫耀。他们对这种炫耀情有独钟。

我住在纽约，所以，我的大部分初步研究是在纽约做的。一些人为此责难我，他们认为，纽约这个城市太特殊、太扭曲、太不正常了。他们的这种看法并不全错。纽约的确是一个很夸张的城市。但是，这并非一定就减少了它能提供给我们有用信息的可能。在其他地方看上去比较忸怩的行为，在纽约则成了大胆的行为。

我们当时的假设是，无论在纽约还是在其他城市，人的行为大同小异。 23
以后的比较研究证明了我们的假设是正确的。关键变量是城市规模。正如我会更详细地讨论的那样，在比较小的城市里，人口密度一般比较低，行人的步伐相对缓慢，交通繁忙地区的社会活动相对少一些。但是，城市是有基本规律可循的。人并非完全不同。大规模人流、人群密集、各类活动混合在一起，假定这些是一个市中心的基本因素，那么，一个城市的人的反应与另一个城市的人的反应是相呼应的。

观察一个地方的最困难的任务之一是找出什么是常规的。我们花了很多时间，在若干小范围中弄清什么是常规的，这些小范围之一就是列克星敦大道未加整修的那一段。随着时间的推移，我们逐步比较好地了解到了反复出现的模式，于是，我们扩大了我们的研究场地。我们对其他美国城市展开了比较研究，尤其是对比较小的城市展开了比较研究。我们还对海外许多重要城市进行了一些观察。对海外城市的观察让我们很欣喜，因为那些海外城市比美国城市更加确定地向我们展示了城市的基本规律。

　　各个国家大都市市中心的行人比对应国家较小城市的行人更相像。东京和纽约就是例子。日本城市线状发展的特征与美国城市网格式发展的特征很不一样，而且文化差异巨大。但是，当我们观察大街上的人，东京和纽约行人的举止行为非常相似。无论是东京的行人，还是纽约的行人，都行色匆匆，有一种当仁不让的气氛，而且在人行道中间扎堆。新宿站可能是世界上最繁忙的火车站，在那里，我们会体会到多少程度上的拥堵是自拥挤。我有一段珍品录像记录了两个青年经理一本正经地在华尔街的一个转角练习高尔夫球挥杆方式。可是，更好的一段录像是，三个日本青年经理在新宿火车站人群中间做同样的动作。

　　在伦敦，我们看到了相同的模式。在伦敦城，金融机构的人们使用很窄的人行道，与纽约市的人所使用的人行道相同。他们堵塞了那些人行道，沿着英格兰银行的那段人行道大约只有 4 英尺宽，人们喜欢在那里交谈。就其他方面而言，伦敦城人的行为与华尔街人的行为非常相像，包括"三个快乐的家伙"。

　　在米兰的拱廊街里，神侃的人聚在一起的时间一般会在下午靠后而不是中午，这一点与纽约神侃的人不一样。但是，他们的基本节奏是相同的，新人在不断替换着旧人。米兰那些神侃的人的脚步动作与纽约人的脚步动作一样复杂和难以辨认。

　　不足为怪，大城市人的行为应该是相似的。大城市里的人们都在对高密度状态做出反应，对小城市里遇不到的刺激做出反应。小城市不拥挤既是小

24

城市的优势，也是它们的劣势。小城市里的人们走起路来比较缓慢；因为没有什么要赶的，所以，小城市里的人们更平和一些。人行道上不挤，几乎没有人挡道。

但是，大小城市之间的行为相似性比它们的差异更重要些。回溯历史，我们可以认识到这一点。我们可以在耶路撒冷老城集市街上看到的行人的行为，可能与几个世纪以前行人的行为几乎没有什么不同。这些老地方存在可以汲取的经验。人们在思考新的公共空间规划时，常常让自己在过时的思想面前不知所措。当我们为今天的人做设计时，人们问，我们怎么知道我们的设计可以持续一代人呢？我们当然不知道。但是，事实上，为最初用户所设计的空间如果运转良好的话，那些空间通常对后来的用户也会很不错，而且那些空间有助于限制后来的用户。

第三章　街头巷尾的人

　　许多人在街上工作。警察、邮递员、清洁工、交通指挥人员、门卫、车辆调度员等，整日出没在街头巷尾，与他们相伴的还有监管机构的人员，公交部门对公交车运营实施管理的人员，交通管制部门对交通指挥实施管理的人员。

　　商店的店主也是街头巷尾的人。在人头攒动、小店云集的街上，一些店主常常站在店铺门前。当路人驻足观看橱窗时，那些店主会迎上前去搭讪，推销他们的商品。几乎没有哪个店主不熟悉他们附近的街巷的。

　　出没在街头巷尾最多的还是那些临时工：张贴或发放小广告的、兜售小商品的、卖熟食或其他食品的、送快递的、街头表演的、算命的、募捐的，等等。还有一些古怪的人："月亮狗"（Moondog）、"马古先生"（Mr. Magoo）、"偏执狂先生"（Mr. Paranoid）、"恐怖船长"（Captain Horrible）、"阿兹特克女祭司"（Aztec Priestess）、"高尚女士"（Gracious Lady）、"铃鼓女人"（Tambourine Woman），等等。无论他们如何稀奇，他们出现在街头巷尾的面目还是善良的。然而，自20世纪70年代中期以来，从精神病院释放出来的患有精神疾患的人让这个群体的人数骤增，而给那些人提供门诊服务的医疗机构一直都没有建立起来，于是，一些人就成了流落街头的人。露宿街头的妇女也是一个特殊群体。实际上，在释放精神病患者和危险者风潮之前，无家可归的妇女就已经存在了，没有任何人保护她们。她们保持严格独立，不扎堆。现在，露宿街头的妇女比以前要多。

　　街头巷尾还有一些人过着大众不了解的生活，他们阵容强大，乞丐、卖假货的人、魔术表演者和他们的托、妓女和拉皮条的、男妓和骗子同伙、毒品贩子，以及他们中最糟糕的——穿着白色运动鞋的抢劫犯。

恶的或善的，街头巷尾的人各式各样。要想看清街头巷尾的人的多样性，我们需要停下来。如果我们在一个地点多待会儿，延续足够长的时间，我们会发现，那里有多少不同的人；他们的活动规律；有多少人似乎相互了解，即使是那些你假定他们为对头的人。

如果我们在一个地点待上足够长的时间，我们还会发现，街头巷尾的人正在注意我们。他们不无道理。我们并非那个地方的常客。我们并无明显的理由出现在那里。我们拿出小本本做笔记，他们会对此大惑不解。不久，某个人会走过来，问我们在干什么。如果我们的解释站得住脚，"行"这个词会悄然而至。他们会接受我们，会向我们问好。

有一个规则让我们迷惑不解。他对我们来说是熟悉的陌生人。我们认识他，我们常常看到他。然而，我们并不知道他究竟是谁。他了解我们。他给我们点头示意。不过，他究竟是谁？他处在没有背景的状态下。他没有穿制服。他不在我们看到他的那个环境中。他是超市的助理经理？酒吧服务生？我们需要把他放在一个场所中才能认识他。

这个过程可以从两个途径实现。隔壁的理发师已经给我理了15年的头发。然而，他总是称呼我医生。他认为我是我们附近那家医院的外科医生。我没打算告诉他我不是医生。现在告诉他我不是医生为时太晚了。那样对他不公正。称我医生是我们关系的一部分，而且那样最好。

现在，让我们比较仔细地观察街头巷尾那些人的基本类型。我们会从善到恶依次排列，不过，我们不会去给善与恶划出太清晰的界限。

街头小贩

街头巷尾的小贩什么都卖。品质低劣的首饰、手表、雨伞、塑料雨衣、玩具等商品。当然，小贩总是努力出售新品种，并且大部分小贩时不时还赶时髦，或者出售从批发商那里买来的商品。若干年以前，皮腰带曾经风行过。于是，许多小贩争相出售各式皮带，以致皮带市场看上去肯定饱和了。但是，供应创造了需要，人行道上随处可见皮带，推动人们去买更多的皮带。人们现在还在买皮带。

小贩的数目一直都在增长。出售的商品范围日益扩大。随着小贩增多，他们挤占了更多的人行道空间，尤其是在店铺门前。冬季和夜晚生意相对更好些。一些小贩使用电池供电的荧光灯照亮他们的货架和柜台。

无论卖什么商品，销售量大体相同。街上的商品便宜一些。商店里卖十元，小贩仅卖一元。为什么要买贵的呢？小贩在卖东西时常常采取遮遮掩掩的方式，仿佛交易是背着人的。许多小贩看上去神神秘秘的。许多人试图这样做。这对他们来说是有利的。纽约人都心照不宣地在想，他们卖的许多商品肯定都是偷来的。小贩们对此种看法放任自流。在这场骗局中，顾客的不正直不过是为了获得好处。这个顾客希望那商品是偷来的。这就解释了为什么他打算做这场讨价还价的交易。实际上，小贩出售的商品几乎都不是偷来的。他们从百老汇第十三街的批发商那里购买商品，那些批发商在新奇商品方面很行。但是，当我们问小贩他们从哪里弄来那些商品时，他们会闪烁其词，眨眨眼睛。

实际上，街头巷尾所有的小贩都是非法经营的。按照相关法规，食品和商品小贩可以获取营业执照，但是，并不是没有任何的限制。商业区、商用市场分区里、不足 12 英尺宽的人行道、过街地道、汽车站、行车道 10 英尺范围内，或距建筑入口 20 英尺的范围内，都不允许小贩经营。换句话说，几乎所有的地方都不许小贩经营。

警察的确在追逐小贩。不过，并不努力。警察抓小贩是街头巷尾的标准剧目。双方都明白他们的角色，合作扮演各自的角色。当警察遇到小贩并拿出他的传票本时，他可能说，他接到一个投诉，也就是说，给小贩出具传票并非他的主张。如果有任何顾客依然盯着小贩的商品，警察可能会告诉他们，没事，想买就买吧，警察填写传票还需要时间。小贩不会高兴，但是他知道，

第五十七街银行墙边形成了一种适合于各种目的的公共空间。

观察女孩的非常好的台子。

下棋。   摆姿势照相。   整理手提包。

29

银行在本可以落座的地方安装了尖状物。

小贩把那些栏杆变成了展示他们商品的货架。

大部分法官认为这只是小事一桩，只会罚几美元。

　　没收商品是最终的惩罚，警察与小贩一样，都不乐于采用这种处罚方式。警察会周期性地对街头小贩实施清理，届时，他们会开来一辆或若干辆厢式货车，把小贩的东西扔到车里去。这些行动会招来围观，报纸会对此进行报道。第五大道协会会对此恼怒不已。

　　有些警察有针对性地追踪一些小贩。我时常看到的一种情况是这样的，警察藏在停在路边的卡车近车道的一侧，突然袭击人行道上的小贩。小贩告诉我，这样的警察是真正的混蛋，他们不像常规的警察，那些常规的警察是从人行道上接近他们的。

　　小贩对警察不满其实还有另一个理由。警察妨碍了竞争。当小贩与另一个小贩公平地合作时，他们不喜欢与许多新手挤在一起。在与警察的较量中，新手很难像老手那样生存下来。³⁰

　　小贩非常善于迅速分散开来。这一点当一群小贩排成一排，堵住了行人的通道时最为明显。他们会维持一两个瞭望哨，通常站在街角的一个箱子上。之后，有些团伙使用步话机。他们准备好了逃离。他们已经决定了他们会使用哪条路逃走，从哪个地下通道入口，在哪里停放货车。他们的那些货架可以即时折叠起来，货物可以扔进一两个纸盒子里。他们用来出售皮革制品的货架是有轮子的，可以推着走。

　　小贩还明白警察管辖区的划分。如果纽约中城北区的巡逻车来了，小贩们便会跑到第五十九街南边去。他们现在站在第十七区上，诅咒说"见你的鬼，兄弟"。当一辆警车从第十七区开过来，他们会再回到第五十九街去。

　　当警察突袭他们，喊叫声和口哨声会响起，小贩们从这里和那里逃之夭夭。也就是20秒到30秒的时间——我曾经计算过这个时间——然后，除了警察，没有留下一个小贩，也许碰上一个倒霉的小贩逃得太慢了。半个小时以后，小贩会再回来。在这种情形下，团队十分重要。有人帮助也很重要。团队的功能不仅仅是放哨，还兼了推销和救助的功能。

　　许多小贩，可能是多数小贩，都是最近移居美国的人。直到最近，商品小贩多是来自中东地区的移民，而食品小贩主要是希腊移民。但是，民族模式正在改变。1983 年以来，来自非洲西海岸前法国殖民地塞内加尔的年轻人蜂拥而来。塞内加尔有在街上出售商品的传统习惯。最近这些年，塞内加尔的小贩已经大量出现在巴黎的大街小巷，并且已经扩散到了其他欧洲城市。现在，他们又来到了纽约，估计至少有 600 多人。而且，这个数字还在迅速增加。

塞内加尔的小贩不同于其他民族的小贩。他们有礼貌，甚至警察也注意到了这一特点。他们讲不了几句英语，但是，他们的英语带着法国口音。他们什么都卖，不过，他们偏爱金饰品和手表。与其他小贩一样，他们也是在批发商那里买商品出售。

他们并不兜售他们的商品，静静地站在他们出售的货物托盘背后。他们
31 轻声细语地与顾客说话。金手表？金手表？他们的平静让人消除了戒心。

另外一些新来的是卖书的小贩。他们有些卖新书，有些出售二手书。许多小贩专门出售连环画之类的图书。最冒险的小贩出售大开本的艺术类书籍和作为礼品送人的品咖啡时读一读的闲书，通常比人们计划付的价格要便宜一些。大开本的艺术类书籍在人行道上摆开，很有吸引力，吸引许多过路人驻足围观。

不同于其他小贩，书贩没有不断地监视警察来了没有。他们并没有做什么见不得人的事。警察并不逮捕他们。《第一修正案》保护着售书，地方法令不能禁止售书。

食品贩子一直都是城市室外即食食物的烹饪者。纽约的食品贩子数目正在增长，1978 年获取食品营业执照的有 3 400 人，而 10 年以后，1988 年，这个数字上升到了 4 300 人。食品单也扩大了。街头小贩过去就卖热狗、椒盐卷饼、苏打水、冰淇淋和干果。除了保留这些主要食品外，他们增加了一些菜肴，许多是外国风味的，许多现做现卖，如希腊烤肉串、中东的炸土豆丸子（有或没有皮塔饼）、希腊肉肠、意大利肉肠、多味腊肠、煎蛋饼、中国

牛肉、墨西哥煎玉米卷、墨西哥辣味牛肉末、蛋奶火腿蛋糕、填馅烤鸡。另一种特色是各种现榨的果汁。

价钱出乎意料的合适。是不是同样安全呢？受到污染的食品、随空气传播的细菌，以及其他对食品卫生造成的危害，都是有可能出现的，因此，商人和政府官员永远都摆脱不了此类担心。食品安全的记录很不错。对那些具备烹饪条件的食品车的要求非常严格；那些车必须备有冷水和热水，必须携带制冷和加热设备，安装通风排放设备。卫生部声称，至今还没有在食品小摊贩找到食品中毒的案例。

小摊贩可以经营得很好。一个摊位不错的会经营的小摊贩一年可以挣到4万美元。保持经营状况始终如一是很重要的。那些顾客口碑很好的小贩都是那些在一个地方多年的小贩。人们不仅是从他们那里买食物，其实还有跟小贩打个照面的意思。例如，在第五十二街和公园相交的西北角，有一个名叫格斯的人。格斯在那里经营热狗生意已经整整15年了，风雨无阻，每天都坚守在那里。冬天时，他把他的推车直接推进一个蒸汽井的顶棚里，以此取暖。格斯并非健谈之人，但是，人们愿意停下脚步，跟他寒暄一下。格斯就靠经营这个小摊，把儿子送进了大学，儿子还读了研究生。

食品小贩的作用是显然的，人们赞赏这种做法。消费者与商品小贩的关系一般处在博弈状态下，而与食品小贩的关系则呈现和气的氛围。

商人们会一直与小贩们竞争——无论什么类型的小贩——但是，谁胜谁负始终是捉摸不定的。一直都是这样。过去许多年以来，涉及小贩的法规越来越苛刻，有时则有些放纵。然而，这些政策变更对小贩的商业活动影响不大，甚至在小贩最自由的时候，相关法规是相互抵消的，如果真的去贯彻那些规定，任何地方，任何时间，都不会再有小贩了。事实当然并非如此。①

与人们喜好相对立的法律总是贯彻不下去的。禁令也一样。市场拒绝当

32

---

① 难道没有小贩成功的经验吗？如果这些骗子发迹了，他们一定提供了人们喜欢的东西。这些小贩所做的无非是最基本的集市交易，面对面，讨价还价，大街小巷，露天市场，集贸市场，无论走到世界的哪个角落，都有这样的交易。[本书脚注，除了译注外，皆为边注语。边注语与正文相同部分用粗体表示，没出现的部分用脚注形式标出。——编者]

局。食品小贩对市中心区的商务活动不利，对人们不利，对人们的健康不利，这是人们听到的声音。但是，人们对此并不以为然。他们喜欢在室外吃东西。他们喜欢有选择。他们喜欢小贩的价格。他们花不起全套午餐的费用，但是，他们负担得起一个热狗和一瓶苏打水（1.65 美元）。所以，他们买小贩的食品。小贩提供的是既定市场提供不了的。

城市自己制造了一个真空。拿纽约的第六大道为例。那里曾经有许多出售食品的地方，熟食店、自助餐厅、爱尔兰酒吧、咖啡馆。在规划分区变更成奖励式分区的刺激下，建设了新的办公建筑，而原先的食品店都不存在了。替代它们的是购物中心和银行窗口。但是没有食品，甚至连小食品店都没有。于是，小贩来了，而且小贩越来越多。现在，人行道上满是小贩。有时七八个小贩一溜排开。这是街道的报复。

街头艺人

法国高空行走艺人珀蒂（Philippe Petit）可能是我们时代最好的街头艺人。我有幸看到他从巴黎来纽约后的第一次表演。那场表演是在上第五大道的普利策喷泉进行的。他像一个顽皮的孩子，戴着一顶破旧的高帽子，在两棵树之间紧绷的绳索上走去走来。随着人群开始聚集起来，他骑着一个独轮脚踏车在那里绕圈子，同时，耍着小球。他显然是一个使用小道具的大师。

他使用的最好的小道具莫过于警察。在他表演进入高潮时，他走上了绳索，点燃三根短棍，边杂耍，边跨越两棵树之间的空间。围观的人们欢呼雀跃。珀蒂走下绳索，举帽，绕场。就在这时，一个已经欣赏完这个表演的友好的黑人警察从人群后边走出来。珀蒂看上去像受了伤似的，他向后退缩，仿佛挨了打。有人喊道："不要打他。"人们愤怒起来。人们对警察的暴行感到愤怒，他们要求珀蒂再表演，珀蒂从惊恐中恢复过来，重新表演起来。这个困惑的警察看着珀蒂，珀蒂骑着他的独轮车，脱下他的帽子，然后逃之夭夭。

33　　若干周以后，早上 7:30，人们围着世界贸易中心，惊讶地朝上看着。在世贸中心两座塔楼之间，在距地面 1 150 英尺高度的钢丝上，珀蒂正在前后挪动他自己，保持平衡，试图横跨两座塔楼。在一个同伴的帮助下，珀蒂在昨晚就到达了这座塔楼，他用一个弓箭，把绳索射到另一座塔楼上，然后，把钢丝固定在两座塔楼上。"当我看到两个柑橘，我就想玩杂耍。当我看到两座塔楼，我就想从一座走到另一座。"

早上 8:15，已经聚集了很多人。交通被堵住了。珀蒂前后表演了 30 分钟。他会用单膝跪在钢丝上，起来，来回走；一次，他险些晃下来。如果街上有人来接住他的话，那真是他的幸运。珀蒂回忆说："我当时觉得很幸福，我正在幸福地死去。"

后来，珀蒂被捕了。但是，纽约市政府相当重视他产生的公众影响。最后给珀蒂的惩罚就是在大街上做一次公共表演。

几乎没有街头艺人可以与珀蒂相提并论，但是，街头艺人中真有天才。他们中的一些人是专业的；大部分是兼职的——学生，失业的演员。纽约最好的口技表演者之一是普林斯顿大学哲学专业的学生。最大一类街头艺人是"学音乐的学生"，按照符号判断，大部分街头艺人正在朱利亚德学院学习。纽约街头有许多音乐小组，有些是临时凑合的，有些是半永久性的——例如，"夜间飞行乐队"，"幻觉免费午餐乐队"。

街头艺人以这种或那种方式争取得到一些钱。他们拿着他们的帽子，他们的某个同伴拿着帽子或空盒子，在人群前走来走去。他们举着的容器上可能有手写的劝告。人们非常好奇地看看那上边写了些什么。

"请不要用信用卡。"

"请赞助这门艺术。"

"支持现场音乐表演。"

"把这个古怪的孩子送到兵营去。"

一个黑人萨克斯管演奏者制作的牌子上这样写着："把我送回非洲去。"他做得很成功。他说："黑人要我去看看他们的根，所以，他们给我捐钱。白人希望我们都回到非洲去，可能从我这开始。"

捐助和接受钱是他们表演的一部分。与乞丐一样，有很大的多米诺骨牌效应，如果两个以上的人拿出了钱，那么，可能会有更多的人拿出钱来。街头艺人通常笑脸相迎，感谢捐献。音乐家可能用几个高音表示致敬。总之，他们很有教养地去接受别人的捐助。街头艺人很少对那些没有捐钱给他们的人无礼。

34   街头艺人喜怒无常，有些人很自负。但是，他们有一种很好的职业情谊。他们在划分自己的领地上是合作的。在繁忙的下午，他们会形成一个潜规则，谁在重要公共场所表演。例如，在纽约大都会艺术博物馆门前的台阶上，可能有四五个表演等待出场，但是，没有任何一个街头艺人会侵犯其他人的表演。他们在等待时，会作为一个志愿者给其他表演喝彩和欢呼。

伦敦的"科文特加登剧院"和巴黎的"蓬皮杜中心工作室"同样如此。在这两个地方，每个表演大体占用 10 分钟到 15 分钟。这两个地方都有足够的空间容纳若干表演，但是，街头艺人不喜欢这种竞争。

对于街头艺人来讲，空间规模并非重要因素。在空间不大的情况下，他们会很快让人们簇拥起来。街头艺人最喜欢的地方是大**人流**的地方，常规的观众不断更新，如办公室的，旅游的。纽约中部地段最好的地方莫过于纽约公共图书馆的台阶、圣托马斯教堂的台阶、大军广场和中央公园购物中心。街角可以让他们如鱼得水。非常好的街角是第五十九街和第五大道那个街角。对于个别音乐人来讲，最疯狂的事情就是在皇宫里表演了，《纽约时报》的威廉·盖斯特（William Geist）谈到过他聆听优秀萨克斯管演奏者雷·彼得斯（Ray Peters）的经历。一个妇女往他的盒子里扔了 50 美分。她说："你是一个年轻的天才。总有一天，你会创造一个伟大时刻的。"

35   "夫人，现在就是伟大的时刻。"

波士顿最好的街头表演空间是公园街火车站的站前广场。吉拉德里广场则是旧金山最好的街头表演空间。那里如此有名，以至街头艺人必须经过管理部门的审核才能在那里表演。

他们有多喜欢街头表演呢？他们有若干种想法。有些人说，他们不喜欢

街头表演，他们觉得那是降低了等级，在街头表演是没有前途的。然而，大部分街头艺人说，他们很享受街头表演，至少这是他们表演生涯不错的一部分。一个街头艺人说："街头表演是没有保障的，但是，我恰恰喜欢街头表演的那种没有保障。"街头艺人谈到自由选择，提到与人交谈，提到对表演技能的磨练，提到观众的即时性。

他们还谈到了没有观众时的情景会是怎样的，谈到在没有一个人停下来看看或听听时的委屈。

一个口技表演者这样说："存在各式各样的拒绝，我对这种拒绝并非无动于衷。"有时，他坐在公园的凳子上跟自己的模型说上 20 分钟到 30 分钟的话。那是苦涩的等待。但是，某人停下了脚步，听起他的口技来，另一个人也停了下来。很快就会有听众了。

街头艺人赞扬街头观众的苛刻，他们说，所有的观众都苛刻。纽约人最苛刻。不过，他们也最感激观众。街头艺人们说，如果我们从街头观众那里得到反馈，我们会觉得不错，也就是说，街头艺人们本身不错。

观察那些有机会观看街头艺人表演的人很有意思。那些观众常常笑容满面。弦乐四重奏。在第四十四街。他们露出童稚般的笑容。在这些时刻，他们似乎完全陶醉了，他们的肩膀松弛下来。人们喜欢安排好的娱乐，不过，不要雷同。让观众最高兴的是那些意料之外的表演。

街头艺人可以影响观众。街头艺人很老练地把观众里的一些成员带进他的表演，在这种情况下，街头艺人就会影响观众，魔术师谢里丹（Jeff Sheridan）就是这样的街头艺人，谢里丹从一个生意人那里借一件大衣，然后，试图在那件衣服上烧个洞；谢里丹要一个漂亮姑娘脱下她的草帽，然后竟然从那顶草帽里拿出了一瓶啤酒来。谢里丹怎么变出啤酒的呢？有人说，注意他的左手。另一个人说，啤酒在他的手套里。

谢里丹非常有才华。当然，甚至不那么有才华的街头艺人同样能招来一群人。有这样一个魔术师，他有一个令人不快的表演，说的都是陈词滥调。但是，他不缺少观众，他笨拙的表演依然让观众之间发生了交流。

这样，聚集起来的观众共享一个表演，当然，这种共享的意义可能转瞬即逝，但是，共享本身就是城市里最好的东西。我记得，在第五十九街普利策喷泉前的一场哑剧表演结束时的情景。当时，这个哑剧表演让人们很快乐。哑剧表演者走近两个年轻人，在空中给他们画了一个方块。观众都笑了，就连那两个年轻人也笑了。然后，一个警察侧着身走过这个广场。警察看到人们在笑，他正在监督着这个哑剧表演者，他笑了笑，然后走向这个哑剧表演者，跟他握手。人群欢呼起来。那是一个极其美好的时刻，是城市特有的一种时刻。

从历史上讲，警察一直都在与街头艺人周旋，或者更确切地讲，警察一直都在与街头艺人作战。警察根据自己的判断，通常给街头艺人留条生路。当一个警察与街头艺人作对时，警察可能告诉艺人，他很抱歉，但是他的头头在找他的麻烦。警察之所以这样是因为商人也在找他的麻烦。

商人一直都是反对街头表演的主要力量，正是迫于商人的压力，市政议会已经通过了对街头表演不利的压制法令。这种法令的一个特征就是禁止索要钱财。纽约旧《手摇风琴法》过激的言辞表明了当局的态度："以任何方式直接或间接地索要钱财都是非法的。"1970 年，纽约废止了这条老的法规，但是，与此相关的精神依然存在。街头表演是合法的，但是，只能在如下条件下展开：

1. 没有多大的噪声。
2. 不能妨碍人行道上的正常通行。
3. 不索取钱财。

奇怪的是，那些自由市场的倡导者们却反对这种百分百的自由市场的表现。索取钱财有什么问题吗？路人并非受到胁迫。他们甚至于不需要停下他们的脚步。即使他们停了下来，也不是一定要付钱。他们可以拿出钱来给街头艺人，但是，究竟给多少完全由他们自己决定。真正承担风险的是街头艺人。街头艺人应该有资格得到某种褒奖。

商人们说，街头艺人干扰了他们的生意，进一步放任自流会让形势变得更糟。第五大道协会的领导人格罗索（Michael Grosso）这样讲："如果我们允许一个音乐人或小贩出现在街头，那么，我们就必须允许所有的街头艺人都可以走上街头，这样，他们就会掌管整个中曼哈顿地区了。"

我希望我们的研究真能证明，街头表演有益于商人们的生意。我自己这样认为，但是，我们的研究并没有证明街头表演有益于商人们的生意。我们的研究证明的是，在强大的零售商业街和宜居的街道生活之间存在很大程度的兼容性。商人们没有发现这一点。他们怎么都不喜欢街头生活，只是青睐客户走进店铺。商人们抱怨，街头艺人堵住了他们的大门，让谁都进不了店门，到了危害生意的程度。商人们正是在行人的安全和适宜的基础上提出了对街头艺人的合法干涉。

有两个相关的联邦案例。很幸运，这两个案例都涉及的具体情况几乎都没有显示这个法令所说的情形。

第一个联邦案例是《达文波特诉亚历山德里亚市》。达文波特（Lee Davenport）是一个音乐教师，他在亚历山德里亚市的街头演奏他的风笛。这个城市禁止他做街头表演。按照商人们的要求，市政府颁布了一个禁止街头艺人表演的法令，规定城市中心区六十一个街段全部不允许做街头表演，把街头表演限制在指定的公园里。达文波特不要在规定的公园里演奏他的风笛。实际上，公园里没有多少人。达文波特要在人行道上表演，尤其要在国王街的两个最有吸引力的街段上表演。达文波特要求法院对市政府的这条法令做出判决。这个诉讼状提交给了美国州地方法院。

　　这个城市案例的判决基本上以陈述为证据基础。一些商人曾经报告过，他们看到过街头艺人造成人行道堵塞的情形。城市管理者说，他曾经看到过人们因为街头表演而拥向街头的情形。实际检验的结果显示堵塞的判断不正确。作为达文波特诉讼的见证人，我能够提出，市政府自己的计算和对人行道的计量显示，人行道空间和行人之间相当平衡。实际上，在这一方面，不仅两个涉及的街段，而且亚历山德里亚市整个中心商业区都很出色。

　　布莱恩法官（Albert V. Bryan）推翻了这条法令。他的理由如下：

　　　　法庭不能同意这样的判断：在受到影响的地方，存在任何实际安全威胁，任何对步行的真正妨碍。……另外，更有说服力的证词让法庭满意，总的来讲，步行人流并不拥挤，每分钟每平方英尺的行人不超过2.8人，而步行"舒适"水平符合步行舒适的标准。

对于指定的公园地区，这个法官提出，公园替代不了人行道：

　　　　拥护《第一修正案》中关于表达这方面内容的人，有权利面对愿意接受他的人。人行道历来都是这种表达的地方。行人流及其不断变换是街头艺人的"生命之血"。

亚历山德里亚市政府不服州地方布莱恩法官的判决，继续上诉。美国上诉法院对布莱恩法官的判决做了部分修订。美国上诉法院认为，市政府的这条法令是一个合理的规定。但是，不能确定的是，"在保障这个城市公共安全利益的时候"，这条法令"是否给予了言论最大的空间"。于是，美国上诉法院把亚历山德里亚市政府的上诉送回州地方法院，要求州地方法院布莱恩法官解释清楚，过于宽泛解读这条法令的实际原因。街巷有多宽？什么是行人流？有关这些观点的文件很充分。布莱恩法官通过让这些观点确切起来，重新确定了他的最初发现。街头巷尾有着足够的空间来承载街头艺人的表演。

第二个联邦案例是关于芝加哥的。很长时间里，芝加哥一直都接受街头艺人。1979年夏天，芝加哥的市长伯恩（Jane Byrne）让这个城市雇用了一队青年街头艺人，在公交车站和交通枢纽站表演（每小时10美元）。当时，人们都很高兴。《芝加哥太阳时报》的社论这样说："街头艺术家有助于城市生机勃勃。"

但是，商人们并不喜欢街头艺人出现在大街小巷的任何一个地方。1982年，他们主导芝加哥市政议会通过了一个法令，禁止街头艺人在上密歇根大道地区表演，而那个地方最适合街头艺人表演了。

吉他手弗里德里克（Wally Friedrich）推进了一个反对芝加哥市政府的集体诉讼案，美国公民自由联盟加入了进来，支持这个诉讼案。我是有关步行问题的专业见证人。

芝加哥市政府的观点是，人行道上的拥挤程度已经达到极端的程度，街头艺人让这种拥挤火上浇油，应该被禁止，为行人的安全和舒适提供更多的空间。

芝加哥市政府的抱怨令人困惑。实际上，美国城市人行道的宽度大体都在30英尺—35英尺之间，而上密歇根大道的人行道是全美最宽的城市人行道。美国城市人行道的行人量很大，但是，并非不可承受。我的样本计算与芝加哥市政府的计算是一致的。当时，每个行人所占用的空间量非常宽敞，无论谁计算，每个行人所占用的空间量都是A级的。

实际上，人行道上总有过剩的空间。芝加哥市政府本身已经做出了这样的判断，人行道上还有很多空间，可以利用它们种植绿色植物。如果真把这些绿色植物用地转变成为行人空间，那么，人行道的服务水平更高。

在《弗里德里克诉芝加哥》的案子中，法庭部分支持和部分反对芝加哥市政府的这项法令。法庭发现，城市有权在街头表演危害公共安全时限制街头表演。同时，法庭还发现，这条禁令过分了，大大超出了必要的程度。当时，周六和周日，周一至周五的上午11点至下午2点，下午4点至夜晚11点，密歇根大道禁止任何街头表演。法庭提出，芝加哥市政府没有做出任何研究来支持这些限制，市政府自己的记录显示，傍晚7点以后，行人流大幅减少。拉什大街是另外一个问题。拉什大街是芝加哥舞厅、酒馆和咖啡一条街，天黑以后，尤其是周五和周六晚上，行人很多。但是，从下午3点就开始禁止街头表演并不合理，法庭还发现，周三晚上并非有很多行人。

法官阿斯彭（Marven E. Aspen）的判决中最有意思的部分涉及霹雳舞。如纽约一样，1983年，霹雳舞在芝加哥很风行。随处可见年轻的黑人占用了大量的人行道空间。有些地方的确令人不快，一些人聚在那里跟着录音机跳霹雳舞。然而，有些人真的很有天赋，引来很多围观的人。法官阿斯彭指出，恰恰是这些围观的人群引起大部分乱子。

但是，1984年霹雳舞达到了顶峰，现在，我们只是偶尔看到这类街头表演了。这就产生了一个问题。如果霹雳舞是对公共安全的唯一一个主要威胁，而它现在基本消失了，那么，为什么还要颁布这个法令呢？在"有关霹雳舞的麻烦"的标题下，法官阿斯彭回答了这个问题：

> 如果霹雳舞确实重蹈了呼啦圈的覆辙，现在已经不时尚了，那么，很多人围观的可能性就真的不大了。……这样，如果芝加哥选择明年重新颁布这项法令的话，最好在评估这项法令时考虑到霹雳舞现象的消失。如果霹雳舞现象成为了过去，且如果——如证据显示的那样——大部分其他街头表演吸引不了多少人，那么，这个法令的宪法基础可能会在未来几年里消失掉。

发小广告的人

不同的人、时间和场所，发小广告和拿小广告的节奏惊人地有规律。当一个发小广告的人站在人行道的中间，努力把手里的传单塞给经过他的行人时，至少30%或每10个人中有3个行人会拿走小广告。这个比例会随着人流、人流的特征、时刻而改变，但是，更重要的因素会是发小广告的人本身和他的自信。**拿小广告的人就像给乞丐断断续续捐款的人一样，倾向于一窝蜂地出现。**之所以如此的原因是从众心理。但是，我们对录像进行了认真的 40

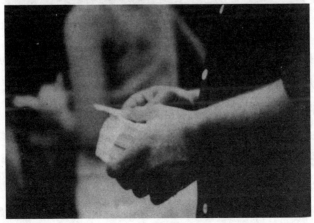

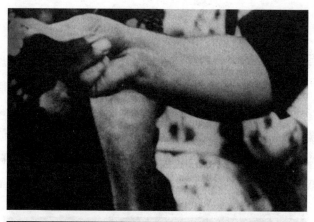

弗兰克：第五十九街和列克星敦大道，下午5:10。

分析后发现，拿小广告的人的多寡基本上取决于发小广告的人。**成功让发小广告的人胆子更大。他们的举止变得更加自信，他们的攻势变得更加坚定。**发小广告和拿小广告本身成为目的。

  弗兰克是我见过的最好的发小广告的人。弗兰克长着一张伊特鲁里亚人的脸，他通过坚持和一种善意的威胁来分发小广告。他使用一句坦率的语句；他用眼睛直视你，露出一副逗人乐的表情，常常带上一句注解。这是我留给你的。这是你的，亲爱的。有时，有人会拿走一张卡片，厌烦地看看，再还给发小广告的人。弗兰克会把那张卡片再递给那些人，这一次，常常就收下了。

弗兰克试图主导这场遭遇，像大部分人一样，他会对那些与他搭讪的人做出反应。8 月的一个中午，我在布卢明代尔百货公司 15 层楼上的窗户上，拍下了他的一段工作。那天天气炎热，潮湿，人们走起路来比平常要懒散一些。弗兰克一如既往，但是，有些呆滞。在接连遭遇两个或三个拒绝接受小广告的反应之后，他会停下来，不再给任何人发放小广告了。然而，1 分钟以后，他会再次振作起来工作。他花了 30 分钟的时间，给 50％的行人发放了小广告。 41

后来，我与弗兰克交谈，告诉他，我们中午对他发放小广告情况的计算结果。他很高兴，但是，他说，那个时间段不是一个好时间段。我们应该在他忙碌时计算他的工作。5 点钟。高峰时间。在地铁站的台阶上。 42

弗兰克是对的。5 点钟的时候，东南角人很多，弗兰克站在人行道的中间。当人们向路边或地铁台阶方向走时，他们很勉强地移动着。但是，弗兰克正在运动，他在给自己创造某种空间。他正在转向，先朝这边走，再朝那边走，随着人群变多，他发放小广告的速度也越来越快。现在，他全力以赴地发放他的小广告。他没有笑。他目不转睛，眼睛几乎发直。现在很难说逗趣的话了。他在下达指令。他会说，拿着，拿着。行人拿了他的小广告。在这种情况下，行人拿走小广告的比例达到 60％。弗兰克汗流浃背。

我只在东京看到过与他相似的发小广告的人。两个年轻人正在通往观音堂的狭窄胡同里发放小广告。他们身着古代服装。他们之间大致相距 12 英尺，其中一个正在告诉行人读读那些有意思的信息。行人从另一个人那里拿走小广告的比例达到 55％。他们发放的是附近一家鳗鱼餐馆的小广告.

一些行人路过某个地方却没有注意到那里的某个去处，对此，小广告就成了非常重要的媒介：深巷中的某个去处，或者 3 层或 4 层楼上的某个去处，都可以通过小广告让人了解。弗兰克的最好的客户是一个精神顾问兼算命先生，店铺在列克星敦大道东边的一个大楼的 3 层。女老板虽然在窗户上做了广告，但是，依然不在行人的视线里。所以，小广告对这个女老板是必须的。

弗兰克有时把人家给他的合同再分包出去。为了给这家算命的做广告，他找了一个叫埃迪（Eddie Leet）的小伙子。埃迪与弗兰克一样，也是训练有素的发放小广告的人。在我的一段录像中可以看到埃迪的表演，看出他是一个暗示大师。

埃迪后来与弗兰克分道扬镳了，然后，他直接与这个算命的店铺发生联系。同时，埃迪还为另一家精神顾问店家发送小广告，这家店在列克星敦大道西边的一幢大楼的楼上。这样，埃迪同时为马路两边的店铺服务。

另外一群发放小广告的人是路易斯组织的，他是列克星敦大道一幢楼房2楼理发店的老板。他雇用了几个波多黎各年轻人，告诉他们如何走到妇女身边，然后搭讪，要她们签一个50%优惠的美发合同。他们在楼下的门口处发放小广告。

这是一个非常有效的办法。路易斯告诉我："他们是一群真正能干的人。而且，我真的让他们精神焕发。"但是，他们对这事的兴趣低落。他们最喜欢做的事情就是坐在停放在露天的汽车引擎盖上，与朋友闲聊。这类人的数目似乎还在增加。路易斯会从楼上窗子里向下看他们，就像丐帮头头看待他的那些乌合之众一样，他使劲敲玻璃，吆喝他们发小广告。路易斯雇了他们不短的时间。他们带着路易斯的技巧，去为另一个理发店工作。路易斯雇用了他们的三个朋友来替代他们。他说，他们很努力地工作，比其他人强一些。他告诉我，他们是真正的兜售生意的人。

这三个人最终还是被解雇了。但是，他们依然留在那里，加入到非正式的发小广告的、跑腿的、小贩、瞭望者的网络里，类似于扩展了列克星敦大道的劳动大军。他们似乎相互认识。他们在第五十七街和第六十街之间来回游荡，总可以看到这三个人中的一个或两个的身影，在那里找朋友。

让我们回到接受小广告的人身上。无论人们接受或不接受一份小广告，其实都与小广告的内容没有什么关系。人们通常并不知道小广告上究竟是什么，而只有在他们接受了这类小广告之后，才会知道它们是干什么的。有些人立即就扔掉了，有些人紧紧抓住了一段时间，有些人把它们捏变形了，有些人弄皱了它们。有些人紧紧地拿着小广告走上一个街段或更长的路，仿佛那些小广告是一种护身符似的。

无论小广告传达的是什么信息，行文上并无特色。编辑装帧会很差。纸张和印刷同样不值一提。广告代理公司对小广告不屑一顾，不会接这种活。相当确切地讲，小广告的制作品质是低劣的。没有其他任何一种活动会产生小广告那样多的垃圾，或者说，比小广告更难约束。

既然如此，我们可以说，小广告也是非常低效率的。当然，小广告不是完全没有效力的。因为形式粗糙，所以，小广告是一种传递基本信息的有效途径——例如，上楼来——小广告还可能接近可能的卖点。小广告可以瞄准受众，一些小广告是专门针对妇女的，有些则是为男人定制的。小广告的成本低廉，劳动力比比皆是。当小广告的接受率不足 40％时，每发出一份小广告的成本约为 0.5 密尔到几密尔（1 美元的 1/1 000）。这里有一个人们至今未碰触到底的潜力。谢天谢地。

马古先生

纽约街头最引人注目的角色莫过于马古先生了。马古先生七十多岁了，个子矮胖矮胖的，面颊红红的，永远都怒气冲冲的。他衣冠楚楚，总在衣扣上别着一朵花。冬季，他穿着软领长大衣，头戴黑色的毡帽。

马古先生指挥交通。他喜欢在第五大道上，他会站在马路交叉口的中间，用他的手臂指挥车辆行驶。他的想法是让车辆动起来。出租车缓慢地右转弯，这激怒了马古先生。出租车在距离马路牙子 10 英尺的地方载客，同样激怒了马古先生。他会走过去，用他的手拍打车的外壳。司机会咒骂。马古先生也会骂骂咧咧。一群人会围过来。

马古先生絮絮叨叨地与汽车说话，一辆车、一辆车地聊。他喊它们的车牌。一个妇女开着一辆弗吉尼亚车牌的车，行驶得太慢了。马古先生说："这里不是弗吉尼亚，亲爱的，这是纽约。快开呀！快开呀！快开呀！"这个妇女

44

第五大道上的马古先生。

加速了。一个满头白发的老太太不顾交通规则，准备横穿马路，马古先生说："你以为你是谁呀？自私，你就是自私。"这个老太太不知所措。

所有这些让那些聚在街角看热闹的人幸灾乐祸。马古先生直接做街头表演。他指责一辆新泽西车牌的车，因为那辆车转弯不好。马古先生说："新泽西的司机们，开车很糟糕。"人群发出一阵笑声。"不对，医生更不会开车。"引来更大的笑声。"不对，不对，新泽西的*医生们*——对。"

马古先生处于巅峰状态时，俨然一副不可一世的样子。马古先生的手势变得更加专横。他站得比较高。小汽车都服从他。交通状况不坏——在他指挥时，交通状况的确不错。人们听他说什么，有些人按照他的指示去做。如果马古先生的指挥是一个奇迹的话，那么，他的指挥本身就是一个不错的表演。由他负责。

他肯定会让人们相互聊起来。如果我们站在街角观察他，有人可能会问我们，他是谁呀。或者告诉我们，他原来是个警察；他是倒卖大都会歌剧院戏票的贩子。一天，一个妇女转向我，以秘密的语气告诉我，马古先生让她

45

高兴，不过，她并不知道为什么。我们对这件事进行了交流。马古先生这样做是否僭越市政当局的权力，个人干涉制度？不是。他是在强化法律和制度。人们应该支持他吗？几乎不是这样。马古先生并非一个好人。他粗鲁，有些欺负人，当他开玩笑时，他对人的方式是我们想做而没有做到的。

让我补充一个方法论的注解。在录制如马古先生和女巫这些街头角色时，他们完全知道有摄像机对着他们，我不能说这类录像是非介入性研究。但是，通常还有别的摄像机对着他们，他们明显不介意人们给他们拍照。他们表演的整个画面都可以看到。

马古先生看到我在给他摄像时，他假装很烦躁的样子。他厌烦地说："又是你。"挥挥手，让我走开。我继续我的录像，他知道我会那样做，当我继续录像时，他会不时偷偷看上一眼。

偏执狂先生

第五大道的街角站着一个人。他头戴一顶毡帽，40年代后期的学院里曾经时兴过这种帽子。他站在马路牙子上，面朝里，没有人与他交谈。但我们经过那里，我们可以听到一些关键词："FBI""警察""税务局"。他正在说，他们想来抓他，那一伙人都想来抓他。他们也会抓你，如果你不戒备的话。他当然是神经错乱了。

铃鼓女人

铃鼓女人是一位中年妇女，身材清瘦，头发灰白卷曲。她静悄悄地来到列克星敦大道，然后走到一个显眼的地方，如教堂的台阶上，或者百货公司的大门口。她停下脚步，从她的旅行袋里拿出一个铃鼓，连敲三下，然后，开始一个长篇大论的演讲。一群人聚集在一起。

她在说什么呢？听不清。古怪的人讲的话常常让人丈二和尚摸不着头脑，任何一句话都貌似有理。但是，句子之间缺少联系，因此，整个讲话不知所云。"我是富兰克林·D. 罗斯福的小女朋友"，她嚷嚷道，接下来说，犹太复国主义是一大阴谋。突然，话说到了一半，她戛然而止，把铃鼓收进旅行袋，走开了，留下一群摸不着头脑的人。

背着行囊的男人

背着行囊的男人长得很英俊，以一种令人惊讶的大步流星的姿态走路。无论什么季节，他总是穿着那件战壕雨衣，背上背着他的行囊。固定在行囊上的是他的一张照片和一张卡片，上边是手写的一段话："只有我的家人有权殴打我。如果你不是我的家人，请不要打我。"

路人对这段话惊讶不已，会放慢脚步，想再看看他的行囊上都写了些什么。可是，行囊上下跳动，读起来挺费劲的。有时，几个人都试图读读这段话，他们会挤作一团。走到街角处，背着行囊的男人会停下来，合掌站在那里一动不动，仿佛在祈祷似的。跟随他的人现在倒是可以阅读那段话了，然后就会散去。

我最后一次看见这个背着行囊的男人时，他依然穿着那件战壕雨衣，但是，没有行囊了，也没有那张照片了，走路还是那样大步流星。

女巫

她看上去像个女巫。她有一个长长的尖鼻子，黑头发，眼距很大，而且两个眼睛动起来不同。她身着黑衣服，通常还用手臂夹着一本卷起来的《华尔街杂志》。她大声呼喊，发出令人烦躁的声音。她的目标恰恰是那些举止斯文的人们。圣帕特里克节游行那天，我看到她在奚落一个神父，当时，这个神父正在负责一个教区学校女生乐队的工作。女巫说，她晓得这个神父要什么，然后，做了一个下流的动作。这些女生们咯咯傻笑。神父跑去找警察，希望警察来制止这个令人恐惧的女人。警察说："对不起，神父，她没有触犯任何法律。"

不过，女巫蔑视她不喜欢的人。例如，孩子。我拍了一段关于她的录像。当一个小男孩和他的妈妈一起从她身边走过，这个女巫向后仰身说道："他妈的，你这个小混蛋。"她朝着小孩啐了一口唾沫。女巫的行为令人愤慨，围观的人同样可悲。他们面面相觑。"你看见那个女人向那个小男孩啐唾沫!"然而,他们却在那里发笑,仿佛他们与女巫是一个阵线的。

这个女巫扮演起女巫的角色来很像那么回事,她看上去真像早年会被烧死的那种女巫。过去的许多女巫外貌其实没有她那么可怕。但是,现在,看看她以及她的那些怨恨还是很有趣的,她很高兴有观众。我想,她相当喜欢我。无论什么时候我们走过那里,她总是眨眼示意。

携带购物袋流浪的女人

在所有街头巷尾的人中,最艰苦、最能忍受困难的当属流浪的女人。流浪女蓬头垢面,她们的腿常常肿胀着。她们衣衫褴褛,手里拿着两三个购物袋,透过塑料袋,我们大体可以看到里边装的是什么,无非是垃圾和碎纸。有些人推着购物中心的购物车。也有一些携带购物袋流浪的男人。"玻璃纸人"就是一个,他用许多层透明塑料把自己裹起来。

流浪者的路径非常有规律,他们常常在火车站逗留。在中央车站,这些流浪者们一般睡在同一个门口或同一个地点。白天,在西格拉姆大厦广场的东南角,第五十三街的入口处,花旗广场的窗台上,我们可以看到一个流浪的女人。

她们来自何处?社会工作者发现她们令人困惑。大部分流浪的女人都被一种大幻觉支撑着,例如,她们非常非常富有,但是,这座城市把她们的财富藏了起来。另外一个流浪的女人常去的地方是公共图书馆的外边,她正在读一本拯救世界的书。她的一个幻想就是,她是一个漂亮的、妩媚的女人,她现在还给自己涂抹着怪异的胭脂。大部分这类流浪的女人都有中产阶级的背景,有些还受过良好的教育。其中一个流浪的女人是从巴纳德毕业的,曾经是 JRP[1] 的签约模特,为若干家杂志拍过封面,代表美国所有女孩的理想,30 年前,她曾经是中部大西洋网球大赛顶级种子选手。我之所以知道这一切

---

[1] JRP,美国著名的模特培训公司。——译者

是因为我的妻子曾经与她住在一起。

所有这些流浪女人的共同特点是强烈的独立性。在纽约，有许多无家可归的人暂时不在社会服务体制之内；他们失去了他们的福利或刚刚被从公寓里撵出来。然而，流浪的女人有所不同。她们完全不在社会服务体制之内。更有甚者，她们抵制让自己进入社会服务体制。当一个社会机构收留了她们，她们会变得迷惑、担心和愤怒，她们不会为了得到帮助而服从这种社会服务机构的规则。她们不会告诉这种社会服务机构她们的名字是什么。她们没有家庭住址。她们拒绝洗澡或做些自我清洁的事情。总而言之，任何社会援助都会要求她们遵守规则，所以，流浪的女人无法获得社会援助的资格。

48 任何人想要获得社会援助，就要遵守社会援助的规则，这个问题其实不只是流浪女人的问题，所有心理不正常的人都有这个问题。因为误以为他们靠稳定性药物可以得到控制，纽约州的精神病医院把5万人放到了街头。可以用各种理由解释为什么把他们从医院里释放出来，但是，最初减少精神病病床的计划包括提供门诊治疗措施，这项工作并未如期实现。对于许多人来讲，结果是两个世界都变得更加糟糕了。精神病医院把精神病患者限制在高度制度化的环境中，对于这些精神病患者而言，城市的自由是一种令人恐惧的经历。对于一些精神病患者来讲，唯一的避难所是旅馆的单人间。然而，他们对此依然担心，人们可能会伤害他们。

从精神病医院释放出来的患者本来就没有几件开心的事儿，在这所剩无几的开心的事儿中，有一件事儿就是坐在上百老汇中段的长椅上晒晒太阳。各式各样的老人都聚在那里，有些闲聊，有些保持沉默。可能有一两个毒品瘾君子。不过，街头巷尾都是安全的地方，可以看到各式各样的生活。

乞丐

如同发小广告的人和街头艺人，乞丐成功的标志是留在人流中间并移动。我看过的最好的例子是第五大道上那些专业的盲人乞丐们。他们一贯如此。他们留在一个位置上，这个位置几乎总是人行道的中央。他们身旁是一只狗

（并非真正的导盲犬，不过，看上去很像导盲犬）。他们挂着一个小牌子，上边写着诸如"上帝保佑乐施者"。他们手里拿着传统的锡杯。

他们移动着。一个人的身体前后移动着，看上去像是在走动，实际上，他的脚并没有动。所有的人都在前后移动手里的锡杯，偶尔把它摇得叮当响。移动似乎十分重要。一天，我们偶然看到了一个控制性实验，在那个实验中，我们发现了移动的重要性。我们录制了一个乞丐的活动，他通常站在圣托马斯教堂前面。他当时正在按照通常的节奏获得捐助。这时，另一个盲人出现了。因为第二个盲人竟然站在第一个盲人背后 15 英尺的地方，所以，第二个盲人肯定是真的盲人。而且，第二个盲人站在那里不动。他所做的就是手里拿着一个锡杯。他没有摇动锡杯。他只是站在那里等待捐献。没有几个捐献者。在 27 分钟的时间段里，移动的乞丐比不移动的乞丐的捐献次数多 4 倍。

在捐钱上，明显存在多米诺效应。捐献者一般一批一批地来——3 个或 4 个一批，他们这样做是可以理解的。可能的捐献者通常会在距离乞丐 20 英尺的地方放慢脚步，开始摸出硬币来。这个举动诱发他背后的人也来捐钱。当他们都在捐钱时，可能形成某种拥挤，这就可能让其他捐助活动减缓，让人有时间考虑是否还捐献。

传说有人用劳斯莱斯把盲人乞丐送来。我偶然看到过一次，一辆小汽车把几个盲人乞丐送到萨克斯第五大道百货公司的门口。那是辆普通的小轿车。但是，那些盲人收获不错。为了搞明白他们到达的时间，我记录了捐献常常展开的时间范围。捐献之间的时间间隔大体在 20 秒。但是，由于捐献的节奏会有停顿，所以，平均每 50 秒一次捐献，或每小时 72 次捐献。但是，捐赠的数额我无法判定。乞丐总是从锡杯里拿走小面值的硬币，而把大面值的硬币留在里边。假定每次捐献 25 美分的话，每小时可以得到 18 美元。大部分专业盲人乞丐大约每天乞讨 6 个小时。所以，他们一天大约可以得到 100 美元—150 美元，多半比这个数字多一点。

这些乞丐都是常客——同一个地点、同一个时间、同样的装扮。根据联合会的说法，乞丐的数目没有实质性的增加。但是，可以确定的是，乞丐增加了。我没有做过统计调查，但是，据我估计，自 1980 年以来，在曼哈顿中城大街上的乞丐数目翻了一番。这个翻番的大部分源于无家可归者的增加。事实上，一部分的捐献给了无家可归者。还有一些偶尔的和部分时间的乞讨，乞讨者大部分是年轻人，而且带有某种攻击性。鲍厄里街的乞讨者擦拭小汽车的挡风玻璃，胁迫人们为此付费。有些衣着不菲的妇女也在那里乞讨，通常是为了"车票钱"。有一个妇女还带着一个亚麻色头发的婴儿来乞讨，无论是否真是她的孩子，这样做的效果很好。但是，大部分乞丐是没有技能或谋略的。他们大部分是酒鬼和无家可归者，神志不清，以致不能有效地乞讨，或者保护自己免遭欺凌。在这个明显繁荣的时代有如此之多的乞丐其实并非一个好的预兆。

地摊

出于宗教理由摆地摊的群体，有些是纯洁的，有些是欺诈的。如克利须那派教徒（Hare Krishna）是真正的信仰者，不管他们信仰什么。他们似乎挺愚蠢，但是，许多年里，这类群体层出不穷。克利须那派教徒的音乐和他们的长袍看上去挺奇怪，但是，克利须那派教徒一直都是友好的群体。现在他们不多见了，许多人反倒想他们了。

50　　年轻男女组成的摇滚乐队是一个不能遗漏的群体，他们身着黑色的僧侣服装，讲起话来仿佛他们在哈佛大学念过书。他们看上去像某种恶魔邪教徒，不过，他们说他们正在与毒品作斗争。他们像发小广告的人一样，没有固定地点，他们尾随我们，要我们买他们的出版物，捐一些钱。他们说他们可以接受支票。一群恶心的家伙。

一个神气活现的戴着呢帽子的年轻人站在一个小桌旁。桌子上放着一个写字夹板和书写板。桌子上放着一个招牌："拯救海豚！"当人们走过那里，这个年轻人会说，请加入保护海豚的战斗，在请愿书上签字。许多人停下来。这个年轻人会说，签个字就行，同时递过一支笔。当行人签字时，他会劝说，捐一点点都是很有意义的。管理费用。印刷开支。他是志愿者。停下来的大部分人都会签字，大部分签字的人会捐款。

这个年轻人几年前就开始做这种工作。我第一次见到他时，他的招牌上写着"拯救纽约中央车站"。那是1975年的事了，当时，许多市民踊跃地捐款。市政艺术协会认为这是诈骗，很不高兴，并报告了警方。

这个年轻人的下一个招牌是"拯救鲸"。他的桌子旁边放着一幅展示捕杀幼鲸的画面。直到80年代初，这个年轻人一直呼吁"拯救鲸"，估计"拯救鲸"吁求一定非常能够聚敛资金，随后，他的招牌变成了现在这个"拯救海豚！"。

扒手和形形色色的骗子

扒手通常结伴行窃。他们喜欢拥挤。当街头挤满了看热闹的人，扒手便会现身了，他们会在比较靠近人群外围的地方搜索猎物，在他们的背后，留下一条容易逃逸的途径。

扒手尤其喜欢狭窄的地方。公交汽车就是理想的行窃场所。因为我一直都是一个容易让窃贼得手的人，所以，我懂这一点。最近有两次，我站在公交车车门附近，我被窃了。一个老人站在我旁边，他的手袋掉到了地上。我弯下腰去帮他捡手袋。站在我旁边的一个年轻人迅速地从我的右边后兜里把钱包拿走了，然后消失在车门外。我再去寻找那个老人，他已经从前车门出去了。

两个顶级扒手侦探告诉我，这是一个标准的行窃过程。他们还说，我实际上正在要求他们行窃。行窃的手段很多，但是，关键是迅速、让人不由自主地动起来。水泄不通，推推搡搡，熙熙攘攘，无论哪种程度的拥挤，不过几秒钟，两个小偷便消失得无影无踪。我最近一次被窃是在一辆公交汽车上。我们都用手抓住头顶上的吊环，不幸的是，我的手与我旁边一个人的手交叉起来。其实，这次我很有警觉。我放下我的手，要他抓住头顶上的那个吊环。但是，他走了，我的钱包也不翼而飞。我的右边后兜的扣子被人解开了。

侦探告诉我，我们必须先发现他们。侦探们认识一些扒手。实际上，他

51

们与那些扒手建立了友好的关系。但是，在大部分情况下，发现扒手是一个观察问题。

侦探们在若干个拥挤的购物区里串来串去，我尾随侦探们。我问他们，究竟是什么让他们疑神疑鬼的。他们说，那些看上去疑神疑鬼的人们。侦探们不是在开玩笑。扒手和各式各样的骗子们对警察都有些偏执，所以，他们总是以这样或那样的方式窥视警察和避开警察的目光。当他们发现一个人如此这般，他们可以确定，他们的猎物出现了。

侦探们说，还有另一件事可以观察。**看看有没有人始终围着一个地方徘徊，就是不离开。这个人不断回来，像一个捕猎者。**如果这个人是一个少年，黑皮肤，穿着一双白色网球鞋，他很有可能是一个拦路打劫的。这样判断其实不准确，打劫与白色网球鞋、黑皮肤和少年这类因素并无必然联系。我们说大部分打劫的穿着白色网球鞋，可是，大部分穿着白色网球鞋的人并不是打劫的。

需要重复的关键忠告是，注意总在那里转悠而不离去的人。而且，看看他是否开始转悠，走动起来。

玩"三牌猜一牌"的人

玩"三牌猜一牌"的人提供了某种最好的街头大戏，而且，让人们看到了他们会上多大的当。玩"三牌猜一牌"的人应该从一开始就被打上问号。两个放荡不羁的年轻人，常常是黑人，把纸盒子放在人行道上，然后开始玩。一个是庄家，一个是玩家，庄家反复洗着三张牌，一张红的，两张黑的，他不断把红牌朝上。庄家戏弄这个玩家，敦促这个玩家给哪张牌下注。庄家嘴里还哼哼着：

> 红的你赢
>
> 黑的你输
>
> 就看你选哪张牌

这两个玩"三牌猜一牌"的人大喊大叫。他们的吆喝声吸引了路人，他们很快就被一群人围了起来。这时会有另一个托儿挤在这群人里。这个托儿可能年纪不小，有时还是个女人，但是，那个托儿无论如何都会装成路人。

这个游戏明显是有诈的。我们发现托儿应该不难。托儿赢了。这时，真玩家们下注了。自以为是的人太多了。活跃的玩家们都看上去胸有成竹。他们识破了这个骗局。庄家遇到对手了。在玩家们赢了一些小赌注时，"三牌猜一牌"的庄家看上去怒火中烧，他几乎要当缩头乌龟了。玩家动了真格的，把他的注翻了3倍。 52

当然，大多数情况下并非如此，庄家会是不友好的，咄咄逼人的，这场游戏变成了一种胁迫。庄家冲着玩家嚷嚷。庄家恶狠狠地盯着玩家。庄家说，拿20美元出来，快下注，快下注。人们为什么会听从是一个谜，可是，那些玩家真的那样做了。

要个花招和按照常理就足以保证庄家会赢。庄家总是赢的。但是，为了赢大的，庄家还有另一个办法。在这场骗局一开始，庄家就利用了玩家的好恶来赢这场盗窃。事情是这样展开的。一个托儿大喊："警察。"庄家四处张望，把牌扔进纸盒子。一个围观的人拿起那张红牌，当着观众的面，给那张红牌做了一个记号，然后，再还回到纸盒子里。庄家会转身。那个围观者给那张做了记号的牌下注。红牌出现了，围观的人赢了。他再下注，他还是赢了。庄家愤怒了；他告诉那个围观的人，他不玩了。那个围观的人走了。

现在，人们争相给那张做了记号的牌下一个大注。一个人拿出 200 美元，放在那张牌上。庄家把那张牌翻过来。那张牌却是黑的。

　　红的你赢

　　黑的你输

　　就看你选哪张牌

53　　毒品贩子、卖淫的和拉皮条的

我为纽约市的警察局和纽约市基金做过一个研究，针对街头游荡的人。研究的地点在西四十二街"顶级酒吧"、相邻商店和拳击俱乐部前面。那里集中了毒品贩子、卖淫的和拉皮条的。当时，警察想了解的是，警车的出现对那里活动的影响。对那里频繁清理是否比偶尔清理好？2 人巡逻还是 3 人—4人巡逻好？

街对面有一家废弃的旅馆，所以，我在那家旅店的第 4 层楼上架设了一个 16 毫米的照相机和两台超 8 延时摄影机。如同对一个场所展开的大部分观察研究一样，第一阶段是弄清常态是什么样的。就顶级酒吧来讲，常态是入口处人头攒动，在宽阔的人行道外侧部分，人群聚拢又散开，散开又聚拢。实际上，说是闲逛，其实游荡的目的各式各样。有高谈阔论的；也有握握手，寒暄几句的。一些人群从顶级酒吧前闲逛到百老汇大街，再返回。有一些熟悉的面孔，因为他们的穿着不变，所以，很容易找到他们。

一件反复发生在下午的事是这样的，一辆红色两门轿车到达顶级酒吧。它直接就停在顶级酒吧前面，随后，司机会打开车的顶盖和后备厢。若干个人会与他相聚。在大约 10 分钟以后，这个司机会回到车里，然后驱车而去。这种事情一个下午一般会发生两次。

　　这种犯法的勾当很有规律。在一个夏季炎热的傍晚，第一次实验开始了。傍晚 7:03，3 个警察走到酒吧前面的灯柱下。在此之前的一个小时里，那里有人聚集过五次，每次 6 分钟—8 分钟。警察出现前 2 分钟，最后一群人散去。警察在那个灯柱附近逗留了 30 分钟，游荡，而且，第 4 个警察加入了进来。

　　7:33，这些警察开始离开。几乎同时，3 个常客出现了。大约在 7:34，警察完全从画面上消失。我们再次回到常态。这种群体活动整个晚上继续展开，毫无减弱的迹象。我们还发现，就在警察离开后的几秒钟里，游荡的人就开始他们的营生。

　　我们对在时报广场附近阿里斯托老旅馆周围游荡的人做了类似的研究。游荡的人所做的两个基本营生就是卖淫和贩毒。在顶级酒吧周围发生的事情也在那个街角和半个街段之外的地方发生。通常有 4 至 5 个卖淫的；她们大部分时间站在入口处，相隔 20 英尺—40 英尺。如果她们走起来，她们最多走到下一个入口，就会折返。客户的行为同样很有规律。可能的嫖客会向一个商店的橱窗张望或在那里站一会儿，然后走近一个妓女。另外一个可以预计到的事情是，一个胖女人每 4 个小时来看看这些妓女。她会匆匆与她们说上几句话，收下看上去像钱一样的东西，然后，走到下一个妓女面前。快要到傍晚的时候，一辆粉红色的凯迪拉克敞篷车会停下来，走出一个个子很高的黑人，他穿着长皮大衣。他是一个很典型的拉皮条的，有人怀疑他可能是一个便衣警察。

　　还有一些其他的共同特征。人们之间有一种松散的网络，包括某种街头常客。附近一家银行的保安兼职做传信的。他们有一个合作的瞭望制度。我们注意到，3 楼的一个窗帘拉上再落下是警车就要来了的信号。

54

在第四十二街和时报广场周边地区，看到像罪犯的人没有什么好惊讶的。走到地下通道，可以看到更多——扒手、恶棍和危险的人。这是一个国家藏污纳垢的地方，在其他城市来的人开始谈论他们不喜欢的事的时候，"纽约客"一定笑了。其他城市的人应该看看我们的纽约。真正令人厌恶的东西就在纽约。

鉴于游荡的人这么集中，所以，值得注意的是相邻商务区的安全问题。我对商务区广场和小公园的活动了解得挺多的。只看对人的攻击的话，那么，那里的广场和小公园基本上是没问题的。这个判断当然需要某种限定：没有任何一条街在凌晨2点是安全的；最好避开一定的边角地区；白领的毒品传递不危险，可是，它依然是一个问题。相类似，嫖娼卖淫作为一种街头现象，此起彼伏。在20世纪70年代，街头有很多妓女，尤其在列克星敦大道；以后街头妓女变少了，但是，指标显示，站街的妓女正在重新抬头。

简而言之，坏事不少，但并非那么危险。然而，感受恰恰相反。在许多城市，在市中心，对犯罪的感受大于犯罪本身。在达拉斯，民意测验表明，大部分人都同意，市中心的犯罪是一个严重的问题；然而，许多人补充道，他们个人一直都没有在市中心遇到麻烦。统计数字证实了这个特征。对于整个达拉斯来讲，市中心登记的犯罪事件最少。

但是，犯罪形象本身是一种力量。大公司在郊区寻找避难所，它们把街头犯罪拿出来作为它们搬家的理由。实际上，市中心的犯罪可能不那么严重。不过，大公司因为想象的犯罪而忧心忡忡，所以，它们把它们的新总部建得像城堡。

我并不希望自己盲目乐观。城市中的确存在危险的地方，有危险的人。但是，人与人之间的差异是很重要的，例如抢劫犯和街头小贩。许多商人和政府官员不分青红皂白。他们自己远离街头生活，他们把街上的人都看成不受欢迎的人，如果街头的人真被驱除掉了，他们可能会很高兴，这正是他们在一些城市采取的政策所导致的结果。

那些政府官员应该换一个方向思考。街上的人们开始离开一个地方，这

55

才是需要担心的时刻。街上的人就像煤矿里的金丝雀，他们是一个地方健康与否的指数。

在最近展开的城市排序中，美国十大生活质量最好的城市，二十个最幸福的社区，等等，其实都没有反映街上是否有人这样一种现象。所以，在最近展开的城市排序中，像纽约这样的城市只能垫底，而按照任何一种平淡无奇的指数展开排序的话，顶尖的城市还是它们。如果一个人真的不希望加上另一个建立在错误观念基础上的统计指标的话，那么，他可能要用上城市的愉悦指数——街头表演的人数、食品小贩的人数、正在交谈的人数、面带微笑的人数。也许愉悦指数很荒唐，但是，它包含了一种看法。街上的人不仅仅是一个问题；他们是城市中心街头生活的核心。生机勃勃的街头生活是对城市本身的一种检验。

好的表演者和好的观众。这些都涉及良好街头生活的问题。街头生活的活力就是对城市本身活力的一种检验。

第四章　有经验的行人

在狭窄的、古老的列克星敦大道上

我大步流星地超过这个人

然后我就可以放慢脚步

我喜欢

随着自己与生俱来的步伐走路

———罗伯特·赫松（Robert Hershon）

行人是一种社会人：行人还是一个交通单元，一个难以想象的、复杂的和有效率的单元。行人是独立的、自动的，他在大约 100 度视线范围内向前移动，如果左顾右盼，他几乎可以把他的视线扩大到 180 度。行人在行进中监视着大量因素：左前方有 2 条斑马线，每分钟可以行走 290 英尺，三个人在右边，他与那些汽车成 30 度角，而且那些汽车正在逼近路口，正前方有两个人肩并肩地走着，"不要过街"的交通信号灯开始闪烁起来。瞬间，不到一秒钟，这个行人改变了行进方式，加速，放缓，他向其他人发出信号，他正在改变行进方式。想想指令和计算机，这也适用于他。交通工程师们正在花费巨额资金开发自动捷运系统。但是，到目前为止，最好的系统还是人。这里对行人的主要特征做一个简单的概括：

1. 行人一般靠右行。（精神不正常的和古怪的人很有可能靠左行，反其道而行之。)

2. 很大比例的行人是三三两两的。

3. 最难掌握的是一对人，他们走起来不确定，突然从一边走到另一边。一对人占据的步行空间比单独的行人占据的空间多 1 倍。

4. 男人比女人走得快。

5. 年轻人比老人走得快。

6. 一群人一起走比一个人单独走要慢些。

7. 拿着箱包的行人比其他人走得快。

8. 走缓坡的人与走平地的人走得一样快。

9. 行人通常抄近路。在一些步行区里，在铺装路面时，就建成了弯曲的步行道。行人没有注意那些曲线型的步行道。行人坚持走直线。

10. 行人在灯光下形成队列，他们会以队列的方式走过一个街段的距离或更长的距离。

11. 在高峰时段，行人的通行效率常常最高。

　　观察单独的行人，他给人留下的最深刻的印象是，他让自己适应其他行人。正如戈夫曼（Erving Goffman）所说，简单地避免碰撞的确相当明显地证明了合作的存在。例如，我们可以想想简单的擦肩而过。这个行人发现前面有一个行人向他走来，在这两个人之间的距离约 20 英尺的时候，他们会相互看看。这是一个重要时刻。通过他们的对视，他们不仅传递了一个信号，而且看看这个信号是否已经得到了认可。在比较靠近的情况下，他们会垂下他们的目光，擦肩而过，用沃尔夫（Michael Wolff）的话讲，侧身闪过。侧身本身并不够，但是，如果另一个行人也做出相应的侧身，那么，就足够闪过了。例外不是没有，不过，十分罕见。

　　在模棱两可的情况下，行人可能会朝他希望前进的方向看一眼，用手或卷起来的报纸轻轻一指。当两个人擦肩而过时，他们都会向前看，头稍微向下、向前，肩膀下垂。

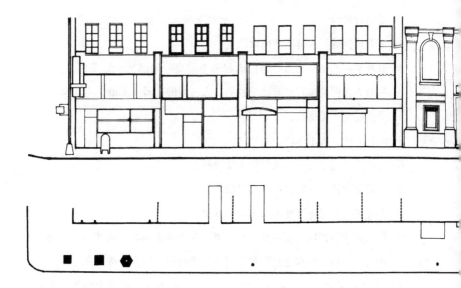

　　行人有许多招数来应对拥挤。他们并不是直接走在一个人的背后。紧随其后，有可能发生冲撞，如果你紧跟在某人的背后走一会儿，第六感会让他转过身来，给你一个严厉的眼神。礼让的行人通常轻轻地侧向一边，这样，他便可以越过前面那个人的肩膀，看到前面。正是在这个位置上，行人有了最大的选择，从某种意义上讲，前面那个人已经给他让路了。

　　当我们接近一个正在步行的人，他与我们的路径成对角或垂直于我们的路径，在这种情况下，我们需要有应对办法，所以，比起擦肩而过，这种情况更具有挑战性。除开擦肩而过的技巧，我们现在可能下意识地使用所谓放慢脚步的办法——稍微放慢一点，甚至都察觉不到的放慢，从而避开冲撞。我们对每秒 24 幅速度下拍摄的影片做了分析。结果我发现，放慢脚步的过程大约发生在 3 幅或 4 幅影片里，相当于或不足 1/5 秒的时间段里。然而，这么短的时间就足以避开冲撞了。

　　最富有挑战性的情况是街角的交叉人流。我们对第五十九街和列克星敦

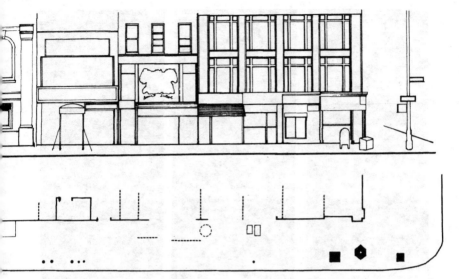

为了记录下行人在什么地方做什么和做了多长时间，我们绘制了一系列列克星敦大道街面图。这是第五十七街和第五十八街之间东侧的街面图。

大道相交的西南街角进行了很多研究。那个街角有一个地铁入口，通常至少会有一个贩子在马路牙子上吆喝，另外一两个贩子会在人行道上。在高峰时段，每小时的行人人数可能高达 5 000，但是，令人惊讶的是，如此拥挤也没有让那里停摆。

拥挤的街角之所以从来都没有停摆，原因是行人有经验，以及他们合作的行为。在缓慢移动和常态情况下，我们拍下了冲撞过程、擦肩而过的方式、技巧，然后，把它们标注在那个角落的大尺度图上。研究随便一个遭遇，我们会认识到的不仅仅是那些行人有多么灵活敏捷，而且开始了解到行人的解决办法有多么大的胜算。那个拥挤街角的确是一个非常复杂的运动网络。

还是有骗术的。行人并非都是圣贤，有些行人会乐于别人给他们让路，而不是他们自己给别人让路。他们使用假动作，有时采取胁迫的方式。我们立即重放了"快布朗"和"慢布鲁"那段录像，我们直接观察第五十九街的街角，我们看到了"快布朗"正从左边走过来，布朗个子不小，走起路来很

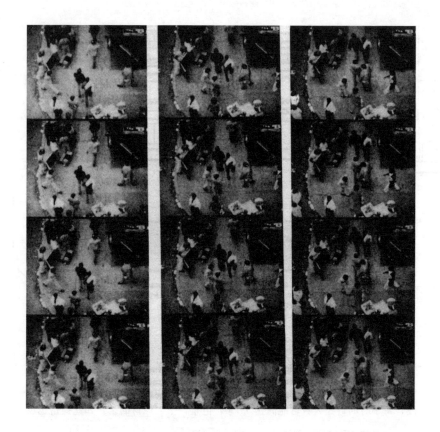

快，1分钟可以走360英尺。"慢布鲁"出现在这个画面的下边。布鲁个子不大，走起路来很慢。两个人迎面走来。两个人都没有改变步伐。就在关键点上，布鲁把他的左胳膊慢慢地放在他自己的头上。这一下就把布朗甩了下来。当布鲁擦肩而过时，布朗完全停了下来。他完全乱了阵脚。布朗在重新上路之前，在横向步伐上浪费了数秒时间。

有效的手段是需要很快发现迎面而来的人流，他们是单个的人，还是成群的人？单独的个人和一伙人是有所不同的。例如，一对人可能迫使你朝旁边靠靠，而两个单独的人则不会。三个人一伙迎面走来，更难对付。当他们并肩而来，如果你有胆量的话，你可以不去理会他们的阵营，迎面通过。可是，真没有几个人这样做。大部分人会绕过他们。这就是为什么游客让当地

60

人恼火。游客有时真的四五个一排地在大街上走。

我可能有些狭隘，不过，在我看来，**就所有的行人而言，纽约的行人是最有经验的。他们走得快，而且走得敏捷**。他们付出，他们收获，他们进取和包容，**他们用最微妙的动作，向别人显示了他们的愿望：眼神，偏离中心线一度左右，微微摆摆手，挥挥卷着的报纸**。

只要行人能，他们甚至会恐吓小汽车。一个司机减速，打算右转弯，这时，行人会做任何一件可能的事来妨碍这个司机转弯。他们假装没有看见那些要转弯的车。他们把他们自己当成了人质，或者给我让路，或者轧死我，迫使那些司机做出不得以的选择。

《纽约时报》的谢泼德（Richard Shepard）既是一个学生，研究大街，也是一个行人，他说："纽约人带着一种特殊的、有目的的步伐在走路，去一个目的地的人的脚的位移，符合地方节奏，不想磨蹭。"纽约人更青睐的另一种解释是，纽约吸引了有志向的、有智慧的、有进取心的人，即像他们自己那样的人，而正是这种吸引力产生了纽约的步伐。

他们怨恨约束。交通信号灯就是一种让人不快的东西，起码是让小汽车而不是行人赢得时间。拿第五大道为例。我们打算挤出点时间向北走。当信号灯一变绿，我们就开始匆匆走起来。我们大约走上 240 英尺，就碰到了下一个信号灯。我们到达那里的时候，信号灯刚刚变红。只有当我们以每分钟 310 英尺的速度行走，我们才不会遇到红灯。

外地人可能顺从地等待信号灯变绿，但是，纽约人可能根本就不去看信号灯。纽约人会去看马路，看看有没有机会过马路。在绿灯亮起来之前，他可能匆匆地过了马路。

纽约人是屡教不改的乱穿马路的人。他们可能一开始是走在斑马线上，但是，很有可能突然改变行进的角度。许多乱穿马路的人选择就在街段的中间直接过马路，特别是当街段非常长的时候，更有可能随意选择过马路的地方；在第五大道和第六大道之间的那一段四十二街就是一个很好的例子。在早高峰时，乱穿马路的人常常走一个长长的大斜线过马路，有时甚至穿过2/3的街段长度。这是很危险的，但是，这样做不是没有它的道理的。那些走大斜线乱穿马路的人可能削减1/3的旅行路程长度。

在一些地方，乱穿马路并不是行人的本意。简单地讲，是因为那里没有足够的人行道空间来容纳行人。列克星敦大道沿纽约中央车站那一段的人行道就是一个值得注意的例子。我会在下一章具体讨论中央车站那一段人行道，那段人行道的确存在一个容纳行人的人数门槛，一旦行人超出那个临界值，行人就只能应对小汽车了。在那种情况下，占用车行道不无理由。不过，那种行为是愚蠢的。在小汽车里穿行的例子并不罕见，乱穿马路很危险，可是，放在那时，乱穿马路还是很有诱惑的。乱穿马路的确危险。

有些人羡慕纽约的行人，岂不知纽约的行人为他们乱穿马路付出了惨痛的代价。纽约每年的行人死亡率为7人/10万人，在这个指标上，纽约居榜首（芝加哥为4.5人/10万人，洛杉矶为4人/10万人）。在死亡行人中，62 68%是男人。对违反交通规则的行人缺少任何有效的处罚是一个问题。没有给乱穿马路的行人处以罚款；如果真那样做了，罚款的数额也就是区区2美元而已。另外一个问题是醉酒的行人，在纽约死于步行的行人中，1/7体内检测出酒精。

骑车快递员的兴起给行人带来了一种新的危险。5年前，人们见到的大部分骑单车的人是去上班。但是，快递员骑车是为了挣钱。他们以送了多少单快递来计算一天的收入，加快速度一天可以给他们多带来100美元的收入，使每天的整个收入可以达到250美元—300美元。所以，他们骑得很快，非常快，如果可能的话，他们骑单车的速度达到50公里/小时左右；他们逆行，他们闯红灯。他们似乎讨厌行人；他们怒视和咒骂行人，他们吆喝着让行人给他们让路。

行人至今依然没有适应骑车快递员或他们不可预测的行进方式，在与小汽车战斗中培养出来的直觉还不能让行人去应对骑车快递员。在横跨一条单向街道时，行人通常看看来车方向有没有车过来就行了，然后决定过街还是不过街。然而，这样做有可能是一个失误。从逆行方向上突然蹦出一辆单车，迎面冲过来。一些骑车的人吹着口哨，让行人给他让路，但是，通常情况下这些车的出现是没有预兆的，而当行人看到单车时，已经到了躲闪不及的境地。

1986年，在行人和单车相撞中，死了3人，伤了1 640人。大部分事故其实是没有报告的。这个危险被低估了。步行已经变得不那么愉悦了。现在，我们必须向右看看，还要向左看看，观察小汽车之间的缝隙，看看有没有单车出来。骑单车的只需要2英尺的宽度就行了。更有甚者，单车已经上了人行道，骑车人不可预测的车轱辘引起了行人的动作不可预测性。行人不知是该向右还是向左。骑车的人占了我们的人行道。为了适应骑车人的行进，行人们惊慌失措。这些不确定性可能是行人要面对的最糟糕的事。

在有关行人处境的视频中，一个司空见惯的画面是一群行人朝同一个方向一起走，而且走得不慢。实际上，这种情形是好的。在有一个主导方向时，对于一定程度的拥挤状态而言，人流产生了最好的人行道空间和行进速度。这也是有代价的。当我们顺着人流走时，没问题。当我们不是顺着人流走时，我们得很敏捷才行。在第七大道长岛铁路东端入口处，早高峰时段通过一个17英尺宽的狭窄通道的人流量达到每小时14 000人。这肯定是一个奇迹。然而，很遗憾，这14 000人中大约有2 500人是要进火车站的。（一些人是上班族，到郊区去上班。）他们挤挤攘攘地往前走。

车辆交通越慢，行人越容易维护他自己的权利。例如，波士顿的行人是另一个很有战斗力的群体，其原因之一是，波士顿老城中心街道的狭窄和曲折。随着那些道路上车流量的增加，天平向行人一方倾斜。我们会看到，波士顿人挥舞他们的手臂，让小汽车离开他们的道路或停下来，如果那些小汽车不离开或继续行驶，行人会拍那些小汽车的车盖，常常迫使小车停下来。

蒙特利尔的行人也不省心。他们要去反抗的事情也不少。在圣凯瑟琳大街，一条重要的商业街，人行道的宽度与列克星敦大道一样，12.5英尺宽。

63

人行道上的人流量却是惊人的，在繁忙时间段里，通过那里的人流大约在5 000人/小时—7 500人/小时。交叉路口的行为明显处在失控状态。麦吉尔大学建筑学院院长德拉蒙德（Derek Drummond）对那里的行人模式进行了大量研究。他在报告中带着骄傲的口吻说："圣凯瑟琳大街行人流的最大特征是，那么多的行人不把交通信号灯放在眼里。"

红灯还亮着，在那种情况下就过马路的人高达60%。德拉蒙德认为，他们那样做是有道理的。"信号灯对行人的行进不敏感，导致行人在红灯亮起来之后到达交叉路口。"他注意到，"蒙特利尔的信号灯变更时间非常长（100秒），给圣凯瑟琳大街上的车辆交通60秒的绿灯。所以，行人在100秒的时间里钻行驶车辆的空当过街没什么可奇怪的"。

钻行驶车辆的空当过街的行人有增无减。甚至在最冷的冬季，零下20摄氏度，行人还是在街上行走。玛丽城广场附近的通道是供热的，不过，它仅仅吸引了圣凯瑟琳大街30%—40%的行人流量。

秩序井然是对东京行人的一种赞扬。就广泛的文化差异而言，东京的行人明显类似于纽约的行人。他们也相当地有技巧，虽然他们明显更守纪律一些。东京行人在市中心区的行走速度很快，大约每分钟走300英尺—320英尺。不过，他们用跑的更多。在早高峰前0.5小时—1小时，这种情况最明显。在步行就要结束的时候，许多人会小跑起来。当他们真的这样做时，他们会笑起来。其他行人可能也会笑。东京人看着这场街头喜剧，他们喜欢这种街头喜剧。

与纽约的行人相比，东京的行人要守规矩一些，当然，东京的行人是有他们自己的过街方式的，有时，过马路成了一种博弈。在主要大道的交叉路口，东京的行人似乎是一群最顺从的人。红灯一亮，他们会服从，停下来等待。为了避免他们违规，附近的喇叭里会传出一个小女孩的声音，对他们发出警告。别犯傻，等着灯变更。有些行人按捺不住踩了白线。绿灯亮了，从街的两边，两组人迎面走来。银座地区的一些路口，会有来自四个方向的四

东京的行人是很守规矩的；他们几乎总是等待信号灯，然后再过街。在交叉路口，喇叭里会传出一个小女孩的声音，警告行人遵守规则。在红灯亮起来之后，她反复警告，所以，不要犯傻。就在绿灯开始闪烁时，一些人开始抢着过街。

组人过街。这的确是一种风景。

大约在绿灯亮了 40 秒之后，这个小女孩说不要再过街了。此刻，她说，人行横道线是危险的。等待下一个绿灯再安全过街。现在，行人开始抢着过街。在上下班的高峰期，笑话会很多。一些人会在红灯亮起前几秒开始过街，马路中央会暂时什么车也没有，然后，车辆开始呼啸而过。行人会开始聚集起来。小女孩的声音再次响起。让大家等着绿灯。

步行速度

如果前面有一个合理清晰的路径，人们所选择的步行速度基本上是一致的。一般来讲，男人比女人走得快，年轻人比老人走得快，单独行走的人走起来比成群结队一起走的人要快。负重似乎不会让人走慢；稍微有一点点爬坡也不会让人走慢。他们无非是多消耗一点气力，但是，他们不会放慢脚步。

在一个大城市的市中心，男人的步行速度平均约为 5 英尺/秒；290 英 65

尺/分—300 英尺/分；3.5 英里/小时。快走的人平均速度为 4 英里/小时，加快几步的时候，步行速度可以达到 5 英里/小时。人们会把这种步行速度维持多久取决于城市的品质。对于美国西南部汽车导向的、比较新的城市来讲，大部分人可以按照这种速度走 3 个—4 个街段。在纽约，可能是 5 个街段。

大城市的人走起路来比小城市的人快。为什么如此至今还没有令人满意的答案，可是，存在差别似乎是一个不争的事实。研究显示，城市规模和步行者的步速之间存在相关性。我们的测量通常是针对自由行走的人的；因为自由行走在大城市比在小城市要罕见得多，所以，大城市行人步速有可能被高仿了。但是，高仿的程度可能微乎其微。我们自己针对不同情形所做的跟踪研究表明，大城市的行人确实走得快，我们对城里人那种匆匆忙忙的印象是有事实依据的。

大城市的人为什么走得快呢？纽约区域规划协会（RPA）的普什卡廖夫（Boris Pushkarev）认为，因为大城市的人走得比较远，所以，大城市的人走得比较快。大城市人的时间对他们很宝贵，所以，他们压缩他们的出行时间。

另一种解释是，大城市的人必须应对的是高密度的人。心理学家米尔格拉姆（Stanley Milgram）把大城市的人为什么走得快看成一个超负荷问题。他推论说，大城市的人受到非常大量的刺激；有许多人在与他们相互作用。负担大于个人可以承载的能力，所以，他们通过加快步伐的办法来让个人负担最小化。

我并不这么认为。那个看法不符合步行速度的数据。进一步讲，我们是在自由状态下测量步行速度的。大城市的人不是因为拥挤才走得快。他们并没有很挤。的确，大城市的人可能已经习惯拥挤了，无论挤还是不挤，他们都会加快步伐。但是，这种推测是无穷无尽的。

对于超负荷来讲，人们采用各种防御机制来应对拥挤状况：乘地铁，避免与陌生人的不必要接触，等等。不过，走快一点一定就是这类适应吗？人们还可以说，人们走快一些以增加环境刺激。

在给每一个行人计时中，我注意到，那些走得快的人没有表现出比其他人多了一份烦恼或紧张。他们表现出有所成效，他们步行的方式有时透着一种孤傲。似乎在说，我是一个很重要的、忙碌的人，我在路上。但是，大部分走得快的人并不专横，**常见的解释可能是正确的：因为他们着急，所以，他们就三步并作两步走。**[①]

就像承载能力的概念，超负荷概念也是一个不严谨的概念。超负荷是贬义的，把一个高度刺激当成某种要减少的东西。但是，走起来最令人愉悦的大街正是那些可以得到高度刺激的大街。正如我会在后边给出的判断一样，最好的大街是可以刺激感官的大街，我们不能设想，走在大街上，只得到好的感觉，而不会得到不好的感觉。现实的大街，好的感觉和坏的感觉是混合在一起的，不能分开，就像我们都喜欢欣赏花店摆放的花一样（好的感觉），但是许多其他的人也一样喜欢欣赏花店摆放的花（坏的感觉）。

人们被吸引到了这些大街。如果他们真的没有被大街吸引，他们就会去别的地方。他们会走在大街上，却得不到什么刺激：街道两侧是空白的墙壁，妨碍街头活动。行人认为，除非不得已，否则他们不会去这样的大街。他们去了这样的大街，他们也不会在那里久留。

一个行人正在路过什么，是会影响他的步行速度的。一个行人可能以290英尺/分的速度开始迈步，然后，他经过一个商店的橱窗，一个商品展示窗口，于是，他放慢了他的脚步，以200英尺/分的速度行走，他甚至有时停下来。当他重新开始走起来，他可能以340英尺/分的速度行走，仿佛抢回失去的时间。相类似，当他经过一段河堤或一个空白的墙壁时，他可能大大加快他的步伐，快速通过无聊沉闷的街段。

白天对行人的步伐有影响。一天中最好的时刻之一是午餐之前。虽然无法测量，但是，那个时段的步行具有快乐的品质。会有许多成群结队的人，尤其是年轻的执行官们，他们看上去兴高采烈。在那种时候，"三个快乐的家

---

① 人们一直认为，人们走得快一些是为了避免感觉到超负荷。

伙"最有可能出现。那时，人们会开很多玩笑，会发出阵阵笑声。期望值很高。好事的确会发生。

午餐后，行人的步伐慢了下来，当然，不排除有人会小跑，以便准时回到工作中去。午餐结束，许多人会起身告别。关键人物误点了，一般都是上了年纪的人，约两个人吧。他们迟缓的步伐似乎在说，这是一个很好的午餐。人们会依依不舍，或者拖延午餐才是目的所在。这些非正式的场合可能十分重要。

高峰时段的节奏是生机勃勃的。早高峰是最目标明确的，人们的确希望从 A 地到 B 地，他们有一定的经验来把握这个目标。在必须做出决定之前，他们会移到人流的最右端或最左端，以这种方式来预计自动扶梯的位置。

67　　　晚高峰也是忙碌的，不过，晚高峰更具社交性。更多的人三三两两地走着，更多的人都在纯粹闲聊式的交谈中，他们更加依依不舍，甚至还有不少人就站在那儿。但是，晚高峰的人流仍然是高效率的。由于时间是自由的，所以，就算是在最高峰的时段，行人的步行流可能还是最顺畅的。

只要地方适当，人们会翩翩起舞。老火车站就是这类适当的地方，还有那些保留着这个运动方式的地方。站在俯瞰纽约中央车站主大厅的凉台上。左边，四个下行自动扶梯中的三个在左侧，很多人正在下行。不过，一会儿，人们在无数种方向上分开。有些人围着售货亭顺时针旋转，有些人则逆时针旋转。数百人会以这种方式移动，而且还会以穿梭、躲闪、假装的方式移动。这里和那里，某个人会跑起来。几乎每一个人都与其他人处在碰撞中，但是，他们也会以放缓、加速、擦肩而过等方式避免接触。实际上，这就是我所说的翩翩起舞。

第五章　客观存在的大街

如果行人们很有技巧，那是因为他们不得不如此。几乎每一个美国城市都让行人处于不利的境地之中。地方交通部门在它们的章程中明文规定，交通主体包括行人和车辆，地方交通部门应该考虑到行人和车辆。但是，地方交通部门并没有做到这一点。他们的设计是不利于行人的。一般警示行人的交通标志都使用"禁止""不许""不要""注意"之类的词汇。

把行人置于不利环境中的另一个标志是人流和车流分离，而且**人车分离是最得到人们推崇的规划观念之一**。人车分流的**受益者**是谁呢？肯定是**机动车**。立交桥就是一例。立交桥可以让行人便利地过街，但是，立交桥的确是为车辆通行顺畅而设计的，让车辆跑得更快，不用停下来。假设行人有了一种争取公平的机会，他们是会从路面上过街的。他们不喜欢爬到过街天桥上去，其实，交通工程师自己也不喜欢这种设计，他们也是不得已而为之。

交通信号灯对行人不利。在大多数城市，主干道比支路得到了相对更多的放行时间。因为主干道承载了更多的车辆，这么做似乎不失公正。问题是使用主干道的人并不在车辆里。行人是在用脚走路，绿灯亮的时机总是对他们不利。如果我们要过芝加哥的北密歇根大道，我们最好在信号灯指示"放行"之前一点点就蹭上了斑马线，因为放行时间仅为 18 秒，随后就变成"不许走"的信号。这类信号灯给的时间比行人过街所需的多一点，但这多出的一点时间也依然很紧张。

这种歧视浪费了行人的时间。我们可以拿纽约第五大道为例。第五大道每一个街段的长度大约为 200 英尺。我们在一条街的放行信号亮起时开始过街，然后步行 200 英尺，到达下一个路口，恰恰遇到红灯，不许过街。这样就形成了一群行人。等待 50 秒，我们再次出发，同样，刚好到达下一个路口，又遇到了红灯，不许过街。所以，不存在一个行人流，只存在一系列的间断点，从而造成几乎双倍的步行时间，最大程度地让成群的行人聚集在等待的行列里。

正是在通行空间划分和相应的空间使用规则下，行人在通行空间中分得最小部分。**在几乎所有的美国城市里，大量的通行优先权都给予了机动车，而最小的通行优先权才属于行人**[①]。纽约的列克星敦大道就是一个很典型的案例，尤其是在第五十七街至第六十一街之间的那 4 个街段。那 4 个街段是荒谬的美国城市街道的一个缩影，恰恰因为那 4 个街段的极端状态，提供了进行补救的线索。

过去一些年里，美国城市的许多街道都加宽了人行道，列克星敦大道也不例外。现在，列克星敦大道的车行道宽度约为 50 英尺，两边的人行道宽度约为 12.5 英尺。列克星敦大道的人行道有很多破损和不平整的地方；有些地段，坡度大约为 20 度。因为下雪和下雨，夏季空调滴水的原因，列克星敦大道人行道上有不少洞，坑坑洼洼的。列克星敦大道的人行道上唯一平坦的地方就剩地铁的通风口栅板了，可是，因为妇女的鞋跟会卡进去，所以，她们总是尽量避开那些地铁的通风口栅板。

列克星敦大道的街景不佳，所以，当人们谈到城市设计落后时，常常拿列克星敦大道的街景为例。垃圾桶、邮箱、报摊、地下通道的台阶、消防栓、信号灯和各类电线杆，不适当地沿着路边展开，一些电线杆被撞弯了，一些电线杆上拴着自行车。一部分人行道用于装货卸货和存放盒子。那里会有人给行人发各色广告，店主展示商品，警察抓小贩，总之，人行道上有许多障碍，实际的人行道宽度不会超过 6 英尺—7 英尺。人行道的实际宽度还会减少：只要店主喜欢，他们会把他们的木质广告板推出来，这种招揽生意的做

---

① 这恰恰是需要的逆向关系。

这是列克星敦大道和第五十七街的交叉口。这个令人不快的大街的人行道窄到只有12.5英尺宽。招牌、花卉展示、店铺的桌子以及各种各样的障碍，可以把人行道的实际宽度减至4英尺—6英尺。

法会让人行道宽度减少到4英尺。

再来看看通行容量。在第五十七街和第五十八街之间的那个街段，每天通行的行人，向东的为2.2万，向西的为1.9万，合计行人约为4.1万。同时，列克星敦大道每日通行的车辆约为2.5万辆。

这样，在列克星敦大道行人和车辆之间所做的空间划分是颠倒的：2/3的道路面积用于机动车，而1/3的道路面积用于行人。情况如此糟糕所以应得到改善。许多人挤在不大的空间里，哪怕相对增加一点点空间，都会产生很好的效果。例如，减少一个车道，就可以给两边的人行道各增加10英尺的宽度。虽然看上去没有增加多大的空间，不过区区10英尺，可是，人行道的实际通行容量会扩大1倍。这样，就可以种树，可以增加公用设施，如长凳。

加宽人行道的好处似乎不只是减少拥挤。新的花旗银行大厦很好地证明了这个判断。在花旗银行大厦面向列克星敦大道的一面，人行道增加了5英尺的带状空间，从而把那一段人行道的宽度增加到 17.5 英尺，像一个林荫大道。

一些人提出了一个设想，重新划分上列克星敦大道。但是，人们对此不感兴趣。大部分人认为那是天方夜谭。甚至那些为"步行者"呐喊的社区理事会的人也没有回应。机动车会怎样行驶呢？5 个车行道很不好。假定只有 4 个车行道，效果会是什么样的？

71 如果要对步行拥挤有所行动，那么，必须回答步行与机动车交通相关的问题。我的研究小组详细研究了列克星敦大道每个车道的车辆通行状况。标准交通量调查记录了通过这个计数器断面上的车辆数量。这种方式得出了整个数字，但是，没有告诉我们车辆通行的内部特征。为了得到这个车辆通行的内部特征，我们利用延时摄像机，对 2 个车道白天的交通情况做了记录。然后，我们对一幅一幅的摄像片上的每辆车进行研究，什么类型的车辆——小汽车、出租车、公交车、卡车；在哪个车道上行驶；通过那里的精确时间。另外，我们进行了实地观察，检查车辆的载客量、右转行为，等等。我马上注意到，这个结果是那个时期对车辆交通所展开的最全面的分析之一。（这次研究也让人精疲力竭；以安为主的研究人员记录了 6 个星期、每天 12 个小时的实际交通运行情况。）

我们发现了我们事先没有预计到的一些情况：

1. 早上 7 点—8 点，车辆通行量最大的时候，车辆通行最为迅速——几乎与交通信号灯允许的速度一样快。没有人停车。
2. 交通遵循碟形线路（saucer pattern）。中午的车辆通行量最小，而那时行人通行量最大。
3. 车辆分布不均，大量的车辆挤在 5 个车道中的 2 个车道里。
4. 车辆很少使用左边车道。清晨，司机不需要使用左边车道；而在剩下的时间里，因为停下来的车占用了左边车道，所以，他们不能使用左边车道。

5. 右边车道也没有使用多少。公交车司机在右边车道停车，但是，为了运行起来，公交车司机喜欢中间的几个车道。除非右边车道是公交车专线，否则，司机不会让路边的一辆小汽车把公交车卡在那里。

6. 公交车承载的交通量份额不成比例。公交车仅占车辆总数的 4％，但是，它承载了 37％ 的出行者。

7. 私家车承载了最少量的出行者。每辆车平均载客 1.6 人（包括司机）。小汽车的规模越大，平均载客量相对越少。我们发现，每辆凯迪拉克的平均载客量只有 1.1 人。

对每个车道的交通量的研究显示，车道间交通量分布很不均匀。2 车道和 3 车道承担了 75％ 的车辆通行量。1 车道是公交车道，车流量非常小；4 车道是并行停车道，所以，它的车流量也非常。5 车道实际上完全没有车流。

停车导致车道堵塞是一个关键因素。我们决定做一些更具体的研究。车辆的停车时间究竟有多长？周转率是多少？我们拍摄了延时录像，然后，以钢琴演奏打孔纸的形式，记录下若干街段一天的停车状况。这些图显示，超出 2/3 的可停车时间都被小数量的长期停车所占据，它们早来晚走。在没有被长期独占的少数车位中，是有车辆更替的。但是，这种更替并不多，而且几乎不是商人们希望的那种更替。

商人们喜欢沿街停车，他们认为，那样会吸引更多的顾客。事实并非如此。我们的研究显示，因为进出商店而在那里停车的人比例很小，在那里停车的人可能正是那里的商店老板或员工，而不是顾客，他们的车在那里停上数小时。

并排停放呢？我们以为会有很多。在我们的印象里，列克星敦大道总是被并排停放的车堵得水泄不通。然而，在具体观察之后我们发现，任何时候，其实只有一个街段或两个街段出现停车堵路的现象。这看起来很奇怪，堵路的车实际上很少，却能给那里的车辆通行造成很大的影响。我们发现，以并排方式停下来的车辆数究竟有多少其实不是关键因素。关键因素是，因为挨

72

着其他车并排停放，一个车道被堵上的时间长度。每个街段只要一辆车占用了行车道就足够堵塞整个车道了。

然而，那些停车的人并不是车道堵塞的罪魁。他们大部分是送货的，开着卡车，或者接到上门服务的电话，前来服务的。他要在那里停车是因为他必须那样做，而且时间不会长。真正的祸首是那些没有必要在那里停车的人。他堵住了通道，让那些真正需要停靠在马路边的车辆无法停在合适的位置上；他也让那个车道的整个车辆行驶速度减缓。司机都不喜欢停在一辆已经停在那里的车周边，尤其不想太靠近它，他们希望给那辆车一个出路，让它随时可以走掉，这样，外侧车道的能力减少了50％。

之后，我们对整个曼哈顿中部商业区展开了研究。在来自哥伦比亚大学建筑系的16个学生的帮助下，我们调查了每一个街段，标注了每一辆停下的车辆，记下了它们的车牌，以及车窗上的任何标识卡（例如，"警察局长协会成员"）。研究显示，其模式与我们在列克星敦大道上研究出来的模式一样。相对很少数量的车辆正在造成道路拥堵。整个曼哈顿中部商业区的街道长度为36英里，我们发现了4 031辆汽车，2 000辆停车违规，仅有22辆得到罚款单。在曼哈顿中部商业区的每一个街段里，我们都发现了至少一个车道被堵塞，不能通行，堵塞的原因可能是合法或不合法停车，挨着其他车并排停放或不动。

73

在所有这些状态中，有一个极端效率低下的状态。一个车道一旦堵塞了，只要额外再添上几个因素，如公共工程正在那里施工，停下来的卡车占了两个车道，增加了一辆挨着其他车并排停放的汽车，整个交通就完全堵塞起来。我们一定会怀疑是不是真有人暗中作祟，控制着路上的车辆。当然不需要这样一个暗中操纵者，意外就足以产生这个结果。①

交通拥堵的代价很高。这代价不仅仅用拥堵、能源损耗和时间来计算，

————————

① 交通平衡是不牢固的。堵了另一个车道；增加一个公共设施维修工程，挂拖斗的卡车堵在了十字路口。现在，加上一辆挨着其他车并排停放的汽车，整个交通就完全堵塞起来。真有一个主谋暗中操纵？没有的事。不过是偶然性暗中作祟罢了。

反常的拥堵经济学：朝鲜假发经销商每月付给这家商店老板 400 美元，非法租赁列克星敦大道上 4 平方英尺的人行道空间。一个滑头的人一直都把他的奔驰车停在马路边，占了 180 平方英尺的空间，但不付一分钱。如果这个滑头的人真按那个朝鲜人每平方英尺的租赁价格付停车费的话，他每月要付 18 000 美元。

实际上，更重要的是被舍弃的利益。城市把空间让给了停车的人或者把空间租赁出去而获得微薄的收入，于是，城市正在挥霍掉它拥有的最有价值的土地和空间。比起用于停车，城市的那些土地和空间其实还可以派上更好的用场。把用于停车的土地和空间用于交通最好，尤其是用于步行交通。步行交通是市中心交通的主要部分。步行应该得到中心城区和城市更大份额的空间，果真如此，中心城区的商人们一定会获益。

我们可以思考一下这个例子。一个朝鲜假发经销商每月付给列克星敦大道上一家商号老板 400 美元，租赁列克星敦大道上 4 平方英尺的人行道空间，摆放他的假发摊子，这个空间当然不属于这家商店的老板，但是，这个假发摊子的摊主认为值得花这笔钱来得到一个零售空间。一个滑头的人每个工作日都把他的奔驰车整天停在马路边。他占了 180 平方英尺的空间，但没付一分钱。如果这个人真按那个朝鲜人每平方英尺的租赁价格来付他的路边停车

74

费的话，那么，他每月要付 18 000 美元。乘上纽约城里的停车数，纽约市的财政问题便迎刃而解了。数学计算可能是荒谬的，但是，实际情况就是这样。

我们认为，只是关注停车的人是不够的。如果单纯增加停车位，那些停车位很快就会被填满。如果不能把空间转交给行人，车辆很快就会占用它，有效空间会引来更大的车辆交通量。

若干个项目对此提供了生动的说明。以麦迪逊大道公交专用线项目为例。麦迪逊大道右边 2 条车道为公交车专用道，其他 3 条车道供小汽车和货车使用。关键是左手靠马路边的那个车道。那里一直都不许停车。现在强制执行这个规则。告示这样写道，"甚至想都不要想在这里停车"。如果人们还是不信，把车停在那里，肯定会被执法人员的拖车拉走。

这样，公交汽车的速度明显加快了。尽管供其他车辆使用的车道比以前少，但是，行驶起来反倒更容易了。列克星敦大道更顺畅了。交通委员施瓦茨（Samuel Schwartz）不仅具有创造性，而且大胆。他清理掉了大部分人在左边车道停车的特权，那些人长期以来把车停在那个车道上——在拥有停车特权的城市里，这样做谈何容易。为车辆行驶提供更多的空间，而不是为车辆停放提供更多的空间，会推动更多的车辆动起来。对于一个如此拥堵的地区来讲，禁止路边停车的举措大大改善了行车状态和速度。

这就是问题所在。诸如此类的成功越多，纽约在减少车辆交通的问题上就走得越远。更直接的后果是，纽约会让步行比以前更容易和更安全。

我们可以拿通往中央车站的那一段列克星敦大道来检验这种观念。当我们观察那里的整个通行权时，我们会清晰地发现，如同 20 世纪 70 年代的上列克星敦大道，那里的通行权划分是不公平的。我们发现，在那里通行的人中，78％是行人，仅仅 22％的人在车辆上。但是，道路分配的数字正好倒了过来，66％是供车辆通行使用的，而 33％是供行人使用的。

所以，沿中央车站的人行道已经成为最拥挤的地方之一。在高峰时段，每小时的通行人数为 7 500 人，或者，每分钟的通行人数为 125 人，而人行道空间怎样？人行道的正常宽度为 12.5 英尺，但实际可以使用的宽度为 6 英尺，也就是说，每英尺每分钟可以通行 21 人。这是危险的。在高峰时段，我注意到，每分钟的实际通行量达到 90 人，那时，人们会从人行道上溢出；而在每分钟的通行量达到 100 人时，就很拥挤了。

解决行人拥挤问题的最简单办法就是扩宽人行道。如果周期性地扩宽和铺装人行道的话，成本不会很高。纽约第六大道即美洲大道的大修证明了我们的这个判断。值得赞扬的是，纽约市交通部认为第六大道应该有某种大的改造。当时，行人有优先通行权的地方很宽，而交通岛和几乎没有被使用的平行道路以及一些边角空间，没有很好地利用起来。经过大修，这些空间被改造成一系列公园和可以落座的空间。这些工程的实施不困难，改建后的空间大部分得到了很好的使用。扣除路面翻修的改建成本为 40 万美元。

许多城市已经把他们的主要大街改造成公交步行街。公交步行街与步行街不同，公交步行街会留下 1 个车道或 2 个车道供公交车使用，例如，俄勒冈州波特兰的公交步行街就让有轨车通行。有些公交步行街运行良好——公交车不仅让人们容易到达市中心，而且也让步行街的商业活动更活跃。对于公交步行街来讲，发展零售业很关键；有些公交步行街的确吸引了零售商，有些还在苦苦挣扎。

然而，最令人鼓舞的倒是那些没有发生的事情：与广泛预想的情形相反，封闭市中心的一条路并没有造成其他道路的拥堵。车辆非常快就调整了，寻找可以通行的道路。供车辆使用的空间减少了，车流也减少了。

公交步行街是一种前景广阔的方式。实际上，扩宽关键人行道是一个比较初级的阶段，然而，很遗憾，大部分美国城市的发展还没有达到这个初级阶段。它们也没有解决占道沿路停车的问题。实际上，采取这些方式的成本并不高，而且可以逐步实现。

不过，完全采取修修补补的方式来解决这类问题是有缺陷的，它不会调动起市民的积极性。大幅改变，或承诺分阶段实现大幅改变，是可以调动市民积极性的。一个城市的人行道太窄，它的确可以通过扩宽人行道来满足需要。但是，这样做未必能够调动市民的积极性。如果投入数百万美元，以地下通道和高架桥的方式新增数公里的人行道，是会让市民激动不已的。

　　城市都应该仔细关注它们已经拥有的。大部分城市都有巨大的储备空间，还没有去想象如何利用它们。那些城市不需要花费数百万去创造空间。那些还没有充分利用起来的行人优先使用的道路上，那些巨大的停车场，在关键位置上，在地面上，就有足够的空间，去建设宽阔的人行道、街头小公园和步行场所。

　　人行道应该有多宽呢？交通规划师的研究已经提供了一些有用的指南，尤其是纽约港务局的弗鲁因（John J. Fruin）所做的工作。弗鲁因使用照相机和计算器，观察了在公交线上、电梯上、车站通道等高密度空间里的各种各样的人。从这些研究中，弗鲁因提出了一种服务水平概念，也就是说，每个行人要达到无障碍水平，即达到 A 水平的时候，所需要的空间数量；每个行人要达到有些轻微障碍的水平，即达到 B 水平的时候，所需要的空间数量；以此类推，一直达到拥挤的程度，乃至几乎不能忍耐的程度。就 A 水平来讲，步行道的宽度要达到每分钟每英尺可以同时通过 7 人或不到 7 人。这个宽度让人们在最繁忙的时间里可以拥挤通行，当然，大部分时间里，这个宽度是很容易通行的。

　　纽约区域规划协会在它的《城市步行空间》的著名研究中使用了弗鲁因的服务水平概念。当然，这个研究推进了弗鲁因的研究。规划师们觉得，弗鲁因的标准适用于车站和过道里的人流，适用于在高峰时段单向通行的情况。街上的情况有所不同，人们在街上行走时的确有穿插的情况，人们一般还喜欢扎堆一起走，所以，规划师们认为，街上需要的空间要比弗鲁因的标准高。于是，规划师使用了每分钟每英尺 6 人的标准，比弗鲁因的标准稍宽松一些，以应对行人扎堆和穿插的情况。规划师采用的标准产生了他们的"无障碍"标准 A 的步行通道宽度，即每分钟每英尺 2 人。因为这个标准不能满足真正高密度的城市环境，所以，他们希望在最繁忙的大街上按照每分钟每英尺 4 人的标准建设人行道，这个标准等于在行人扎堆行走时达到每分钟每英尺 8 人的标准。这些标准的实施代价不菲，支撑这些标准的研究还是令人印象深刻的，许多城市在新开发区采用了这类标准。

我认为弗鲁因一开始是正确的。纽约区域规划协会的标准太贵了。按照纽约区域规划协会的标准，需要提供更多的人均空间面积，因此，也让步行甚至在高峰时段里都是很容易的。但是，代价是，在高峰时段之外的时间里，那些人行道空空荡荡的。这种情况特别有可能出现在大规模城市改造项目上，设计师们在一张白纸上做设计。设计师们本来就倾向于夸大步行拥挤状态。如果把这种理由提供给他们，会让他们进一步确认他们夸大的步行拥挤状态。

纽约区域规划协会在提高行人空间标准问题上已经做了工作。虽然我认为他们在人行道宽度上有些夸大，但是，我们需要注意，给行人提供太多的空间并不是一个令人焦虑的问题。真正的问题是如何给行人增加一点额外的空间，纽约区域规划协会的标准有助于让我们把现存通行空间如何不适当的问题极端化。

当然，我们并不期望过分宽大的步行空间。它们会留出真空来。沿纽约埃克森石油公司大厦的人行道曾经就是一个空间过大的典型例子。那个人行道的宽度当时达到了 45 英尺，可谓草原空间。本来设想那个人行道会成为一个公共空间，但是，事实证明它太空旷和乏味，所以，他们用一些盆栽植物来填补空白。

芝加哥的北密歇根大道是过分宽大步行空间的另一个例子。长达 6 个街段的一段人行道，其宽度达到 20 英尺，接下来的 6 个街段的另一段人行道更宽，其宽度为 30 英尺。空间如此宽大，种上了小块草地，然后围起来，防止行人践踏。结果是 30 英尺宽人行道的步行空间还不如 20 英尺宽人行道的步行空间大。

过分宽阔的步行空间的第二个问题是，缺少社会拥挤因素。假定行人是一个交通单元，以此为基础设计的方案无非是从 A 门出，经过一个通道，到达 B 门。但是，行人不只是一个交通单元，他还是一个社会的人。有时，他们会停下来，聊上几句，甚至在通道里也这样。他们在入口处聚集在一起。

77

他们停下脚步，往橱窗里瞅瞅。用自我拥挤的概念可以描述他们，他们是自我拥挤的。拥挤和快乐不可分割地联系在一起。换句话说，把人们吸引到大街上的一个原因是拥挤，一定程度的拥挤，而过分宽阔的步行空间会让他们避开那里。

过分宽大的步行空间的第三个问题是，它给每一英尺人行道宽度相同的权重。每一英尺人行道宽度间真的没区别吗？最初几英尺人行道宽度至关重要。没有那几英尺宽度的人行道就不成其为人行道。能宽到 10 英尺和 11 英尺是非常好的，但第 20 英尺就不那么重要了，甚至有些太宽了——就像购物中心的停车场，只有 12 月的数天里才会停满汽车，大部分时间是停不满的。

周边环境十分重要。一个人行道运行得如何非常依赖于它的两边是什么。如果人行道被墙壁围合了起来，那么，行人会觉得它比实际宽度窄。如果人行道周边是开放空间，它可能引入了相邻的一部分空间，让人觉得它比较宽。

人行道的绝对宽度也是重要的。狭窄人行道上的 1 英尺人行道宽度不同于宽阔人行道上的 1 英尺人行道宽度。从统计上看，它们的行人密度可能相同。但是，步行感受可能很不一样。在狭窄人行道上，人们的选择会少一些，而在宽阔人行道上，会有更多的路线，更多的机会去调整。因为数值计算标准没有顾及这类差别，所以，它们低估了增加一个人行道宽度对狭窄人行道的影响，并且高估了增加一个人行道宽度对宽阔人行道的影响。

宽阔的人行道会比狭窄的人行道更能容忍障碍。例如，在第五大道，伊丽莎白·雅顿大厦外的两个圆形的凳子让人行道的实际宽度减至 13 英尺。但是，那里没有发生多少行人不能动弹的情形。当人们身临一种文丘里效应之中时，他们会相应预计一个变窄的和适当的步态，有些人三步并作两步加速通过，有些人让让路。他们走出狭窄的瓶颈地段，进入到一个比较宽敞的地段，这时，他们可能从 1 列或 2 列散开成 3 列或 4 列。对于一些人来讲，不可避免的拥堵、三步并作两步和突破性运动，都是一种可以接受的挑战。关键是必须有一个比较宽敞的地段。在列克星敦大道狭窄的人行道上，几乎没有任何比较宽敞的地段；当店铺老板把他们的广告牌推出来的时候，哪还有

78

比较宽敞的人行道可言，人们必须从大街上绕过去。

当然没有可以满足所有要求的人行道宽度。但是，反复观察显示，一定范围的人行道宽度可以适应于多种情况，承载很多种人流。如果真要逼着我给中等或大城市提出一个人行道宽度的话，我的意见是，大部分街道的最小人行道宽度为 15 英尺，主要干道的最小人行道宽度为 25 英尺。甚至在纽约，这种宽度的人行道足以让行人在高峰时段能够舒适通行，而且让行人不为熙熙攘攘而心烦。

15 英尺—25 英尺是人行道宽度的底线。在拿不准人行道宽度时，采取宁宽不窄的策略。美国城市一直都在为 20 年代和 30 年代建设的狭窄的人行道付出高昂的代价。为了弥补人行道狭窄的过失，我们宁愿让人行道宽一些。如果这样做了，便会有更多的空间来建设公用设施，让未来有更多的选择余地。

尽管如此，还是要避免把人行道建设得太宽。不要把人行道建设得太宽是当前经验证明的一个教训，也是一个历史教训。许多世纪以来，在多种文化中，街的一定特征在露天市场、大街小巷、集市、庙会等不同形式中反复出现。所以，我打算在下一章探讨这个问题，探讨主观感觉到的大街。街的一定特征似乎植根于特定的场所：线性展开的日本城市；罗马安装上轮子的车辆的尺寸。但是，街的确还存在一些共同特征，街的宽度就是共同特征之一。无论出于什么原因，大部分最著名的古代走道的宽度一直都是大同小异的，大部分宽度在 12 英尺至 18 英尺。一个经验是，给人一些空间。但是，不要给得太多。

第六章　主观感觉到的大街

　　我投入大量时间来研究纽约的列克星敦大道，特别是从第五十七街到第六十一街之间的 4 个街段。那段人行道狭窄且拥挤；那段人行道的路面铺装已经破损，到处是洞，隔几步就有一个地铁的通风口栅板；那段人行道有许多设计欠佳的路灯、停车标志、邮筒、垃圾桶，让那段人行道障碍重重；那段人行道的很多表面空间都以永久的方式变成了临时储存场所、报摊、商品展示台、招牌等。那段人行道上还有许多在大街做事的人：发小广告的、展示的、为 2 楼那些店铺招揽生意的、摊贩、卖小食品的、卖杂货的、乞丐等，他们进一步堵塞了人行道。那段人行道上人声鼎沸，摊贩的吆喝、广播喇叭，还有卖披萨、犹太馅饼、热狗等食品的小摊。人行道边和人行道之上，到处混杂着遮阳篷、门帘、旗幡、霓虹灯招牌。

　　为什么人们执意使用这段列克星敦大道呢？许多人不得已而为之；那里有一个大型地铁站，他们在那里上班。不过，如果我们追踪行人，我们会发现，如果他们愿意的话，许多行人是可以避开那里，走不那么蹩脚和拥挤的路段的。我们还会发现，在列克星敦大道，越是有障碍的、走不快的人行道越是有能吸引人的地方。人们对列克星敦大道又爱又恨，他们总有很多段子来说列克星敦大道。有些人的确避开了这段列克星敦大道，但是，更多的人之所以出现在这里，是因为他们想去这段列克星敦大道。

　　他们之所以想去这段列克星敦大道的一个原因是杂乱无章的氛围。无论我们在这段大道的哪个位置上，我们似乎总与另一件事相联系。任何事情都没有清晰的边界。一边是中心商务区的写字楼，另一边是公寓楼和赤褐色的东区住宅区，中间交错分布着百货公司、银行门店、餐馆、酒吧、小商店。特别针对当地居民的商店和服务，如洗衣店、酒店、熟食店等，重复着同样的服务内容代代更替。总而言之，这个地方混杂了各种各样的活动，当初建立分区就是为了阻止这种功能混杂。

这段列克星敦大道一天中还有很多移位：匆匆去上班的上班族，赶早来购物的人，吃中午饭的员工。下午5点的人群：傍晚来购物的人（布卢明代尔百货公司一直开到晚上9点），排队看电影的，上餐馆吃晚餐的。最重要的人，尤其是晚上，正是那些住在那里的人。他们比其他人更能让那里保持活跃。周六，这段列克星敦大道成了一个娱乐区。我们会看到很多家庭，有些孩子坐在父亲的肩膀上。周六是购物、闲逛、吃喝、看街头怪事的时候。中午时分一过，这段列克星敦大道拥挤程度达到了峰值，当然，周六高峰时段的特征与工作日高峰时段的特征不同。行人的步伐缓慢，更和气一些，许多行人来来回回地在那里走。住在布朗克斯和东哈莱姆的波多黎各裔少年来列克星敦大道赶街头活动，只要我们在那多待一会儿，我们就会不断看到相同的人在那个街上走去走来，停下来，与朋友寒暄，坐在敞篷车里观景。

许多盲人很了解列克星敦大道。"灯塔"是一个令人仰慕的盲人服务机构，它占了半个街段来培训盲人。列克星敦大道如此拥挤，所以，对盲人构成了不同寻常的挑战，但是，列克星敦大道具有超出常规的丰富的感觉线索。杰里最近失明了，但是，他很自信，他是很精确了解列克星敦大道的人之一。不像那些先天性盲人，杰里对那个地方有视觉上的记忆，他学习如何通过触摸、气味和声响来还原那个记忆中的场所。他解释说，一接近那段列克星敦大道，街角报亭就有一种气味线索。他可以辨别出报亭的气味来。另一个线索是鲍勃的声音，他开了一间报摊，他总在与人搭讪。10英尺以外的街角，有一个卖新鲜脆饼干的小摊，脆饼干会散发出气味来。

现在，杰里就在列克星敦大道上。那里有许许多多感觉线索：从宠物店门上挂的那个空调滴下来的水所发出的声音；里阿尔托花店的气味；亚历山大家入口处的空调放出的冷或暖气息；克兰西的酒吧啤酒的气味。（幻觉用品商店的香味曾经是一个很有作用的线索，但是，它关门了。）

　　　列克星敦大道的线索非常多，一些线索太强大以至于掩盖了其他线索。声音最大的莫过于音像制品店放着摇滚乐的大喇叭了。它的声音盖住了其他本来有用的声音，当街道噪声从墙壁或天棚上弹回来时，一些音程和音混会改变，但是，大喇叭里发出的声音会让人们听不到那种变化。所以，到了那里，杰里要不断移动他的手杖，从一边滑到另一边，以便检测出自己的方位。

　　　甚至列克星敦大道的劣势也不无用处。不尽人意的人行道铺装倒是成了可以阅读的地图。杰里对人行道上的坑坑洼洼很了解，他可以从地板砖倾斜的角度知道自己的位置。正如盲人指导们所解释的那样，列克星敦大道不适合于"寻找蛛丝马迹的游客"。列克星敦大道的线索是粗糙的和喧嚣的。

第 2 层楼

　　　人们到列克星敦大道来的另一个理由是它的 2 楼。沿着列克星敦大道，那些赤褐色房子里依然有很好的商店，大部分情况下，2 层和 1 层一样开商店和餐馆。在一段延伸了 3 个街段的列克星敦大道上，我们可以找到这样一些商店：

麦迪逊大道，在第六十九街和第七十街之间；有关第 2 层楼很好的例子。

舞蹈工作室

看手相的

美容店

洋娃娃修理店

空手道

中国餐馆

指甲店

床垫店

音像制品店

钟表修理店

　　它们一起产生出一种热闹的景象，尤其是在黄昏以后。当光线转移到了
室内，出现了很多移动的剪影：成对跳舞的人，理发师和顾客，靠着窗户坐 82

的一对人。这种景象是使人回忆起双层巴士的一个很好的理由。

2层楼对街面上的第1层具有明显影响。想要行人把头抬起来朝上看，老板们必须想办法让行人注意到他们的店铺。所以，他们把招牌和旗幡从窗子里挂出来，尤其是那些理发店，很有竞争性。在楼梯口，招牌上了人行道。有时，店主会派一个人站在那里拉客，或者往行人手里塞小广告。

有关2层楼的一个很好的例子莫过于第六十街到第七十街之间那一段麦迪逊大道了。那里现在可能是世界上最好的专业店一条街，但是，它的基本元素却是很一般的。每幢楼有5层楼高，20英尺宽，10幢楼为一个街段；其中一些楼已经被替换了，变成了比较高的楼，在这种情况下，这种赤褐色砂石建筑依然还是那条街的形式和特征。除了少数例外，这些建筑的1层和2层都用于开店，与它们相邻的新建筑也同样延续了这个传统。

无论如何，这条街谈不上品味好，它也不是一个整体。没有统一的檐口线；立面风格混杂；招牌也形形色色。但是，它的尺度适合行人的视线；整条街的建筑结合起来还是令人愉悦的。显然，这个地方运转正常，房租可以作证。六十几街的前几街，那里每平方英尺的房租是300美元，2层楼的房租仅为这个数字的1/2到1/3。

这里我们看到的是一个双层的街，它与郊区购物中心几乎完全相反。郊区购物中心也是2层的，常常是3层的，每层都有商店。但是，郊区购物中心每一层都有步行通道，步行通道比较宽敞，有些店的宽度在20英尺到30英尺。对比而言，麦迪逊大道用一个人行道承载了2层商店，人行道的宽度约为13英尺。人行道应该再宽一些，增加5英尺比较好，当然，13英尺宽的人行道承载2层楼的商店，运转不错。[①] 在麦迪逊大道上，承载商业活动的仍然还是建筑。咖啡馆和小餐馆一直都把座椅放在人行道上，周六，人们必须小心翼翼地穿行其间。

---

① 纽约的麦迪逊大道几乎与郊区购物中心完全相反，它用一个人行道承载了2层商店，每一幢赤褐色砂石建筑宽20英尺，形成基本模块。

逛街

逛街这种活动正在许多城市消失。原因之一是那里没有多少橱窗存在了。市中心区的百货商店关张的比开张的多。新建成的百货商店大大减少了面对大街的橱窗，如果说一层还有几个橱窗的话，一层以上的建筑外墙上完全没有面向大街的展示橱窗。另外，原先那种与橱窗相邻的大门可能已经落伍了。现在，越来越多的人是从大型建筑的内部进入一家百货商店的，人们有时沿着大型建筑内部仿制的商业街，进入那里的百货店。

但是，橱窗的功能并没有完全消失。在那些有展示橱窗的地方，有橱窗的商店比以前更具竞争性了。一个建筑宽度只有 20 英尺的商店，加上一个有吸引力的橱窗，哪怕很小，每小时都可以吸引 300 个逛街的人来瞅瞅。很难说究竟有多少人真买东西，不过，逛街的、买东西的恰恰与行人数相关——店铺的租金是根据行人数确定的，而商店老板的懊恼与行人数也不无关系。

逛街的人是很挑剔的。正如我们的跟踪调查显示的那样，行人一般会在一定的地方放缓脚步或停下来，而跳过另一些地方。大部分逛街的是妇女，她们对此很在行。一个有目的的逛街人会扫视整个橱窗，然后再把目光聚焦到那里可能有的任何一个商品上。如果有两个妇女一起，她们会交换看法。这件事大体延续 40 秒到 60 秒，很快就过去了。两个人站在一个橱窗前长时间的议论可以吸引更多的行人来看看，当然，大量的逛街都是一晃而过的。

在人行道内侧，可以朝右看到橱窗的行人，一般会比处在人行道外侧的行人，多看几眼橱窗。可是，近距离地观看橱窗是有弱点的，处在人行道外侧的人通常可以更好地看到橱窗的展示。许多橱窗都是为站在 20 英尺开外观察橱窗展示的人设计的，实际上一个建筑就是这样，从一个无人能分享的角度，展示建筑的诸种立面效果。

逛街的人喜欢扎堆。实际上，步行人流本身就是一拨一拨的，这是其中一个原因。街角的交通信号灯是一个关键因素，不过，扎堆还有其他一些原因。逛街的吸引逛街的。一个停下来看看，另一个也停下看看，然后，又有两个人停下来看看。他们吸引了其他人。这种多米诺效应转瞬即逝，注意，

84

随后几分钟里，可能完全没有人再停下来了。然后，又有某一个人停下来。

停顿带来连续停顿。当一个人停下来看看他感兴趣的对象，那他更有可能对同一区域内的其他刺激做出反应。我们可以在**里阿尔托**花店附近看到这种路人行为的例子。那里总有一些连翘花或褪色柳之类的花卉。当人们路过那里，有些人侧身而过，有些人会停下来触摸它们。这些片刻的停顿可能引起后来的人也停下来触摸它们。同样，一个人往乞丐的盒子里扔钱，会诱导其他人也这样做。

这种多米诺效应对花店的生意有益；有些触摸了花卉的人会走进商店买花。而且，这种停顿也对相邻的商店有益。相邻的那个商店经营在 T 恤上印花。由于花卉，完全停下来的行人比其他匆匆而过的行人更能从比较好的角度看这家经营 T 恤印花的商店，他们更有可能朝橱窗里看看。这样就促使更多的人进店里看看。

在诱导额外的人流上，停顿是很有效的，商人们可能很了解这一点，所以，值得他们有意去创造此类流连忘返的效果。在列克星敦大道上卖果汁的前罗马尼亚音乐喜剧表演者卡德斯库先生就这样做了。他习惯与人行道上的一个廉价烟卷广告牌在一起；他想与朝北的有两个门帘的那家廉价烟卷店抢生意。他很快发现，形成一种障碍才是那块廉价烟卷广告牌的真正作用。它把实际通道减至 6 英尺宽，从而限制了人流，让行人转向他的果汁柜台。所以，卡德斯库先生开始向人行道上更远的地方移动那块廉价烟卷广告牌。有时，有人会把那块廉价烟卷广告牌挪回到那家廉价烟卷店门口。但是，卡德斯库先生会把那块廉价烟卷广告牌推向人行道远处。我拍下了他推那个广告牌的视频，他把通道减至仅有 4 英尺宽。这样做不好，我肯定不主张这种行径。当然，作为一种操纵空间的做法，卡德斯库先生那样做肯定是有效的。

什么在吸引行人呢？商品本身无疑是拖住人的关键。列克星敦大道最具吸引力的商品是妇女新潮服装和装饰品。价格也是吸引力的一个方面，而且你听到的都是强调价格的低廉，以及这个价位很快就没了。就现在。所有的商品均为半价。就今天。

但是，非常昂贵的商品对行人也有吸引力。我们研究的一个展示是模特
身着美妙绝伦的中国宫廷服饰。虽然那些服装的价格昂贵到只有极少数行人
能够承担，那个橱窗依然吸引了很多人，其人数规模超出了正常情况，而且，
许多看那个橱窗的人是低收入人群。

我们在这个案例中发现，这个橱窗展示大大提高了销量。一般情况下，
我们是很难计算观看人数和实际销量之间的相关性的。一些很有吸引力的橱
窗展示实际上引来了许多销售，有些橱窗展示则做不到这一点。当然，不要
应用一个标准来衡量好坏。另外，逛街还是一种娱乐，它帮助商店促销，还
宣传了那里的周边环境。

吸引行人最多的商品是那些放在行人眼前的商品，行人可以拿起它，感
受它。无论哪里的店主在街上展示他的商品，都会明显增加看客；销售二手
书的阿戈西书店就是最好的例子之一。橙子、苹果、不值钱的服饰珠宝，甚
至一堆剩货都会吸引很多人。看看它们，摸摸那个商品，得到一种感受本身
就是目的。

来回踱步，絮絮叨叨的搭讪，能够吸引行人。之所以把商品摆到门外的
理由是，商人或他的营业员常常走出店来。如果这个商人是积极的，那么他
实际上处于一个理想的位置，把逛街的人变成买东西的人。

活的东西也很能吸引行人。在列克星敦大道上，最有吸引力的展示莫过
于宠物店的橱窗了，那里装满了小猫小狗。活人当然也做得很好。当服装模
特在布卢明代尔百货公司的橱窗里展示时，那里是最吸引人的。不过，换成
一群人可能效果更好。有一次，布卢明代尔百货公司在一个拐角的橱窗里上
演了迪斯科舞会，交替出现美丽的姑娘和经理们跳舞。橱窗外吸引了很多人，
甚至堵塞了交通。

用真人在橱窗里做展示是可以吸引行人的。出售妇女时尚用品的芙蓉天
使专卖店也在列克星敦大道上，它常常用真人在橱窗里做展示，例如，用腿
上画了文身图案的姑娘们展示商品或者用真人做形体表演。

但是我看到的最有吸引力的橱窗展示之一是一个什么都不展示的橱窗。邦维特·特勒百货公司用褐色的包装纸覆盖了它的若干个橱窗，在踮起脚尖可以够着的位置上挖了几个小洞。这个举动让逛街的人摸不着头脑。不久，他们排队从那些小洞往里瞅。他们其实看不到多少，这样反而逗乐了他们，他们也渴望看到其他人的反应。

灯光可以吸引行人。列克星敦大道最粗野一段（第五十七街至第五十八街，西边）的灯光效果值得注意。一个叫"伊卡罗斯"的商店安装了闪光灯和霓虹灯。这个灯光效果相当杂乱，原以为相邻商店的老板会反对，实际上，并非如此，他们没有反对。他们甚至不反对列克星敦饶舌俱乐部的展示和灯光。这个俱乐部在人行道上放了一个招牌，"与我们六个可爱的神聊专家之一来饶舌"。在去楼上俱乐部的那个楼梯口站着一个引导员。在入口处，两盏红灯慢慢旋转着。

声音可以吸引行人。商业街是很嘈杂的。在列克星敦大道，当卖披萨的人看到一群人向他走来时，他会摇起铃铛。买卖人，扩音器，都对着路过那里的行人吆喝。半价、半价！倒闭甩卖！一个叫阿兰的年轻人，开了一家音像店，他把扩音器对着人行道，高分贝地播放音乐来吸引行人。在他改变他的音乐品味之前，他反复地播放相同的硬摇滚乐。相邻的店主们同样令人惊讶地容忍了他。警察不能容忍，把他送到法庭好几次，每一次都罚款 100 美元。自从生意开展以来，他一直都这样做。

食品和餐饮的售卖是列克星敦大道的主打活动项目，且大部分是在大街上展开的。许多商店都在街上设置了柜台，例如，卖果汁的，卖披萨的；出售软饮料和冰淇淋的，在气候炎热的情况下，把冰柜直接放到人行道上，肯定是不错的办法。有些食品店的前台是折叠的，我们很难分清哪是人行道，哪是他们的商店，尤其是当餐馆把座椅搬到人行道上时，这种区别更模糊了。

所有这些外卖柜台或座椅板凳都放在人行道 12.5 英尺的范围内。在市政官员看来，这种对公共空间的占用是不合法的。大部分城市禁止这种占用人行道的食品销售方式；有些城市至今还禁止市民吃在人行道上销售的食物。市政府会告诉我们，对社会治安、公共卫生和市容市貌来说，这样做都是必要的。

但是，市场是顽固的。我们可以看看纽约的美洲大道所发生的情况。当美洲大道还叫第六大道，高架火车还沿着它跑时，到处都是卖食品的——餐馆、爱尔兰酒吧、小吃店、咖啡馆、熟食店、夫妻经营的大排档。后来，第六大道改造了。没有高架火车了，老建筑被拆除了，那些商店和酒吧在大街上消失了，替代它们的是大楼、购物中心和银行的窗口。

然后，这条大街慢慢地开始了它的报复。许多食品小贩来填补那里的真空，随后，越来越多。生意兴隆。现在，天气好的时候，埃克森石油公司大厦前的人行道上约有 20 多个食品小贩在做买卖，加上他们的顾客，使那里成了美洲大道中最热闹的一段。

但是，一个因素正在丢失。现在，美洲大道上没有了公用喷嘴式饮水龙头。列克星敦大道上也没有公用喷嘴式饮水龙头。实际上，纽约的任何一条主干道上现在都没有公用喷嘴式饮水龙头了。公用喷嘴式饮水龙头在美国大部分城市都成了稀罕的公用设施。

俄勒冈波特兰的公用喷嘴式饮水龙头系统是一个例外。这件事要归功于商业人士本森（Simon Benson）。许多伐木工和海员习惯到城里来，本森觉得，如果让他们有水喝，他们就会少喝一些其他的饮料了。所以，他在整个城市范围内建设了公用喷嘴式饮水系统。波特兰现在有 140 个公用喷嘴式饮水龙头在运行。

这是一个很大的成就。在我们这个技术发达的时代，我们似乎失去了修理这种简单的喷嘴式饮水龙头的能力。美国大部分城市不仅没有在它们的大街上建设新的喷嘴式饮水龙头，也没有去维护那些尚存的喷嘴式饮水龙头。（最糟糕的例子莫过于纽约的林肯中心。那里的一个室外饮水池 1980 年就坏了。从那以后，纽约市花费了 100 万美元翻新公共空间。但是，这笔财政预算中没有包括修理这个饮水池的费用，直到目前，那个饮水池还没有得到维修。)

回到 1972 年，纽约曾经启动了一个步行街实验项目。中午 12 点至下午 2 点期间，包括 15 个街段在内的一段麦迪逊大道，禁止机动车通行，该实验延续了两周。我们在那里安装了延时摄像机，记录下其间所发生的事情。

从社会效果上讲，这个步行街是成功的。街上的人数翻了一番，从 9 000 人达到 19 000 人。这种状况没有损害相邻街道的正常活动，那里依然一如既往。但是，最有意思的是，新增的人聚集在麦迪逊大道上。有些人使用了车行道，他们三三两两地并肩而行。但是，大部分人，60%，还是在人行道上行走。因为人行道还是 13 英尺的宽度，所以，人行道上比平日拥挤。显然，这是自由选择的结果。人行道上有店铺和橱窗。

由于出租车行业的反对，这个步行街实验最终还是结束了。不过，东京的规划师对此印象深刻。他们决定，每个周日，禁止机动车在银座中央道上

通往东京观音寺的传统商业街熙熙攘攘，令人愉悦。许多新建的街道没有这种效果。

通行，形成了"银座天堂"步行街，这是对人行道延伸的又一次展示。

　　银座中央道的道路宽度为 95 英尺，两边人行道的宽度约为 22 英尺，行车道的宽度约为 50 英尺，规模类似纽约的第五大道。星期天的行人规模比平日多一倍。与麦迪逊大道的情况一样，新增加的行人不是均匀分布在整个道路上。周日的峰值期间，每小时人流约 1.3 万人，只有 5 000 人在车行道上行走，而 8 000 人还是在人行道上行走。人行道占全部道路宽度的 46%，但是，62% 的行人使用了人行道。若干家百货公司在道路中央支起了遮阳伞，摆上了座椅，最大程度地支持步行街的活动。当然，人群还是集中在人行道上，摊贩、快餐食品和店铺的展示也是在人行道上。

88

　　但是，东京最神奇的街道还是它的那些平平常常的街道。那些街道没有尽头，随便哪里都比我们的街道有意思。之所以有这种感觉的理由很多：商业街的元素线状展开，咖啡馆、食品店、灯笼标志，不断重复；到处都有闪烁的霓虹灯；街上的人很多，脸上流露出他们的愉悦心情。美国大部分城市

美国再开发区的许多街道行人稀疏，新宿再开发区也有这样的街道。

的商业街加在一起也没有东京新宿的商业街多，而且，就对行人的感官刺激而言，炭烤炉、气味和弥漫的炊烟，美国商业街是不能与东京的商业街同日而语的。[①]

日本一直都保持着它的步行街传统。东京就是随着线型展开的商店和商业活动而形成的，所以，街道通常很窄。例如，通往东京观音寺的那条步行街。它大约 17 英尺宽，由于两边的店铺都把货架摆到了街上，所以，那条步行街的实际宽度大约只有 15 英尺。著名的观音寺每年都要举行各种寺庙活动，我们去的那一天正好有活动，所以，我们幸运地感受到了那里人山人海的状态。行人人流相当于市中心一条人行道的人流量，到中午，人流量约为每小时 4 000 人。节奏不快。有相当程度的拥挤；行人频繁地停下来看商品，聚集到一起，买些吃的。两个发小广告的人站在路中间。不过，人群的拥挤程度适宜，适配那个时间和地点。

大阪也有类似的步行街。战后重建时，大阪市考虑过用若干条东京银座式的大道取代那些狭窄的步行街。商会最终还是认为那样做不好。15 英尺—17 英尺宽的传统步行街对生意更好些。在这个问题上，商会赢了。

京都保留了它的传统风貌。尽管一些商人用玻璃把一些街道封闭起来，但是，那些步行街的功能与以往别二致。

功能混合是日本步行街的一个基本要素。功能混合是日本街道比我们的街道更有意思的主要原因，现代的街道和传统的街道都比我们的街道有意思。与美国的城市规划不同，日本没有实施分区规划，不实行严格的功能分离。日本城市鼓励不同功能的混合，不同的功能不仅相互靠在一起，而且摞起来。在新建筑里，我们会看到展示厅、商店、电子游戏场、办公室混合在一起，拥有玻璃墙的餐馆摞着餐馆，3 层、4 层、5 层。这种混杂白天可能很扎眼。到了晚上，这种混杂就显得生机勃勃。

---

① 那些街道没有尽头，随便哪里都比我们的街道有意思。功能混合是原因之一。日本没有实施分区规划，不推行严格的功能分离，相反，日本城市鼓励不同的使用功能混合在一起——商店、展示场所、电子游戏场，它们向上发展，餐馆摞餐馆，高达 4 层—5 层楼。

日本人有时也按美国方式行事。新宿地区不再需要为东京的发展储备用地了。对于规划师来讲，新宿地区是东京的一个理想的再开发地区，似乎是一个白板，规划师大尺度地调整了那个地区的布局，使其有了视觉上的秩序和一致性。街道宽阔而且笔直。建筑与街道之间留出足够宽敞的空间。人行道宽阔，而且不拥挤；人行道之上是第二层人行道。

那里走起来很容易。没有任何事情会让行人放缓脚步，那里没有人们可以流连的商店或咖啡馆。除了三井物产大厦的购物中心外，几乎没有什么地方可以落座，也没有什么可看的。在一个世界上最有活力的城区里，规划师们无法复制过去让它充满活力的那些元素。

霞关政府办公区是东京的另一个异类地区。这个区是按照西方规划标准规划布置的，堪称最理性的规划布局。它是一个受到限制的单功能区，与许多美国城市的市政中心相差不大。

但是，新宿开发区和霞关政府办公区都是东京的异类。在我们的东京经历中，我们获得了很多积极的经验，其中最重要的经验就是功能混合。但是，我们没有把落脚点放在旧街道的混合使用上，而是关注日本人如何通过他们的规划政策把这种功能混合贯彻到他们的新的街道规划建设里。功能混合恰恰是我们缺失的。我们有一些不错的街道，但是，我们似乎并没有去保护它们。它们多半有低层建筑和小高层建筑：纽约的麦迪逊大道、波士顿的纽伯里大街、芝加哥的橡树街、巴尔的摩的查尔斯街。这些地区都是很脆弱的，容易受到破坏。例如，第五十七街至第五十八街西边的那一段列克星敦大道本来是最热闹的，为了建设两幢大楼，正在拆除那段街段的临街立面；第七十四街和第七十五街之间那一段麦迪逊大道是一排赤褐色砂石建筑和一家书店，正在给争议很大的惠特尼博物馆腾地方。

旧街未必一定遭受损失；这取决于正在取而代之的是什么。可是，在大多数情况下，新的建设不是仅仅去掉了旧街的那些微不足道的功能，而是消除了旧街的一些基本功能。新商店的房租要比以前贵很多；更糟糕的是，除非市政府明令临街一层继续留作零售，否则，开发商不会建设店铺。如果是

在垃圾桶上办公。

那样的话，行人看到的会是写字楼的窗户，银行或一无所有的墙壁。

功能混合太重要了，所以，不能把功能混合交给开发商，或者交给那个设想的市场的客观裁决者。**功能混合似乎与旧的、多样性和适度的规模不相容，因为功能混合是被操纵的。**没有在新建筑中重新建立功能混合的任何一种规则。但是，城市可以改变这些不平衡，我以后会提出要如何做到这一点。

垃圾

街上出售食品，一个不可避免的结果是，街上会出现不少垃圾。列克星敦大道肯定有很多垃圾。我们花了不少时间寻找垃圾的源头和去处，我们还通过延时摄影，一分钟一分钟地研究垃圾桶的一天。

抛开其他的问题，我们发现，垃圾桶的设计有问题，垃圾桶的布置有问题，垃圾多的地段和垃圾少的地段布置比例相同，垃圾桶可以用于许多与装垃圾无关的目的。

我们还发现，市民遭到了诽谤。那个广告的本意是要市民讲卫生，不要乱扔垃圾。如果有垃圾桶扔垃圾，市民通常是不会乱扔垃圾的。可是，问题常常是出在没有垃圾桶上。[①]

我们很少看到有人故意往街上扔垃圾。我们尾随那些手里拿了小广告的人是想看看，他们会把小广告拿在手里多长时间，然后找一个地方扔掉。人们在购物中心的行为与此类似。因为在列克星敦大道上，一些地段常常会有很多食品小摊一字排开，所以，那里垃圾很多，垃圾桶不够，人们甚至真要走上一段才能找到可以扔垃圾的地方。一旦垃圾桶满了，约束就消失了，一些市民便开始做那些不体面的事情了。老话说得好，破罐子破摔。一个地方脏了，他们会让那里更脏。

我们发现，垃圾桶可以成为街头一种非常有用的公用设施。就在我们展开研究时，纽约正在更换垃圾桶。标准铁丝筐过去一直都很好用，但是，丢失严重，所以，公共卫生部决定使用非常沉重的垃圾桶，保证不被人偷走。这种混凝土垃圾桶重达 470 磅，高度为 3 英尺，顶部安装了一个金属铰链盖。公共卫生部在没有试运行的情况下就开始下单定制，一次性更换到位。

92

实际上，这种垃圾桶非常糟糕。它的顶盖太小，所以，大量的垃圾都落到了盖子上，然后，微风再把它们刮到大街上。另外，因为顶盖太小，进入垃圾桶的垃圾没有像以往那样被压实，只要相对少量的垃圾就能把垃圾桶的入口处堵上，让这种垃圾桶不能正常发挥作用。

拾荒的人让这种垃圾桶发挥效力。大部分拾荒者都遵循一个固定的路线，一天中会去翻腾许多垃圾桶。我们发现，拾荒者平均每一个小时对一个垃圾桶翻腾一次。对于这种混凝土垃圾桶，拾荒者会拔出顶盖下面的脱扣杆，把盖子放在一边，然后开始翻腾垃圾桶，看看有没有什么有价值的东西。经过他们的翻腾，垃圾会比较均匀地堆放在垃圾桶里了，不再留下空隙，减少了垃圾的体积。拾荒的人不会找到多少有用的东西，但是，经过他们的折腾，垃圾桶的确可以容纳更多的垃圾了。

---

① 反对乱扔垃圾的公益广告告诉人们，不要乱扔垃圾。但是，市民通常是不会乱扔垃圾的。可是，问题常常是出在没有垃圾桶上。垃圾桶太少了，而且，常常没有按照不同地方产生的垃圾量来配置垃圾桶。

还有过路的拾荒者。一些衣冠楚楚的人也在那翻腾垃圾桶，而且毫不掩饰地那样做，这一点让我们觉得很意外。找报纸很常见，在分析录像时，我们发现，同样的报纸会在一个不大的区域内，来来回回从一个垃圾桶转移到另一个垃圾桶。

我们观察人们如何使用这些街头垃圾桶，我们开始了解到街头垃圾桶有多么大的作用。这些街头垃圾桶并不是特别适合于装垃圾，但是，它们有很多其他的作用。正因为街头垃圾桶被用于许多不同的目的，所以，它们恰恰表明了我们还缺少什么样的街头公用设施。

街头垃圾桶之所以有用有两个基本理由。首先，无论街头垃圾桶的形状和规模怎样，它们毕竟是物体，物体吸引了行人的眼球。第二，街头垃圾桶被固定在街头巷尾，与100％的确定场所相邻。

街头垃圾桶一般可以用来：

作为一个搁板，人们利用它来整理提包或箱子。

作为一个桌子，把食物放在上边（有一次，我们看见4个人，他们围着一个垃圾桶吃午餐）。

作为一个办公桌，放置街头会议的文件（我们看到过两次，秘书们在街头垃圾桶上做记录）。

作为一个架子，街头小摊把器皿放在上面。

作为一个脚踏，他们坐在汽车引擎盖上，把脚搁在街头垃圾桶上。

作为一个物体，闲谈时，靠靠后背。

93

当作搁板似乎是街头垃圾桶最重要的功能。街头垃圾桶平整的顶盖可以当作搁板使用的确不错，但是，作为垃圾桶却不好。其实可以调整设计，让它既可以装垃圾，又可以当作搁板来使用。设计师可以考虑的另一件事是，在街头垃圾桶高度适当的地方，大约12英寸，制造一个凸出部分，让人方便利用来系鞋带。

人行道

作为一个极端的例子，我在前一章提到，列克星敦大道的人行道对行人来讲太窄了。现在，我打算考察问题的另一方面。对于如此大的人流来讲，12.5英尺的宽度实在是在开玩笑。

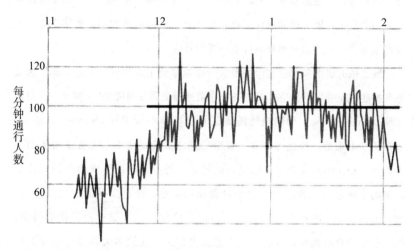

这是列克星敦大道西侧中央车站的一段人行道，一个最拥堵地点上行人人数变动的状况。这个最拥堵地点的人行道宽度为12.5英尺，而高峰时段，每小时通行人数达到4000人。中午时分，行人人数逐步上升，达到每分钟通行100人的速率，或每小时通行6000人，行人开始进入车行道。最高行人通行峰值为每分钟120人，他们实际上占用了车行道。

然而，列克星敦大道对行人依然具有吸引力的是，人们在人行道上的感受，而且，狭窄成了那些人行道的一大特征。有些地方增加了人行道的宽度，却造成了对一条街的不利影响。我们也许不可能确定一个恰到好处的人行道宽度，但是，设置这个目标未必是坏事。 94

与列克星敦大道相反的另一个极端是郊区的购物中心。那些郊区购物中心的通道很宽，30英尺以上。郊区购物中心的通道从一开始就比较宽。第一代区域购物中心有许多绿色空间，中央通道的宽度达到50英尺—60英尺。

当开发商开始给购物中心加盖屋顶时，他们一定程度地减少了通道的宽度，不过，那些购物中心的通道宽度还有 30 英尺—50 英尺。宽敞的通道和郊区购物中心被认为让顾客得到了很大的心理收益，是消除市中心拥挤给他们带来的心理影响的一剂良方。

但是，购物中心的开发商们开始注意到建设宽阔通道的负面效果。除了建设成本外，当通道非常宽时，通道两侧的商店难以相互照应；在紧凑商业布局的条件下，顾客可能流连忘返，但在具有宽阔通道的郊区购物中心，不会产生那些在紧凑商业布局条件下出现的效应。

波士顿的法纳尔大会堂市场最大程度地降低了人行道的宽度。那里历史悠久的建筑是确定的，它们的立柱让主要通道的宽度只能是 11 英尺。开发商劳斯（James Rouse）和建筑师汤普森夫妇（Jane and Ben Thompson）认为，非常狭窄本来是一种优点，非常狭窄的通道的确是法纳尔大会堂市场的一大优点。在法纳尔大会堂市场里走走就是一种经历，那里成为美国人流最密集的市场之一。我们擦着边走过食品展示柜，绕过那些品尝食品的人，闻到各种气味，听到各种声音。我们虽然挤在一起，却不会犯什么错误，拥挤是一种自由选择，我们可以容忍这种拥挤。法纳尔大会堂市场外就有很大的空间，可是，去法纳尔大会堂市场的台阶上都挤满了人，人们甚至就在那里吃午饭了。在最拥挤的时间里，那里总有某种程度的混乱，不过，人们似乎很受用那种混乱。

当劳斯和汤普森夫妇去设计巴尔的摩的港口中心时，他们在没有旧建筑约束的条件下也把那里的通道建设得很窄，甚至比法纳尔大会堂市场的通道还要窄，平均不过 10 英尺宽。他们小心翼翼地让一些地方宽敞一点，不过，那样的地方不是很多，或者也不是很大。对任何一个顾客来讲，在港口中心，商品都是唾手可得的。

行道树的优点之一就是，它们可以让那里成为一个通道，让通道的尺度适中。一条没有树且非常宽的人行道是不舒服的。芝加哥的北密歇根大道就是一个证据。那里的人行道曾经有 30 英尺宽，事实证明 30 英尺的人行道太

宽了，市政府决定用树和草占去一部分空间。这样，人行道的宽度被减至 10
英尺。

当人行道狭窄，树被砍倒时，一个更大的问题产生了。在扩宽道路时，
道路部门砍掉了许多老树。巴黎也犯过这种错误。在建设蒙帕尔纳斯大道时，
曾经砍去道路两边的一排树，把人行道宽度减至 15 英尺，给小汽车腾道。

促销的商铺出入口

商铺的出入口与人行道所面临的挑战大体相同。商铺的出入口需要宽敞、
开放，呈现熙熙攘攘的状态，最好地发挥商铺出入口的功能。大部分零售商
并没有认识到这一点。进出商铺是商铺出入口本身的功能，但是，商铺的出
入口还可能成为一种促销的工具，对许多人来讲，这种看法似乎很牵强。

如果真打算设计一个具有促销功能的商铺出入口，那么，列克星敦大道
就是做这种设计的地方。列克星敦大道上的两大百货公司，亚历山大公司和
布卢明代尔公司让我们得到了很多启示，亚历山大百货公司的出入口的外形
设计不错，而布卢明代尔百货公司的出入口恰恰相反。

亚历山大百货公司的出入口具有若干特征：亚历山大百货公司大厦与这
个街角是斜交的，所以，提供了一个特别宽敞的街头，亚历山大百货公司的
入口宽 18 英尺，有 8 扇旋转门。天气好的时候，把它们敞开，可以起到通风
的作用。

那个出入口的设计不错，几乎从不堵塞。从社会角度看，它也不错。许
多人在门前聊天。从这个百货公司出来的人常常会稍作停顿，四处张望，仿
佛迷了路似的，定下神来之后，再走起来。有些人也就是站在门口，等人或
者吃吃冰淇淋。

这张图标出了一天中午 12 点到下午 1 点之间在亚历山大百货公司门前停
顿的所有人流量。我们可以看到，人们最集中的地方恰恰是在进出这家商店
人流的中间位置上。我们还可以看到，看不见的建筑轮廓线成为人们活动的
一个边界。

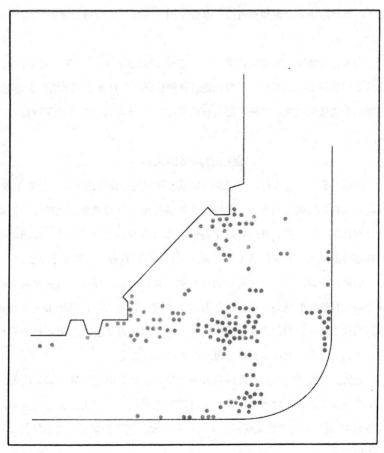

纽约的亚历山大百货公司大门前是人们相会、聊天或简单停一停的好地方。
我们记录了人们在那个门前停过的地方，这个记录显示，人们停留的位置有
簇团的倾向，街角削角的建筑轮廓线似乎成为了一个看不见的边界，划出了
人们的活动范围。

　　布卢明代尔百货公司也在列克星敦大道上，它的南入口与亚历山大百货
公司仅隔一个街段。布卢明代尔百货公司的这个南入口是商铺不良出入口的
典型。出入口的两边各有 1 扇旋转门，在它们之间是 2 扇推门。旋转门不能
很好应对人流。在人多的时候，许多人会被大门旋转的节奏搞糊涂了，等着
迈步的时间长了，结果错过了进入旋转门的机会。一个男人往左边靠靠，让

一位女士先从他的右边通过大门，然后，他会发现自己被卡住了。2扇推门要花点力气才能推开，所以，使用的人少多了。

总之，布卢明代尔百货公司在列克星敦大道上的南入口不能让整个人流顺利通过。就通过4扇门进入商店的顾客数量看，右边的1扇旋转门大体承担了83%，中间的2扇推门仅承担了8%和1%，而另1扇旋转门承担了8%。通过4扇门走出商店的顾客数量与以上分布大体相同，偏向使用右边的那扇旋转门。96

这是外边的一道大门。里边还有另一组门，还有一个修女坐在椅子上。这一组门都是推门，需要用力推才行。所以，像其他地方一样，人们排在打开的门后，借别人打开的门而入，自己不再去用力推门了。我们常常看到有人试图去推那些门，当他们发现推开那扇门不简单时，他们便放弃了自己去推门的行动。每个人最终还是进了商店。人们想看看布卢明代尔百货公司，但是，不是没有麻烦的。如果顾客方便使用那些大门的话会发生什么呢?

无论进入布卢明代尔百货公司如何困难，布卢明代尔百货公司的入口还是有利于人们的社会交往的。那里的人口密度超过任何地方街面的人口密度。堵在门口是造成高人口密度的一个原因，但是，很大程度的拥挤是自我拥挤。星期六，列克星敦大道成了娱乐区，于是，那里也就出现了自我拥挤。圣诞节时更是如此;圣诞老人、救世军的人、乞丐、摊贩都很协调地挤在一起，这种情况近乎司空见惯。97

恰恰是小摊贩们具有最大的影响。下午晚些时候，路边会出现一排小摊，出售提包和皮毛制品，还有一些人直接堵在百货商店的大门口。大门边，围绕那个地区，会混杂着许多出售小商品的摊贩，香水、假首饰、卷大麻的纸、用于教育目的的游戏卡片。那里还会有社会治安监控站。小摊是布卢明代尔百货公司和警察的眼中钉，他们会定期驱赶小摊贩。放哨的会呼喊，然后，也就是在30秒的时间内，小摊贩都会卷走他们的商品。过半个小时，他们又会回来。

人们为什么买他们的东西?这些小摊贩不保证商品的质量，不退货，他

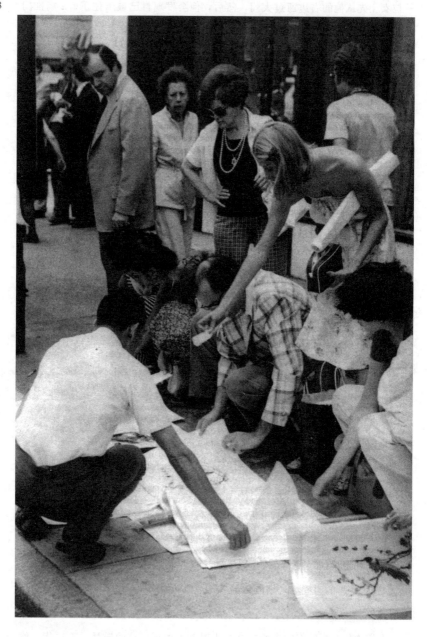

们喋喋不休地叫卖实际上体现了他们是没有诚信的。然而，这是一场博弈。购买的人鼓足了勇气。销赃之嫌不会打消他赌一把的欲望；赌一把吸引了购买者。就像玩"三牌猜一牌"的人一样，赌一把解释了为什么有人在买小摊上的东西时在那里讨价还价。买东西的人喜欢没有间接成本，没有销售税。他甚至喜欢那些可能是盗窃来的商品。其实他们的商品是从批发商那里批发来的，可是，小摊贩故弄玄虚（小摊贩挤挤眼，悄声说："真是摸来的，夫人。"）。

当然，最可能出现的是碰巧本身——喜欢就拿走。交易一般是粗鲁的和具有刺激性的。

> 女人：多少钱？
>
> 小贩：10美元。
>
> 女人：10美元？
>
> 小贩：10美元。
>
> 女人：开玩笑。
>
> 小贩：商店里15美元。
>
> 女人：这是一个别针。只是一个别针。
>
> 小贩：10美元拿走。拿走，夫人。
>
> 女人：疯了。给我那个棕色的。

顾客刺激另外一些顾客。我曾经在布卢明代尔百货公司前看到过一场抢购。三个小贩在人行道上兜售皮革手袋。他们把便携式收音机的音量开到最大，对着行人高喊，机不可失。一小群人围了起来，有一会儿，没有谁买。然后，一个妇女真买了一个。然后，又有一个人买了。更多的人拥了过来，想看看发生了什么。

有没有什么经验教训？如果这帮小贩生意不错，那一定是人们喜欢他们卖的东西。面对面，讨价还价，全世界都有小贩，他们一直活跃在大街小巷里、露天市场和各种各样的市场里。节奏加快。突然，几乎所有的人都争先

99

恐后地买小摊上的东西。

　　商店里可能也会有顾客和商店雇员之间面对面的交流。布卢明代尔百货公司里到处都有手里拿着卡片和样品的模特们，向顾客展示商品；成堆的商品常常把通道都给堵上了；化妆品部会有几个推销员。当然，这些都是商店的内部交易。交易不会跨出大门半步，美国大部分商店都是这样。美国的商人们不懂得如何利用大街。

　　日本人的百货商店知道如何利用大街。就一件事而言，日本人的百货商店比小摊略胜一筹。我们会在日本百货公司门口的人行道上看见很多小摊，其实，他们大部分是那些商店的雇员。商店利用他们去拉客，让顾客进商店。坐落在银座的三越百货公司就是一个很好的例子，它有一个很大很宽的出入口，很容易溜达进去。为了引诱顾客进商店，商店的雇员在大街上展示商店里的商品。他们拿出一些新奇的商品，好玩的帽子、墨镜，摆在门外。路人停下来，随手拿起来瞅瞅。营业员通知里面的收银员收款。仿佛肉食植物展开的卷须，买了东西的路人，走进了商店，在那里付款。

　　大部分百货商店的出入口都提供了一种选择。我们或是进去，或是从它们旁边路过。没有地方让人犹豫不决，前思后想。唯一的过渡空间把人引到第二道门边；其实，除了调节温度外，那个过渡通道是没有其他作用的。

开放的前厅成为了适宜逗留一会儿的地方。这是纽约第五十九街东边的阿戈西
书店。

  有一个好的出入口的商店可能会吸引路人，不仅仅吸引那些本来就打算
进商店的人，还会吸引那些在门口徘徊的人。好的出入口没有给路人做出决
定造成压力，而是通过营造一种没有必要做决定的氛围来吸引路人的。类似
于纽约的佩利公园。佩利公园有吸引力的铺装地面和树木一直延伸到人行道
边。公园和大街之间没有清晰的边界，因为入口宽敞，所以，里面的活动一
目了然。路人扫视一下佩利公园，有些人停下来，有些人向里走几步，再向
里挪挪，没有做什么决定，就自然而然地走进了佩利公园。

  商店的出入口应该与佩利公园相似。总之，商店的出入口应该宽敞和开
放，形成人流。熙熙攘攘没有什么不好。如果入口空间狭小，就没有剩余的
空间可以调动。如果那些入口是宽敞的，它们会被更多地利用，人们可以在
那里说说话，告个别，或者站在那里张望。还应该有些人在那里看看手表，
等朋友的到来。出入口可以主动地推动这种对空间的利用。沃纳梅克商场门
前的鹰，三越百货公司门前的狮子，都是形成理想聚会地点的标志。

第五大道上的书摊。那里是一个繁忙的人行道，但是，那种熙熙攘攘是和谐的。

　　生意应该从街上就开始了。像三越百货公司那样，在门外展示商品，而不让小贩夺去了重要的销售空间。包围出入口的那些展示，尤其是那些可以触摸的商品展示，会产生一种阻力，让路人放缓脚步，把他们吸引进入商店。

　　大街与商店之间的过渡区应该是一个销售空间，而不是一个中性的空间。如果没有这种过渡空间，可以把凹进商店里的入口处建设成为这种过渡空间，在那里展示商店的灯光艺术和商品。这个空间应该成为一种具有召唤功能的空间，虽然遮掩着，但是，它是街的一部分，很容易让路人走进来。

　　我们很难估计一个商铺的好出入口究竟能够多吸引多少人走进商店。但是，店铺的好出入口从许多方面让那里有所不同。假定一个商店的主入口平均每小时有1 500人进入。如果每小时仅仅多吸引20个人进来的，那么，一个月就可以多增加5 000人进入商店。实际上，它吸引的新增人数有可能超出这个数字。

　　让我简要地把好的街道的若干元素概括如下：

　　　建筑蔓延至人行道。

> 沿建筑物临街面安排商铺。
>
> 门和窗户在街上。

至此，我所说的并非很新颖，可以用于许多业已存在的街道。但是，并非每一个城市都认识到了它们的街道历史特征。建筑师和规划师也没有认识到这一点。郊区购物中心已经成为全新一代零售开发的规范。我们最好使用一套全新的术语来描述郊区购物中心的基本街道形式。从多个通道进入这个街段，连续的门窗、入口点有节奏地重复出现。温馨的街道听起来像是一个很不错的新概念。

继续我们的小结：

2 层楼上的活动，我们可以通过窗户看到 2 层楼上的活动。

一条好的人行道，应该有适当的宽度，可以承受高峰时段的拥挤。小街的人行道应该宽 15 英尺；主干道和主要大道的人行道应该宽 25 英尺。

树。大树。

可以落座的地方和简单的公用设施。

很多步行街和改造的街道都设计过度了。总体上讲，招牌太统一，太多获奖的照明标准，太多的高品位或刻意的装饰，因为许多设计师都有相同的品味，所以，就形成了平淡无奇的一致。

实际上，需要的是简单的长凳，钟和饮用水池之类的基础公用设施，以及功能合适的垃圾桶。日本人的想法超出了我们所能够想到的。日本人喜欢在百货公司的大门外安放各类公用设施，长凳、大烟灰缸、付费的公用电话、作为会面地点的标志。

有些最好的空间是偶然产生的。我喜欢的好空间一直都是地处麦迪逊大道和第五十七街的纽约大通银行大厦犬牙交错的建筑边沿。因为它的高度适当，行人可以在那里落座。它们既可以让行人避避风，还可以得到一定的阳光。那里常常有食品推车，人流规模适当。大通银行最近在那些边沿上安上了一些尖桩，让行人不能在那里坐下，不过，那些边沿很适合于卖书和卖画，他们把书摊架在那些尖桩上。

相类似，街头还有一些本来应该发挥很大功能的公用设施，但是，它们的瑕疵超出了设计想象。例如，平平的垃圾桶盖不方便倒垃圾，却很适合于用作小桌面。消防栓常常成为那个地段唯一可以落座的地方。设计中常常没有想到大部分这类公用设施。为什么不考虑它们呢？如果在规划设计一开始就考虑到那些公用设施，它们的建设成本其实是很低的，或根本就没有建设成本，不过是规划设计上的几根线。有一些能做到的：

● 可以落座的建筑物边沿——宽度大约 1 英尺，高度 16 英寸到 20 英寸。

● 可以用来整理提包箱子和纸张的搁板。

● 玻璃的或钢板的墙壁——妇女可以用来当镜子使用，男人可以检查一下裤子的长短。

● 可以让人系鞋带的建筑物边沿。不要笑。看看有多少人利用消防栓系鞋带。

● 音杆。人们经过一些地方的时候喜欢触摸各种物体，如果悬挂的音杆可以发出特殊的声音，那会很不错。

第七章 设计空间

我们对空间的研究是从观察街道公园和休闲场所开始的。在我们首先关注的一组事物中，缺少人气是很多街道公园和游戏场所普遍存在的现象。在一些人口密度很高的街道，街道公园和游戏场所人群扎堆，但是，更多的街道公园和游戏场所近乎空荡荡。不难看出，纯粹空间对孩子们是没有吸引力的。反倒是那些内容丰富的街头巷尾对他们有吸引力。

人们常常想当然地认为，孩子们之所以在街上嬉戏是因为缺少游戏场所。其实不然，孩子们喜欢在街头巷尾玩耍，因此，他们出现在那些地方。我们发现，哈莱姆东一百零一街的一个街段是孩子们最喜欢玩耍的地方。那里当然有那里的问题，不过，那里还是正常运转着。那段大街本身就是玩耍的地方。从门前的台阶上，从太平梯上，都可以一览大街，它们对母亲和老人很有作用。那里当然还有其他一些因素也在起作用，我们原以为研究这种地方会比研究购物中心容易得多。我们原先并不了解这个地方，尽管如此，这个街段内部的确包含了一个成功的城市场所的全部基本要素。

我们发现，我们对城市中心地区的研究越深入，城市中心地区相对闲置的空间就越突显出来。城市中心地区肯定拥挤，不过，在那些拥挤的地方我们总可以找到一系列交通瓶颈，特别是地铁站。总之，那些拥挤的地方只是城市中心地区的一部分空间，很多人聚集在那里，感觉不好，因此，那些地方不适当地扭曲了我们对城市中心的感受。实际上，城市中心有些地方本来不挤，却让人觉得很挤。

毫无疑问，作为一种安抚，城市中心地区应该已经有了很多令人愉悦的空间。1961年以来，纽约市一直都在给予建设广场的开发商各种优惠。如果开发商建设了广场，政府就会允许开发商在正常详细规划规定的容积率上再增加20％的建筑面积。为了得到这个奖励，开发商无一例外地都建设了广场。每一幢写字楼都通过建设一个广场而得到建筑面积奖励；仅1972年一年，纽约市建设的世界上最昂贵的开放空间面积就达到20英亩。

有些广场的确吸引了很多人。西格拉姆大厦广场就是其中之一，恰恰就是它，让纽约的规划师们设计了建设广场给予奖励的政策。西格拉姆大厦的广场建于1958年，这个相当优雅的地方原先并不是作为市民广场设计的，但是，它后来成为了一个市民广场。天气好，午餐时，会有大约150人坐在那里，晒晒太阳，吃东西，聊天。沃特街77号，俗称浪荡公子广场，也聚集了很多人，放荡不羁的年轻人喜欢那里。

但是，大部分广场空空如也。天气好，午餐时，坐在广场的那些人的密度一般为4人/1 000平方英尺，对于纽约这种人口密集的中心来讲，这个数字太低了。最密集的中心商务区包含了数量令人惊讶的空着的开放空间。

既然西格拉姆大厦广场和浪荡公子广场有那么多人，为什么其他广场就没有人呢？纽约市政府上当了。纽约市政府给了开发商价值数百万美元的奖励建筑面积，它有权要求更好的公共空间作为回报。

我就这个问题询问了纽约市规划委员会的主席埃利奥特。事实上，我请他在周末花了些时间看看那些空空如也的广场的录像。他认为是比较严格的分区规划所造成的。可是，同样都有严格的指南控制着，为什么好的地方有人，而不好的地方却没有人？当我们弄清了其中的原因，我们是可以设计出新的规范的。因为我们期望我们的设想可以得到检验，所以，完整记录下我们研究的案例十分重要。

我们开始工作。着手进行一个包括16个广场、3个小公园，以及许多零碎的空间在内的跨空间研究。我们的确遇到了很多困扰，研究也不可能按预先设计的那样按部就班，我们需要克服那些不正确的开头和困扰。我们的一些逻辑推理被证明是不正确的；实际上，我们的研究可以说是一系列对预先各种假设的证伪。

这个研究延续了 3 年。3 年这个数字听上去让人印象深刻。但是，3 年不过是开展所有项目的计划时间。实际上，我们用 6 个月就完成了这个研究。当然，纽约市变化缓慢。困难无处不在，虽然我们认定我们是用心来做这项研究的，我们还是发现，我们必须花比找出问题更多的时间去传达问题所在。1975 年，纽约市预算委员会采纳了新的分区规划。这个事件刚好先于我们讲述有关新分区规划危机的故事之前。

我们首先绘制了人们如何使用广场的示意图。我们在西格拉姆大厦广场网球俱乐部的上方，架设了延时摄像机，摄下西格拉姆大厦广场全天的变化情况。我们有规律地在广场里巡回往复，在图上标记下人们坐的地方、他们的性别、他们是独自还是结伴而来。我们用 5 分钟时间就可以做一次记录，比简单数人头的时间稍微长一点。我们还与人们交谈，了解他们在哪里工作，到这个广场来的频率有多高，以及他们对这个广场的看法。不过，多数时间里，我们都是在观察人们在那里做什么。

他们大部分是来自附近大厦的就业者。相对很少几个是来自西格拉姆大厦。正如一些秘书向我们确认的那样，他们只是在午餐时间里让他们自己和老板之间保持一定距离。在大多数情况下，西格拉姆大厦广场的使用者来自 3 个街段范围内的大厦。在像佩利和格里纳克之类的小公园里，人群更为混杂——有些年纪比较大的高收入者——但是，办公室年轻的就业者们依然是这里的主导人群。

这个简单的使用者统计强调了有关良好空间的一个基本要点：**供应产生需要。一个良好的新空间产生一个新的使用者。良好的新空间让人们建立新的习惯，如露天午餐，引导他们使用新的路径。**良好的新空间非常快地就能实现这一点。在芝加哥第一国民银行广场建成后，芝加哥商业中心才有了广场之类的公用设施。也就是几个月的时间，第一国民银行广场改变了成百上千办公室就业者度过中午那段时间的生活方式。这类成功绝没有超出人们对公共空间的需求。它们正说明了公共空间尚未被发掘的潜力有多大。

可以展开社会交往的广场人气最旺，在那些广场里，成群结队的人比那些人气不旺的广场多。在纽约那些人气最旺的广场里，成群结队的人大约占50％—62％，而在那些人气不旺的广场里，成群结队的人大约只有25％—30％。高比例实际上是一个选择性指标。如果人们成群结队地去一个广场，那是因为他们预先决定一起去那里。人们成群结队地去的广场并不是很适合于个人。当然，人们成群结队地去的广场所吸引的个人，就绝对数而言，还是比那些人气不旺的广场所吸引的个人多。所以，如果我们是独自一人，一个人气旺的地方总是最好的地方。

106　　人气最旺的地方一般会有高于平均数的女性。① 一个广场中的男女比例反映了劳动力的构成，不同地区，广场中的男女比例不同。在曼哈顿的中城地区，大约有60％的男性，40％的女性。究竟坐在哪里，女性比男性想法更多些，她们对烦恼的事更在意，她们花更多的时间去观察一个地方。她们还很有可能用她们的手绢去掸掸要去落座的地方的尘土。

男女比例是一个观察指标。如果一个广场的女性人数明显低下，那一定是有什么问题。相反，如果一个广场的女性人数居高，那么，这个广场可能不错，管理妥善，已经被人们选择了。

广场的生活节奏不会因为地方不同而有很大的不同。早上的几个小时里，光顾广场的人不成气候，零零散散：在广场的一个角落里，一个卖热狗的小车推了过来，擦鞋的坐在广场边，一个送快递的，一个年长的行人，在那里歇歇脚，几个游客，一个妇女在那里翻腾她的手提包。如果附近正在建设一幢大厦，那么，11点以后，会有一些戴着安全帽的建筑工人出现在那里，喝罐装啤酒，吃三明治。接下来，那里越来越热闹。

中午时分，大批常客开始光顾。活力很快达到顶峰，而且一直持续到下

———————————
① 人气最旺的空间里，成群结队的人的比例相对高一些。那里的女性比例也比较高。

午 2 点之前。纽约的午餐时间特别长。其他城市可能也就是 1 小时多一点，许多城市基本上也就是 45 分钟。（哈特福德以及它的那些保险公司就是这样。城市乐于看到更多的室外生活，但是，时间似乎不够。）

在广场里活动的人中大约有 80％是在午餐时间来到广场的，下午 5：30 以后，广场里的人就寥寥无几了。但是，这只是一般而言，城市不应该觉得它们市中心的空间都是特别无效率的。剧场一天也就开放几个小时，但是，这并不意味着剧场没有发挥它们的功能。正如我们以后会总结的那样，我们有很多工作可以做，以延长市中心空间的利用时间。不过，也不要指望可以延长多么长的时间。夏季，下午晚些时候，如果广场里还有爵士乐表演，人们会在那里再逗留 1 个小时或再多一点。无论怎样，傍晚 7 点钟左右，大部分人会上路回家。

在午餐期间，人们会均匀地散布在广场里，人们喜欢在广场的某些部位上待着，而光顾广场另外一些部位的人比较少。我们还发现，在非高峰时段，更能反映人们的选择。当一个地方熙熙攘攘的，人们会随遇而安，只要能坐下就行了，不一定去考虑那里是不是他们想坐下的地方。当大批人离开广场之后，人们的选择就很重要了。广场上的一些部分真的没有人了，其他地方仍旧有人使用。在西格拉姆大厦广场，大树覆盖了它的后部边沿地带，那里还是有人，而其他地方则是空空如也。西格拉姆大厦广场的后部边沿地带似乎不是熙熙攘攘的地方，但是，累积起来计算，那里恰恰是西格拉姆大厦广场利用率最高的地方。

107

男性喜欢坐在前几排椅子上，如果有大门之类的地方，他们就会是把门的。女性一般喜欢稍微隐蔽一点的地方。如果有一个与大街平行的台沿，两边都可以坐人，那么，男性会坐在面对大街的一面，而很大比例的女性会坐在内侧，朝着广场。

那些面向大街坐的人很有可能是那些"女孩观察家们"。正如我已经提到的那样，那些"女孩观察家们"观察着女孩，却表现出对女孩不是真正感兴趣的样子。无非是为了表现一种男子汉的气概。甚至在华尔街地区，观察女孩子的人特别露骨，但是，我们几乎不会看到任何一个观察女孩子的人真去会一个他们在那里看到的女孩。

广场不是一个结交朋友的理想场所。比在广场结交朋友好得多的地方恰恰是那些非常拥挤而且有许多吃喝的大街上。譬如纽约的南街海港的中央通道。到了午餐时刻，那里挤得水泄不通。就像玩随声乐抢椅子的游戏一样，在挤得水泄不通的时候，可能产生出有意思的组合。然而，人们在大部分广场里的混合远不及他们在熙熙攘攘的大街上的混合。如果台沿上坐着两位妙龄女郎，附近的男人通常会表现出不屑一顾的样子。仔细观察，我们会发现，他们不时朝女孩瞄上几眼，不再伪装他们自己。

我们可以在广场上遇到恋人，但是，恋人们并不是出现在我们以为会出现的地方。当我们开始与广场上的人交谈时，他们会告诉我们，在广场后边的那些位置上，肯定可以找到那些恋人。其实不然，恋人们通常出现在大众的眼皮子底下。从我们拍摄下来的画面中可以发现，恋人们旁若无人，在大庭广众之下，最狂热地拥抱在一起。（然而，在一个长时间的拥抱中，我发现，一个热恋的人瞟了一眼手表。）

有些地方可能成了各种各样群体的聚会点。有一段时间，大通银行广场的南墙是一群摄像机爱好者的聚会点，这些家伙喜欢买新式镜头，聚在一起谈论它们。这种聚会点可能持续不了一季或持续不了几年。辛辛那提的黑人民权运动领导人告诉我，当他打算与某人联系，他常常去喷泉广场找。前些时候，纽约的一个广场之角成了放荡青年们的聚会场所。虽然那里的人员换了一批又一批，但是，那里至今仍然是放荡青年们的聚会场所。

广场里的站立模式很有规则。当人们在广场里停下来谈话的时候，他们通常会像在大街上一样，站在主行人流中交谈。他们还显示出一种倾向，靠近旗杆或雕塑之类的物体站。他们喜欢界限清晰的地方，如台阶或水池的边沿。他们几乎很少选择站在一个大空间的中间。

解释很多。喜欢柱子可能源于某种原始的直觉：我们可以看到所有走过来的人，但是，我们的后背却被藏了起来。可是，这个看法不能解释人们为什么喜欢沿着马路牙子站成一排。一般情况下，他们面朝里，把后背暴露给大街上的车辆。

无论出于什么原因，人们在广场中的移动是广场的一大奇观。我们在建筑照片中看不到人在广场中的移动，建筑照片上通常是没有人影的，摄影者用来拍摄的角度很少与其他人分享。所以，摄影者用来拍摄的角度是一种误导的角度。从上往下俯瞰一个广场，广场的一切均暴露无遗，我们可以看到的几乎是一种单色的几何图案。而当我们平视与我们的眼睛平行的层面上时，广场随着人们的移动和那里的色彩而活跃起来，人们匆匆地走着，从容地走着，三步并作两步地登上台阶，人们交织穿行。加快脚步和放缓脚步，以配合其他人的移动。即使地面是灰色的，墙壁也是灰色的，譬如冬季，但妇女穿着红大衣，撑着彩色的雨伞，广场里还是色彩斑斓。

那里有一种诱惑人们看一看的美景，而且有人觉得，那些表演者很了解这种美景。人们会在台沿上和台阶上找到自己的座位，从这种随遇而安中，我们可以发现这种美景。他们常常以他们自己欣赏的姿态坐在那里。西格拉姆大厦广场的色调是灰棕色的，下雨时，广场里点缀着一把或两把雨伞，就像柯罗画上的那些红点，让西格拉姆大厦广场成了最好的舞台。

让我们回到产生广场美景的元素上来。要想广场美起来，最基本的元素就是人，这是不言自明的，因此，我们也常常忽视了这个元素。为了吸引人，一个空间应该人气十足。要想人气十足，不能不讲究区位，如老话讲的那样，区位、区位、区位。人气十足的地方应该是市区的核心区，而且紧挨着100%的街角，最好就在街角上。

因为距离市中心越远地价越便宜，所以，在市中心之外寻找建设广场的场地是很诱人的。市中心还有一些没有充分利用的空间，例如，城市更新时，有些市政中心没有设计好，留下了一些场地需要开发。可是，那些没有利用起来的场地是不易协商的。仅仅相隔几个街段的场地，对那些鼓起勇气去那的人来讲，可能就有10个街段之遥了。

人们应该步行去那，可能的话，步行对身心都有好处。但是，并非每个人都那样想。甚至在市中心的核心区域，一个不错的开放空间的有效服务半径也就是 3 个街段。广场中 80％的人会来自这个范围。这个事实表明了行人的惰性，如同坚持让车停在中心区之外一样，行人的惰性也可能会有所改变。

不过，我们不要以为这个有限半径一无是处，其实，它还是有好处的。因为对开放空间的使用很大程度上是局域的，所以，新增其他不错的开放空间不会产生供过于求的局面。新增开放空间会增加人们对开放空间的需要。

假定有一个不错的空间位置，**设计出吸引人的开放空间是比较容易的。值得注意的是，有多大可能性得到这样一个吸引人的开放空间**。我们的初步研究清楚地表明，当区位成了一个吸引人的开放空间的前提条件时，谁也不能保证可以开发出一个吸引人的开放空间来。有些最糟糕的广场其实地处最好的空间位置，通用汽车公司大厦的下沉式广场就是一个，它与纽约最大的户外空间之一相邻。

我们研究的所有广场和小公园其实都有很好的空间位置，大部分都在主要大道上，有些还有漂亮的辅道。所有广场和小公园都紧挨公共汽车站或地铁站。所有广场和小公园旁的人行道上都有很大的行人流量。但是，当我们按照高峰时间里坐在那里的人数来给它们打分时，我们发现，从沃特街 77 号的 166 人，到公园大道 280 号的 17 人，差别很大。

怎么会有这么大的差别呢？我们研究的第一个元素是阳光。我们当时以为阳光可能相当关键，我们的第一次延时摄影研究似乎证明了我们的看法。然而，随后的研究却没有证明我们的看法。正如我回头会提出的那样，我们研究的广场和小公园显示，阳光很重要，但是，我们的研究没能解释广场在受欢迎程度上的差异。

审美元素也不能解释广场在受欢迎程度上的差异。我们从来就没有认为我们自己可以测量出这些审美元素，但是，我们希望我们的研究可以说明，最成功的广场一般会让人产生视觉上的愉悦。西格拉姆大厦广场似乎就是这样的一个可以让人产生视觉上的愉悦的广场。我们再次碰到了相冲突的证据。

显然，优美的西格拉姆大厦广场是成功的，但是，一些建筑师认为俗不可耐的沃特街 77 号的游荡公子广场也是成功的。所以，我们必须做出这样的结论，一个空间整体设计上的优美和高雅其实与空间使用状况没有多大相关性。

设计师看到的是整个建筑，好看的垂直面、水平面，密斯·范·德·罗厄（Mies van der Rohe）改变他的空间的方式，等等。坐在广场里的那个人可能很不了解这类特征。他常常会看到另外的一个方向：不是关注其他的高程，而是关注在他的视线里发生了什么。也就是说，他所看到的并不是设计师看到的或设计师处理的空间。围绕西格拉姆大厦广场的地区是一个很大的城市场所，西格拉姆大厦广场与街对面的麦金、米德和怀特的网球俱乐部结合成为一个整体。我个人的感受是，微妙的封闭感对使用西格拉姆大厦广场的愉悦有影响。但是，我肯定不能用数字来证明我的这个看法。

我们考虑的另外一个元素是空间形状。纽约市规划委员会的城市规划小组认为，空间形状是非常重要的，希望我们的发现可以支撑严格的比例和布局。他们特别急于排除掉带状广场，即长长的、空间狭窄的广场——放大了的人行道，常常没有人。城市规划小组认为，开发商不应该因为这样的带状空间而得到提高建筑容积率的优惠，它主张清除掉比宽度长 3 倍以上的带状空间。

我们的数据并不支持这种标准。确实没有很多人去使用大部分的带状广场，可是，人们不去带状广场的原因不是那些广场的形状。一些近似方形的广场同样也没有多少人去使用，反之，若干个高强度使用的空间实际上是狭长的空间。最受纽约人青睐的五大场所之一实际上是建筑的一个狭长的缩进部分。我们的研究并没有证明形状不重要，或者说我们的研究没有证明设计师的直觉被误导。但是，就像我们对阳光元素的看法一样，我们的研究所证明的是，其他元素对广场更为重要。

如果人们不去某个广场的原因不是它的形状，那么，原因会不会是它的大小呢？有些保护主义者认为，广场的大小会是一个关键元素。在他们看来，人们之所以寻找开放空间是为了减少拥挤，所以，开放空间一定具有最大程

110

度的宽敞感，阳光和空气把人们吸引到那里。那时，我们设想，如果拿空间大小给广场排序的话，空间和人之间肯定会具有正相关性。

然而，我们的研究发现，空间大小和人之间的相关性并不清晰。若干最小的空间却有最大数量的人，而若干最大的空间却仅有最少数量的人。应当注意，按照娱乐标准，广场上的人数总是不多的，我们研究的四个最大的广场大约有 75 000 平方英尺的空间在运转。当市政空间真的很大时，市政空间的规模就成了一个问题。很多公共空间失败的祸根正是没有把它们围合起来。

可以坐下的空间数量是不是影响人们进入广场的一个原因呢？我们这样来考虑问题，的确开始涉及影响人们进入广场的原因了。在计算可以坐下的空间延英尺数量时，我们发现，可以坐下的空间延英尺数量最大的那些广场一般在最受欢迎的广场之列。当时，我们对广场中可以坐下的空间数量和广场中的人数二者之间关系的认识很粗糙。我们并没有给这类数量的定性因素加权；我们没有区别一英尺水泥台沿和一英尺有靠背和扶手的长凳之间的差别。如果当时我们真的给这类可以坐下的空间数量做了加权的话，会有一个与使用图表比较吻合的结论。我们的确考虑到了这一点，但是，我们最终还是认为，这样加权的随意性太大了。一旦我们开始这样做，仁者见仁，智者见智，是不会有结论的。

我们也没有好的理由去给这类可以坐下的空间数量加权。无论我们考察多少种变量，有一个基本观点从未消失过。我们最终认识到一个主要因素。

人们一般最有可能坐下的地方是那些有地方坐下的地方。

读者可能不会觉得这个观点是匪夷所思的，而且，当我回看我们的研究时，我很奇怪为什么这个观点在研究开始的时候就比较明显。可以坐下的空间肯定只是许多变量之一，在没有控制的状态下，我们不能确定可以坐下的空间究竟是因还是果。如果那里根本就没有地方可以坐下，无论该空间的吸引力是什么，那些打算来坐一下的人是不会被那个地方所吸引的。

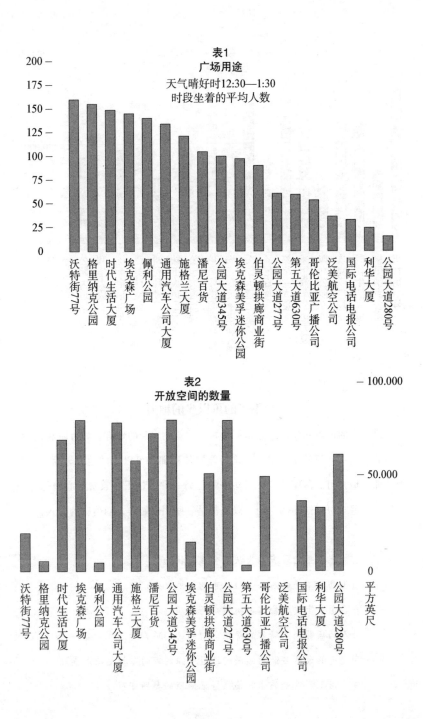

表1
广场用途
天气晴好时12:30—1:30
时段坐着的平均人数

200 —
175 —
150 —
125 —
100 —
75 —
50 —
25 —
0 —

沃特街77号
格里纳克公园
时代生活大厦
埃克森广场
佩利公园
通用汽车公司大厦
施格兰大厦
潘尼百货
公园大道345号
埃克森美孚迷你公园
伯灵顿拱廊商业街
公园大道277号
第五大道630号
哥伦比亚广播公司
泛美航空公司
国际电话电报公司
利华大厦
公园大道280号

表2
开放空间的数量

— 100.000

— 50.000

0

沃特街77号
格里纳克公园
时代生活大厦
埃克森广场
佩利公园
通用汽车公司大厦
施格兰大厦
潘尼百货
公园大道345号
埃克森美孚迷你公园
伯灵顿拱廊商业街
公园大道277号
第五大道630号
哥伦比亚广播公司
泛美航空公司
国际电话电报公司
利华大厦
公园大道280号

平方英尺

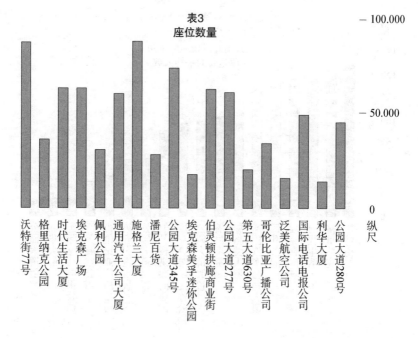

表3
座位数量

少不了的可以坐的地方

　　最基本的可以落座的地方是那种属于建筑物本身的地方，如台阶和边沿。这项研究的一半目的是考察人们是否能够使用那些可以坐的地方。而且，是否让那些地方可以落座是有一场斗争的。另一种力量正在煞费苦心地想方设法改变那些本可以落座的空间。以下都是一些用来妨碍人们落座的方式：

　　　　安装上水平的带有锯齿状的金属条状物。

　　　　筑上凸凹不平的石头（纽约市的南桥大厦）。

　　　　在台沿装上尖状物体（桃树广场酒店）。

　　　　让人的后背无法倚靠的护栏（纽约的 GM 广场）。

　　　　用光滑的大理石做的倾斜的边沿（纽约市的赛拉尼斯大厦）。

　　　　在台沿上嵌入金属球状物（得克萨斯的奥斯汀市）。

妨碍人们落座的方式的确创造了糟糕至极的地方。除了使用尖状和金属物体之外，还有人让台沿平面变成倾斜的状态，增加监控录像设备，提高矮墙的高度，让人们不能坐下。只要不刻意去做这类事情，是可以创造许多可以坐下的地方的。

可以落座的台阶和边沿肯定不是最舒服的地方，但是，在扩大选择上，它们是有很大优势的。建筑本身的这些部分越是适合于坐下，人们便会越随意地坐在建筑前后左右，坐在建筑前的阳光下或阴影下。这就意味着需要设计建筑的边沿、栏杆和其他平直的表面，让那些地方承担双重功能，可以落座，可以当成桌子和架子。因为大部分建筑场地总是有某种坡度的，所以，我们有机会去建设这类可以落座的台阶和边沿，比起让它们不能坐下，让它们可以落座是顺理成章的事。

这是西格拉姆大厦广场的一条经验。建筑师约翰逊（Philip Johnson）如是说，当密斯·范·德·罗厄看到人们坐在台沿和台阶上，他十分惊讶。他从来没想过会有那样的事情发生。但是，建筑师一贯崇尚简单性，所以，没有过分装饰的护栏，没有灌木丛，没有不让人们坐下而去改变高度，没有造成空间凌乱的装饰。台阶简单并且诱人。虽然西格拉姆大厦广场没有一个长凳，但是，西格拉姆大厦广场本身的台沿和台阶都很适合坐下。西格拉姆大厦广场的边沿包括 600 英尺长的台沿和台阶，很适合人们坐下、吃东西和晒晒太阳。

让台沿可以坐一下本不是问题。可是，我们应该如何确定可以坐一下的台沿呢？详细规划必须给台沿制定具体标准，例如，台沿究竟应该多高或多矮、多宽。我们可以想到，总会有与具体政策较劲的对策，如果真是那样的话，我们需要用事实来支撑相关政策。

那些人为的措施，以我们始料未及的方式，转变成了我们的对立面。社区理事会的成员而不是开发商对这类设计标准过于具体表示不满。社区理事会中负责公园和开放空间的头头脑脑认为，设计标准太具体，不给社区理事会一些弹性，容易发生主观武断的错误。所以，分区规划与具体的设计标准恰恰相反，它应该是一个指南，例如，设定一个目标，让广场成为可以落座

113

大部分台沿本来是可以落座的。但是，动一些脑筋，通过一些措施，的确可以让那些地方变得不能坐了。

的空间，在如何实现这个让广场可以落座的目标上，让开发商、建筑师和社区居民之间达成一致。

究竟应不应该提出具体的设计标准，让我暂时放下这个问题。对于非专业人士来讲，尤其是在分区规划会议上出现分歧时，有人会站起来说，让我们少说大话，开始实际行动吧。他的这种态度会得到一片赞许。摆脱分区规划的官样文章，不去理会官僚式的吹毛求疵。

不过，事实证明，没有分区规划指南可能会更糟糕。如果我们没有事先做出周密的思考，林林总总的具体方案会淹没了分区规划的原则，让分区规划成为最没有约束力的规划。确定的标准会过时，建筑规范也会过时。道德的确会让标准和建筑规范更新，但是，道德并不会抛弃标准和建筑规范。

没有分区规划指南，的确会让建筑师少了很多约束，可以有更大的创114 新空间。如果真是这样，1961年分区规划终止后的那个时期会是广场设计的黄金时代，然而，尽管那个时期建设实际上没有指南，可是，那个时期建设起来的好的广场却是凤毛麟角。没有指南成为了一种追逐平庸的力量。开发商希望做得越少越好，不动干戈。那时建设的广场无非是遂了开发商的愿。

正如开发商一定会做的那样，模棱两可让人无为或少为。**大部分奖励性的分区规划指令都是非常具体的，与开发商所做的一致。**问题是这样的，**许多开发商对他应该做什么相当含糊，对他不做此事的后果更加含糊。含糊其辞的指南是没有力量的，我们必须具体描述指南，而且还要用书写的方式来描述。**

坐的地方的高度

我们想到的一个指南是坐的地方的高度，建立这项指南没有什么困难。显然，16 英寸—17 英寸可能就是最好的高度。但是，一个表面多高或多矮仍然可以落座呢？由于坡度的原因，一些台沿的高度连续发生变化。例如，西格拉姆大厦广场的前台沿从一个角落的 7 英寸的高度开始，延续到另一个角落的 44 英寸的高度。我们当时认为，那里是一个最佳的研究场所；只要我们记录下研究时段里，有多少人，在哪个高度的台沿上坐下来，我们真会得到一个统计的选择指标。

但是，事情并不是如我们想象的那样。无论什么时候，人们都会簇团地集中坐在一个高度大体相同的台沿上，少数几个人会坐在另外一些高度的台沿上。但是，这种相关性并没有持续多久。我们积累了许多天的观察，我们发现，人们一直都是明显均匀地分布在整个台沿上。我们必须做出这样的结论，人们会坐在高度在 1 英尺—3 英尺之间的台沿上。分区规划指南指定的也是这个高度范围。人们坐的地方当然有高有低，但是，倾向于特定的条件，对大多数成年人来讲，一些台沿太高了，只适合那些喜欢爬高上低的少年们。

真正重要的尺寸是人的臀部。许多建筑师忽视了人的臀部尺寸。我们很少看到一个台沿可以两边坐的。有的台沿宽度一边坐都有些勉强。最令人沮

丧的是，有些台沿宽度可以让人勉强坐在台沿的两边，但是，那个宽度不够宽松，所以，并不舒适。所以，人们会别别扭扭地坐在那个台沿的前沿上。

让我们感觉意外的另外一个发现是，当台沿和可以落座的空间的宽度达到可以容纳两个臀部时，坐的人会比那些宽度不足以容纳两个臀部的地方更多一些。我们推荐的坐一下的空间的宽度是很实际的，我们遇到的适合的最小宽度为 30 英寸（如纽约公园大道 277 号的前台沿）。如果一个台沿至少有30 英寸的宽度，而且台沿两边均可以坐下，那么，两边的长度为可以同时计算为可以坐下的空间。

再增加一点宽度，开发商便可以让坐一下的台沿空间倍增。这并非意味着使用那个台沿的人数倍增。人数未必增加了。但是，我看重的不是人数的增加。新增空间的好处在于社会舒适感。对于社会群体和个人来讲，更宽松的空间可以让他们有更多的选择和有更多选择的感觉。

台阶的作用与台沿相同。台阶承受着无限多可能的组合，良好的视线让人们在那里落座，观察大街上上演的一幕一幕人间大剧。台阶不是非常舒适的；它们冰冷，没有可以倚靠的后背，台阶的宽度可能常常达不到舒适的程度。当然，在不牺牲它们作为台阶的功能的前提下，可以让它们更舒适一些。景观建筑师弗里德贝格（Paul Friedberg）设计的台阶至少宽 14 英寸，因为每一级台阶的高度约 6 英寸—6.5 英寸，所以，台阶比较容易上下。

我们决定不把台阶认定为所要求的坐一下的空间。如果我们真把台阶认定为可以坐一下的空间，开发商就会不作为，一些广场就都拿台阶来满足人们坐一下的需要，而不去创造其他种类的坐一下的空间。当然，我们应该想到台阶是有坐一下的功能的。

让我们再次考察广场里的社会生活，以便认识为什么需要如此做的原因。使用广场的多数人是结伴而行的，或三个人以上，结成小群体。大部分坐一下的空间是线状的。线状的空间一个人和两个人没有问题，但是，对三个以上的小群体不是很好。他们需要自己做出安排，正如一群人使用椅子，他们会调整他们的位置，形成约 45 度的角度。这个角度是最舒适的谈话角度，这个角度也是一小群人坐下来共进午餐最舒适的角度。

建筑师们不了解这一点，他们的设计是针对那些围坐在台阶上的群体的，尤其是那种形成直角的台沿。成群的人被吸引到那里。行人在行走时也是这样。西格拉姆大厦广场是一个典型的例子。通过公园大道的通道进出这个建筑的人，行走在通道和台阶之间的对角线上。在这个过程中，人们相互交叉，台阶成了最繁忙的吃饭和坐一下的空间。真有冲突？道理上讲，是有冲突的。实际上，并无冲突。人们忙忙碌碌，或者由于忙碌，坐在那里的人其实根本不在意从他们身边走过去的人。走路的人也不介意人们坐在台阶上。有时，他们踮着脚，擦着边走过去，而不是绕过他们。

在其他地方，我们也看到了类似的模式。所有的事情都是公平的，我们可以想想，那些行人穿插的地方恰恰是可以坐一下的地方，也是人们最有可能坐一下的地方。对坐着的人和行走的人都没有什么不当。他们选择这样做。如果有某种拥挤的话，也是一种友善的拥挤。

总而言之，通行和坐下不是对立的，而是互补的。因为相当多的规划师认为，通行和坐下应该分开，一些分区设计规范也是这样规定的，所以，我强调通行和坐下的互补性。纽约的所谓"行人通行区"与供人们落座的"活动区"分开。实际上，人们并不在意通行和坐下之间的界限。

我们觉得，应该鼓励行人通过广场和在广场中走动。下沉式广场和高架式广场一般产生低流动性人流，因此，详细规划要求，广场不要低于或高于大街高度3英尺。人流在大街与广场之间的流动越容易，行人越有可能走进广场，在那里逗留和落座。

这一点也适用于残障人士。如果我们在设计时考虑到残障人士的需要，那么，每一个人都会很容易使用那个地方。坐轮椅的人可以使用的饮水池也一定适用于孩子们。适合于残障人士使用的通道及各种相应设施也同时方便了所有的人。这类有关广场的规划设计指南应该做出强制性的要求，沿主要人行道的台阶的宽度至少11英寸，每一级台阶的高度不超过7.5英寸，沿着台阶修建斜坡。（后来我们发现，台阶的宽度应该是12英寸，而每一级台阶

116

的高度应该是 6.5 英寸。）考虑到残疾人的需要，至少 5％的可以落座的空间要有靠背。这些空间并非仅供残疾人使用。没有任何公用设施是专用的。我们的想法是，让每一个地方对所有人都是适用的。

长凳

长凳都是设计产物，目的是为建筑摄影增加点缀。在平面图上，长凳大部分都是一种模块，空间间隔相等，对称布置。但是，它们并非很适宜落座。长凳常常很少；长凳的长度和宽度常常不够；长凳与长凳间不相关联，与实际活动没有联系。

让我们考察一下长凳的尺寸和位置问题。社会状况比起形体状况更重要。在人不多的情况下，陌生人之间舒适的距离是比较宽的。寥寥无几的几个人坐在长凳上，我是其中之一，一个陌生人走过来，他坐在你的这个长凳上，而不是去坐那些空着的长凳，可能有一种强烈的侵入感。如同这样一种情形：偌大一个剧场，没有几个观众，一个人走进剧场，坐在你的座位附近。

随着空间被填充上，社会距离会收缩。现在，没有人计较陌生人紧靠着他坐下。必须如此，所以，秩序井然。从一个意义上讲，拥挤可以让人更容忍拥挤。

我们观察了人们究竟是如何使用长凳的。第一个来人通常坐在长凳的一端，而不是长凳的中间。下一个来人会坐在长凳的另一端。随后而来的人会两端哪里有空，就坐在哪一端。只有在没有什么位置可坐的情况下，人们会坐在长凳的中间，而一些人可能选择站着，不坐了。

因为长凳的两端承担了长凳的大部分功能，所以，有人提出，应该缩短长凳，那样就没有两端和中间了。但是，没有使用的长凳中间部分的功能就是**不要**坐人。长凳的中间部分是一个缓冲空间。长凳的中间部分也给人提供了选择的机会，即使人们不是那么乐于选择坐在长凳的中间，长凳的中间部分也并非没有功能。

人们刻意把长凳设计得不长。有时，为了不让人躺在长凳上，故意把长凳设计得短短的。更多的时候，是设计师在设计时忽视了长凳的一般功能。当长凳的尺寸比较宽松时，长凳所发挥的社会作用最好，也在生理上最适合于人。无论哪里，只要条件允许，长凳至少长 8 英尺。像台沿和台阶一样，具有连续长度的长凳提供了人们坐一下的各种可能。一般的公园长凳都是沿公园里的步行道一字排开的，很好地发挥着长凳的功能。

长凳一字排开，在高密度情况下，线状布置是有一定优势的。人们坐在长凳上，面朝前，所以，人们可以坐得很靠近，又相互不影响对方的私密状态。用戈夫曼的话讲，叫做"有礼貌的不注意"，可以看到别人的存在，但是，仅此而已。让人不舒服的是直接与陌生人对视。人们的确喜欢看别人，但是，他们不喜欢被对方发现，他们不喜欢被人家**盯住**。从我们录制的人们在公共场合的行为中，我发现，照相机并没有打扰他们。但是，当他们看到我直接盯着他们时，哪怕就是一瞬间，他们立即就意识到，有时，他们很不高兴。我并不责怪他们。

我曾经在前边提到，当人们有可能选择的话，两个或更多的成群的人会选择他们的相对位置，以便可以相互交谈，角度大体在 45 度至 90 度的范围内。坐在长凳上很容易做出这种选择。所以，不应该把长凳布置成一条线，而必须相对其他长凳，按照正确的角度安装一部分长凳。按照这种思路布置的长凳凤毛麟角，甚至很少有人这样想过。当然，还是有人这样考虑过，而且按照这种想法布置了长凳，不过就是寥寥无几的几个案例中，长凳之间的距离还是超出了舒适的社会距离的尺度，就像一个位置摆得不适当的茶几，哪怕就差一点点，坐在沙发上就是够不着。

应该正确地布置长凳，长凳与长凳之间角度适当，留出一定的空间，有放脚的地方和一定的社会距离，当人们坐在长凳上，其他人通过那里时，彼此不会发生干扰。要多大的社会距离呢？我专门研究了两个人和三个人坐一起的情形和他们之间的距离。这些都是目测的，不是十分精确，我不能使用录像的方式。当然，我发现所谓近距离的范围相当一致。18 英寸是可行的最小社会距离。年轻的恋人靠得比这个还要近，但是，大部分人并没有这么近。

118

可行的最大社会距离是 30 英寸。在此之间，绝大部分近距离会下降。最重要的变量是噪音。城市的室外可能非常嘈杂，为了说或听更容易一些，在嘈杂的地方，人们会靠得更近一些。

就长凳的布置而言，这些数字体现了这样一种安排：

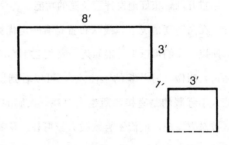

当长凳之间角对角的距离大约为 1 英尺，长凳之间有足够的空间放脚，又近到可以方便谈话，还有足够的空间搁一下手提袋。简单改变一下长凳之间的距离，人与人之间的距离就得到了调整。

长凳还有另外一个优越性。如果长凳的位置不是最佳，设计师们可以很容易把长凳的位置调整到比较好的位置上。当然，很少有人这样做。要想这样做，需要实地观察这些长凳的使用情况。设计师们发现这种观察很困难，更不用说让设计师们认识到，他们的设计并没有按照他们的设想得到实现。

这就是为什么我要说，设计师应该谨慎地使用混凝土。例如，设计师认为，人们不愿意看其他人活动。于是，他们按照这个看法去安排可以坐一下的空间，把那个空间用混凝土浇筑起来，也就是说，他们把自己的设想都浇筑了起来。如果事实证明他们的设想不正确，设计师已经做不了什么了。这一直都是许多购物广场存在的问题。所有的设计都是在购物广场建成之前做出的。开张那天，人山人海，宣布成功了。然而，当乐队停止演奏，人群散去，购物中心面临常态下的检验。购物广场的建设的确有不少教训，但是，那些教训不容易被发现。它们没有得到关注。

设计师应该特别小心地设计露天剧场。我所了解的许多正在运转的露天

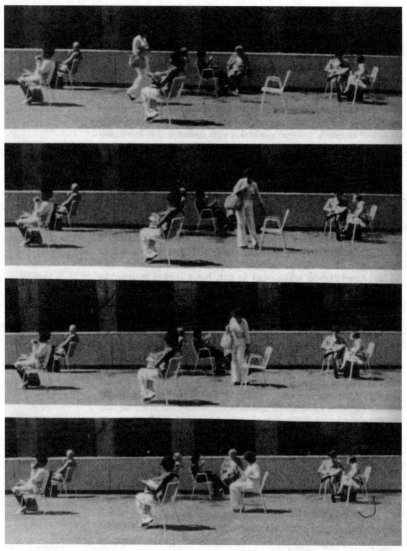

人们喜欢移动可以移动的椅子。甚至没有看出他们有什么理由要去移动一下椅子，人们可能还是会挪动一下椅子腿或原先的朝向，就像在大通银行广场的那位妇女。

剧场都存在整体上的缺陷：在第一排观众和演员之间有一个很大的间隔。这种间隔给演员和观众之间的交流造成困难，而这种交流是很关键的。扩大剧场的规模不能改变这种状况。看看一个在行的街头演员如何调动观众。他招呼路人靠近一些。他把注意力集中放在前两三排观众身上。直接感对于公园和广场里的小群体的表演同样很重要。在一个平坦的空间里，可能有草坪或用其他材料铺装过的地面，聚集大约 125 人，效果最好。如果让观众自己去安排他们的位置，他们可能会围成一个圈。人们很擅长做这事儿。对于比较大的公共事件，如地方乐团举办的音乐会，需要合理安排更多的设施，大型的可以拆装的舞台，各种剧场设备，等等。露天剧场可以坐的设施可能不错，但是，能够满足上千人的设施可能不再吸引个人和小群体，事实上，个人和小群体才是夏季公共广场主要的演出人员。

应该做更多的实验。长凳制造商掌握着长凳的各种常规设计形状和尺寸，适用于不同的布置方案。小平台上使用的那种长凳很好地把所有长凳连接了起来，它们本身就是多功能的。当设计师们打算推出一种新的设计，人们会非常迅速地用他们的行为让设计师知道这种新设计是否可行。如果真的有一个应对可能性的计划，改善最初布局，那么，设计会是最新颖的和很有价值的，要想得到这种可能性的计划，需要对设计和使用情况做工程完成后的评估。如果时间滞后 1 年或更少的时间，而不是 10 年或更多，实验是很有帮助的。

椅子

我们现在有了一种很好的发明：可以移动的椅子。椅子有靠背，加上扶手，坐起来舒服多了。这种椅子最重要的特征是可以移动。布置在公共场所的这些可以移动的椅子让人们有了更多的选择，他们可以把椅子搬到阳光下，靠近某人，或离开某人远点。

121　　选择的可能性与选择同样重要。如果我们知道椅子是可以移动的，我们想要移动椅子，我们会觉得在那个地方待会儿很舒服。也许这就是为什么有些人挪动椅子的原因,他们常常走近一把椅子,挪动一下,最后还是把它挪回到原处,然后坐下。这种挪动是有作用的。它们向人们显示了他们自由的愿望,不只是满足。在这件微不足道的小事上,我们成了我们命运的主宰者。

稍稍移动椅子仿佛是在对他人说些什么。一个人走过来,在熙熙攘攘的人群中发现了一把空椅子,旁边坐着一对年轻人,于是,这个人把椅子稍稍挪动了一下。他正在传达一个信息。对不起,挨得太近了,没办法,我尊重你们的私密性,就像尊重我自己的私密性一样。那两个人相应地挪挪他们的椅子,可能表示他们的认可。

一群人怎么安排椅子是值得关注的。在包括 3 人至 4 人的一群妇女中,可能有 1 个妇女主导,安排座位,包括多拿一把椅子。这群人各自选自己要坐的椅子,常常一开始选错了,然后再选。有时,需要用点时间来安排好椅子,不过,人们乐此不疲,安排椅子本身成了一种娱乐形式。在公共场所看着人们做这类事蛮有意思的。

固定的座位没有给人们留下选择余地。[①] 那些座位有凳子的形式,用金属材料或石材制成,看上去不坏,产生了有意思的装饰元素。装饰本来就是它们的基本功能。但是,对于坐凳功能来讲,它们缺少灵活性,也不具有社会舒适感。

人与人之间的社会距离是一个很微妙的尺度,甚至还在不断改变。但是,椅子一旦固定下来就不再移动,所以,固定的椅子很少适合任何一个人。情侣座可能对情侣不错,但是,对陌生人来讲,情侣座未免让人靠得太近了。孤独的人一般会把腿搁在情侣座的另一边,这样,陌生人就不会来坐了。

在剧场、体育场馆,必须把椅子固定起来,因为不同座位价格不同。但是,在开放空间,不需要把坐凳固定起来;坐凳周边有很多空间,所以,把坐凳固定在一个紧缩的空间上会产生一种不自然的布局。在剧场里,陌生人比肩而坐没有什么不安;风俗习惯允许这样。但是,在开放空间里,靠近是

---

① 设计师正在指示人们坐在这或坐在那。设计师妄自尊大。其实,大众比设计师更清楚他们会坐在哪里。

人为产生的。设计师已经这样安排了，游人只好忍受。游人只能听任设计师的摆布，坐着这，坐在那。一些人因此而回避那些坐凳。在一个校园里，学校布置了一组用金属材料制成的情侣座；很快，学生改变了它们的位置。这个设计师丝毫不愿改变。他的情侣座已经赢得了不少设计奖。

122　　人们担心，大部分可移动的椅子是会丢失的，所以，很多人不同意建设可以移动的椅子的想法。我们不能修改分区规划指南，但是，我们可以鼓励建筑商这样做。虽然大部分椅子的宽度只有 19 英寸，我们却认为椅子需要有 30 英寸的宽度。纽约市建设部对此表示反对。实际上，纽约市建设部从根本上就不同意建设可移动椅子的想法。纽约市建设部有责任监督建筑商满足建筑要求。它假定这些椅子真的遭到破坏或被偷走了，建筑商会去更换它们吗？无论纽约市建设部是否履行了它的监督职责，事实是需要监控的公用设施越少，工作越容易做。

　　很幸运，那些可以移动的椅子并没有丢失。佩利公园、格里纳克公园、沃特街 77 号的广场对此曾经做过很好的记录，那些记录显示，那里的可移动的椅子几乎没有遭到人为的恶意破坏。

　　实际上，这类记录一直都是令人鼓舞的。可移动椅子现在已经成为新公共场所的标准公用设施，也没有产生多少修缮问题。那些公共场所的管理者一直都醉心于开发现存的空间，所以，它们增加了超出指南要求的更多的可移动座椅。成本从来都是一个问题。我们在 20 世纪 70 年代初编制分区规划指南时，最便宜的椅子大约为 75 美元一把，餐椅大约为 150 美元一把。从那时起，从意大利到中国台湾地区的每一个小城镇里，我们都能在公共场所看到白色乙烯基涂层钢丝椅。它的价格现在减至不到 10 美元。真的不值得去偷这样一把椅子。

　　可移动椅子的慷慨的提供者是纽约大都会艺术博物馆。在大都会艺术博物馆正面台阶两侧摆放了 200 把可移动的椅子，一天 24 小时，一周 7 天，博物馆都把这些椅子放在那里。博物馆计算过，雇人每天把椅子搬出搬进所需要的成本高于替换丢失或损坏椅子的成本。这个制度运行得不错。

最令人高兴的发现之一是，放在边沿和台沿上的可移动椅子所产生的效果。那些椅子一字排开，对1个人或2个人还是不错的，但是，不太适合一群人。我们注意到，在3人或4人一组时，他们通常会临时形成一种安排，1人或2人站到坐着的人对面，而不是坐在人的侧面。

纽约林肯中心尤为如此。纽约林肯中心的访客很多都是成组的，在午后演出前，树坛的边沿会成为很好的交谈场所。一旦那个边沿前有空，一群人中的某些人会站到坐着的人对面，面对面地交谈。如果说纽约林肯中心是一瓶酒的话，树坛边沿就是三明治。

我主张给纽约林肯中心提供几百把可移动的椅子。那里有大量的空间，我觉得可以移动的椅子会很好地补充边沿的那些坐凳。这正是布置可移动的椅子的功能所在。这些可以移动的椅子很大程度上的确是个人使用，但是，它常常让一群人中的一些人可以与坐在线形台沿上的同伴面对面地交谈。我们有过一次很糟糕的经历，一个重要官员竭力要把可移动的椅子搬出纽约林肯中心广场，结果，那些椅子的确被搬出了广场，但是，人们自己动手，又把椅子搬回了广场。

把椅子搬回纽约林肯中心广场，让那里充满了从未有过的节日氛围，令人愉悦。为了防止丢失，晚上用锁链把那些椅子拴起来，椅子没有丢失。

虽然椅子没有丢失，纽约林肯中心还是把椅子锁进了库房，不再拿出来。因为那些椅子可能被偷走。如果没有把它们拿到广场上去，它们可能就不会丢失。所以，那些椅子再也没有搬出来过，也就没有问题了。这就是所谓的机构盲从症。

一个比较成功的案例发生在达拉斯市政厅广场。达拉斯市政厅的建筑十分显眼，但是，市政厅广场却总是空空如也，坐凳是造成这种状况的一个原因。市政厅广场有一系列混凝土制成的台沿，那些台沿的设置模式与人流或阳光没有什么关系。在34个台沿中仅有3个台沿有树荫。对于拆除这些台沿人们有相当多的意见。但是，如果提供椅子，这些台沿可能还是会有用的，如当桌子使。于是，他们这样做了。当然，那些台沿最常用的功能还是搁脚。

123

达拉斯的开发商克劳（Harlan Crow）把一个停车场改造成了若干个商店，一个中餐外卖店，一个熟食店；种上了几棵皂荚树；摆上几张桌子，几把椅子，那里竟成了达拉斯城里最宜人的地方。

除了可以移动的椅子外，达拉斯市政厅广场让那些水泥台沿充分发挥作用。

纽约的华盛顿市场公园，这里可以落座的最好的地方是草地。

青睐草坪是合理的。**草是一个非常适当的物质，尽管草坪坐起来未必是最舒适的，但是，草坪适合打个盹、晒太阳、野餐和掷飞碟。与可以移动的椅子一样，草坪也可以让人尽情选择他们究竟坐在哪里。**草坪给人们创造了无限多种组团的可能，不过，我们会看到，人们会相互给自己找到一个对角关系。

草坪还让人在心理上获益。相对花岗岩和水泥而言，一片绿地让人赏心悦目，我们可以问问人们，他们愿意在公园里看到什么，他们常常首先会说到树呀、草呀等。为波士顿的科普利广场重建方案展开竞赛的市民团体都有一个统一的基本要求：科普利广场应该是软化的和绿色的。所以，广场总会有很多树木。

如果有某种山坡或坡地的话，种草更好，如果没有坡地，可以营造啊。华盛顿市场公园是纽约最美的新公园之一，它就是在平地上营造出来的。景观建筑师温特劳布（Lee Weintraub）利用一块坡地，在华盛顿市场公园里种树种草，使这个公园成为办公室工作人员一个吃中午饭的好地方。另一个漂亮的草地是布赖恩特公园的草坪。这个公园的承载力很大；在阳光好的天气

里，那里挤满了人，人们必须小心翼翼地走动，以免碰着别人。

可以落座的地方有多大？

编制这个指南必须解决的一个问题是，要求多少可以落座的空间。我现在发现，我们为此花了不少时间，我试图通过回顾我们的多种计算来说明我们曾经是多么勤勤恳恳地工作。的确我们几乎尝试了每一种衡量方式以及我们自己的衡量方式。这一点很重要。

让我来说说我们有多勤恳。我们丈量了纽约市中心区广场和小公园里可以落座的空间。作为一个可以落座的空间，我们包括了人们可以坐下去的空间，如台沿，那些虽然并非用来坐而他们实际上坐在上面的空间，如边沿。虽然建筑师的规划对这个计算很有用，但是，我们还是自己动手进行了直接的测量，还做了录像，收获了保安和路人的惊讶。

接下来，我们把可以落座的空间数量与广场的规模联系起来。在使用最佳的广场里，可以落座的空间的平方英尺大约为整个开放空间的6％—10％。对于小公园而言，可以落座的空间的面积最少为整个开放空间的10％。

我们使用延英尺进行其他的比较。使用延英尺比起使用平方英尺，能够更精确地度量可以落座的空间，更能反映真实情况。只要一个人的背后有某种空当，把它们也计入可以落座的空间未尝不可。可以落座空间的边沿就是这样的，恰恰是这样的边沿应该成为最可以落座的空间。

作为比较基础，我们采集了整个场地的周长延英尺数。因为周长包括了建筑本身，所以，建筑到场地边界的距离是一个重要指标，这个指标影响周边环境。公用设施应该以某种比例与这个距离相关。对于那些最有名声的广场来讲，几乎都有与它们周长延英尺相同的落座空间延英尺。这就意味着作为一种最低要求，可以要求开发商提供与场地周长延英尺一样的落座空间延英尺。

甚至那些最好的广场，建筑师还有做得更好的空间。为了得到究竟多少为更好，在那些最初规划编制出来的情况下，我们计算了许多广场很容易就可以拿出来用于落座的其他空间。我们并不想对基本布局做任何调整，我们也不认为很容易就可以增加大量台沿。我们把注意力恰恰放在了建筑设计上，让这些可以落座的空间与建筑设计结合起来。

在大部分案例中，有可能增加50％以上可以落座的空间，而且是那里非常好的空间。例如，埃克森石油公司大厦广场有一个不能坐的水池边沿。做一些变更，如改变水池边沿，这个广场可以落座的能力就会翻番。总之，这些案例表明，开发商很容易就可以提供更多以延英尺计算的可以落座的空间，其延英尺长度大体为广场的周长。

我们当时确定下来的要求其实是一个折中方案：每30平方英尺的广场空间要求有1延英尺可以落座的空间。[①] 这个指标被证明是不难做到的；事实上，许多城市的分区规划都采纳了这个标准。据说，开发商不费力地满足着这个要求。

对这个应该是强制性的要求提出异议是可以的。但是，就增加可以落座的空间而言，这种精确比例的确没有那么重要。一旦建筑师和开发商开始思考创造可以落座的空间，要想绕过创造可以落座空间的最低标准也难。而且，相关事宜紧随其后。必须考虑可能的步行人流，台阶的位置和高度，树或花坛，等等。一旦考虑到这类事物，建设第一流的公共场所就易如反掌，顺理成章了。

与道路的关系

让我们讨论一个比较困难的问题。就我们讨论着的那些公用设施而言，我们是有第二次机会的。如果设计师在可以落座空间的设计上留下遗憾，我们可以在公共空间里增加更多更好的可以落座的空间。如果设计师对树木有些吝啬，我们可以在公共空间里多种一些树。如果公共场所里没有食品供应，我们可以添上食品小摊，一个商亭或商棚。如果没有饮用水，可以募捐建设

---

① 这个对可以落座空间的定量指标是估算的。美国各地的分区规划法令都吸纳了这个指标。而且，这个要求顺利地得到了实施。

一个饮水池。经过这类改进，那些被看成无望的空间会获得新生。

可是，最难以改变的是公共空间的区位和公共空间与道路的关系，而这种改变又是最重要的。经营房地产的人擅长考虑区位。一个空间的功能要想得到正常发挥，它一定要以它所服务的对象为中心，如果不是在实际距离上成为中心，至少可以看得见。印第安纳波利斯的纪念碑圆形广场和辛辛那提的喷泉广场就是很好的案例。

与广场衔接的大街实际上发挥着广场一部分的功能；我们常常不容易说清哪里是大街的边缘，哪里是广场的开始。这种空间的社会生活常常发生在大街和广场之间。最活跃的空间常常是街角。长时间的观察之后，我们会发现街角生活有多么重要。那里一定会有人在进行纯粹闲聊式的交谈或恋恋不舍地说再见。如果街角有一个食品小摊，人们会围着它聚在一起，而在街角和广场之间会有忙忙碌碌的人流。

街角上演着一场生动的表演，让这种表演得到充分展示的最好方式之一是不要把广场与街角隔开。奥姆斯特德（Law Olmsted）曾经谈到"内园"和"外园"，他提出了这样的判断，"外园"——公园周边的大街——对"内园"的快乐是至关重要的。他认为，用墙或者用铁栅栏把公园与街角隔开是令人厌恶的。他说："最煞公园风景的做法就是用墙或者用铁栅栏把公园与街角隔开。院墙或铁栅栏属于监狱或一个害怕被谋杀的暴君。"

然而，**墙还是照样竖了起来，理由常常源于这样一个误解，墙壁会让人觉得公园很安全。实际上，**墙未必能起这个作用。正如我们会在这一章中提出的那样，**墙壁会让人们觉得一个空间孤立和阴暗。**比较少的防御措施就几乎可以承载大量损害了。无论是边沿或台阶或长凳，一个公共空间的前部都是最好的可以落座的地方，但是，人们常常改变了它们本来应该具有的适合于人的功能。第五大道通用汽车大厦的前台面对着最大的公共步行区之一。然而，我们不能在那个前台上坐上哪怕一分钟。那个前台上装有一种装饰小栏杆，顶住了你的后背。我不认为那种装饰小栏杆是刻意设计用来顶人后背的。但是，它的确起了这样的作用，我们不能在那里久坐。清除2英寸小栏杆，我们会舒服一些。可是，年复一年，日复一日，人们几乎不去利用那个前台。前台倾斜，尤其是抛光了的大理石材质，是让前台不能落座的另一个原因。如果硬要在斜坡状的前台上落座也不是不可以，不过会很累。

让广场下沉或上扬是让广场脱离大街的另一种方式。相对大街高程，公共空间下沉或上扬不足 3 英尺的话，问题不大。但是，一旦公共空间下沉或上扬超出 3 英尺，那个空间会变得相对不易接近。这种状态的心理影响大于生理影响。当人们面对一个在形体上高于或低于大街高程的公共空间时，他们会犹豫片刻，然后做出决定，进去还是不进去。本以为人们会去使用却没有使用的广场，仅仅因为它比相应的另一个广场高一些。但它看起来比实际高度更高。台阶很窄，以锐角倾斜，用栅栏明显地划出来。

视线是重要的。如果人们看不见一个空间，他们是不会使用它的。在堪萨斯城中心，有一个市政公园，它刚好高于经过那里的人们的视线。经过改造，那个市政公园比较容易从大街上进去。而在改造之前，那个公园曾经是一个无人问津的公园。西雅图的一个小广场同样也是无人问津的。那个公园位置不错，采光很好。如果人们从街上可以看到它的话，那个公园的确可能非常受欢迎。然而，事情并非如此，它被藏在一个夹层的高度上。

除非有不得已的原因，否则，开放空间不应该是下沉的。不说全部，绝大部分下沉式广场都是不景气的，使用者屈指可数。如果还有商店的话，有些商店使用人体模型来掩盖空空如也的真实情景。除非一个广场是下地铁的通道，否则，为什么要建成下沉式广场呢？一旦我们走进下沉式广场，我们会觉得身处井底。顶上的人可以看到我们，我们却需要仰视才能看到他们。

舞者伍兹（Marilyn Woods）是一个热心的观察者。和她的演出团一起，她在全国许多公共场所做过舞蹈艺术表演。不很意外，最好的场所成就了最好的表演和最有欣赏能力的观众。她最青睐西格拉姆大厦广场和辛辛那提的喷泉广场了。而下沉式广场是她最不待见的表演场所。她回忆说，下沉式广场让人觉得冷清，仿佛在观众和舞者之间竖起了一道墙。

洛克菲勒广场怎样？洛克菲勒广场中间有一个下沉式广场，但洛克菲勒广场是一个非常成功的地方，它中间的那个下沉式圆形露天剧场也很不错。当然，那些拿这个下沉式圆形露天剧场说事的人应该仔细观察它究竟如何成功的。这个下沉式圆形露天剧场不过是洛克菲勒广场的一个小的部分，大部分在洛克菲勒广场中的人并不在这个下沉式圆形露天剧场里。他们是在圆形露天剧场一圈圈座位上，许多人是在大街高程上，从第五大道上走下来，或者漫步在广场两侧。大约仅有20％的游人在比较低的高程上。在一个意义上讲，那些在比较低高程上的人成了那个地方的托。冬季里，那里有人溜冰；夏季里，那里有露天咖啡馆营业。

芝加哥第一国民银行广场也是下沉的，低于大街高程约18英尺。这个广场是为了提供面向大众的银行橱窗，在伊利诺伊州银行禁止开设分行。芝加哥第一国民银行广场无论下沉与否都是美国最成功的广场之一，如果天气好，午餐时分那里聚集了上千人。那里有很多可以落座的地方，还有露天咖啡馆、喷泉、夏加尔的壁画、中午时分的音乐和娱乐。

芝加哥第一国民银行广场与大街相得益彰。宽阔的人行道成为那个广场的一部分，行人对这个广场进行了大量的二次利用。许多人驻足观察，看看发生了什么。有些人会下几级台阶，然后可能再下几级。像洛克菲勒广场，芝加哥第一国民银行广场也发挥着下沉式圆形露天剧场的功能，人们上下相互张望。

一个良好的空间会诱人走进去，这样，从街到广场内部的展开过程十分关键。从理论上讲，这个过渡应该十分隐蔽，很难说清何处是开始，何处是结尾。我们不应该考虑进去还是不进去，应该是跟着感觉进入这种广场的。佩利公园就是最好的范例。佩利公园前的人行道是这个公园的一部分，地面铺装的材料都是一样的，树木和花草也是相同的。台阶易于行走，让人流连，两侧都有弯曲的可以落座的边沿。在这个门厅式的空间里，我们常常可以看到某人在等某人，也许在台阶中间站着一群人，那里是一个很便利的会面地点。

路人也利用佩利公园。大约半数的行人会转头往公园里张望。这帮人中

佩利公园让行人和落座的人都愉快。

有半数的人会露出微笑。我没有计算过微笑指标，那样做未免太郑重了，实际上，这种间接的、第二位的使用是很重要的：公园的形象成为更大地区形象的一部分。

我不知道如何定量计算这种使用的收益，但是，我认为这种间接收益不比直接使用那里的收益小。路人通过他们的面部表情显示了这一点，视觉上的愉悦就足够了，日复一日，年复一年，成千上万的路人经过那里，我们实际上是有很大收益的。

大部分走进佩利公园的人都是有心去那儿的；他们走路的样子和神情明白无误地显示出了这一点。当然，因为心血来潮而走进佩利公园的人也不少。这些人并肩进来，有些人会一怔，然后，微微加速，紧赶几步，跟上人群，走进公园。孩子们走进这个公园还要果断些。很小的孩子会指着这个公园，让他们的妈妈进去。许多老人会三步并作两步地走进这个公园。

观察这些走入佩利公园的动作，我们会感受到较低的和宽阔的台阶有多

131

么重要。佩利公园的台阶约高 5 英寸，宽 15 英寸，这样的台阶几乎会把我们推进公园。我们无需思考进去还是不进去。我们可以站一下，下一级台阶，停一停，再下一级台阶。西格拉姆大厦广场和格里纳克公园也是很诱人的。它们仿佛在说，快进来呀。人们果然走了进去。人们做了相应的反应；有时，他们可以上几级台阶，生意人不再端着，也同样上几级台阶。这类台阶的最好部分就是它的节奏，它的优雅的尺度。

第八章　水、风、树和光

我曾经确信阳光对一个空间的成功是至关重要的。因此，我很欣赏我们在西格拉姆大厦广场拍摄的延时录像，它反映了阳光掠过那个广场时的情景。早晨就要过去的时候，那个广场处在阴影中。近午时分，一缕阳光开始掠过这个广场，阳光来了，在那个广场里落座的人也来了。人们坐在阳光照射到的地方；而那些没有阳光的地方是没有人坐的。阳光与可以落座的地方相关。我牢记这一点。就像城市设计师，我也觉得朝南是必要的。此种看法确实不乏证据。

但是，有些事情并非遵循此种相关性。随着我们继续摄制延时录像，这种相关性不仅在西格拉姆大厦广场消失了，在我们研究的其他地方同样如此。太阳在动，人却不动了。随着时间的推移，我们越来越看清了这一点。当天还没有暖和过来的时候，坐在阳光下会舒服一些。5月之后是6月。随着气温上升，人们可能不再坐在阳光下了。所以，我们必须认识到，太阳并不像我们原先想的那样重要。

正是在6月期间，佩利公园的大部分阳光开始被那条大街上的办公大楼遮住了。我们把延时摄影机对准了佩利公园，记录下阳光逐渐消失的过程，记录下阳光逐渐消失对公园的影响。这种影响的轻微程度出人意料。人们依然如故地使用着这个公园。如果太阳没有被遮住，公园里的人数可能真会增加；谁也没有刻意控制公园，所以，我们不能确定佩利公园里的人数变化。虽然这个公园里的阳光逐步被遮挡了起来，但是，我们必须说的是，这个公园依然运转得很好。

不过，进入公园人数不能反映的是人们感受的品质。在阳光下，进入公园的那些人的感受可能会更好些。阳光照进了公园，人们可以选择坐在阳光下，或者坐在荫凉处，或者二者兼顾。当我们觉得太晒了，我们会坐在树荫下。阳光越能照耀的地方越好，如果一个地方朝南，那个地方应该会得到最多的阳光。以后采用的分区规划指南要求公共空间尽可能朝南。

我并不认为需要强制实施公共空间朝南的规定。我们同时还发现了相反的证据，没有多少直接阳光照射的地方并不一定就不好。只要设计精良，一点点阳光就可以达到良好的效果。我会在这一章里详细讨论阳光，我还会提到一些方法，从相邻的建筑那里捕捉阳光。

温暖与阳光一样重要。阳光明媚，气温在 20 多摄氏度，可能是步行的好时机，广场里的人数并没有达到峰值。我们以为天气闷热，人们会坐在开着空调的屋子里，其实不然，人们会走出来。那时恰恰是公园里人最多的时候。我们一定有某种原始的热带直觉。

人们喜欢温暖。夏季，人们一般会坐在阳光下或阴影中。只有在非常炎热的气候条件下，32 摄氏度或更高，阳光下才会看不到人影。相对温暖是重要的。春季到来时的第一个温暖的日子是人们到户外落座的峰值期之一。那时的绝对温度可能并不高，人们可能还认为它是冷的。但是，气温从寒冷突然转变成温暖，让人们的感觉有所不同。相类似，在阴冷潮湿的日子之后，第一个温暖的日子会让人们涌向开放空间。

我把许多公园的人数记录与气候记录联系起来。二者之间的相关性是明显的：阳光和温暖的天气把人们带到了开放空间；下雨和寒冷的天气让人们离开开放空间。最有意思的是那些天气不冷不热的日子。那些日子显示，人们使用或不使用开放空间取决于那些开放空间微妙的设计特征。小气候上的微小改变可以产生很大的影响。

小气候因素把我们重新带回到温暖因素上。在所有的小气候因素中，能够增加温暖程度的因素是最重要的因素。例如，人为营造的小生境。如果一 134

个地方太阳直射，风还刮不进去，那么，天气冷的时候在那里落座不错。一个阳光直射的地方随着气候改变而让人感觉很不一样，寒冷的时候，坐在阳光下会很舒适，而在炎热的季节里，根本就不会有人在那里落座。人们会在寒冷的气候条件下主动寻找有阳光的地方去落座。

纬度越高的地方，人们越是喜欢寻找有阳光的地方。在那些冬季漫长和日照很短的地方，人们更是喜欢追逐阳光。盖尔的研究显示，哥本哈根人的落座和站立的方式非常类似于我们的发现。当然，有一个情况不同。哥本哈根人更有可能追逐阳光，尤其是在冬季里。

在美国，北方人比南方人更喜欢在冬季里使用室外空间。我是一个北方人，我不怀疑我这样说也许有些偏见，可是，我的确为北方地区行人的耐寒能力骄傲。在那些真的很冷的日子里，我们会看到波士顿人和纽约人在外边神侃，有时甚至没有穿大衣。

南方城市的气候好多了，不过，人们并非很大程度地使用室外空间。达拉斯就是一例。达拉斯的人告诉我，如果不是担心达拉斯的气候，达拉斯一定会有更好的室外空间。实际上，大部分时间里，除了刮风外，达拉斯的气候都是很好的。7月和8月的天气不好，不过，这些月份很快就过去了。只要可以回避，没有谁会外出。实际上，达拉斯的天气并不是那么不好。沿着南方和西南方城市的大街，遮阳篷挡住了人行道上的阳光。空调设施让我们放弃了室外活动。

我们非常需要重新发现那些室外活动，如果我们那样做了，便可以很大程度地改善开放空间的生境。例如，在很热的天气里，有没有通风是会产生很大差异的。人们喜欢避风向阳，而且，三边围合起来的小公园运行得非常好。这就是为什么那些小公园的受欢迎程度很高。纽约的格里纳克公园确实有红外加热器，但是，只有在非常冷的时候才打开使用。因为那个公园有阳光，而且避风，所以，那个公园在有些冷的天气里也很舒适。

西雅图似乎总在下雨，其实不然，它通常不过是阴天而已。第三大街1111号是一个办公大楼，大楼前有一个广场。这个广场的边沿上搭起了两个建筑物，一个是花店，一个是食品店；它们都有挡风的功能。当毛毛雨停下来时，人们走出大楼，围着广场里的桌子坐下来。

建筑墙壁上的一些凹处有时可以挡风。如果那些地方还不挡住阳光的话，它们会是可以逗留一下的好地方。如果真有这类地方，我并不认为它们是刻意设计的。有些公交车站的车棚的确在设计时考虑到了防风问题。不过，大部分这类车站并没有考虑到这一点。纽约的公交车站两边透风，缺少防风措施。

世界贸易中心屋顶上安装的挡风板是最接近理论原型的挡风设施。它们围绕长凳组成三面玻璃板。它们抵挡强风，不过没有达到设计能力。在非工程师的眼里，这种避风场所太浅了。如果我们蜷缩在里边，风的确很小。当我们坐在长凳前，风还是太大了。每一英寸都很关键。做些调整，那种挡风板可以很好地运行。

建筑物引起的涡旋气流可能让人们不能使用它周边的广场。在西雅图的西斐尔斯特银行大楼广场，有时风非常大，所以，需要在广场里安装安全绳，让人们抓住安全绳通过广场。芝加哥也有一些刮风的地方，那些风不是地方性风，实际上，芝加哥的地方性风并不比其他城市强，那些风是由约翰·汉考克大厦和西尔斯大厦引起的。由建筑物引起的那些涡旋气流常常很强，即使人们需要在那些广场里落座，那里也无法让人们坐下来。

这些影响是可以计算的，也是可以避免的。风洞测试已经成为大楼建设的常规项目，已经有了控制建筑物引起的向下气流的设计原则。不过，这类风洞测试更多关注的是对建筑本身的影响，而不是关注对人的影响。世贸大厦的风洞测试决定的是大楼的应力和与此相关的结构设计。下行风对巨大广场中的人的影响明显没有得到很大的关注。

这些问题不是技术问题，而是理念问题。建筑师菲奇（James Marston Fitch）比起其他建筑师更关注建筑引起的环境影响，他主张通过设计解决这类问题。建筑师们忽视了这类负面效应。菲奇说："通过设计，让室外空间具有某种理想的气候，让那里有阳光和暖和。"他指出，我们的确有很多方法来增加城市空间的宜居性。

树木是最重要的因素之一。我们有很充分的理由去种树，单单出于小气候的理由就让我们应该在我们城市的大街上和公共空间里种更多的树。我们
在纽约的开放空间设计指南中明确提出了种树的要求：开发商必须在人行道上种树，每25英尺一棵，树干的直径至少3.5英寸，植物要与地面齐平。广场需要根据空间面积按比例种树，例如，一个5 000平方英尺的广场最少要种6棵树。在这个新指南编制过程中举行的听证会上，一个开发商提出，这个标准太高，多种树会让他们破产。实际上，从那以后的10年里，没有任何一个开发商抱怨过种树。

之所以如此的原因是，我们建立的这个种树标准要求并不高。现在，我发现我们应该规定种植直径至少达到6英寸的树，最好达到8英寸。此种要求是有先例的。世贸中心就是先例之一。非常大的广场需要种植很大的树。20世纪70年代初在世贸中心广场种下的悬铃木现在已经长到40英尺高了，很大的树冠会形成比较大的树荫。广场的小气候是不利于植物生长的，搞得不好，连树都不易存活。所以，不要种幼树，而是移植树干直径至少超过8英寸的树。这样，广场里马上就有树了，而且成本与幼树相当。树干直径8英寸的成熟的树的成本大约在3 500美元—4 000美元一棵，偿付这笔费用是值得的，可以减少5年的生长期。

在广场里种树的限制条件是树坛的规模。新的城市空间越来越多地用来营造停车场，而不是用来种树，所以，我们把树种在地面之上的树坛或瓮里。在世贸中心，悬铃木是在长方形的树坛中生长的，每棵树的树坛规模为10英尺×10英尺×5.5英尺（这是林肯中心树坛规模的4倍。这种差异成为一大树坛销售争议）。

原始规划中具体规定树坛是很重要的。许多不幸的事件可能落到开发商植树计划上。地表土壤条件不允许植树，所以，他们必须把树种在盆里。这种树盆并非很大。规模适当的树需要500立方英尺的土壤，加上树本身，重

量很大。所以，树不能太大。还有停车空间的问题。在广场之上种树还需要其他一些支撑，这类支撑可能需要成本；植树还可能损失停车空间。停车空间是有收益的，植树则没有经济收益。

在削减成本阶段，我们可能发现建筑师其实并不真心想种树，尤其是种植大型树木。我们曾经看到建筑师推翻了景观建筑师设想的在一个大型广场植树的计划。这个建筑师打算种植比较小的树，种下的树不会挡住建筑和影响这个建筑的表达。

林肯中心的最初计划是在广场种植大树。费里斯（Hugh Ferriss）的效果图显示出这个广场的奢华。摩西（Robert Moses）在削减成本的修订中砍掉了种树的计划。随后的经验证明，这个损失是重大的。晚上，广场主体色彩缤纷；而在白天，这个广场是一个晃眼的盒子，有时像个烤箱，巨大的石灰石地面反射的光十分耀眼。这个广场所需要的就是大树，实际上，最初规划是有树木的。我在一个有关林肯中心的研究中提出了种树的意见。

有些设计师对此感到震惊，甚至一个景观建筑师也感到有些担心。他说，树木会损害这个广场的建筑特征。有些人认为，值得试试在这个广场种树。约翰逊的草图显示，布置若干树木可以突出那个广场的界线。然而，在对这个广场所做的改造中，新的花岗岩地面铺装十分昂贵，所以，没有种树的预算。

城市需要为树而战的人。如果市政府里真有这类为树而战的人，情况会好多了。纽约之所以有适当数量的树木，原因之一是一个规划委员反复对规划项目的植树计划做出干预。他不满意给开发商提出的最低标准。他敦促开发商们种更多和更大的树。他并没有法定权利去实施比较高的标准。如果开发商同意采纳比较高的种树标准，对其他项目的协商会顺利一些。许多开发商采纳了比较高的种树标准。这个委员实地考察开发商的植树承诺。纽约的确有很多树；对此，应该对纽约市规划委员会的前副主席加伦特（Martin Gallent）致敬。

孩子戏水。

水是另外一个重要元素，设计师一直都很好地利用了它。新广场和公园以多种形式提供水：瀑布、水帘、激流、水池、水渠，等等，唯一一个缺失的方面是让人接触到水。

看、感受和听到水是最美好的事情之一。我总是对西格拉姆大厦广场的水另眼相看，因为我们知道我们只要愿意是可以把手放到水里的。人们总是去接触水；他们用手和脚去接触水，当他们撩水时，保安也不干涉他们。

然而，在许多地方，水是只能看的元素。如果用脚去接触水，保安会马上出现，禁止这样做。水里有化学药品，危险的物质。让人们去接触水，我们知道的第一件事是，人们会去游泳。

人们有时真的那样做了。波士顿基督教科学广场大倒影池创造了一种非常优美的水面。它也看上去仿佛可以蹚水或戏水似的。它第一次开放时，孩子们争先恐后地在那里戏水。后来，对利用水池的一些活动做了限制，使那个水池仅剩装饰功能了。

把水放到人们的面前，然后再让人们离开它，这样做当然不好。但是，这类事情一直在各地发生。建设了水池和喷泉，然后挂出标志，不许人们接触。同样糟糕的是，一些城市热衷于闲置和填埋掉许多水池，仿佛它们的功能就是闲置和填埋起来。留着而不去使用它。① 例如，芝加哥格兰特公园里的老的白金汉喷水池声称维修而被围了起来。

安全是让人们不去接触水的通常理由。这的确是合理的，但是，可以有许多方式来保证安全。俄勒冈州波特兰大会堂前的喷泉广场，有一个瀑布、激流和水道综合体，看上去非常危险。景观建筑师哈普林（Lawrence Halprin）和达纳吉瓦（Angela Danadjieva）把它设计成危险的样子。实际上，它并不危险。少年总是爬上去玩耍，没有发生事故。这个设计提供了故障—安全装置；当一个人认为他处在危险的边缘时，他发现那里有另一个浅滩可以过去。经过设计，这个地方既是安全的，又很有趣。这个设计给少年们一种

---

① 他们不愿意我们去接触一些水池和喷泉的水。留着却不去使用那些水池的基本功能。

达拉斯市政厅广场的"岸边"。使用沙子和一些想象力,这个城市改造了一个装饰性的水池,使那里成为了一个很受欢迎的休闲场所。

信心,这个设计也透露了波特兰是个不错的城市。

    冰创造了很多可能性。佩利公园里的瀑布让景观建筑师瓦尔肯伯格(Michael Van Valkenburgh)想到了神奇冰墙。我们不能到处营造这种冰雪景象吗?为了解决那些还没有想到的技术问题,瓦尔肯伯格一直都在试验制作各种类型的墙。其中之一是位于剑桥的拉德克利夫学院四面围合的院子里的一面墙。在学生们的帮助下,他安装了网线,并在顶部安装了软管滴水。水滴在墙上结冰,形成了耀眼的冰墙。

    水的声音可能是一个重要元素。当人们告诉我们他们如何很快找到佩利公园时,他们常常提到的一件事就是佩利公园里的瀑布。实际上,那个瀑布声音很大;靠近它,噪音水平大约为75分贝,高于大街上的噪音。不过,那个水声是持续不断的;而大街上的噪音是由汽车引起的,是断断续续的节奏。

    就水声本身而言,这个瀑布的声音并非令人愉快。我不是刻意研究出这

140

个结论的。为了给一个文献片配乐，我录下了各种水的声音。一天，我拿出了录音带。当我听那盘带子时，我发现它可能是第五十九街地铁站的声音。附近发出一种震耳欲聋的声音。我听到我自己的声音："中午时分，距佩利公园瀑布东边 6 英尺的地方。"

我曾经把这个录音带放给许多人去听，问他们这是一种什么声音。大部分人觉得那个声音或是地铁列车的声音或是公路上汽车的声音。我告诉他们这是佩利公园，然后再放录音带，他们开始欣赏那个声音了。在那个公园里，那个声音受到那个地方视觉景观的影响，显然让人们很高兴待在那里。所以，我们没有觉得听到的是噪音，我们听到的是一种令人愉悦的声音。它还是一种纯粹的声音，掩盖了大街上车辆发出的噪音。它也掩盖了交谈的声音。我们可以用正常的声音说话，却又享受着私密性，因为从旁边走过的人听不清我们说什么。一次偶然的机会，流水停止了，那里看起来一点也不适合了。或者那里似乎并不安静。

第九章　空间管理

如果我们打算让一个地方活跃起来，我们首先要做的就是允许那里出售食品。在纽约，每一个有生气的广场或台阶，我们几乎都可以在角落里看到一两个食品小摊，许多人正围着出售食品的小摊。

小贩们对空间很敏感。他们必须对空间敏感。他们不断地检测市场，当一个地方的生意火了起来，小贩们很快就会在那里扎堆。这样，那里就会吸引更多的人，同时引来更多的小贩。有时还因为人多而减缓了步行速度。第五大道和第五十九街的交会处就是一个很好的例子。圣诞节期间的一天，在洛克菲勒中心前，沿第五大道的 40 英尺的长度内，聚集了 15 个小贩。

大部分城市的公共场所是不允许小贩逗留的。有很多法令都让小贩的街头生意不合法，即使他们有营业执照，在街头经营仍然是不合法的。警察并不喜欢驱赶小贩，但是，坐商总是敦促警察执行法令。警察有时驱车而来，把小贩的车辆扔上汽车拉走。这些行动引起很多人的围观，大众总是站在小贩一边。

大众应该站在小贩一边。**因为大众的默许，小贩们已经成了城市户外生活的承办人。他们提供的服务是常规商业设施缺失的，所以，他们生意兴隆。**广场是小贩的寄生场所。几乎每一个广场在建设时都关闭过餐馆和快餐店。小贩填补了这种空缺，而且在警察临时驱赶他们之后，我们很快就觉察到他们的存在有多么重要。没有他们，广场里的许多生气都消失了。

比起其他城市，纽约市没有那么多的清规戒律。有些城市不仅禁止在屋外出售食品，甚至禁止在室外吃东西。如果我们去问官员们这类规定，他们会告诉我们，一旦解除这类禁令，城市街道生活会变得糟糕透顶：不能满足食品安全规定的食品，难以容忍的垃圾问题，餐馆破产。

我曾经参加过达拉斯市政府举办的一场听证会，讨论解除对食品小贩街头经营的禁令。市民们很支持这一措施，他们认为，小贩在街头经营食品可以让城市街头有更多的生气。餐馆老板则说那是一场灾难。不仅面临食物中毒，而且还会让大街上充斥垃圾。一个很大的道德问题摆在我们面前。如果放弃这种干预措施，餐饮界的发言人会说，让食品上街标志着我们所知道的自由市场制度的终结。

这个措施成为了过去。纽约市中心街头生活明显得到改善，包括两条主要街道的角落不无益处的拥挤。垃圾问题合理地得到了处理。餐馆老板们也没有破产。因为多种理由，更多的餐馆正在开张，其数目超过以往。

室外饮食有很大的引诱效果，食品诱人，人再诱人。我们在埃克森石油公司大厦背后的广场做过一个半控制的实验，测试室外饮食的效果。一开始，那里没有食品，那里也没有太多的人，空间的使用率低于标准。根据我们的建议，大厦物业引来了一个食品车。它的经营很快成功了。更多的人来到了这个广场。很快，一个小贩在那里的人行道上建起了一个卖热狗的商店，然后，另一个食品店也出现了。经营日趋火热。大厦物业让大厦里一家餐馆在广场里再开一家露天咖啡馆。更多的人来了，很多人是冲着这家露天咖啡馆来的。

这些经营食品的活动具有很大的拉动作用。它们无非是多摆几把椅子和几张桌子罢了。摆开桌椅，撑开遮阳伞，雇几个服务生，引来一些顾客，这样做的视觉效果令人惊讶。如果咖啡馆有进项，事实上大部分咖啡馆也的确有进项，广场也更热闹了。咖啡馆单独就能产生这种诱人的效果。很难想象任何广告或推广能利用很低的成本引来如此之多的人。

佩利公园和格里纳克公园是很好的模式。两者都采用了窗口出售食品的方式，销售的品种有限但很不错，很好的咖啡，可口的点心，价格合理。那里有很多小桌，允许人们自带食品和酒。从大街上往公园里看，仿佛那里在开派对。人们排起队来购买食品。食品诱人，人再引诱更多的人。

我们那时提议，新的分区规划指南允许新的广场和公园建立基本食品销售设施。因为大部分新建筑已经清除了食品销售设施，所以，需要通过建立基本食品销售设施来对此做出补偿。然而，规划委员会反对这个提议。它认为允许食品销售的要求过分了，不过，规划委员会认为，应该鼓励食品销售。最后，新的分区规划指南支持建立食品商亭和其他设施。原先，食品商亭被看成障碍，现在，它们是城市公用设施。鼓励露天咖啡馆，可以使用20％的开放空间来经营露天咖啡馆，当然，需要在广场销售棕色的食品纸袋。

　　这个指南推动老广场也建立它们的食品销售设施。纽约市政府首先展开了这类改造。圣安德鲁广场就在纽约市政厅隔壁。副区长哈默（Jolie Hammer）女士接受了使用广场建立多民族共享的咖啡馆。她动员一些公司捐献桌椅，然后，让面包店、咖啡馆、由附近的一家意大利餐馆供应的熟食店，一字排开。后来，她还引进了一些韩国和中国食品。咖啡馆很热闹，中午时分，咖啡馆的营业达到峰值，大约接待600多位顾客。

农贸市场：纽约市联合广场。

哈默女士还提供了一个关于空间使用的经验教训。她并不把这些商业设施分布到整个广场里，而是让它们簇团，把桌子紧靠在一起。人们排队等候，在桌子间穿梭，紧密接触。很快，这个广场成了市政府里的人们交流的地方，无论从哪方面看，那里的社会交往都是最密集的。我从来就没有看到如此之多的人在那里交谈，相互介绍，寒暄。如果做个调查，很有可能发现，许多婚姻和孩子都可以追溯到圣安德鲁广场的一个夏日。

一些人发现最吸引人的食品是农产品。车厢后或小摊上展示的水果和蔬菜可以带动公共空间的气氛。农产品肯定是最有感觉的：各种各样的色彩，引人去摸、去捏、去闻。交易活动还夹杂着很多社会交往。种田的和消费的之间有了直接的接触；大部分农贸市场的游戏规则要求农民是真正的农民，而不是中间人，他们出售的是他们亲手种出来的。这就意味着人们有了更多的话可说，大部分农民的言谈都很有知识，很在行。顾客之间也有很好的交流。到农产品市场来的城里人热衷于交谈，他们喜欢展示他们新得到的知识。

在这类农产品市场买东西的价格并无特别优势；顾客付的价格类似超市。但是，还是有量上的差异。就完全的新鲜和味道而言，农场直接售卖对顾客来说是不可比的。这种信念牢牢地拴住了顾客，这也是农产品市场总是让人惊喜的原因之一——比如柯比家的黄瓜比其他的黄瓜好很多。

出现在城市公共场所的另外一件好事是，把那些公共场所用于艺术。公共艺术习惯指"骑在马上的将军们"的作品，据说不是坏事；布鲁克林大军广场上的谢尔曼将军雕塑依然优美。但是，随着公司社团转向公共艺术，它们显示出它们兼收并蓄的倾向。它们乐见大牌，只要它们承受得起，它们青睐非常巨大的抽象的艺术作品，因为它们必须去填补那些空空如也的地方。当然，很优秀的艺术作品，不只是装饰，而且是公共场所设计—雕塑的组成部分。

现在，政府正在承担起更大的领导责任。许多城市和政府建立了"艺术百分比"计划。按照这些计划，政府项目预算中分配给公共艺术的份额可以达到1.5％。旧金山走得更远；旧金山现在对商业建筑提出了类似的要求。

144

145

人们一直都在担心公共艺术品会平淡无奇。公共艺术项目一直都有争议，有些争议还很激烈。最常见的是一群精英正在把他们的一些奇思怪想塞给公众。从程序上讲，社区居民对这种公共艺术品的选择没有多少发言机会；从审美角度讲，这类选择不美，不爱国，幼稚，有些公共艺术作品连孩子的涂鸦都不如。

抱怨的人并非总是一无是处。塞拉（Richard Serra）在纽约下曼哈顿联邦广场上创作的《倾斜之弧》就是引起激烈争议的公共艺术作品之一。《倾斜之弧》是一个很震撼的作品，但布置不得当：一个空空如也的大广场上一大块黑铁。实际上，那个广场什么都需要，就是不需要一大块黑铁墙。像许多公共空间一样，纽约的这个广场一开始就不够友好。

不过，公共艺术品总体上还是过得去的，实际上，公共艺术品一直都是抽象的和理智的，考虑到这一点，大众的支持还是可观的。时间对公共艺术的发展还是有所帮助的。在大多数情况下，甚至那些最初受到敌视的艺术品也被接受了，如果说一开始接受那些作品还有些勉强的话，后来则作为一种偏爱而被喜欢起来，有时倍受珍惜。

费城一个广场上奥顿伯格的雕塑是一个例子。这个广场的场地很奇妙，街对面是市政厅，它是一个交叉空间，人行道边排列着食品小摊。广场上的雕塑是一个巨大的衣服夹子！在费城！这是一个玩笑吗？这种雕塑在费城并不过激，人们逐步习惯和喜欢上了这类雕塑。人们把这个广场变成了一个很好的会面地点，如同沃纳梅克商场门前的那只鹰。这个广场正在得到人们的尊重。

由于我们对广场的研究是连续研究，所以，我们有许多机会去考察公共艺术品原先和后来对人们行为的影响。在一些情况下，公共艺术品的影响很大。让·杜布菲（Jean Dubuffet）在下曼哈顿的大通曼哈顿广场上创作的《四棵树》就是最好的例子之一。大通曼哈顿广场的空间非常大，要求有一个非常巨大的雕塑。《四棵树》高20英尺，白色和蓝色相间，大得优美。《四棵树》控制了这个广场的尺度，本身似乎突显了人的尺度。

《四棵树》很吸引人。如同许多成功的场所一样，几乎从《四棵树》建成

旧金山美国银行广场，地方上的人说这个雕塑是"银行家的心"。

那天起，人们从《四棵树》旁边走过，穿过《四棵树》，绕着《四棵树》走，在《四棵树》里长时间地交谈。人们摸摸《四棵树》；有人有时敲敲《四棵树》，看看它是否有声音（它没声）。

从远处看，《四棵树》让人愉悦。《四棵树》布置在这个广场的轴线上，召唤着人，中午时分最为明显，那时，第一缕阳光照到了《四棵树》上。穿过《四棵树》，走在这段路上是一个更大行进体验的部分，几乎延伸到了哈得孙河，承载了某种最生动的对比，阳光和黑暗、空间和约束，任何地方都能找到。

考尔德（Alexander Calder）在芝加哥联邦广场上创作的雕塑《粉红色的火烈鸟》，它是与大场所相配合的另一个大型雕塑案例。《粉红色的火烈鸟》对穿过广场的行人流有着明显的影响（《粉红色的火烈鸟》并非粉红色，而是橘红色）。在达拉斯市政厅巨大的广场上，穆尔（Henry Moore）创作了一个达拉斯市政厅巨大广场所需要的锚。孩子们很喜欢从那个雕塑上滑下来，很容易，那个雕塑还是一个标志。

街头交谈：卡尔加里步行广场上的雕塑。

147　　　场所很重要。世贸中心广场同样有一个大型广场，那里也有考尔德的一个雕塑作品——《弯曲的螺旋桨》，不过，蜷缩在世贸中心广场的《弯曲的螺旋桨》的尺寸和色彩并不适合于那个广场。

　　英国雕塑家阿吉斯（Maurice Agis）在林肯中心朱利亚德学院和林肯中心其他部分之间的步行通道上创作了一个临时雕塑，称作《色彩空间》，这个《色彩空间》是我见到过的最具吸引力的公共艺术品。那个雕塑由一组充气的彩色乙烯管组成。孩子们可以从那个管道里走过，他们觉得有意思。乙烯材料的滤光效果有些奇特，那里放的电子音乐也不错。

我不知道阿吉斯是如何说服林肯中心让他创作这个公共艺术作品，但是，我有理由为他创作的公共艺术品而高兴。当时，我正在研究使用与露天咖啡馆相邻的小广场和台阶的可行性。我们当时思考的问题是，无论人们是否打算到街头逛逛，街头有可能诱惑他们。阿吉斯的《色彩空间》显示出那些管道可以诱惑人。早上，当阿吉斯给《色彩空间》充气，从街上就可以遥看到《色彩空间》的顶部，红色的和蓝色的管道最显眼。它们是什么？人们过来瞅瞅。消息不胫而走。到了这个展示结束时，来看看《色彩空间》的人比以前多很多。那是1981年的事。以后，《色彩空间》撤销了。从此，那个空间一直都空着。

就吸引人而言，雕塑未必总是最好的选择。正如西格拉姆大厦广场所显示的那样，可以选择除雕塑之外的其他公共艺术作品。参与西格拉姆大厦设计的建筑师兰伯特（Phyllis Bronfman Lambert）谈到密斯·范·德·罗厄对这个广场展开的雕塑研究。毕加索建议把他的《沐浴的人》放到水池中；罗马尼亚雕刻家布朗库西（Constantin Brancusi）放大了他的一个雕塑。以后，罗厄转而研究雕塑家穆尔作品的可能性。罗厄有穆尔铜塑《侧卧像》的一张照片，他把这张照片放大成不同的尺度，进而研究它与这个广场和大厦的关系。接下来，他制作了两个真实尺寸的模型，放到广场里，这样，罗厄和穆尔可以展开实地研究。结果，他们决定最好不在这个广场布置雕塑。

穆尔觉得雕塑与这个广场的比例不协调。罗厄同意这个看法。人就是那里的雕塑。正如兰伯特所说："西格拉姆大厦广场总在变。当它空空如也时，它看上去很奇特，随着人们来到广场，走出大厦，进入广场，或者在广场上漫步，这个广场就变了。当人们坐在长凳上，坐在台沿上，西格拉姆大厦广场又有了新的特征。"

西格拉姆大厦广场一直都给许多雕塑提供了临时展示场所。大部分雕塑都有人气：苏维罗（Mark Di Suvero）的半移动结构；复活节岛的巨大的头像；一大堆黄色的和白色的乒乓球。大部分雕塑都妙趣横生，与这个场地宁

芝加哥地铁站里的贝斯演奏者。

静的特征相反。

我们有许多因素可以用来评估公共艺术项目。当然，说到评估公共艺术，人们经常提到一个有着天才眼光的妇女，弗里德曼（Doris Freedman），她善于把艺术与场地配合起来，控制人群。恰恰是因为她的想象，《城市墙壁》项目把许多空白的墙壁变成了如哈斯（Richard Haas）这类艺术家的画布。正是由于弗里德曼的呼吁，纽约市展开了"艺术百分比"项目。

"艺术百分比"项目的一个分支叫做"公交艺术"项目。这个项目是一种感觉练习。设想让纽约人认识到，地铁正在变得越来越好，从而打破乘坐地铁人数衰减的恶性循环和日益低下的服务标准。地铁的确正在变得越来越好，但是，实际上的变化还不够。人们必须认为地铁正在变好。

为了帮助他们得到这样一种感觉，都市交通局展开了一个叫做"承包一个车站"的项目，创作火车站里的公共艺术。有些创作很专业，例如，在纽

149

约第五十三街地铁站他们把最有趣的展品打上灯光，放置在人们抬头可见的地方。有些公共艺术品是由孩子们创作的，例如，500 名学生在地铁皇后站绘制了那个街段的壁画。

另外一个项目是"纽约地下的音乐"。很多年以来，音乐人一直在地铁车站里做音乐表演，不仅仅在通道里表演，而且还在站台上表演。但是，过去，他们的表演是不合法的，而且，他们还通过音乐表演讨钱。1984 年，地铁警察处理了 671 起此类事件。新的计划改变了这种状况。地铁运营当局不仅没有禁止音乐表演者，而且还鼓励他们做音乐表演。地铁运营当局掌握了 60 位表演者，安排了他们的表演时间和 18 个表演场所，大部分安排在高峰期和最繁忙的车站。地铁运营当局不给他们付酬劳，但允许他们讨钱。

"纽约地下的音乐"一直都很成功。当人们站在站台上等车时，他们很惊讶，也很快乐。赞扬声不绝于耳，大部分人总是说，音乐让紧张的纽约人放松下来。车站里的音响效果很不错。

其他一些城市也有类似的公共艺术项目。波士顿从 1976 年就开始了它的公共艺术项目；巴黎若干年后也这样做了。1982 年，芝加哥的市长伯恩支持了让艺人在地铁和街头表演的"民谣歌手"项目。（正如我在这一章中提到的那样，这类项目对公众而言是非常成功的。但是，对商人和酒店旅馆经营者来讲，这类项目未必成功。商人和酒店旅馆经营者敦促市议会通过法令，严格限制在公共场所表演。）

西雅图当然是一个拥有美国最好公共艺术项目的城市。西雅图强调的是场地，这种方式可以追溯到对派克市场的恢复。对派克市场命运的公民投票不仅仅是保护这个老食品市场的投票。公众投票支持保护这个市场实际上表明了他们想要西雅图成为一个怎样的城市。

1973 年，西雅图艺术委员会建立了美国最早一个"百分之一艺术"项目。如同其他城市，西雅图艺术委员会把项目重点放在了公园和广场上美丽的公共艺术品上。这种方式是场地导向的艺术，艺术家从场地和周边建筑环境出发展开他们的艺术创作。例如，一群艺术家与一个变电站的建筑师们合作。他们的《旋转花园》把变电站建筑结合了起来。

西雅图艺术委员会决定对西雅图的所有场地展开研究，把市中心本身看成一个雕塑花园或艺术公园。这个想法被证明是不现实的。市中心由很多部分组成。西雅图艺术委员会的领导人安德鲁斯说："市中心不是一个静态的'城市艺术中心'，所以，艺术规划应该以作为公共场所网络的城市为基础，城市这个公共场所网络处在不断变动的状态下。"在确定这些基本场所时，西雅图艺术委员会已经采纳了林奇（Kevin Lynch）的观点。在一个非常全面的场地盘点中，西雅图艺术委员会分清了路径、节点、区和边缘。西雅图艺术委员会还十分关注人的活动。西雅图艺术委员会认为，公共场所应该具有社会功能，它们应该强调场所的社会意义。

西雅图艺术委员会的成员对每一个街段展开了实地调查，他们观察到了网络的交织：山边、小径、一般地形地貌所产生的零碎空间。最后，西雅图艺术委员会产生了一个很具有想象力的计划。

以下是西雅图艺术委员会确定下来的基本场地和可能的创造：

- 派克市场下的西大街拱廊：这个地方采光不好，看上去很可怕。但是，那里可以创作一个壁画，改善采光。（不过，必须找到一种方式让鸽子不要去那里。）

- 阿拉斯加大道和西大街形成的三角形的山坡是一块公共用地。行人和驱车的人都可以清晰地看到那块地，所以，那个山坡成为了布置公共艺术品的好地方。

- 第一大道和塞内卡的交会处是一小块私有土地。那个区位使那块私人土地成为西雅图的一个入口。那个地方应该用来做临时艺术项目。

151
- 第二大道和耶斯勒的交会处。一边是景观空间，另一边是一个非同一般宽敞的人行道。应该把两边统一起来设计灌木丛，创造景观。

- 西雅图老建筑的屋顶上往往安装着水罐。水罐或平台能成为很好地创造公共艺术品的地方。曼哈顿有一个水罐就是用金属片包起来的，形成了一个令人印象深刻的改造。
- 帮助行人在坡道上行走的台阶会更加流行起来。因为规模不大，而且是专门为行人设置的，所以，那些台阶为艺术家提供了创作公共艺术品的机会。
- 通过在沥青地面上绘画的方式，可以把停车场改造成为公共艺术品。许多小亭或小货摊可以改造成很好的公共艺术品。

表演艺术是活跃公共空间的另一种方式。美国城市在这方面有时做得很好；城市热衷于人声鼎沸、中小学生的参与、组织新的庆祝事件。城市喜欢音乐。爵士乐、乡村音乐、蓝草音乐、改变了的摇滚乐，甚至由木管乐或铜管乐演奏的室内乐，现在都同样可以举办音乐会。还有各种各样的娱乐表演，蹦床艺术、哑剧、魔术，等等。

作为一个巡回观察者，我可以提出若干判断。一个判断是，一个简单的开放空间是最好的展示场所。一个表演团体可以吸引的人数最多为125人—150人；超出这个数字，站在边上的人距离表演者太远了，所以，不太好欣赏表演了，街头表演是有自我限制因素的。交响音乐会和其他大规模表演有另外的问题，它们需要比较大的空间和专门的设施。

比较小的、非正式的表演是活跃城市气氛的点心。因此，最好小心谨慎地规划设计圆形表演场地。这样的圆形表演场地可以容纳不少人，当然，这类表演场地一般有单一目的的设施，不适合于比较小的群体。表演者和第一排观众之间的空间常常太大了，因为这类圆形表演场地是为举办音乐会设计的，所以，我们对此做不了太多的事。需要再说一次的是，保持这类表演场地简单就好。草坪就是很好的舞台，如果有点斜坡更好。

谈到设备，市政府都是很吝啬的。表演者们使用的设备不是讨来的就是借来的。城市所需要的是一批椅子、桌子、可拆卸的舞台用材和扩音设备。

匹兹堡项目是不多几个设施齐备的项目之一，这就是为什么它很著名。

供电也是需要的。在规划设计广场和公园时，建筑师应该提供若干位置安放电压在 115 伏—220 伏的插座。其实没有几个地方有这类用电设施，如果这样做，必须把电线铺设到建筑物的内部，并覆盖起来。这类供电设施是有成本的，不好看，而且有危险，需要投保。如果安装了一些用电设施，人们的舞台表演就更灵活。如果安装了供水设施，当然就可以表演那些需要用水的节目。如果打算举办嘉年华，包括食品供应，供水是必不可少的。如果最初的建设中没有安装供水设施，以后再想安装，成本就很高了。

俄勒冈波特兰市的先锋法庭广场是精心设计的最好场地之一。必须有计划地建设先锋法庭广场。那个场地曾经是停车场，许多商人和政治家企图让那里保持不变，他们说，一个开放的广场会引来不良分子。但是一个充满激情的市民最终获胜了，他让市民购买用于建设这个广场的砖头和其他设施。在一年的时间里，3.5 万人购买了建设这个广场所需要的砖头和其他设施，募集到 780 万美元的建设资金。找到自己捐献的砖头成了这个广场的娱乐活动之一。

自先锋法庭广场建成以来，一系列公共事件在那里不间断地展开，短时间内，那里为波特兰举办了很多公共活动。波特兰市的公园管理部门负责维护这个广场，而它的日常管理交由一个非营利组织实施。这个管理机构共有 8 名专职人员，他们带领志愿人员展开管理工作。这个广场有很好的设备和不少店铺。这个广场的年度开支约为 30 万美元，另外还有 18 万美元的维护费用。

先锋法庭广场带来了各种各样的活动。仅 1986 年一年，先锋法庭广场就举办了如下活动：为老人举办的茶舞会；车技表演；团体健美操表演；铜管乐音乐会；木管乐音乐会；赫斯特街克莱茨梅尔乐队音乐会；中国舞狮；瑞士文化节；哑剧表演；波特兰节日交响乐团音乐会；月光电影放映；30 年代以来的音乐表演；广场舞表演；爵士四重奏表演。

先锋法庭广场的管理机构以适当价格出租这个广场全部或一部分。除此之外，那里还可以举办婚礼。

一则标题为"喜结良缘"的广告这样写道：

> 想要举办一个具有传统风格的婚礼吗？租先锋法庭广场来举办大型
> 活动。费用为 100 美元，另付 50 美元的卫生费。婚礼场地可以在若干区
> 域里选择：其中一处是紧挨庭院餐馆的表演场。另一处举办婚礼的场地
> 在 S. W. 百老汇的那些盆栽树旁。可以在弯曲的楼梯和斜坡上举办非常
> 大型的活动。

> 欲知详情，请打电话：223-1613。在这个广场喜结良缘。

先锋法庭广场的管理机构还向商业活动出租广场空间，例如，8 平方英
尺摊位 8 小时租金为 30 美元。有照明设施、音响设施和可拆装的展台。这个
管理机构大大推动了市中心的商业零售业，现在，那些付了 15 美元成员费的
人可以得到场地租金优惠，包括在相邻商店里出售 30 美元的优惠券。

先锋法庭广场的管理机构至今仍在出售广场使用的砖头。

正如先锋法庭广场所做的那样，使用广场的时间是灵活的，可以延长。
许多美国城市不能做到这一点。随着夜幕降临，有些地方在下午 5:00—5:30
之后，上班的人就离开了市中心，喧闹了一天的市中心安静下来。城市应该
改变这种状况。人们一起来城里工作，这就是为什么他们一起离开。很多年
以来，人们一直希望把工作时间错开，延长城市的使用时间，但是，改变不
大，至少近期内不会有多大改变。从长远角度看，的确存在可以产生实质性
变化的因素：在市中心建设更多的居住用房；更多好餐馆和有吸引力的设施，
把人们吸引到市中心来。达拉斯西端的仓储区就是朝这个方向发展的一个范
例。没有几年时间，那里出现了许多餐馆，啤酒—花园之类的家庭聚会场所。
人们乐于去那里。即使我们不去那里，我们也会觉得达拉斯的市中心比较好。

随着市中心人口的聚集，他们有可能延长人们对公共空间的使用。当然不会太长。洛克菲勒中心和花旗银行努力安排各种公共活动，让人们延长在那里逗留的时间，延长至晚上 8 点，甚至更晚。不过，并非很多人会那么做。多数人还是回家吃晚饭。他们的确可以在那里逗留至 7 点，直到夜幕降临。夏季的傍晚，坐在遮阳伞下，品尝一杯葡萄酒，聆听爵士乐，是可以给人们带来愉悦的。

波士顿金融区人口状态的变化是一个很特别的例子。几年前，下午 5 点后，金融区里就没有多少人了，每一个人都匆匆地离开那里。许多年轻人来到法纳尔大会堂市场，在大街的角落里找个地方坐下。大约在傍晚 6 点左右，他们三三两两地坐在酒吧里，他们可能待到晚上 8 点—9 点，甚至更晚。纽约的南街海港的情况类似；有时，我们误以为那里正在举行一个巨大的派对呢。保守的人抱怨这些地方过于随意，它们是有点，但是，这也正是它们对社会需要的严肃氛围的一种回应。

三角效应

我们已涉及让一个地方运转起来的基本元素。不过，还有一个因素要提一下。我把这个因素叫三角效应。**三角效应描述的是这样一种现象：某些外部刺激让人们交流起来，一个陌生人与其他陌生人交谈起来，仿佛他们原先就相互认识似的**。假定有两个妇女站在大街的一个角落里，一个衣着不错的年轻女子伸出手来，向站在那里的一个男子讨钱。这个妇女把头转向那个妇女，问道："你看到了吗？"那个妇女回答说："丢人。"这两个妇女说话的语气通常出现在关系密切的朋友交换思想的时候。

一个比较积极的街头人物确实可以推动人们之间的交流。马古先生可以吸引一群人，这一群人相互之间会开始谈论马古先生。街头表演者可以产生相同的影响，即使那些人不怎么样。一个年轻的魔术表演者是我所看到的矮子中间的一个高个子，他满嘴陈词滥调，让我不得不与相邻的人交谈起来。

街头表演的一个长处是它们的始料未及的效果。当人们围着一个表演者形成一个圈圈时，人们看上去像孩子一样。一些人面带笑容。这真的是娱乐，当然，人们很少这样想，商店的老板肯定不这样想，他们努力驱赶那些街头表演者。然而，街头表演总有某种价值搁在那儿。

刺激人的可能是一个实际的对象，看得见。在布鲁克林海茨的漫步长廊的一个小公园里，可以看到伊斯特河对岸下曼哈顿的大楼。那是一个很好的谈话契机，陌生人常常相互交谈起来。当我们遇到这种情景，不去理会陌生人是不礼貌的。

我们已经提到，雕塑可以产生很强烈的社会效果。亚历山大·考尔德在芝加哥联邦广场上创作的《粉红色的火烈鸟》对行人有着巨大的影响。对纽约大通曼哈顿广场的研究显示，《四棵树》具有类似的效果。人们被这些雕塑所吸引。他们站在《四棵树》下。他们触摸《四棵树》。他们敲敲它，听听它所发出的声音。他们与别人谈论它。它是由什么做的？木头？或者某种塑料？

引起三角效应的另一个刺激因素是万事通。纽约到处都有这种万事通。万事通地上全知，自愿给人提供帮助。《四棵树》不是木制的，而是玻璃钢制作的。

155

第十章　不受欢迎的人

不受欢迎的人是提供更好空间的一个最大障碍。不受欢迎的人本身并不是一个大问题，问题在于我们与他们展开的斗争。民间领袖们担心，一个地方吸引人，那个地方也会吸引不受欢迎的人，他们过分担心不受欢迎的人的出现。所以，在那个地方设置了防范措施。不让人在那里游荡，不让人在那吃东西，不让人在那睡觉。长凳变短了，人无法在上边睡觉。在建筑物的边沿上安装尖利的东西，让人无法落座。不去提供人们需要的各种空间，让不受欢迎的人的梦想不能成真。

对待不受欢迎的人的问题之一是不加区别地对待他们。**对于大部分生意人来讲，不受欢迎的人并不是抢劫犯、毒品贩子或困扰他们的那些危险人物。不受欢迎的人是酒鬼**、无家可归的人、纸袋里还藏着半瓶酒的人，大部分是城市里最易受到伤害的弱势群体，**他们也许是不幸的人。**当某个人与他们交谈，他们面带微笑，仿佛他们正在开着一个不体面的玩笑。

对于店铺老板来讲，他们列举的不受欢迎的人范围更广。推销员、在公交车上大声喧哗的人、少年、老人、街头艺人、街头小贩。一次，一个店铺老板指了几个不受欢迎的人给我看：两个身着牛仔服的年轻女人正在街角做笔记，这个店铺老板说："她们是不受欢迎的。"其实，她们是我们团队正在展开研究的人。

对不受欢迎的人所持有的偏见是另一个问题。许多大公司的执行官对城市发展决策有着重要影响，但他们几乎不了解城市的街头和开放空间的生活。从车站到办公室也就是咫尺之遥，一旦走进去，不到下班是不会出来的。一

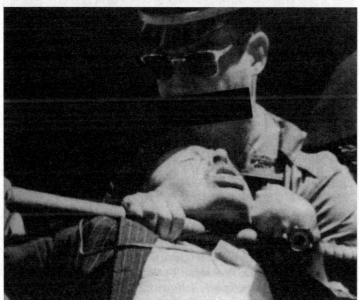

发生在纽约圣帕特里克大教堂前的事件。

些人在那些地方待了超过 10 年却对那里知之甚少。如果他们的办公大楼有一个广场，他们可能每天看到它，却从来没有使用过它。我给一个大公司的高级官员放了一段他们楼下广场的录像片。这个广场很不错，这些执行官对它感到很惊讶，仿佛他们楼下的那个广场是一个遥远的海岛。他们根本就不知道它。

当一个广场是一个防范有加的地方，几乎不会有人去使用它。以怀疑的态度设计的场所会发生设计所预计的事情，我们会发现那些防范有加的地方真有酒鬼。其实，我们也会在别处看到酒鬼，不过，酒鬼还是青睐空空如也的地方。正是在那样的地方，他们才是惹人注意的，好像设计已经预谋让他们待在那里似的。

担心证明了担心本身。事无巨细的防范措施是一个先兆，大公司可能完全离开城市中心。美国联合碳化物公司宣布它不再把总部留在曼哈顿，而是搬到远郊去，实际上，在宣布这个决定之前很久，美国联合碳化物公司大厦就已经显示出它会那么做。美国联合碳化物公司大厦由身着黑色制服和手持对讲机的保安把守，与城市完全隔绝开了。那个大厦的外边完全铺装起来，没有地方可以落座。

制造商汉诺威信托公司大厦也是一个不能坐一下的地方。长长的黑色大理石墙上刻着公司的名字，其边沿采用了斜面，人无法坐在上边。

面对不受欢迎的人，最好的处理办法是让一个地方可以吸引所有的人。事实证明，让一个地方可以吸引所有人的设计会产生积极的效果。**没有多少例外，城市中心可以吸引所有人的广场和小公园都是安全的。**

人们使用一个地方的方式反映了人们的愿望。西格拉姆大厦广场的管理者很高兴人们亲近这个广场，他们对人们在那里做什么并不太介意。让人们把脚放进喷水池里，容忍行为古怪的人，甚至允许他们晚上在台沿上睡觉。太阳每天照样升起。

好的公共场所基本上都是自我管理的。佩利公园就是很好的例子。它恭恭敬敬地对待人们。保安卡里瑟斯（Jackson Carithers）和格林（Jasper Green）和蔼可亲，很少去责备到公园来的人。如果有人乱扔垃圾，公园中的其他人可能会去责备他。佩利公园里有可以移动的桌椅，公共财物按理说会受到破坏。但是，事实并非如此。以下是自从 1967 年这个公园开放以来的违反公园规定的记录：

> 1968 年　两个开面包车的人偷走了人行道旁的一盆花。
>
> 1970 年　"茶点"的招牌被人从墙上拿走了。
>
> 1971 年　一个小桌子被人偷走了。
>
> 1972 年　一个人试图在树上刻符号。
>
> 1974 年　入口处的一盏铜灯被人偷走了。
>
> 1980 年　有人闯入了小吃店，需要安装新门。
>
> 1983 年　人行道上的垃圾起火了；可能是事故。
>
> 1967 年—1986 年　在此期间，从未丢失过可以移动的椅子。

在我研究纽约市广场和小公园的 16 年中，纽约市的广场和小公园仅仅出现过三次真正的麻烦，这三次都源于设计不佳和管理不善。在使用良好的地方一直都没有发生问题。

那些基本上出于安全考虑而设计的地方安全状况反而堪忧。那样的地方常常修建了围墙。修院墙的目的是把坏人挡在墙外。实际上，效果可能相反。一个公司有一个使用不错的小公园，大约 10 年以前，它收到警报，有些毒品贩子中午时分在那里做交易。公司管理部门紧张了。他们拆除了一半的长凳，然后，沿着公园的两个开放的边修筑了铁栅栏。这个措施明显减少了使用这个公园的人数，毒品贩子对此很高兴，因为那里竟然成了他们和他们的顾客的天下。公司管理部门决定改变这个措施，应用针对"公共空间项目"的推荐意见，改造了这个公园：在公园里布置了食品小卖铺、桌椅，组织安排了一系列音乐表演。从此，那里运转良好。

纽约的布赖恩特公园是修筑围墙的最典型的例子。布赖恩特公园应该是纽约市区最大的公园之一，占地9英亩，处于市中心的核心地区，紧挨第五大道和第四十二街公共图书馆以西。过去50年，布赖恩特公园一直都麻烦不断。

　　20世纪30年代初，曾经为改造布赖恩特公园举办过设计竞赛。胜者的方案基于一个坚定的基本前提——这个公园是躲避城市喧嚣的地方，所以，应该与周围街道隔离开。这个公园高出街道高程4英尺，安装了铸铁栅栏，为了与街道隔离开，还种植了茂密的灌木丛。公园的入口没有几个。人们不能穿过这个公园。这个设计思想的核心是不鼓励行人入内，不欢迎行人，用栅栏挡住想走捷径而穿过公园的行人。

　　这类愿望当时是最好的。但是，基本设计却是以一个谬论为基础的。人们可能说，他们想要躲开纽约，避免人声鼎沸。然而，他们并没有那样做。他们避开了布赖恩特公园。夏季，天气好的时候，他们会使用那里的大草坪。然而，从它的规模和区位来讲，这个公园的利用率还是低得很。

　　除了不受欢迎的人，下班以后的时间里，各种各样的人轮流支配着这个公园，20世纪70年代后期，毒品贩子实际上控制了这个公园。他们甚至派人站在公园门口，他们走上人行道，在行人间穿行。当时，这个公园成了他们的巢穴。

　　民间团体和相邻的社会机构形成了一个联盟，宣布开展大规模行动来挽救这个公园。这个计划涉及许多元素，例如用玻璃围合起来的咖啡馆；食品小亭、书摊，等等。这样做的关键目标是把公园向大街开放。公园新增了若干新的入口；简化了公园内部的布局，鼓励行人通过；清除掉了公园里的灌木丛。景观建筑师汉纳（Robert Hanna）和奥林（Laurie Olin）正在争取这个公园得到地标认定，他们认为必须尊重这个公园的最初设计。他们对此很在行，他们最后拿出来的规划很像这个公园的原始设计，但是，其功能与原始设计正相反。

大部分使用良好的场所都有一个"主任"之类的人物。他可能是一个大楼保安，一个报亭卖报的，或一个食品小摊贩。注意观察他，我们就会看到，白天来过的人，一个警察，公交车的调度员，各种街道维护人员，办公室的工作人员，购物者们，都会与他打个招呼或开个玩笑。这些"主任"是很好的交流中心，他们非常快地就会发现异常。他们与我们没有什么不同。当我们到了一个地方，马上开始观察，不动声色的，我们喜欢思考，那里的常客发现我们在那里发愣。显而易见的是，我们站在那里不动。不一会，就会有人走过来，问我们找什么。

我所见到的最好的"主任"之一是洛克菲勒中心埃克森石油公司大厦的哈迪（Joe Hardy）。他是一个演员，也是这幢大厦的保安，洛克菲勒中心最初雇用他装扮成圣诞老人，他很像圣诞老人。保安一般都不主动与人搭讪，但是，哈迪喜欢社交，好奇心很重，很会迎合。假定有两个老人，看上去有些糊涂了。他会等他们走过来，问他们要去哪儿。他也会迎上前去，问他们是否需要帮助。如果两个女孩正在互相帮对方照相，他可能会上前去，提议给她们两人照张合影。是的，她们会的。

哈迪很能容忍酒鬼和行为怪僻的人，只要他们不去给任何人找麻烦。当然，他会非常快地赶到出了麻烦的地方。成群的青少年是个特别的挑战。这些孩子们喜欢用他们的便携式收音机去跟人捣乱。哈迪的策略是，去见这群人中看上去最不好对付的人，要他协助，不要惹是生非。

另外一个好"主任"叫戴（Debbie Day），她是俄勒冈波特兰先锋法庭广场的管理员，年轻，有剧场艺术背景。就在这个广场开放时，她正好失业了，于是，她申请当一名保安。从此，她一直都在那里工作。她面带微笑，很友善，乐于与人搭讪，如那些常常来这里的老人。她对青少年也不错。她说："如果他们与某人有了矛盾，他们乐于由我出面解决。这是我在这儿的原因，让人们感觉待在这儿很舒适。"

大部分地方的保安都是摆设。一般情况下，他们不过是站在那里，对别人的任何要求都是摆摆手。一个人来回踱步，有节奏地把手挥去挥来。另一个人可能弯弯腰，做个短暂的休息。观察久了，我们甚至都可以预计到下一个弯腰何时发生。保安的工作应该更新了。

一个保安必须做的事情应该更新。他做得越多，做得越好，那个公共场所的功能就越好。佩利公园的两个"主任"就是很好的范例。人们最初设想，除了若干打扫卫生、整理公园、从事日常的维修工作的人员外，这个公园还需要专门的保安。实际上，两个"主任"就可以做好那些工作了，而且工作很轻松。

也有无所作为的"主任"。我们研究的最大的一个民间机构的头头是一个看上去很一般的胖子，他身着黑色制服，开着一辆高尔夫车巡逻。我从未看到他真与任何一个人起冲突，但是，他走得很近，速度很快。他所指挥的保安们都很愉快，然而，保安工作如此枯燥，他们烦死了。没有什么可惊讶的，他们偷偷溜到附近的街上去抽烟。

最令人头疼的问题是公共厕所。随着无家可归的人数的增加，公共厕所的数量正在减少，公共厕所正濒临消失。一个问题没有得到处理会让另一个问题合理起来。据说，流浪汉会占用公共厕所。修建更多的公共厕所会引来更多不受欢迎的人，阻碍市中心的复苏。

这个判断非常类似那个主张在建筑物边沿设置尖桩的判断。不仅无家可归的人需要公共厕所，老人、购物者、参观者和一般人也需要公共厕所。不给所有人提供的公用设施与不给无家可归的人提供的公用设施其实就是一个公共设施。城市有义务提供这类公用设施，在提供公用设施时，城市其实也是为了自己的利益在行动。巴黎已经用它的新的不分性别的厕所得出了这样的结论。俄勒冈的波特兰同样。波特兰的公园处已经在公园建设了不分性别的厕所，而且在波特兰的城市核心地区建设了 6 个这种厕所。

对于市中心涉及奖励式分区规划的大型项目都应该要求建设公共厕所，也应该维护公共厕所。这样做会导致什么灾难呢？过去的经验表明，建设公共厕所没有什么灾难。花旗银行大厅里有男女厕所，大厦管理部门很好地管

162

理着它们。菲利普·莫里斯大厦的惠特尼雕塑花园里有一个不分性别的厕所和洗手间。不过，咖啡柜台挡住了它，我们必须询问才能找到它。当然，那个公共厕所毕竟在那里。

IBM大厦的走廊里，有若干得到精心维护的公共厕所，那里还有衣帽间。这些内部空间没有解决无家可归者上厕所的问题，那些厕所是为公司客户服务的。但是，那些公共厕所的确满足了需要，而且证明其功能不只是满足人们上厕所的需要。

然而，在真正的公共场所必须建设更多的公共厕所。公共场所一贯都是有公共厕所的。那里应该再次建设公共厕所。布赖恩特公园的恢复公共厕所举措可能是一个标志。如何处理这个公园里最初设计为厕所的那些华丽建筑物——一边是男厕所，一边是女厕所。这些建筑一直都用来做库房和工具间，人们也一直没有对这种使用提出异议。现在，管理者正在考虑很大程度地改变这种状况。把它们用来当厕所。布赖恩特公园可以这样做，其他地方也同样可以这样做。那些公共厕所会有非常好的机会运转起来。

就公共厕所来讲，还有另一个问题，女厕所是否应该与男厕所一样大，这个问题也很普遍。然而，女厕所不应该与男厕所一样大。现在，女厕所的规模一般与男厕所一样大。空间大小相同。但在设施上有差别：女厕所有时多建几个马桶。厕所设施供应与人的需求不对称。在厕所使用高峰时段，有些公共厕所人满为患。例如，在剧场半场休息时，的确可能出现这种情况。铃声响起，大幕就要拉开了，还有一些妇女在等待上厕所，而男厕所没有这种情况。空间对称；运转却不同。

163

城市有可能把握住一个机会。费城就是一个有可能把握住一次机会的城市。通过设计竞赛，费城一直都在鼓动振兴市政厅周边的那些公共空间。这样做的目标是把市政厅变成市中心工人和购物者的会面地点。人们提出了许多很好的想法：露天咖啡馆、营造水景、安装激光束，等等。但是，最重要的公用设施可能是清洁的公共厕所，尤其针对妇女，那些带着孩子的妇女。

人们会对这种公用设施心存感激，市中心的其他地方都缺乏公共厕所。大部分市中心地区都缺少公共厕所。

这里有一个相关的问题。公共场所怎么就是公共的呢？在许多广场，我们会看到一块小铜牌，上边写着类似如下词句：**私人物业。风险自负，业主可以撤销任何人使用这个物业的权利**。这句话的意思似乎再清楚不过了，这个广场是业主的私有财产，业主有权撤销我们使用它的权利。无论是否给予业主建筑面积的奖励，大部分物业管理者都认定这样一个基本原则，业主能够禁止他们认为不受欢迎的任何行动。另外，他们定义的不受欢迎的行动不限于危险的行为或反社会的行为。有时他们认定不受欢迎的行动时是很挑剔的。在我们测量通用汽车公司大厦前靠近人行道的台沿时，保安惊恐地跑过来；除非我们得到公关部门的允许，否则我们必须停止测量。

这也许不是什么需要上高等法庭的问题，但是，它涉及某种重要原则。这个空间的确是公共机关通过分区和规划机制提供的。不错，这个空间的确是在这个业主私人财产的范围内，同时，这个业主对适当维护这个物业负有不可推卸的责任。但是，分区规划法规规定，"公众在任何时候都可以进入"这个广场，只有满足这个条件，业主才会得到规划奖励。

"可以进入"意味着什么？用常识解释，公众可以按照他们使用任何公共场所的方式，在具有同样自由和限制的条件下，使用这类公共场所。但是，许多物业管理者实际上使用的是狭窄得多的可进入性概念。物业管理人员驱赶街头艺人、发小广告的人，或发表演讲的人。公寓的物业管理者常常驱赶除住户以外的任何人。这类做法公然违反了分区规划的本意，但是，迄今为止，无人去法庭。

城市广场的公共权利似乎清楚。不仅仅是广场用作公共场所，在大部分情况下，开发方已经把广场提供给大众，作为一种对社会的特殊回报。没有任何法令给业主权利，仅仅允许在广场里展开他批准的那些公共活动。业主可能设想这样做，有些业主事实上已经这样做了。这是因为无人去挑战这些业主们。僵化的想法，需要改变。

164

第十一章　承载能力

至此，我们一直都在考虑如何让城市空间可以吸引更多的人。现在让我们再思考另外一个问题。如果真如我们所愿，把更多的人吸引到了公共空间里来，事情又会如何发展呢？可以想象，吸引了如此之多的人，结果把他们本打算获得的享受都给挤掉了。这种情况已经在国家公园里发生了；这种情况无疑也会在城市里出现。纽约市规划委员会注意到了这种可能性。我们的研究对此是否也可以有些启迪呢？是否有计量城市空间承载能力的方法或管理城市空间承载能力的方法？我们可以断言，多少人就叫人太多了呢？

为了回答这些问题，我们专门研究了纽约使用率最高的五个可以落座的空间：沿建筑物的台沿，广场台沿和三组长凳。首先，我们记录了在天气不错的条件下，高峰期和非高峰期每一种可以落座的空间平均人数。我们很快发现，可以坐下的人数和实际坐下的人数很不同。在一个使用率最高的地方，我们发现，每 100 英尺的空间可以落座 33 人—38 人。按照以下不是很精确的规则，这种可以落座的空间的使用人数范围相当一致：如果我们希望估算高峰期使用可以落座的空间的平均人数，那么，使用可以落座的空间的平均人数 = 可以落座的空间长度/3，这个数字与实际情况八九不离十。

这个数字不是可以落座的空间的物理容量。在那些使用率最高的可以落座的空间里，每 100 英尺的可以落座的空间大约容纳了 60 人，这个密度与公共汽车上的密度相同。在特殊情况下，如重大事件发生时，这个数字还会上升，大约达到 70 人。当然，我们不会看到 70 人像电话线的桩子一样沿着可以落座的空间均匀分布开来。

西格拉姆大厦广场的台沿。

　　我们所考虑的是有效容量；也就是说，在正常高峰使用期里，人们通过自由选择而坐在那里的人数。我们会发现，每一个地方都有自己的规则，取决于许多因素——小气候，是否可以比较舒适地歇会儿，从那儿可以看到些什么，那个地方的整体吸引力。

　　可以落座的空间的供应是另一个主要因素。许多人必须到那里看看是否有一个座；所以，可以落座的空间的使用和步行人流之间具有一种关系。在研究哥本哈根时，盖尔发现，坐在沿城市主要步行通道的长凳上的人数，与沿这条城市主要步行通道站着或正在走动的人数，有着紧密联系。坐着的人数与站着或正在走动的人数之间的比例是常数。

　　当然，就所有因素而言，坐着的人本身最重要。我们对西格拉姆大厦广场北前台沿上的人的行为做了以分钟为单位的研究。我们在街对面的网球俱乐部屋顶上安装了两台延时摄像机，对准西格拉姆大厦广场北边的前台沿，从清晨到黄昏，每 10 秒记录 1 次。

167　　看这个录像，尤其是看午餐时段的录像，很有意思。我们可以看到在边沿上坐的那些人快速地在更换，有人坐着的地方和空着的地方似乎是随机分布的。但是，在任意时间里，在那里坐着的人数保持不变。

为了分析其原因，我编制了一张时序图，记录下谁坐在什么地方，坐了多久。应该说我做这个工作所花的时间超出了常理。没有几个延时研究项目真的进行到底的原因之一就是这种分析十分枯燥，需要很多时间。我的这个分析占用了我3周的时间，大约花了50个小时。在实际展开延时分析时，我已经知道分析速度和范围是必须的。

无论快还是慢，我最终找到了谜底。我用一根线段表示一个坐者，线段的长度表示这个坐者坐在那里的时长，以及他坐在哪一段台沿上。按照时序记录形成的那张图看上去很像一个自动钢琴打孔纸卷。

西格拉姆大厦广场的一天慢慢开始。上午8:50，有3个人坐在那里；他们很快离去。直到上午11:30，任意时间的人数在2人—5人之间波动。上午10:35出现的很大涨幅是因为突然来了26个小学生，他们在那里稍事休息。大约在上午11:30，人数开始上升。中午时分以后，坐凳上的人数上升到了18人。在随后的2个小时里，坐在那里的人数会在17人—22人之间摆动，平均人数大约在18人—19人。

现在，让我们看看地理图像。**当人们开始填充一个空间时，他们并不是均匀地分布在那个空间里**，他们并不是径直朝着最空的地方走去。**他们去其他人去的地方**，或者合理地靠近那些人。在西格拉姆大厦广场，台阶的拐角处常常是人们最喜欢落座的地方，那里也是开始聚集坐者的地方。

我们可以在海滩上看到相同的现象。在一个有名无实的西班牙假日里，我在一个悬崖上安装了一台延时摄像机，俯瞰一个小沙滩。第一批拿着遮阳伞的人到来时，大部分人走到沙滩前部和中间。当其他人来时，他们并没有去那些空着的地方。相反，他们去填充那些别人离开后留下的位置。到了中午，海滩前部和中间布满了人。海滩上的遮阳伞均匀地排成了三条平行线，人们会以为这是一个勘测人员安排的，其实不然。海滩的两边和后边依然还是空空的。

西格拉姆广场北前台沿一天的生活

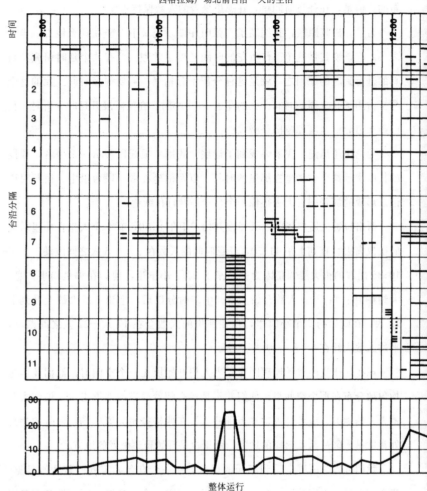

整体运行

多少人就是人太多了？这个对西格拉姆大厦广场北前台沿一天的分析显示，人们在直觉上知道什么对一个地方是好事，这张平面图显示了台沿的 11 个部分。从左到右的线显示了每一个人在台沿上所坐的位置和逗留的时间长度。早上的活动是断断续续的。（上午 10:35 出现的很大涨幅是因为突然来了 26 个小学生。）中午，活动强度明显加大，这种强度一直持续到 2:00。人来人往，变动很大，但是，在台沿

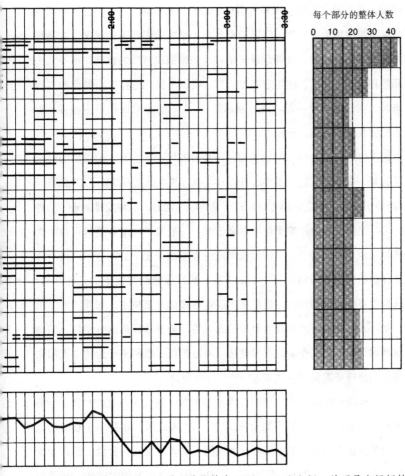

每个部分的整体人数

0 10 20 30 40

上逗留的人数明显一致，人数大体维持在18人—21人之间。并不是空间短缺在限制着这个数字。在峰值使用时刻里，实际上还有很多空间可以落座。但是，来落座的人没有出现。在自由选择的情况下，这种现象表明，容量一般是自我调整的，人们相当有效地决定广场的承载容量。

人的密度越高的地方人越多。甚至在那些人非常稠密的地方，同样有扎堆的倾向。在为国家公园管理局所做的一项很精彩的研究中，《公共空间项目》记录了纽约国家海滨公园门道的雅各布·里斯公园海滩的情况。在高峰使用日以及其他日子里，摄像记录显示，人们簇拥在海滩的前部，而不是去填充那些相对没有什么人使用的海滩后部。我们不能把它作为一种低收入现象来解释。在长岛的另一端，汉普顿四镇，① 人均的海滩面积要多很多，但是，人们簇在一起的模式很相像。

纽约麦迪逊大道上的 IBM 大厦有一个中庭花园，人们对它的使用为我们提供了另外一个例子。这个不小而且很有吸引力的中庭花园设置了 20 张桌子和 60 把椅子。桌子固定在地上，而椅子是可以移动的，这种安排促进了某种独立行为。工作人员会把椅子摆放在桌子旁，一般来讲，坐者觉得可以。他们会满足于稍稍移动椅子，但依然或多或少靠着桌子坐下。不过，的确有许多人选择把他们的椅子搬到另一个地方去。我跟踪他们对椅子的这种移动，因为这样做可以让我们知道，最好在哪些地方多加几把椅子。如同沙滩上出现的情景，人们并没有远离其他坐着的人。他们乐于选择的地方是竹林的旁边。整理这个地方的工作人员不知疲倦，不断把椅子搬回桌子旁边。人们也不知疲倦地把椅子搬到别的地方去，如竹林的旁边。

还是回到西格拉姆大厦广场的台沿，当午餐时间就要到来的时候，一群人会坐在台阶上；台沿上的人数会在 18 人—21 人之间。在整个午餐时间段里，都会维持这个人数。考虑到如此之大的人来人往变动，台沿上的人数始终徘徊在 18 人—21 人之间，当然很不一般。在 2 个小时的时间里，几乎每一分钟都有人起身或坐下。整个人数的起伏非常微小。当人数达到 21 人—22 人时，马上就会有人站起身来走开。如果人数下降到 18 人，总有一个人走过来坐下。自我控制似乎在工作。

有人可能设想设计好的空间间隔。从某个角度上讲，是这样，但是，好

---

① 指长岛东南岸的四个小镇，东汉普顿、南汉普顿、西汉普顿和布里奇汉普顿，是上流社会人士的居住地和度假地。——译者

的空间间隔并不能真正解释什么。注意，在高峰期，人们是没有时间在整个台沿上实现空间上的均匀间隔的，像电线上的鸟一样，也没有谁因为太挤的缘故离开那里。有些地方会有人紧紧地围坐在一块；而在其他地方，人们之间的确有相当的间隔空间。甚至在三个峰值时间里，12：50，1：25 和 1：50，这都是实际情况。其实那里还有足够的空间可以容纳另外 6 个人。

但是，那 6 个人始终未出现。仿佛直觉在告诉人们，什么人数是一个地方的满员人数，让他们合作起来，维持这个人数状态，或乖乖地离开，或坐下，或不坐下，保持范围以内的人员密度。偶然事件当然也会发生，4 个朋友挤在一个空间里，而把另外三个空间闲置起来，给 3 个独来独往的人留下位置。但是，从整体上讲，偶然事件会很规则地发生。

无论是什么机制，似乎存在一种规则在影响着人们选择最相邻的物理空间。这就决定了这个地方的有效容量。有效容量并非静态不变的，也不能仅仅用数字表达。有些定性方面需要加以考虑——人们是否舒适，是否很快离开或逗留。对不同的人，这些因素可能很不一样。

人数变化甚至还会有某种像音乐一样的跳动。下午 1：50，快节奏出现了。这很正常，常常发生。地面的流动节奏也加快了：最后那些来吃午餐的人，也该回去工作了。这张西格拉姆大厦广场图看上去很像一个自动钢琴打孔纸卷，所以，我很惊讶，如果真拿这些去演奏，会是一种什么样的音乐。一个作曲家朋友对此着了迷，他说，使用正确的调式可以做些编排，它是音乐。我希望有一天，这张记录会是：**西格拉姆大厦广场北前台沿一天的生活，柔板**。

我们在西格拉姆大厦广场坐凳图上得出的其他一些看法也值得注意。在台沿上坐一下的整个人数分布是一致的。在任意一个时刻里，人数分布几乎都不是一致的。但是，在 11 个可以落座的空间的每一空间中，一天结束时，计算出来的全部人数基本相似。仅有一个例外，那就是与台阶相邻的可以落座的空间，其人数超过所有其他位置，那个位置的两边均可以坐人，所以，吸引了 2 倍的人在那里落座。

　　人们在西格拉姆大厦广场落座的时间也被记录下来了。因为人来人往，周转很大，所以，很容易设想：使用进出总人数就可以计算出他们在台沿上坐的时间。实际情况并非如此。这张图记录下来在台沿上落座的总人数是266 个。正如人们想的那样，待上 10 分钟以下的人数一定比待上 10 分钟以上的人数要多。但是，把整个落座的时间累计起来，我们会发现，逗留比较长时间的那些人占据了大部分落座时间。我们计算的整个落座时间是 3 277 分钟，坐在那里超过 11 分钟的人大约占去了整个 3 277 分钟的 3/4；其中一半落座时间超过了 21 分钟。对南边台沿的研究得到类似的结果；午餐时间，在台沿上落座的时间超过 15 分钟的人，大体占去了整个落座时间的3/4。这里给设计师提供的一条经验是，设计时考虑到那些打算坐一段时间的人。

　　我在其他空间使用上也发现相同的模式。路边停车就是其中之一。与在台沿上落座的人一样，路边停车的似乎主要是短时间停车的人。实际上，恰恰是长时间停车的人主导了路边停车活动；长时间停车的人数超出了比例，他们占据了大量有效停车时间。

172

　　就小公园和广场的设计而言，密度研究产生了令人鼓舞的结果。概括起来讲，**容量是自我调整的。人们自己决定一个地方可以承载的人数，人们自己处理得非常好**。设计师不需要担心他们可能让一个地方太有吸引力了，太拥挤了。设计师们应该担心的恰恰是事情的另一面。大部分城市空间的承载能力远远超出它们本身具有的使用水平。

　　能够吸引最高密度人的地方没有几个，它们提供了最令人鼓舞的经验。当它们可能事实上成为最拥挤的地方时，那里也是最令人愉悦的、最不拥挤的地方。敏感设计，以及博大的胸怀，提供了这种异常空间。

　　让我对大空间多说一句。我的重点一直是放在小空间上的。但是，这并未限制我对大空间的向往。问题有时变成了这样，我们究竟是要一个中央公园，还是要同样空间数量的一组小公园，感谢奥姆斯特德和沃克斯的眼光，中央公园立即成为了一个大空间，有一群小的和各式各样的公园，人们的感觉是这样。

然而，真相是，长期以来，中心城市的机会都给了小空间。大空间的成本巨大；即使有优惠或减税减少了一些巨大的成本，大空间的成本还是很昂贵。这是集中的后果。城市中心因为要为许多人提供服务，所以成本很高。而其他价格低廉的地方可能成本很低。

人最喜欢的地方是那些最可以复制的地方：相对小，5 000 平方英尺—10 000 平方英尺，人的密度很高，空间使用很有效率，找到这样的地方是令人鼓舞的。那样的地方一般会很友好，人们成群结队地出现在那里的比例比较高，一拨走了，又一拨来了。

我并不是为人群最聚集的地方或支持社会指导者申辩。简单地讲，我提议的是创造更友好的地方。我们知道如何创造。让可以落座的地方有个正确的角度——避风，遮阳——我们可以创造让人们相会的地方，还很舒适。如果谁愿意读书，思考问题或随便看看，最好的去处是其他人也喜欢去的地方，而不是空空如也的地方。

城市里一些最适当的空间是那些原本条件并不好和被边缘化了的地方，被遗忘了的犄角旮旯，不经意而成了人们喜欢的地方，那些地方本不该那样。公交车站本应该是宜人的，但是，真正宜人的公交车站没有几个，之所以这样的原因是设计上的心地狭窄，其实做到正确的设计并不难。

总而言之，我正在倡导的是小的、繁忙的地方。太热闹？我不认为太热闹。有些人担心，如果一个地方太有吸引力，它会产生灾难。杞人忧天，我们不要为此担心。① 正如我们已经看到的那样，人们对社会距离有着良好的感觉，他们会比任何人都更好地处理社会距离。人们也有很好的人数感，他

---

① 规划师们有时担心，一个地方被弄得太有吸引力了，让那里人满为患。这个担心应该掉个头。大部分城市空间的承载能力是远远大于人们对空间的使用的。

们决定一个地方有多少人才算太多了。

　　他们并不打算离开那些有很多人的地方。如果他们真的那样做，他们会去那些孤独的地方，那里几乎没有人。然而，人们并没有那样做。他们去那些热热闹闹的地方，那里有很多人。他们经过选择而去那些热热闹闹的地方，他们不是逃避城市，而是共享城市。

我在这一章里会讨论主观感觉到的大街，谈谈建筑物入口的功能，即引诱人们走进去的那种入口。现在，让我先谈谈入口应当具有的最基本的属性，容易让人进去。

在大部分城市，摆在行人面前的最大障碍是建筑物的入口。有一点是没有疑问的，那些建筑物的入口过分工程化了。那些大厦的大门一般由一组旋转门组成。虽然旋转门边会有合页门，可是，不用很大的力气是打不开的。设计师设想，人们平常不会去使用那些合页门，所以，他们常常在那些门上贴出提示，"请使用旋转门"。有时，他们把这种标志贴在门里边的基座上，直接对着通道，这些门可能是用来走出大厦的，但是，这种标志似乎与这些门的功能不一致。

无论如何，这类出入口不便利。旋转门不是自己旋转的，是我们在旋转它们，需要用力才能把门推得旋转起来。有些大厦的入口使用了一组推门，它们比较容易使用。然而，在里边还有一道门。工程师们认为，这样做是为了控制室外温度对建筑内部温度的影响，更重要的是，为了避免那种电梯井中出现的气流"烟囱效应"，这种设计旨在实现空气密封的结果。

令人惊讶的是，大部分建筑规范并没有专门涉及建筑入口问题。我们甚至在建筑指标中都找不出入口这个词。但是，大部分建筑规范对**出口**却没有少说，那些规范非常关注如何让人们安全地从建筑的内部走到建筑的外部。这种考虑没有错，向外推，门的确可以打开，但是，从建筑外进入到建筑里就没有那么容易了。一个条款就排除了最好的门。

这是蒙特利尔的维莱·玛丽广场最繁忙的入口，他们会跟着那些正在开门的人，鱼贯而入。当人流减少，只有几扇门会开着，所以会呈现出拥挤的状态。当人流达到峰值，没有哪扇门会有机会关上，每一个人都会匆匆通过那些门。

我们可以在高峰时段观察一组双开式弹簧门是如何工作的。我们可能发现一种奇怪的现象，当人数达到峰值时，人们通过双开式弹簧门的速度更快、更容易。我第一次在蒙特利尔的维莱·玛丽广场看到这种现象。当时，我正在计算通过主通道入口处的人流，那个入口有 6 扇双开式弹簧门。早上 8:45，人流达到每小时 6 000 人次，此时的确有些拥挤，许多人排队通过那些门。10 分钟以后，人流达到每小时 8 000 人次。令人惊讶的是，几乎没有拥堵发生。人们几乎在不排队的状态下，鱼贯而入，更快捷和更容易。

开门现象是一种解释。**开门现象非常有意思。如果让人选择，有些人会朝着那些已经打开的门走去，或者向正在被别人打开的门走去。有些人天生就是开门的。但是，大部分人并不像他们那样，**大部分人会哪怕排在 3 个人或 4 个人后面，等着迈进开着的门，而不去动手推门。

在拥挤的时候，更多的门会保持大开。人们会在通过入口时均匀地分布，最后，在峰值时段，所有的门会全部打开，人们会鱼贯而入。那些通过大门的人之间的间隔会比舒适间隔短很多。这就是为什么他们走得很快，他们不让门有关起来的机会。

想想：为什么不留 1 扇门始终开着？或者 2 扇门或者 3 扇门？

在纽约，这样做会违背规范。这个规范说，出口的门要"通常保持关闭状态"。其他城市的规范也是一样。人们担心"烟囱效应"，让室外的冷或热空气进入建筑内部。幸运的是，一些建筑物的保安对这类规范不加理会。我很多次看到，物业管理部门的人把门敞开，甚至给旋转门加上门塞，让它们也开着。大厦照样立在那儿，没有穿堂风刮进那里，电梯照常运行。

走进这样的大厦容易多了。甚至在高峰时段，能够让一些大门保持打开状态是很奇妙的。从纽约第六大道地铁站的地道里进入 RCA 大厦的入口就是一个很好的范例。在 RCA 大厦的主要通道入口处的一边有 8 扇门，早高峰时段，2 扇大门始终开着。这是因为如此之多的人使用那 2 扇门。2/3 的人流以每小时 8 000 人的速度在早高峰时段通过那 2 扇开着的大门。

地处第四十二街的中央车站西入口是高流量旅客入口的另一个例子。大部分从第四十二街出入口进出火车站大厅的人都是使用 9 扇大门中开着的 3 扇大门,那 3 扇大门承担了主要人流通行量。那些大门陈旧,没有更新,玻璃都很少有人搞卫生。当然,它们的功能还是发挥得不错。一天早上,我去那里观察,9 点时,人流通行速度为每小时 5 700 人。3 扇门始终开着,不合法但顺其自然。进入车站的人中有 31% 使用这 3 扇门,42% 的人通过已经被前边的人打开了的门。合计 73% 的人使用开着的大门。第四十二街中央车站中门有 9 扇双开式弹簧门的情况大致相同。在高峰时段,大量人流通过这 3 扇门。实际上,在我们必须自己开门的时候,我们是很难进入中央车站的。

这些例子对新建筑的入口设计是有意义的。建筑师弗兰岑(Ulrich Franzen)为第四十二街的中央车站对面的菲利普·莫里斯大厦设计了一个室内雕塑花园,由惠特尼博物馆管理。弗兰岑的设计目标是让这个空间尽可能有吸引力,进入便利,让人有进去的愿望。我向弗兰岑建议,设计一种大开的门。弗兰岑设计了所谓基本上开着的门。这个入口处的玻璃延展宽度为 20 英尺。一对自动推拉门在这个入口的中间。天气好,处在人流进出高峰时段,这个门会保持开着,净宽度为 6 英尺。这个宽度足够高峰时段人流的通行了。如果人流超出正常范围,对那些喜欢开门的人们,可以选择再去打开两边的双开式弹簧门。(应该为这种设计立法。规划委员会看到这个入口的设计很高兴,并颁布了立法。)

然而,有些小小的微词不足为怪。对门道实施一定程度的管理削弱了那种宾至如归的氛围。人们在门道里安装了移动摄像头。这个摄像头缓慢转动,把门道的情况实时地传送到了楼上,这是相当多余的管理方式,实际上,由保安在惠特尼花园里实施监控比用摄像头要好些。除了看着雕塑外,摄像头其实没有什么作用。第二个微词涉及门道。当室外温度与室内温度相同时,甚至在一个风和日丽的日子里,菲利普·莫里斯大厦的大门还是没有始终开着,而是保持自动状态,常常给使用那些门的人带来小麻烦。当他们向开着的门走过去时,那些门却正在关上,所以,人们必须向后退一下。如果他们继续前进，门会再次打开。不过，直到最后的时刻，我们才会知道门会再次打开。只要把门打开就有意义。

敞开大门对内部空间也不错。一些建筑的内部空间被不必要的门和隔断分割得七零八落。洛克菲勒广场的地下衔接通道就是这样的案例之一。业主原先设想，在好几百米长的地下衔接通道里采用旋转门，如果那样做了，当人们通过一组门时，无论这个地下衔接通道是在整个建筑控制线之内还是在美洲大道下面，他们都会看到地下衔接通道的边界。

通过《公共空间项目》所展开的广场研究显示，这类门强调的是避免气温变化和穿堂风。作为一个重要的更新项目，那些多余的出入口都被拆除了，腾出空间来，用来提供可以落座的空间。当这个更新一完成，行人行走更为通畅和容易。这个广场成为一个更加充满社会交往的空间，尤其是在午餐时段。原先那些肩并肩地边走边谈的一伙人必须鱼贯式地通过那些门。拆除了那些门之后情况不同了，那里有了更多的神侃，更多纯粹闲聊式的交谈，更多的坐凳，更多的人在那里无目的地看着别人走过。

（另外一个微词：在一个数百万美元的改造项目中，洛克菲勒广场地下衔接通道的地面、墙壁等，全部刷上了白灰。这样的装饰让地下通道明亮了许多，的确不错，但是，没有什么可看的。所有的板凳也被拆除了。本可以落座的地方都摆上了植物。）

再说一遍，纯粹以方便进入一座建筑为第一目的的方案就是敞开大门。基于气温和安全的考虑，门当然不能全天都大开着。不过，这样做未尝不可。这样做的一种方式就是让入口凹进建筑里。这个凹进建筑的部分形成一个过渡区，气温变化随着入口后部的门道而得到缓解。纽约第五十九街的阿戈西书店就是一个例子。阿戈西书店的正面完全向大街敞开，这个敞开部分里摆放着若干桌子，桌子上摆着二手书。这个部分的功能是让顾客浏览一些，对他们产生诱惑。很多咖啡馆和餐馆都在店前使用法式落地门或可以缩进去的折叠门。实际上，站在桌子面前的顾客本身就是展示。

纽约的布卢明代尔百货公司首先按照这种方式实施了对入口的改造，我很愿意向读者推荐它。这家百货公司的入口一直都无疑是最糟糕的入口之一。它的两组大门很难打开，门前又是一条狭窄的人行道，所以，人群总是挤在门口，小贩正好兜售他们的商品。如果能把这家百货店 20 英尺宽的临街入口向里推后，的确可能让这个入口有吸引力。约缩进 12 英尺，安上滑动玻璃门，在尽可能多的时间里保持在敞开状态，这样，这个过渡区会让人们更容易从街上进入商店。通过这种诱惑，这个入口当然会引来更多的顾客光顾，当然，还要看布卢明代尔百货公司是否有空间做这个改造。现在，布卢明代尔百货公司在商店里边做了一个过渡空间，走上几步，肯定会有人递上一个样品。这个百货店本可以效仿日本百货店，在它们的入口处安排几个店里兜售商品的营业员，拿出一些吸引眼球的商品，让顾客拿到入口里边的付款台去付钱。当然，这个百货店并没有这样做，所以，大门外的小贩还是捷足先登，先兜售了他们的商品。到我的店堂里来。

179

阶梯

阶梯很像入口。如果阶梯真像入口的话，阶梯应该很容易走，几乎不费什么劲。具有安全性的楼梯也是一样。不需要什么新技术。但是观察是肯定的。17 世纪巴黎的建筑师布隆代尔（Jacques-François Blondel）建造了楼梯，自那以来，楼梯研究几乎为零。他的方案变成了美国的建筑规范，做一些更新可能是正确的。[①]

如同入口，大部分楼梯不一定好走。楼梯太陡了可能是一个不好走的原因。要想上楼不困难，楼梯不应该超过 30 度。每级阶梯的高度为 6 英寸，阶梯宽度为 12 英寸，形成一个 26 度的坡度。然而，我们几乎很难在写字楼里找到这种规格的楼梯。建筑实践中推荐的坡度大体在 30 度—35 度之间。如果没几步阶梯要走，这个坡度是可以容忍的。但是，如果有很多级楼梯要爬的话，爬这个坡度的楼梯是会很累的。

---

① 法国皇家建筑学院的布隆代尔博士在 1672 年制定了楼梯尺寸计算公式。可能需要更新。

纽约最糟糕的楼梯：有27级阶梯和带有金属拐杖的乞讨者。从列克星敦线路到中央车站的楼梯。

地下通道的楼梯是一种走起来不舒服和难走的楼梯。大部分地下通道楼梯的每级阶梯高度为7英寸，阶梯宽度不会超过11英寸，现在，这类阶梯的坡度约为35度。这样的设计旨在有效使用空间。其实，比较平缓的楼梯并不占多少空间。同样出于节省空间的目的，楼梯宽度仅有50英寸，两侧扶手间的宽度则只有44英寸。这样宽度的楼梯恐怕只能容纳两个肩并肩的人，每人占据22英寸的空间。

这样节省空间的代价不菲。下楼问题不大，至少在不忙的情况下问题不大。但是，上楼可能不易，尤其是在没有楼梯平台稍微喘口气的条件下更是这样。大部分商业建筑的建筑规范都要求楼梯上升到一定高度就要设置一个楼梯平台，纽约市的建筑规范要求楼梯每上升8英尺要设置一个楼梯平台。但是，公共交通部门有它们自己的规则。纽约相关管理部门这样要求楼梯平台，然而，一些长长的楼梯始终没有设置楼梯平台。从列克星敦线路到中央车站的楼梯可能是世界上最糟糕的楼梯。向上看，我们可以看到27级阶梯。甚至在我们开始上楼梯之前，我们的视觉就已经让我们觉得疲惫。因为那些阶梯太陡，拿着购物袋或箱子的人会慢慢走。有些人会停下来喘口气。他们后边很快会有一群人。一个醉鬼可能就会让整个楼梯不能通行。

这些楼梯的宽度至少要达到17英尺。但是，协商出标准楼梯是很难的。这些楼梯不能很好地应对人流。上楼梯时，人们如果被那些上楼梯比较慢的人堵住了，他们通常会绕过那些上得比较慢的人。然而，下楼梯时，如果人们想要绕过那些下得比较慢的人会是不安全的。但是，大拨人流是不会延缓下来的。

有些节省是假的。一开始建设时，可能会节省一点空间，但是，最后结果呢？浪费时间、消耗能量、不舒适、出现不文明的人，如此种种可能都是人们在日积月累的过程中为这类阶梯付出的代价。

究竟节约了多少钱呢？微乎其微。我对几个新建筑执行或不执行标准楼梯的空间要求进行过比较。其实差别无非是多加了6英尺—8英尺的水平空间。无论如何，这个空间总在那里，无论是用来作通道的空间还是作楼梯空间，成本其实都不大。许多已经有的楼梯都会如此。当我们计算楼梯最下面和最上面的建筑面积时，我们会发现，如果不是按照必要性而是按照规范建设这些楼梯的话，那里是有足够的空间供楼梯使用的。

大部分建筑师和开发商对此并不在乎。他们用对待地铁车站更新的方式来对待这个问题。在建设写字楼的时候，他们的资金会比较充足。开发商做些创新还可能得到政府给他们的各种各样的优惠。于是，他们设计了有吸引力的砖墙和地面；同时，还改善了照明。如果市政府进一步与开发商携手，开发商还会建设新的自动扶梯。但是，楼梯呢？还没有一个游说建设楼梯的市民团体。市民们的游说对设计师是无关紧要的。公共管理部门已经放松了它们的指南；不再干涉开发商在建设楼梯上的节省。当然，还是允许旧阶梯的规格高度为 7 英寸，阶梯宽度为 11 英寸。

现实中更多的情况是不同类型的阶梯结合到了一起，人们研究了登上这类阶梯时所需要的能量。这种研究并不得出精确的能量数，而是揭示出这样一个现象，当人们爬楼梯时，楼梯上升的角度相对减小一点，人们爬起楼梯来就会轻松许多。关键是阶梯高度。在标准的 7 英寸的阶梯高度和不那么普遍的 6 英寸的阶梯高度之间有那么一点点不同都会让人们在爬楼梯时感觉很不同，在爬很高的楼梯时，尤其如此。阶梯宽度当然也很重要。最小的阶梯宽度应该在 12 英寸。如果阶梯宽度少于 12 英寸，人们就不知把他们的脚搁在阶梯的什么地方，而且常常把脚侧过来往上走。让阶梯宽一些的确不错，但是，阶梯高度更重要。

阶梯高度和阶梯宽度显然存在一种适当关系。除非它们的关系适当，否则，尺度上的宽松反倒会出现收益递减的后果，在一些情况下，甚至是危险的。几年前，在林肯中心，的确有人在大都会歌剧院前面的阶梯上摔倒过。那里安装了扶手，还是有人摔倒。哥伦比亚大学的建筑师菲奇对此做了调查。他发现问题出在阶梯高度上，那个阶梯的高度仅有 3.3 英寸，太低，而阶梯宽度则有 18 英寸。这种关系不能与人们的步距相配合，让他们失去平衡。林肯中心最后用斜坡取代了那个特别的阶梯。

182

实际上，阶梯高度和阶梯宽度是有公式的，有些建筑规范里可以找到有关它们关系的某种形式的表达。阶梯高度和阶梯宽度之间最常见的关系可以这样表示：两级阶梯高度与阶梯宽度之和不小于 24 英寸或大于 25.5 英寸。从这个公式里可以演绎出许多适当的组合。但是，这计算出现了始料未及的偏好。人们选择比较大的阶梯宽度。如果我们选择了低阶梯高度，如 5 英寸，那么，阶梯宽度至少要有 14 英寸。过宽的阶梯深度不会有多么舒适，反倒可能要求提供不可能提供的更多的横向空间。12 英寸的阶梯宽度会更适合于 5 英寸的阶梯高度，不过，这个关系并不符合两级阶梯高度与阶梯宽度之和不小于 24 英寸或大于 25.5 英寸的公式。这个公式一直都没有变更过。

事实上，从 1672 年以来，这个公式就没有变更过。它是由法国皇家建筑学院的院长布隆代尔制定的。布隆代尔非常机智。他通过实地考察最后确定了正常步伐。他发现，24 英寸是人们的平均步伐。然后，他推演出一个公式，把阶梯尺寸与人的步伐配合起来。他设想，两级阶梯高度与阶梯宽度之和应该是 24 英寸。

在 313 年的时间里，人们长得越来越高，步子迈得更大了。不过，这个公式依然在执行，没有变更过。我们缺失的是观察，正是在观察的基础上首先形成了这个公式。但是，再也没有出现过第二个布隆代尔博士。建筑行业应该支持新的研究。如同菲奇的观察一样，除了阶梯公式外，与走廊和入口相关的其他公式也是十分随心所欲的，它们相互之间还有冲突。[①]

走廊和楼梯宽度是一个例子。它们通常设置为 22 英寸的倍数。这就是所谓"行人占用面积"，不仅包括了平均肩膀宽度，还包括了相应的缓冲空间。假定一个两道的楼梯，那么，44 英寸的楼梯宽度应该是够的。如果每一个人真的都站在那里，这个宽度的确可以。但是，当人们走动起来时，他们会超出这个行人占用面积，因为他们的身体会来回摆动。

加拿大政府研究委员会的保尔斯（J. L. Pauls）通过摄像对人们在大型

[①] 走廊宽度通常按照 22 英寸的倍数来设计——以此设定"行人占用面积"。这个宽度不够。人们还有一个摆动宽度，这个宽度大约为 4 英寸。

体育场楼梯上的行为进行了研究，从而揭示了这个现象。他发现人们身体的摆动大体在 3 英寸—4 英寸。他对人们在一个体育场上下 112 级阶梯的行为展开了研究，他发现扶手非常重要，实际上，体育场设计中常常忽视了楼梯扶手，然而，对观众的安全来讲，体育场楼梯的扶手至关重要。

我们低估了人们一个一个走过的空间需要，高估了人们肩并肩走过的空间需要。我们面对的一个陷阱是计算出人的位置，仿佛人们是静态的。3 个人肩并肩地在右侧走过去，在相反方向上，3 个人肩并肩地在左侧走过来，行动完全一致。把他们全部加在一起，我们得到 6 个人一排的行人占道面积。可是，人们并不是这样走路的。如果前头有足够的空间，3 个人会肩并肩地走，占用很多行人空间。然而，当对面有人走过来，这 3 个走过去的人会靠近一些，他们中的一两个人可能会放缓脚步，走到同伴的后边。于是，这 3 个人所占据的横向空间会从 6 英尺减少到 4 英尺。而且，他们会放缓或加速步伐，所以，这 6 个人不会肩并肩地同时相会。

我曾经为一家大银行研究过一个广场，很巧，这家大银行要我考察它的总部大厦的主楼梯，检验弯曲楼梯的动觉诱惑和楼梯的安全性。这家银行的人非常钟爱这个弯曲的楼梯。这个楼梯的外形看上去不错，漂亮的中间曲线把两组直线形的阶梯连接在一起。这个楼梯的照明还可以，从楼梯上可以看到楼梯底部的银行会议中心。

可是，人们不断摔倒。他们会在下楼下到楼梯 2/3 的位置时失足。到目前为止，虽然仅有 1 个人摔成了重伤，但是，抛光的大理石阶梯的确存在轻微摔伤的危险。在那里摔倒的人数正在接近"频繁"的程度。听到有人摔倒几乎成了司空见惯的事情。

没用多长时间，我们就发现了这个问题的内在原因。失足发生在 21 级和 22 级阶梯的地方。阶梯本身的确没有什么问题，问题出在再往上的那些阶梯，因为楼梯是弯曲的，所以，那些阶梯比较宽。它们鼓励人们加大步伐走过那里。在第 20 级阶梯处，楼梯开始转变成直线形，阶梯突然变得比较窄了。

最好是拆除这个楼梯，用新的楼梯替换它。但是，这样做需要时间，银行当时正在准备主持一个区域会议，若干个月内都不可能顾及这个楼梯问题。可以采取什么样的权宜之计呢？我们考虑了若干可能性。

国家标准局发布了《楼梯安全指南》，其中包括了 6 个主要要求：（1）阶梯高度与阶梯宽度分别保持一致；（2）统一照明；（3）让阶梯的边沿明显可见；（4）安装楼梯扶手；（5）不要让一边的视觉形象过于"丰富"；（6）每上升 8 英尺，至少设置一个楼梯平台。当然，这个银行楼梯做到了一点，那就是它安装了楼梯扶手。

通过一个半控制的实验，我们逐步把一些缺失的因素引了进来：用一道白线标示危险的阶梯，给阶梯铺设地毯，更换照明，遮盖楼梯底下的那些分散注意力的景物。银行还在楼梯上安排了保安来帮助上下楼梯的人。

我们了解到了人们不少令人惊讶的上下楼梯的行为。我们发现，摔跤的那些人在楼梯顶上就暴露了原因——他们不去抓楼梯扶手，也不去注意脚下的阶梯。大部分人不是这样。**老人，尤其是妇女，最有可能花时间一路注意楼梯上的阶梯。这也可能是他们长寿的原因。**

尽管**年轻人**反应敏捷、视力很好，但是，他们**却比较容易摔跤。他们不太可能去抓住楼梯扶手，不太可能留心脚下的阶梯。**最自信的是那些让孩子骑在肩膀上的父亲们。我的确没有看到哪个父亲摔倒过，可是，我也不愿意看到这种情况。

我把照相机对准了几个关键阶梯，记录下慢镜头下的脚的运动。无论阶梯的深度怎样，摄像显示出，人们一般尽可能远地向前下脚，所以，鞋子的前半部分伸出了楼梯的阶梯。增加楼梯阶梯的深度，他们会把脚伸出阶梯更远。年轻人明显比老年人要大胆。

把脚指头伸出阶梯看上去是危险的，但是，它一般没有危险。不安全出在跖骨弓上。只要阶梯面支撑着跖骨弓，就没有什么问题。妇女通常缩短了步伐，所以，她们鞋子的前部刚好在阶梯面上。

这个前提是，每一个阶梯都与下一个阶梯一致。这是所有建筑规范的一个基本条款，具体而言，阶梯的高度和宽度应该保持恒定不变。这家银行的阶梯没有做到这一点。原因是，在不设置阶梯平台的情况下让阶梯的弯曲部分与直线部分连接起来。

楼梯进入曲线阶段，假定阶梯面呈楔形，宽边更宽。这就要求人们迈出更大的步子，加快节奏，如同跳舞，那样很好玩。但是，意想不到的事情近在咫尺。一个人刚刚习惯了宽阶梯面的节奏，楼梯却变成了直的，呈楔形阶梯面也收缩了。脚指头依然超出阶梯面。然而，楼梯的弯道一结束，楔形阶梯面突然消失。跖骨弓不再有阶梯面支撑着。所以，人就摔倒了。

频率多高？不可能采用统计方法计算出来。有时 1 小时 3 个人或 4 个人摔倒了，换个时间，可能只有 1 个人摔倒了，或者根本就没有人摔倒。完全摔倒的情况不多见，大约 10 个摔倒的人中有 1 个人是完全摔倒的。如果真要拿出摔倒的人数来，那就只有按使用楼梯的人来计算比例了。但是，人数总量被证明是一个误导因素。在一些时期，人数总量比较高，真正摔倒的人并不多。（在 1 个小时的时间范围内，使用银行这个楼梯的总人数大约为 3 600 人。）

正如我们在入口处观察到的那样，人数可能成为一种约束。就楼梯而言，人数的增加明显减缓了上下楼梯的速度。当上下楼梯的空间都满了，人们会站成一队。他们很有可能扶着楼梯扶手，同时看着脚下，甚至年轻人也这么做。没有人摔下楼梯。就是真有人要摔倒，楼梯上这么多的人实际上也不会让他们摔倒。

转弯的楼梯本身并无过错。只要弯曲和楼梯都是恒定的，没有跳跃就行。与直楼梯相比，弯楼梯看上去更危险，但是。这种看上去危险的楼梯本身却是一个安全因素。螺旋形的楼梯，尤其是那种敞开楼梯板的楼梯，看上去很吓人。实际上，那样的楼梯反倒是很安全的，因为人们非同一般地对待那样的楼梯。

在采用了临时措施的实验中，我们发现对楼梯板的边沿做出标记一般会给人们警告。我们还发现，在楼梯上铺上地毯很值得。人们对楼梯上铺上地毯的感受很复杂，人们对地毯的磨损比对它的缓冲特性更为介意一些。但是，我们发现，给那家银行的楼梯铺地毯对安全是至关重要的。直到现在为止，对人们上下楼梯的安全问题所展开的研究还是不够的，地毯商对这种产品的优势宣传不够。从我个人的经历出发，就发生不幸的事故而言，有地毯和没地毯可以产生很大的不同。（我曾经在家里摔倒在铺着地板砖的地方，那里一般应该铺地毯但事实上没有。我的骨头摔坏了，而不是刮破了皮。所以，我把家里的所有楼梯和地板都铺上了地毯。）

除了地毯本身的优势外，地毯还可以标示出楼梯板的边沿。地毯包住了楼梯板的边沿，纤维从不同角度反射光线，从而让人们感觉到楼梯板的边沿与地毯的其他部分的亮度差别。无论是上行还是下行，我们都可以看到一系列凸显出来的楼梯板边沿。

我们不能依靠变化本身来检验每一种变化，它不能找到原因和结果。但是，有几个想法是清楚的。在所有的措施里，铺设地毯是最有帮助的。虽然铺设地毯不能杜绝摔倒，可是，铺设了地毯，楼梯更让人可以接受。其他措施也不是没有作用的。尽管摔倒的比例减少了，然而，摔倒仍在继续，甚至保安的警告也未必可以遏制摔倒。我们必须得出这样的结论，设计上的问题很难通过这些补救措施而得到解决。所以，我们还是要回到出发点。种瓜得瓜，种豆得豆。

这家银行和建筑师抱着良好的愿望改造了这个楼梯。新的设计吸取了已有的经验教训。两个宽敞的楼梯平台把整个楼梯分成了三段。楼梯全部铺上了地毯。看上去很美观，没有人再摔倒。

当初那个楼梯只有一个楼梯平台，但摔倒并非因为只有一个楼梯平台。当然，有些证据显示，规模适度的楼梯平台多几个，可以让爬楼梯的人更安全，更容易通过。当我们看到前头有楼梯平台，我们会觉得爬这个楼梯不难。

卡内基音乐厅入口大厅的新楼梯很好地诠释了这个想法。建筑师波尔舍克（James Stewart Polshek）在设计楼梯时刻意让观众可以看到前头的楼梯平台。他说："让人们看到前头的楼梯平台是古老的和没有被发现的优美的过渡规则。我们向上爬 7 级台阶，在那个楼梯平台上歇歇脚。然后，我们继续爬楼梯，最后到达音乐厅的入口。"

能够看到这种改进的楼梯的确不错，但是，楼梯毕竟意义不大；在大部分新写字楼和交通设施的公共空间里，自动扶梯取代了楼梯。实际上，自动扶梯已经很普遍了，毗邻的楼梯以同样的方式设计。

大多数人的确会使用自动扶梯。自动扶梯确实接近满负荷了——41 英寸宽的标准自动扶梯每分钟载客 70 人——运行效率很高。在那些极端繁忙的地方，甚至应该再安装 1 部—2 部自动扶梯。宾夕法尼亚车站可怕的地铁出口应该很快会增加自动扶梯。

但是，楼梯现在还不过时。在自动扶梯使用达到峰值的情况下，楼梯依然发挥着作用，少数人选择了爬楼梯。在大多数情况下，楼梯上人不多，爬楼梯是人们上下楼的基本方式。楼梯可能安全、有吸引力和容易使用。

尤其就室外台阶而论，台阶并不过时。人们更多地使用室外台阶，室外台阶通常是人们上下楼的唯一途径。室外台阶有很多功能。用于庆典就是它的一个功能。法院、政府大楼和博物馆的台阶一般让人印象深刻，常常比建筑本身还吸引人。

台阶的另外一个功能是邀请人们来一个地方。纽约佩利公园前的那个台阶很好地做到了这一点。佩利公园的这个台阶只有 4 级，阶梯高度为 5 英寸，阶梯宽度为 15 英寸。人们常常不知不觉地就走到了那个台阶上，似乎被那个台阶拉了过去。纽约第五十一街的格里纳克公园的台阶也具有相同的功能。佩利公园和格里纳克公园分别是景观建筑师蔡恩（Robert Zion）和佐佐木英夫（Hideo Sasaki）的作品。基于某种原因，景观建筑师似乎对台阶有特殊感觉。

不过，建筑师密斯·范·德·罗厄给大型写字楼设计了最好的台阶，西格拉姆大厦的那些台阶。密斯总是很细致地设计台阶，这些细致的设计既在

188

纽约市最容易通过的台阶：纽约县法院大楼，曼哈顿弗利广场（台阶的高度为 4.5 英寸，台阶的宽度为 18 英寸）。

214

台阶的外观上体现了出来，也反映在台阶的功能上。西格拉姆大厦前直通入口的那些台阶最容易通过，也很好看（台阶的高度为5英寸，台阶的宽度为14英寸）。就像佩利公园，那些台阶正在召唤着人们前来。它们还承担着外部台阶的另一个功能，它们很适合于落座，尽管密斯没有按照落座的目标来设计西格拉姆大厦的那些台阶，但并没有减弱它们的作用。那些台阶的转角部分特别有用，让人们可以面对面地落座，坐在那里用餐。密斯没有像很多人一样，给那些台阶的角落安装栏杆。就西格拉姆大厦前那些台阶的转角部分来讲，不安装栏杆实际上更大程度地发挥了那里的功能。

西格拉姆大厦前的台阶如此出色，让人难以置信。西格拉姆大厦建于20世纪50年代初期。经过30年的风风雨雨，它足够成为一个标志了。西格拉姆大厦和西格拉姆大厦广场的构造都成为分区规划的亮点，无以计数的写字楼都是它的仿制品。但是，唯独西格拉姆大厦前的台阶没有人去仿制。实际上，那些台阶几乎成为了理想的台阶模式，容易通过、安全、优美。可是，30年以来，没有任何一个写字楼建设了这样的台阶。

花旗银行大厦通往地铁的那些台阶提供了另外一种模式。台阶的高度为6英寸，台阶的宽度为12英寸。整个台阶的垂直高度为19英尺，台阶平台宽敞。对比而言，标准地铁台阶高度更高，增加了台阶的整体坡度，使得爬楼梯更费劲。

宾夕法尼亚车站长岛线第17级和第18/19级台阶对比最为鲜明。第17级的台阶是标准的。然而，第18/19级台阶则设计得更加人性化。行走的舒适和费力程度大不一样。

交通当局已经放开了对楼梯设计的具体规定。现在，交通当局推荐的设计标准是，只要条件允许，台阶的高度为6.5英寸，台阶的宽度为11.5英寸。但是，交通当局禁止台阶的高度小于6英寸，或者，禁止台阶的宽度大于12英寸，据说，这样的台阶像西格拉姆大厦前的台阶一样舒适，像宾夕法尼亚车站长岛线第18/19级台阶一样舒适。

交通当局认为，曼哈顿弗利广场的纽约县法院大楼的台阶容易通过。那

189

一个不错的避风港：地处第五大道和第五十三街西北角的圣托马斯教堂的台阶。

里的台阶高度为 4.5 英寸，台阶宽度为 18 英寸，楼梯明显平缓地上升。

有些阶梯的设计目的是让人可以落座。建筑师文丘里（Robert Venturi）为普林斯顿胡应湘堂设计了一个楼梯，这个楼梯的一边很宽。那些台阶的设计目标就是供人们午餐时落座。哈佛大学设计研究院的冈德堂也有一个宽台阶的楼梯，人们可以在那些台阶上不拘束地落座。

在 IBM 公园里，为圣诞节临时搭建的舞台也是一个很受人欢迎的落座的地方。那些可以让人们成直角面对面的台阶特别受到欢迎。我们从需要考虑，推荐在那里建立一个永久性的临时搭建舞台的地方。做到这一点并不困难，只要有若干个平坦的表面和台阶，平常的功能就是落座，人们可以在那里看看书，吃吃东西。那也会是不错的舞台。

大部分台阶坐起来并不是很舒服。不高的台阶容易爬，坐着的时候却不好靠在上边。坐在台阶上的人一般是年轻人。阳光、光线、视线和台阶下有活动发生，比起让身体坐着舒适更重要一些。也就是说，坐在高处是否舒适并不像我们看到的那样。[①] 纽约公共图书馆的台阶，大都会艺术博物馆的台阶，就是两个最好的例子，走过那些台阶是舒适的，在那里落座和漫无目的地看看街景都不错，这两个地方明显实现了二者平衡。

建筑内部的阶梯可能是另外一回事。登上去公共图书馆的台阶，不费劲地跨上几步台阶，一个台阶平台，再跨几步台阶，又一个台阶平台，如此这般容易。但是，一旦走进公共图书馆里边，我们面对的不同于外边。爬上第 2 层楼的楼梯是有合理间距的，楼梯有 23 度的倾斜度，不过，那些台阶单调乏味。走过 10 级台阶，有一个楼梯平台，然后，先左拐，面对一段不中断的 32 级台阶。爬上第 3 层楼不容易。卡雷尔（John Merven Carrère）和黑斯廷斯（Thomas Hastings）可能都是很不错的建筑师，不过，这些楼梯确实是很糟糕的。

一些建筑师不是很喜欢楼梯平台，只要建筑规范没有规定，他们就不会

191

[①] 台阶的设计是否适合坐着休息并不在于座位的舒适程度，就像它看上去很舒适。

去设计楼梯平台的。一些建筑师不去理会楼梯平台。楼梯平台打断连续运动的节奏。为了避开楼梯平台，他们可能设计两种楼梯：一种楼梯坚持建筑规范，另一种坚持较高的审美水平。一些建筑师对此并不在意。纽约市的建筑管理部门让他们坚持建筑规范。（第二种楼梯在所有详细设计上都与规范一致，所以，有空子可钻。）

营造四四方方舒适的台阶并不难，当然需要设计。实际上，大部分台阶都设有达到它们本应该有的那种舒适水平，而之所以如此的原因是采用了许多过时的或有瑕疵的规则。例如，最省力的阶梯高度宽度公式。这些公式要求楼梯倾斜度高一些，这样，便排除了比较低阶梯高度的楼梯，爬上这样的楼梯其实需要使更大的劲儿，因此，这样的楼梯没有什么优势。

最省力的阶梯高度宽度的理想公式其实不会得到实施。它本身是错误的。最省力的阶梯高度宽度公式没有考虑到爬楼梯的时间的重要性。如果按照这类公式营造楼梯，那么，爬 14 级阶梯的时间的确比爬 18 级省力阶梯的时间要少一些。但是，爬 18 级省力阶梯所多出来的那点时间是有好处的。在爬楼梯的过程中，整个时间被分散到了比较容易爬的每一级阶梯上。宾夕法尼亚车站长岛线第 18 级台阶非常人性化。与爬完第 17 级的台阶的感觉相比，爬完 18 级台阶后，人们觉得不是那么疲惫。第 17 级台阶更陡一些。我没有设备去衡量这个相对差异，但是，简单地观察爬台阶的人，我们就不难看出差别来。爬那些不那么陡的楼梯比爬那些比较陡的楼梯当然要轻松一些。

我们已经有了足够的认识来保证大规模的改造。第一步应该是修改建筑规范，清除掉 17 世纪遗留至今的楼梯规则。布隆代尔当年的工作需要提升。标准台阶 2∶1 的高宽比太刚性了，它通过要求不必要的台阶宽度来为难高度比较低的台阶。修订的指南不应该仅仅局限于允许的台阶高宽尺寸。修订的指南应该支持台阶的最优结构，如最低限度，6 英寸的高度，12 英寸的宽度，在可行的地方，也可以采取 5 英寸的高度，14 英寸的宽度。这些要求也应该写进交通当局的指南里。考虑到官僚机构的惰性，仅仅改变这类数字就可以在年复一年的过程中产生重大改善。

应该为建筑外部的台阶建立标准。现在，还没有建筑外部台阶的标准。没有建筑外部台阶的标准未必一无是处。如果真的把建筑内部台阶的标准应用于建筑外部的台阶，那么，那些最优美的建筑外部的台阶早就被禁止了，曼哈顿弗利广场的纽约县法院大楼和大都会艺术博物馆的台阶都不会得到建筑许可。反之，一些按照要求建设的台阶真不应该出现，如大都会歌剧院前的台阶，虽然美观，却与人们的步距不相配合，让人失去平衡。

建筑外部的台阶其实面临比建筑内部的台阶更多的困难。建筑外部的台阶常常更是必不可少的设施，人们别无选择。建筑外部的台阶承载着更大的人流。建筑外部的台阶还承载着让人落座和聚会的功能。建筑外部的台阶是大街的关键元素，它们不是装饰，它们优美且实用。我们不乏很好的先例。西格拉姆大厦前的台阶和大厦两侧的入口是我最要点赞的。

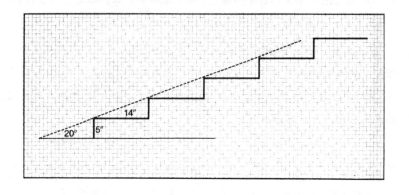

第十三章　地下通道和天桥

　　规划师和建筑师们正在改造着街面。他们不仅让大街旁立起空空如也的墙壁，他们还把街面变成了停车场。他们拆除了老建筑，再把那些地块变成停车车位。他们让大街本身变成了巨型建筑。现在，他们正打算进入下一阶段，把大街的基本功能转移到几乎所有的地方，但是，那些地方都不在地面上。他们正在把街面上的基本功能放到地下通道里，放到地下购物广场里，放到天桥和架空通道里。他们最终可能会让行人也离开街面。

　　我们打算讨论的地下通道展现的其实是人车分离这个最古老的城市规划观念。从维多利亚时代至今，几乎每一个对未来的乌托邦设想都有分割的特征，常常充满着浪漫主义的情怀——桥梁飞过天空，隧道穿过地下，飞艇和单轨车，计算机控制车辆。

　　据说，人车分离是为了行人，让行人受益。人车分离让人避开汽车而获得安全，避开了气味和噪音。实际上，人车分离是让车辆受益。究竟谁得到了主要空间呢？肯定不是行人。如果行人真的得到了主要空间，那个空间在地下。人车分流是为了让人离开地面。于是，人被送到了地下或楼上。车辆得到了主要空间。

　　交通部门原则上既为行人也为车辆做规划。可是，看看联邦、州和地方的交通部门如何工作的，它们关注的几乎完全是让车辆交通最大化。它们肯定想到了行人，但是，是作为一个问题来考虑的，而不是那么刻意去为行人做规划，只是为了控制行人而做规划。

　　我们可以想想立在快速路口的那个行人无论如何不能擅自入内的公告。

那些有行人公用设施的地方，那些公用设施很容易把人与车分开，而且是不公平地分开的，例如东京巨大的过街天桥，那些过街天桥确实是为了机动车辆建的，机动车辆不会因为行人而减缓速度。如果有可能的话，行人是会尽量避免走上过街天桥的。

　　地下通道在功能上替代了街面。最初，这些地下通道紧挨地铁系统。它们适合在非常短时间内让很大数量的行人流动起来。伦敦地铁系统现在依然在地下通道设计上居于领先地位，而地下通道的确为引入自动扶梯创造了机会，实际上，地下通道的形体特征并没有发生多大变化。现在一些新的车站都没有达到纽约中央车站和纽约宾夕法尼亚车站的设计水平。我们很晚才认识到的那些令人赞叹的恰恰是实用的：我们知道我们去哪，我们知道我们在哪。地下通道告诉了我们这些信息。新的纽约宾夕法尼亚车站可以适当地让人们动起来，但是，并不优雅——那是一种没有效率的形式。

从明尼阿波利斯的天桥上看大街。

把地铁地下通道延伸到附近的建筑里是很自然的。洛克菲勒中心的地下通道就是一个早期的范例。那个地下通道基本上是交通通道，当然，沿着那个通道，设置了商店，最后与一个下沉式广场衔接起来。

此后，我们看到地下通道本身的目标，它们与铁路和地铁车站连接起来，它们同时充斥了各种各样的商店和服务设施、餐馆和会面的地方。蒙特利尔的维莱·玛丽广场和它延伸的地下通道网是最有影响的地下通道先例。

在地下通道所产生的收益中，最重要的是让人们避开不好的天气。我在洛克菲勒中心的地下通道走过很多年，我肯定不会小看这个好处。我也不会忘记那些便利店、邮局、擦鞋的、蔬菜水果点、熟食店。洛克菲勒中心是一个货真价实的商业要地，大规模行人集中沿着主要交通设施轴线一字排开。

自然环境和社会环境非常重要，许多非街面交通系统出现麻烦的根源恰恰是因为它们轻易地就忽视了自然环境和社会环境因素。想想明尼阿波利斯和蒙特利尔。这些城市的冬天都是很冷的，它们都建造了非街面交通系统。那些同样建设了这种非街面交通系统的地方，冬天不一定很冷。有些城市的冬季还很温暖。推动它们建设大街之外交通系统的原因是它们觉得它们的市中心太不时髦。需要一个大跃进，一些建筑上的狂欢可能给它们带来这种大跃进。

有些城市派了一些代表团去明尼阿波利斯和蒙特利尔取经。[①] 他们喜欢他们的所见所闻。他们喜欢明尼阿波利斯的天桥，他们喜欢蒙特利尔的地下通道。他们发现这两个城市的中心区很成功。所以，从逻辑上推演，他们那样做也不会失败。

于是，他们把天桥和地下通道的版本带回了他们的城市。他们没有带回来的恰恰是让明尼阿波利斯的天桥和蒙特利尔的地下通道运转起来的自然环境和社会环境。他们没有带回去零下 18 摄氏度的气温，他们没有带回去高密度的人群，没有带回去像明尼阿波利斯的 IDS 中心和蒙特利尔的维莱·玛丽

195

---

① 那些代表团带回了天桥和地下通道的计划。他们没有带回来的是零下 18 摄氏度的气温。

艾奥瓦州锡达拉皮兹市第二大街。

广场那样货真价实的商业要地。他们也没有带回去那些布满明尼阿波利斯天桥和蒙特利尔地下通道的非常巨大的人流。他们自己的城市核心人口密度不高，人流没有那么大，没有起步所需要的地面零售店。实际上，这些城市所需要的是，街面上有熙熙攘攘的人群，而不是让街面上的人寥寥无几。可是，他们建设了地下通道和天桥，他们想知道为什么城市比以前更缺少生气了。

　　用非街面交通系统替代街面是件多么好的事吗？如果规划师真的要花时间去展开他们的地下乌托邦，他们可能会重新考虑。除了其他事情，地下空间让人失去方向。只要我们在一个地方待上一会儿，便会有人来问路。标志到处都有，但是，它们帮助不大。空间位置图上标示了"你在这"，不过，它

196

的帮助也不大。那些标志让人迷惑。"这"是哪？这是一个问题。"这"与其他地方一样，是一个与其他柱子或墙壁一样的柱子或墙壁。没有参照物，没有可以用来辨认方向的天空和太阳。[①]

建筑师喜欢对称，而对称布局让地下空间的方向更加扑朔迷离。B通道简直就是A通道的镜像而已。不偏不倚，没有塔尖，没有穹顶，没有标志性建筑供我们参照。也有一些线索。披萨店意味着我们在A通道的西端，而不是东端。东端可能是贺卡店。然而，就是经验丰富的人也无法辨东西。如果我忘记了我下来时使用的电梯，我很容易就错把北当成了南。

特拉斯是蒙特利尔最新的购物广场之一，它让在许多层和半层上的人们不知道他们究竟在哪里，所以，关门大修。如同洛杉矶的博纳旺蒂尔酒店，采用色彩标志来引导人们到达他们的各种目的地。但是，这种方式也没有完全让人们觉得方位清晰。其主要问题也是困扰许多综合体的问题——我们看不到外边。我们不能从已知标志中得知我们身处何方。德斯亚丁斯综合大楼是蒙特利尔地下商城的一部分，它在让人们辨别方向上有了一些进步。人们可以透过主要空间两端的大玻璃幕墙看到这个建筑的外边。这样，我们就知道我们身在何处了。

我们设想地下通道在气候上会不错。其实不然，地下通道有穿堂风，尤其是在入口处，从一个部分到另一个部分，气温变化多端。尽管不存在室外的极端气温，但是，这本身就是一个问题。当我们走进来或走出去时，这种居中的温度可以产生更大的困难。穿什么衣服合适呢？在一年中气候比较好的时候，我们在外边需要穿一件大衣，可是在地下通道里穿大衣又太热了。

作为购物环境，地下通道适合安排便利型商业服务——报纸、擦鞋、寄物柜、快印、自动出纳机、面包店、熟食店，等等。但是，地下通道里不适合布置高档商品。无论人们怎么称呼，地下室就是地下室。低档商品的比例通常很高。全世界似乎都是这样。从东京的八重洲地下广场，到费城的地下

---

① 如果规划师真的要花时间去展开他们的地下乌托邦，他们可能会变得完全迷失方向。位置图上写着，"你在这"。但是，"这"是哪？在这种对称布局的周边环境下，是没有参照物的，没有可以用来辨认方向的天空和太阳。

市场街，地下通道一般集中了礼品店、快餐馆、贺卡店等。很少几个地下通道里会有高档商品店，它们的出现可能是因为街面上的店铺改成了办公室、银行窗口、空空如也的墙壁，而不再作为零售空间，于是，零售商店转移到了地下。

蒙特利尔的维莱·玛丽广场形成了它特有的地下环境，那里集中了不少有品位和不错的商店。各种各样的商家混合在一起，但是，档次未必与原来一样。不过，这种混合还是一种有特色的样板。那些到蒙特利尔取经的代表团会看到的特征是，像明尼阿波利斯的 IDS 中心一样，维莱·玛丽广场也是一个货真价实的商业要地，它地处火车站和主要商业街圣凯瑟琳大街之间。维莱·玛丽地下商场有很大的坡度，一边是街面高程，所以，通过 4 个小庭院，日光照进了维莱·玛丽广场，人们可以使用小庭院里的楼梯进入街面的大广场。（然而，街面上的这个广场已经丧失了关键特征，如咖啡馆消失了，取而代之是一个计算机设施。）

蒙特利尔的冬天非常冷。有一年的冬天，我在蒙特利尔拍摄圣凯瑟琳大街，由于天气太冷，我的摄影机竟然冻住了。尽管这样，街上购物的人并不比在暖和的维莱·玛丽地下商场里的购物者少。

地下通道和天桥最值得一提的好处是它们构成了一个网络。它们不仅仅把各个建筑聚集在一起，而且，在所有开发商都有把他们的建筑相互连接的意图时，建筑与建筑之间会连接起来，形成一个网络。这个网络把梦变成了现实，并画在了示意图上，那些示意图相当完整。

可是，这种完整与大部分步行者没有关系，他们也没有感觉到这个网络的完整。当我们观察行人如何使用地下通道，我们会发现，地下通道的许多主要段落承载了很大的人流。然而，在那些偏远一点的地方，行人人数明显下降。但成本效益是一样的。

我们可以从 A 到 B，再到 Z 或 Y 或 X。例如，熟悉洛克菲勒中心的人知道一种让他们避开常规路线，通过无数曲折的小路以及 90 度角转弯的通道，到达斯佩里·兰德大厦。但是，几乎没有几个人知道这条路径。那些特殊的自动扶梯利用率不高。有时，数分钟里根本就没有人出现。可是，那些自动扶梯在那里继续运转着，这时自动扶梯的运转成本与满负荷运转的自动扶梯的运转成本相同。我这样讲并不是否定自动扶梯本身，而是说我们夸大了这种系统完整性的优势，维持这样的网络是昂贵的，建设那些低流量行人段落的成本和运行成本一样昂贵。

达拉斯花了很大力量去消灭它的街面。它编制了大范围的规划，得到了社会的有力支持，于是，达拉斯在市中心展开了建设地下通道和天桥系统项目，一旦按计划完成这个项目，最终达拉斯市中心的所有建筑都会相互连接起来。

达拉斯不是那种做事情半途而废的城市。它打算建设的地下通道和天桥将会是一个完整系统，而不仅仅是对现有设施的补充。那里对步行街没有多少眷恋。如果步行者从街面上被消灭，系统建设的支持者会很高兴的。街上没有了熙熙攘攘的人流，从而给机动车辆腾出了空间。所以，本质上说这种做法是理性的。

主张如此改造达拉斯的规划师蓬特（Vincent Ponte）这样写道："造成交通拥堵的主要因素之一是在交叉路口扎堆过街的行人。"他指出，过街的人如此之多，他们扎堆横穿马路，中心地区的建筑物已经不可能允许进一步扩宽那里的街道来承载更多的车辆。人行道的空间也不能再削减了。如何解决这个问题呢？

让行人离开街面，蓬特说："若干研究显示，市中心的人行道系统，有人行横道和地下过街通道，引导行人离开拥挤的人行道。"

这里不言而喻的是，机动车辆交通的首要地位。当然，蓬特并没有拿这个判断去推论出他的逻辑结论。如果正如蓬特所说，行人一直都在侵占着车辆使用的街道空间，那么，为什么还让行人待在街面上呢？按照这个逻辑，城市应该强制性地使用地下空间。果真如此，通过回收现在多余的人行道，城市会得到一大意外收获。它可以把那些人行道转变成机动车道。在达拉斯，把人行道转变成机动车道意味着增加两个以上的车道。另外一种选择就是，城市可以把人行道商业性地投入市场。这样，可以减少建筑退红，把那些原本用来供行人使用的空间用于零售和办公。

很惊讶吗？令人惊讶，但是，并不排除这样做的可能性。这些项目确实有一种使它们自我扩张的推动力。一旦通过地下通道把一些建筑连接起来，便会对后继的开发商产生压力，推动他们把建设的项目与其他建筑物连接起来。规定这种连接其实检验了开发商的忠诚，避开了冒险的或愚蠢的开发商。最终不需要外在压力推动。因为许多其他开发商都在这种由地下通道连接起来的系统中，所以，开发商会盘算，要想让他的物业进入市场，他必须让他的物业与这个系统连接起来。

地下通道替代街面所引起的最大问题不是它们不能正常运行，而是它们运行得太好了。这样，地下通道稀释了市中心的人流。**一个市中心人流可以支撑的商店和餐馆是一个定数，街面上的人流本来是足够支撑那些商业活动的，但是，通过地下通道新增商业设施必然会吸引走一部分人流**。达拉斯所发生的证明了这个判断。再也没有熙熙攘攘的人群了。午餐时分，达拉斯市中心人行道上的人数大约为每小时 1 400 人—1 800 人，对于达拉斯高密度核心区来讲，这个人数太低了。

行人都去哪儿了呢？一些在大厦内部餐厅里，另外一些在达拉斯市中心的各种会所里。不少的人在达拉斯的地下通道大厅的酒吧和快餐食品店里。达拉斯没有任何一个地方可谓人满为患。达拉斯是一个不停歇的城市，我们不会用它的街面状况来想象它。有些地方人多是因为那些地方需要人多。拿到营业许可证的街头小贩需要繁荣的氛围。但是，地下通道还在迅速延伸开来。

多伦多是换了一个思路的城市。多年以来，多伦多积极推行人车分流。政府提供地下设施建设费用的一半，并且把行政规范的土地面积的地下空间作为附赠面积送给建筑商。通常情况下，行人吃了亏。他们得到的公共空间

200

在地下，而小汽车得到的却是街面空间。随着时间的推移，街面上的零售商丢了生意，多伦多市承认它对地下空间的优惠政策过了头。

多伦多的总规划师麦克劳克林（Steven McLaughlin）戏称，多伦多正在变成一个鼹鼠之城。"我们所不想要的是，让所有的人使用晚上6点关门的地下街，而让街面上失去了人气，当然，有些勇敢的人例外，他们在摩天大楼保安的眼皮子底下，从一个城市要塞游荡到另一个城市要塞。"多伦多现在已经改变了这个发展方向。市政府撤销了把地下空间充当空间奖励的举措，效仿纽约的例子，要求新建筑的街面层用于零售业。

天桥像地下通道一样有力地挑战了系统完整性。一旦建设了几座天桥，就会推动建设更多的天桥，很快，天桥的建设目标就是建设一个完整的系统。明尼阿波利斯市和圣保罗市这对孪生城市就是最好的例子。我们在明尼阿波利斯市和圣保罗市可以看到的标志"你在这"显示了连接市中心所有主要建筑的整体网络。

这种整体网络的确给前来参观的规划师留下了深刻印象。但是，这种整体网络是一个误导。那些示意图显示了一个均匀的网络，它们却没有显示，整个网络的使用集中在那些货真价实的商业要地，而从那里向外延伸的网络的利用率明显下降。例如，在明尼阿波利斯市，让人们走进IDS中心的水晶宫的4座天桥行人非常多。冬季的中午时分，我计算过那里的行人流量，每小时使用这4座天桥的人数分别为5 800人、4 800人、5 500人和2 280人。一旦离开这个中心，人流迅速减少。在距这个中心1.5个街段的拱廊里，每小时通行的人数只有1 100人。同地下通道一样，那些利用不多的天桥与利用率很高的天桥在建设成本和运行成本上是一样的。

从审美上讲，天桥优劣参半。大部分天桥的设计不佳，与建筑相连的天桥能够与之相协调的案例少之又少。但是，有些天桥，不论从街上看天桥，还是从天桥看街上，都是不错的。在我们方格式系统中的大部分街道似乎从来就没有中止点，它们延伸至无限。所以，一座天桥可以把那个场景框起来，让那个场景封闭起来，让巨大建筑的显现尺度降低一些。天桥还可以提供一个聚焦点，从那里看全城。天桥下的车流可能是一个有趣的景象，尤其是在黄昏时刻。

但是，天桥也能破坏城市景观本身。圣保罗市的地形很有意思，有许多靠山的用地和不同的高程。但是，天桥网改变了这个城市起伏的地形，让它成为一个平坦的城市。

西雅图的地形地貌同样给人留下深刻印象。西雅图市政府已经排除了任何建设天桥的主张，这个规划决定很大程度是基于审美考虑。西雅图市政府曾经拒绝过一个建设天桥的特殊请求，有人提议把三个商场用天桥连接成为一个新的综合体。对一个商场而言，建设天桥作为连接是经济合理的，而且申请者还承诺对这个天桥做精心设计。但是，市政府不采纳这个提议。市长说，她必须每天盯住那两个已经建成的很糟糕的天桥。市议会的其他人也同意这个看法。西雅图的城市核心很紧凑，有着很具吸引力的紧凑的城市核心。市政府提出，它应该守护好它的城市地形。所以，市政府没有批准这个方案。

为什么要去走天桥呢？除非有理由，否则，人们是不会去走天桥的。人是地面上的动物。他们喜欢地面高程，他们宁愿忍受地面上的困难，也不愿意为了图清闲而走向高处。东京到处可见的天桥就是很好的例子。大部分东京人选择等待红绿灯过街，而不愿利用过街天桥过街。

巴尔的摩的查尔斯中心是美国最早一批城市更新项目之一，也是最有影响的市中心更新项目之一。这个项目把旧的和新的建筑连接起来形成一个大型中心广场，整个广场是由密斯·范·德·罗厄规划设计的，行人使用架空的步行系统。这个步行系统被认为是规划上的一个很重大的进步，启发了其他地方的类似项目。

但是，人们并没有太多地使用这个步行系统。原本希望随着时间的推移，人们会学会使用它。不过，人们并没有那样做。在查尔斯中心工作的人想，行人可能是正确的。这个步行系统没有与这个中心的主要活动紧密联系起来，或者说，没有与商店连接起来。例如，一个活动区域没有一个入口。这个步行系统使下面的空间光线变暗。1986 年，作为整体更新计划的一部分，决定拆除这个步行系统第 2 层的主体部分，把活动集中到地面层来。

另一个例子是距离查尔斯中心几个街段的巴尔的摩以南的海港。海滨的步行道和临时搭建的帐篷吸引了很多人。但是，主要公路把它们与城市分隔开来。为了让人们容易到达那里，建起了一座大型步行桥。可惜使用率大大低于人们的预测，大部分人选择了等待通行灯过街。

在芝加哥的伊利诺伊环形校园，有一个 2 层的步行系统，地面铺装的步行道和在它上空的步行道。原本指望增加的那一层步行道可以改善地面步行道上的拥挤状态，引导学生和工作人员使用上面一层的通道。可是，事与愿违，地面步行通道拥挤依然如故，地面层的人流没有减少，人们还是很少使用上面的步行通道。因为上面一层步行通道没有被覆盖起来，所以，尤其在冬季，积满了雪，很难清理。

围绕交叉路口的混合开发是第 2 层步行系统的始作俑者。华盛顿特区郊区的水晶城就是一例。如同大部分这类综合体一样，大型建筑的大量空间实际上很少有人使用。问题不是它毁了大街，没有哪条街会被毁掉。问题出在过剩上。在这些综合体中，无论在哪一层，人们的走动并不多。

有些上层步行系统是以街道的名义设计的；也就是说，我们并没有实际上消除那条街，而是挪了个位置而已。一些为高层住宅所做的设计与此一样。通过垂直通道，把每一层楼连接起来，给每一层楼起个街名。与地面上沿街的住宅一样，公寓单元直接面向大街。

这些上层步行系统运行得不是那么好。**当我们从街面上消除掉一条街，我们也消除掉了那条街所产生的东西。移除掉关乎人的错综复杂的事物——行人的喧嚣、商店、车水马龙——我们不过留下了一个走道而已。**如同圣路易斯市那幢轰然倒下的不幸的普鲁伊特-艾戈住宅大楼一样，留下的走道可能非常不被看好。

把繁荣的街面与天桥系统结合起来，卡尔加里在这方面做得不错。卡尔加里是有理由建设天桥系统的。卡尔加里地处北纬 51 度，冬季的平均温度为

202

零下 25 摄氏度。在极端寒冷的气候条件下,气温有时会降至零下 50 摄氏度。阳光不少,但是,太阳低于地平线,留下长长的影子。

为了使市中心在冬季可以有更多的步行机会,卡尔加里提出了"加上 15"的计划。如果开发商在他们的建筑里和横跨街道的地方,在 15 英尺高度上建设步行通道,他们便可以得到额外建筑面积的奖励。后来又增加了在 30 英尺和 40 英尺高度上建设步行通道的奖励政策。卡尔加里的步行道设计水平高于其他城市:有些步行道就是沿着建筑的边沿,从视觉上与大街连接起来。步行道采用了大量可以看透内外的玻璃墙,而不是那种空白的外墙。步行道一直延伸到比较大的公共场所,那里有快餐店和咖啡馆。

卡尔加里在建设这些步行通道的时候并没有忽略大街,而是尽可能支持街头活动。实际上,卡尔加里街面的零售水平超出了大部分中等规模的城市,商店直接面对街面。那里有许多可以落座的地方,写字楼也一样。主要大街之一已经转变成了步行购物广场。在好天气和可以步行的气候条件下,那个购物广场里都是年轻人,虽然有些市民在那个购物广场的一端做不名誉的事情,但是,这个购物广场还是很繁荣的地方。比起那些阳光充足的地方,卡尔加里人实际上得到了更多的阳光和温暖。

冬季,卡尔加里人充分使用步行道,而在夏季,他们使用街面。所以,卡尔加里几乎没有稀释到市中心来购物的人群。

为什么不采纳两种方式呢?正如卡尔加里那样,既有上层的步行通道,也有繁荣的大街,这是可能的。在只有几座过街天桥的早期阶段,城市可能发现,它们更多地在补充大街,而不是与街道竞争。与街道竞争是以后的事。

天桥和大街并存到头来还是麻烦。大量的投资被扔到了大街以外的地方,市政府的看法也一样。已被证实,大街以外的系统要繁荣,就必须占优势。大部分小镇不存在支持两个层次满负荷展开商务活动的市场,所以,大街和天桥此起彼伏,相互消长。城市与此相同,也不存在支持两个层次满负荷展开商务活动的市场。

若干年以前,北卡罗来纳州的夏洛特市曾经有一个主要层。那个主要层不错。夏洛特的市中心是紧凑的，由一个中心稍微有些偏的网络围合起来。店铺沿它的几条主街展开，新老建筑鳞次栉比，行道树比任何美国城市都要壮观，气候宜人，还有友好的市民。

但是，那时的夏洛特毕竟还是老式的。一个郊区购物中心开发商觉得夏洛特的市中心所需要的是一个购物广场。就在市政中心的旁边，这个开发商建了一座混合使用的综合体，包括了酒店、银行和写字楼。他在第2层建了一个广场，店铺云集，人们称之为"过街广场"。通往这个城市新建的会展中心的过街天桥很快与"过街广场"连接起来。接下来，另一座过街天桥与百货商店连接起来。通过百货商店，又一座天桥与另一家商店连接起来。

时间不长，夏洛特的市中心出现了第2层——没有正方和反方漫长的辩论。辩论来得太晚了。谁又会争论成功呢？酒店经营得不错，银行和写字楼，在2层以上购物中心里的商铺同样经营得很好。在2层步行的人川流不息，午餐时分，那里的行人数达到每小时3 000人的规模。

夏洛特的2层的市中心。天桥及其购物广场为富人服务，而街面店铺为乘坐公交车的人服务。

但是，夏洛特的街面经营得不好。在相应的时间里，人行道上的人流大约为每小时1 000人左右。大量的活动转移到了第2层，而地面层一直都在招商。一个写字楼的第2层成了零售空间，很容易就找到了租赁户，那里与购物中心相连接。但是，街面的商铺长期找不到经营者来填充。

夏洛特的主街已经经过了改造，布置了长凳和公交车站和其他一些供行人使用的公用设施。而那里缺少更多的行人。那些临街的商店有些很不错，廊道与商家的结合也是一流的。但是，那里缺少大街本应该有的那种零售连续性。随着一个交叉路口建设了新的中央广场，地面的行人活动水准应该上升。但是，地面行人活动的增加来自社会下层。 204

夏洛特一直都存在社会分化。第2层通常是中产阶级白人青睐的地方，而街面的使用者是黑人和那些乘坐公交车出行的人。从一个角度讲，黑人和乘坐公交车出行的人得到了城市中最好的部分。他们是街面上最后的行人。由于他们的缘故，车站和路边的长凳都是大部分街头生活发生的地方。

达拉斯受到类似的影响。《达拉斯晨报》的建筑批评家狄龙（David Dillon）认为，对上层通道的更新加速了社会分化。围绕一个主要交叉路口展开的最新的综合体提供了一些很吸引人的餐饮设施。使用那些设施的人多是衣冠楚楚的白领，而在街头的大部分人则是学生、少数族裔、穷人。他们的唯一设施就是公交车站的棚子。狄龙说："社会分化是很明显的，而且，只要把地下系统奉为神，社会分化就会加剧。"

城市发展服从格雷欣法则。如果没有来自上等的竞争，二等的会好很多。向街面之外发展的城市有理由使正常的街面不如以前那么有吸引力。地上层 205 和地下层为了保护它们日益增长的投资，朝着减少地面层门面的方向发展，最有效的方式是用空白的墙壁把它们封闭起来，现在这样做不是无意的，而是刻意安排的。

减少地面层门面的做法已经在明尼阿波利斯发生了。在一个不短的时期里，天桥补充了活跃的街面。明尼阿波利斯曾经很为它的沿着尼科莱特大街的步行广场骄傲。IDS 中心的水晶宫是透明的，它的街面空间的确是人们常常用来会面的地方。然而，随着天桥系统的增长，街面层的城市设计越来越不适宜。街面以上系统的最新连接建筑是市政中心，它通过第 2 层的走道与两个百货公司连接了起来。在此之下，大部分街景都是空空如也的墙壁。

加拿大的温尼伯是城市发展服从格雷欣法则的另一个例子。温尼伯市中心的核心部分是一个地下商城和地下通道。我们以为，天气不好人们会使用那个地下商场和地下通道。然而，人们很耐寒，甚至在最冷的天气里，一些人依然坚持在人行道上走，为了让人们走地下通道，温尼伯市在人行道上竖起了路障。路障当然增加了人们在街面上行走的困难，这样，人们只能去走地下通道。选择在路面过街的人减少了，而那些坚持在路面过街的人会收到警察的罚单。

人们越是习惯使用非地面的通行系统，街面上就越萧条。**人们甚至喜欢上了非地面的通行系统**。如果街面失去了吸引力，人们就不再使用街面。人们会遗忘掉地面上曾经的生活，在达拉斯，人们甚至说，街头生活可能不适合他们的城市。所以，他们选择了地下通道和天桥。**就像色拉柜里的蓝色奶酪酱一样，一旦我们习惯了食品添加剂，我们就再也尝不到食品的纯正味道了。**

第十四章　巨型建筑

巨型建筑是离开街面的最终表达，如底特律的"复兴中心"和亚特兰大的"欧姆尼国际"。这些巨型建筑把写字楼、商店、酒店、车库结合在一起，用水泥和玻璃把它们围合起来，形成多功能的巨型建筑。这类巨型建筑的明显特征是自我封闭。这些巨型建筑一般采取独立于市中心的办法来避开市中心，而且在它们的设计上就是这么表达的。巨型建筑有它自己的内部环境，以及它自己的维持系统，不顺从大街，最有可能的办法是从街道系统中拆分出来，这样，这种巨型建筑设计上有多大就建多大。它们的围合起来的墙壁是没有窗户的，它们用空白的墙壁对着城市。

比较小的城市特别容易受到这种巨型建筑的伤害。这种巨型建筑最接近郊区购物中心，最强烈地感受到郊区购物中心的竞争。这种巨型建筑用郊区购物中心自己的队伍来与它们对抗：要它们的主要竞争对手到城里来，将主要竞争对手的收益衰退改变为新的收益增长。所以，它们合作。主要竞争对手欢迎封闭的购物中心，青睐离开大街，巨型建筑让常规的大街不像以前那样吸引人，从而推动对巨型建筑的使用。

巨型建筑的服务对象是那些有小汽车的人。实际上，巨型建筑是高速公路文化的一种延伸。它们提供了去市中心的道路，它们也提供了一个几乎封闭起来的回路，与市中心隔绝开来。**在"休斯敦中心"，我们可以直接把车从高速公路开进这个中心的车库，通过天桥，进入这个中心的一幢大楼，去工作、购物、吃午餐，再去工作，然后，去车库，驱车回家，脚完全没有踏上休斯敦的土地。**

底特律：短程快速载客交通工具和巨型建筑。

为什么？为了节省车辆入口，公路下边的街道立面上什么也没有，唯一有活动的就是一个不用下车的银行。我们应该注意到，这个项目的建筑商——东得克萨斯公司得出了结论，与街面分开是一个不好的想法。他们希望这个项目在未来的扩张中要包括鲜活的街道空间。

把巨型建筑设计得类似堡垒并不是偶然的，而是有思想基础的。"它们看上去有点可怕，不过，这是有道理的。客观事实是，我们并不打算把中产阶级的顾客引回到老城市里，除非我们可以向他们承诺，市中心是安全的。"

要想拯救城市就得避开城市。这样，郊区购物中心从精神上以及从形式上被移植到了市中心，保安等级上升到 N 度。保安和电子监控系统布满了这些巨型建筑。入口没有几个，设计明显是防御性的。底特律的"复兴中心"面向底特律，有一个大型的水泥路障守护着入口。我很奇怪它为什么没有建吊桥。不过，信息是明明白白的。害怕底特律？请进，巨型建筑是安全的。

208　　　巨型建筑与会展中心、体育场馆、大卖场有缘。这些设施都是面向游客的，他们通过天桥和地下通道进入一个封闭的回路中。这样，有些美国城市成了两个城市：游客的城市和常规的城市。两个之间没有太多的交织。正如会展中心的专家所说，游客的城市和常规的城市几乎没有混合。

这些氛围很乏味，甚至支持者也承认有某种东西丢失了。大街就是正在丢失的东西，为了填充整个真空，有些经营者正在复制大街。例如华盛顿特区外的"白火石商城"就装饰成乔治敦格调的大街。再向前走一步就是主题设施，让人们感受城市，却完全没有危险。我看到过一个设想，用多媒体在巨型建筑里营造出城市大街的特征，如使用幻灯投影营造光鲜的城市视觉形象，使用高保真磁带播放城市街头的声响以及出租车司机的打趣等。让街头艺人在人行通道里表演，就像他们在大街上表演一样。还会有一个女乞丐在那里游荡。

巨型建筑给我们提出了私有化的问题。购物中心在筛选人。在郊区的购物中心里，把筛选人看作一种有价值的事情。排除掉不希望存在的人，购物中心的保安给常规顾客提供了更安全和愉悦的环境。购物中心是面向大众的，但是，并不是面向所有的大众。

郊区购物中心还包括了自我筛选的因素。因为只有驱车才能进入郊区购物中心，没有小汽车的人不太可能去那儿。他们可以乘公交车去，但是，公交车是有时间的。（如果他们乘公交车来郊区购物中心，他们可能不那么有宾至如归的感受。新泽西有一个购物中心，在上下公交车的地方，没有躲雨遮阳的地方，没有地方可以落座。）

人们的确把购物中心当成新的城市中心来建设。但是，购物中心不是新的城市中心。购物中心也许是中心，可是，它们不是城市的中心。购物中心拒绝了真正城市中心的许多活动。购物中心谈不上拥抱来宾，实际上，它们没有那么大的胸怀，它们不能容忍在购物中心里争执、做演讲、发传单、做即兴演奏和表演或行为古怪，不管是否有恶意。

虽然这些购物中心追求成为城市中心，然而，它们不能拥有城镇中心的全部功能。[①] 购物中心这样做究竟是合法的还是不合法的是另外一个问题。

---

① 郊区购物中心并不是新城镇中心。它们没有城镇中心的许多活动：做演讲、争执、发传单、即兴演奏和表演或行为古怪，包括什么都不买的闲逛。

法庭对此没有得出最终的结论。有些法庭宣称，购物中心事实上是公共场所，购物中心不应该剥夺《第一修正案》赋予公民的自由讲演权。其他一些规则都是支持购物中心的。法庭似乎倾向于支持《第一修正案》所赋予公民的权利。

随着把购物中心移到市中心，私有化的问题已经变得更明晰了。从历史上讲，城市中心容忍所有人。一个一无所有的人，城市中心是他的最后一个避难所。市中心可能对老人特别重要。虽然老人们可能并不住城市中心里，但是，城市中心的那些聚会场所可能是老人的关键目的地。

市中心购物广场的业主们并不喜欢那些他们不能容忍的人或行为。购物中心有些管理措施很明显地体现了业主们的好恶。保安关注那些不是顾客的人使用长凳的时间，一旦时间长了，他们会要求他们离开。年纪大的人为了保护自己会摆出一副来这里购物的样子。例如，一些人会拿一个用来购物的包（仅仅一个包；如果拿了更多的包，越过了习惯的界限，可能被人认为是乞丐）。

青少年是购物中心的一大麻烦。郊区的购物中心是青少年喜欢玩耍的地方，那里已经成了他们的游戏场所。然而，在城里，青少年更是异己分子，尤其是背着旅行袋的那些青少年。保安严密监控着他们。保安还紧紧盯着酒鬼或看上去像酒鬼的那些人。购物中心还采用一些先发制人的措施，如很短的长凳，让酒鬼无法躺在上边。购物中心的管理者声称，他们这样做是为了减少顾客的麻烦，但是，没有那些措施，顾客似乎更轻松一些。加拿大一个城市的市中心购物广场把当地的一个演员当作酒鬼赶出了那个购物中心。实际上，人们很喜欢他，把他当作市中心的一种标志，所以，他们认为购物中心的人太无情。

在多伦多的伊顿购物中心，警察给那些行为不端的人发罚款单，罚款金额为 53 加元。仅 1985 年一年，伊顿购物中心的警察就驱赶了大约 3 万人次。大部分是无家可归者、青少年和其他"不受欢迎的人"。在一个案例中，被驱赶的人胜诉。法庭下令，虽然地下通道是伊顿购物中心的财产，但是，它没

210

有权利控制人们使用那个地下通道。

甚至一般百姓有时也会惹麻烦。在公共场所照相是一个很常见的活动，但是，出于某种理由，照相会让购物中心的管理者不安。对我来讲，拍照总是有危险的。我发现，甚至一个小小的奥林巴斯照相机也会马上引来一个不快的保安。

值得一提的是，有些业主还是很慷慨的。纽约的花旗银行就是一例。这样一个精明的业主，它显然是很热情的。它一直都在给乞丐和那些喜欢在那儿落座、聊天或看报的人提供桌椅。所有的行人都可以使用大楼里的厕所，它雇人打扫卫生。花旗银行容忍不是到银行来办事的人，容忍那些行为举止怪异的人。一个大胡子乞丐把住楼梯的顶端当作他休息的地方。

纽约 IBM 室内花园也是另一个很好的例子。有些执行官担心这个花园会引来不速之客。的确如此。我用延时摄影机记录了那个室内花园的日常，我发现每天早上 9:30，就有一个无家可归的年轻妇女出现。她会在那儿逗留一个小时或稍多一点时间。对于保安的戏弄，她会诅咒，然后离开。这件事成了人们谈论这个地方的一个戏剧性的经历。无家可归的人从来都没有几个，顾客才是一个形形色色的群体，行为得体，尤其是在处理垃圾的问题上可以看出来。那里的保安很和蔼，以业主的态度对待室内花园和花园的客人。

这种氛围很罕见，应该成为一种规则。总之，业主们因为提供公共空间而从地方政府那里得到了这种或那种形式的优惠，减税、增加建筑面积、撤销建筑退红的规则等等。反过来，市政府应该要求它们真正为公众提供公共空间。

不应该因为物业业主的变更而对当初的承诺食言。明尼阿波利斯 IDS 中心的水晶宫就是有关这个问题的一个案例。正确地讲，水晶宫作为室内空间得到赞誉，是一个真正的中心。我在有关城市空间的社会生活的影片中展示了水晶宫如何宜人，老人们坐在那个室内空间里，他们并不买任何东西，只是在那里寒暄聊天，没有人责难他们。

在我拍完这个影片不久，水晶宫有了新的业主。他们把那里可以落座的

明尼阿波利斯 IDS 中心的水晶宫是美国最好的室内空间之一，由伯奇（John Burgee）和约翰逊设计。那里宾至如归，有很多公共座位，谁都可以使用，包括不那么富裕的老人。

213

现在，水晶宫里再也没有那些座位了。新的业主拆除了那些公共座位。

地方都拆除了。

内部公共空间成败的关键是那个内部公共空间与大街的关系。人们总是拿著名的米兰拱廊商街说事，其实，"拱廊"这个名字是借来的，用到与"拱廊"无关的空间。实际上，这个米兰拱廊商街是米兰若干条街和空间的延伸，地处米兰大教堂和米兰拉斯卡拉歌剧院之间，确实是一个货真价实的商业要地。米兰拱廊商街覆盖着屋顶，但是，它不是一个封闭的空间，它有四个出入口。沿街都是商店和咖啡馆。这个地方成了米兰活跃的交叉路口，而不孤立于米兰。

美国所有使用得当的室内空间几乎无一例外都与室外有着紧密的视觉联系。我们可以从那些内部空间里看到大街和其他的建筑，我们也可以从室外看到内部空间里所发生的。室内是室外的一部分，而室外也是室内的一部分。建筑师弗兰岑在菲利普·莫里斯大厦里设计的惠特尼雕塑花园就是一个很好的样板。它面向第四大街和公园大道的面都有很大的窗户。我们可以确切地知道我们在哪里：对面就是中央车站。从外边看里边的惠特尼雕塑花园也是很特别的，那些神奇的物件是什么？那些人都在干什么？敞开的玻璃大门邀请我们进去。

IBM 花园也沿着大街开放，因为设计得当，下午可以获得很多的阳光。美国有两个最好的拱廊商业街，克利夫兰拱廊商业街（1888）和普罗维登斯拱廊商业街（1832）都是楷模，它们都有一个中央空间，贯穿整个街段，从一条街到另一条街，首尾两条街遥遥相对。我们从这种拱廊商业街内部的任何一个地方都可以对整个商业街形成一个总体印象。

但是，在一个巨型建筑里，我们是做不到这一点的。那里的主要因素都让我们迷失方向，与建筑外部几乎没有或完全没有视觉联系，镜像的走廊布局让人失去方位的线索，缺少清晰的方向性。直到最近，底特律的复兴中心还是这方面公认的典型。常去那儿的人一起交流他们如何在复兴中心走丢、如何搞错了听众、如何不知身在何时何处的经历。

214

波士顿的"老佛爷"是一幢酒店和百货公司的综合体，是一个较新的巨型建筑案例。从街面高程，我们看不到这幢大楼的入口，街面层主要是停车场，实际上，地面层之上的入口也看不到。这幢建筑面对大街的立面就是一堵空白的墙壁。主要通道是环形的——你可以围着它走两圈或更多圈，直到你意识到你还在最初的位置。

当单体巨型建筑让我们迷失了方向，那么，面对由若干单体巨型建筑组成的整个市中心，对我们来讲会发生什么呢？洛杉矶正在找出路。它的市政府打算把市中心还原成原先的样子，那种在20世纪20年代拍摄下来的电影画面中看到的洛杉矶。当时，洛杉矶的市中心是紧凑的，零售店鳞次栉比，有很优秀的公交车站，因为全年气候都很宜人，所以，那里一年四季都可以展开街头活动。

过去的一些元素已经重新在洛杉矶出现了。洛杉矶的比尔特莫尔酒店就是一个样板，清晰、易于穿行，它最初的楼层平面布置就是完整的。（电梯在墙里是它的另外一个新特征。）洛杉矶的奥维雅特大厦得到了恢复，改造成为一座写字楼。

这些建筑给大街添彩。然而，大部分这类开发活动没有给大街带来什么光彩。它们采取了另一个开发方向，它们让建筑脱离大街和街头生活而孤立起来，脸朝里，对着大街的立面不过是一面空白的墙壁而已。总之，它们拒绝了洛杉矶、洛杉矶的气候和场地优势。

大街渐渐地被抛弃了。旧城的核心还是传统的，商贾沿街一字排开。一个新的元素就是百老汇商城，一个大型建筑——由停车场包围着——包括一个百货公司和一家酒店。它本身一直是成功的。但是，它没有影响邻里，它用墙壁面对它们。

隔着几个街段就是大西洋富田广场，那是一幢办公和购物合一的大厦。大厦的街面层是一个大广场和雕塑。但是，我们看不到商店或餐馆。其实，那里有很多商店和餐馆，但都在地下层里。

洛杉矶的博纳旺蒂尔酒店。在拍这张照片时，朝着街的立面上是没有窗户的，后来，业主在上面开了一扇窗户。

通过天桥，我们可以去波特曼（John Portman）设计的博纳旺蒂尔大厦。博纳旺蒂尔大厦由五座圆柱形建筑组成，这五座建筑建在一个街面高程上的巨大的钢筋水泥板块上，它相当于 8 层楼高。在街面高程以下，有许多层店铺，它们的店面当然都是朝里的。这块巨大的钢筋水泥板块的最初设计方案是临街立面不开窗口。后来虽然开了窗，但是临街立面仍然还是一面空白的墙壁。

博纳旺蒂尔大厦也是让人失去方向的明显例子。它从开张那天起，就让无数的人迷失方向，它的布局如此复杂，所以，首先要让人们辨认清楚方向。216

为了解决方向不清的问题，威斯汀酒店为顾客编制了方向说明，分发给顾客。这里不妨引述如下：

洛杉矶博纳旺蒂尔大厦，威斯汀酒店，欢迎各位光临洛杉矶市中心。

美国的许多最精美的和最新颖的酒店建筑要归功于著名的建筑师波特曼。许多人觉得博纳旺蒂尔大厦是这个建筑师的骄傲。建筑美一直都是波特曼在设计酒店建筑时的重点，博纳旺蒂尔大厦也不例外。

第一次来博纳旺蒂尔大厦时，这个酒店的布局可能让你摸不着头脑。如果了解了这个酒店的若干提示，这种感觉就会很容易消失掉，这个提示可以帮助你在这个酒店的五座玻璃塔楼的客房和矩形大堂里穿行。

当你面对前台时，上边一层左手边就是菲格罗亚街。大堂右手边就是花街，它与大堂在一层上。所有的公交车车站都在花街上。

每一幢塔楼的玻璃电梯上都有很大的彩色点标示着，同时还有垂直的条幅作为标示。前台在给你房间钥匙的同时会给你一张示意图，这张示意图显示了每一幢塔楼的房间布局。

走出电梯时，客房号方向标示是清晰可见的。不要去刻意记住出了电梯是向左转还是向右转，请每次都注意看标示，那样，就不会走失了。每一部电梯都会把我们送到我们的房间。

除了加利福尼亚舞厅和卡塔利娜舞厅外，所有的聚会大厅都在大堂层，在电梯的黄色地带之后。

大堂层可以认为是第1层。花街在大堂层。大堂的上一层是第2层，可以找到菲格罗亚街入口、加利福尼亚舞厅和一些商店，包括报亭。各种各样的零售商店，从出售花卉的到出售皮毛的，可以在2层—6层找到。

只有乘坐金黄色标示的电梯才能到达楼顶餐馆和酒吧。这两个餐馆和酒吧设施都布置在中间那座塔楼的楼顶上，中间那座塔楼比其他四座塔楼都高。

20 英里以外，人们付出不少钱，在迪士尼乐园里去逛传统式样的大街，那里商铺、咖啡馆、门和窗沿街排开。

在洛杉矶的市中心，人们肯定找不到这种老式的商业街。现在，这种街正在衰退，下一步就是把行人都消除掉。正如达拉斯，给行人降格被认为是行人的解放。在一个大型设计竞赛中，洛杉矶要求参赛者设计一种分层的行人专用通道方案。架空的人行道、悬臂式的自动步行道、单轨客车、2 层和 3 层的纵横交错的管道，这样，市中心就与非常现代的机场很相像了。

然而，有一个问题很少有方案考虑到。应该有这样一种分层的行人专用通道吗？很多年前的规划文献评论显示，这种分层的想法可以追溯到很远的时期，它可能销声匿迹了几十年，当人们遗忘了它原先的失败，它又冒了出来，反反复复。

让我们回到建筑环境问题上。问题不是巨型建筑本身如何不好。当一个巨型建筑面对一个旧的建筑环境时，巨型建筑可以令人目眩。巨型建筑的内部肯定很诱人，鸡尾酒柜、透明的电梯、楼顶上的旋转酒吧，无论个人喜欢还是不喜欢，反正许多人是喜欢它们的。没有任何法律规定，建筑物的外表必须粗糙。波特曼设计的旧金山的凯悦大酒店布局很清晰，一个大三角形，很好地利用了滨水的环境背景。

建筑环境是问题的症结。巨型建筑一般会采取一扫而光的方式来对待市中心。它们不是去保留它们周边的一个个元素，巨型建筑促进类似的开发，这样，巨型建筑就清除掉了周围建筑环境的特征。

综合体从它们周围的建筑环境里衍生出城市特征来。纽约的花旗银行大厦就是一例。花旗银行大厦本来是有可能建成一个郊区购物中心的。但是，它没有那样做。城市的基本元素环绕着花旗银行大厦，新旧建筑很有生气地混合在一起，有吸引力的店铺、廉价商店、爱尔兰酒吧、花店和花里胡哨、热热闹闹的报亭、小吃柜台，其实，第五十三街和列克星敦大道正是纽约最拥挤的地方之一。

品位不佳的建筑可能成为一个不错的衬托。哈温俱乐部和沙赫特牛排馆原先就在西格拉姆大厦的广场对面，当时，西格拉姆大厦也没有看上去更好。只有当它们不在了，我们才欣赏起它们来。就花旗银行大厦来讲，周围建筑环境对这个高技术大厦不错。有些人说，最糟糕的事情就是再建一个花旗银行。很不幸，这件事言中了，就在街对面，竖起了另一幢写字楼。大量的褐

第五十三街和列克星敦大道交会处，新建筑从老建筑那里获得了空间感——直到老建筑被拆除。

砂石建筑被清除掉了，更多的写字楼拔地而起。然后，在第五十三街和列克星敦大道交叉处，建设起了一个非常巨大的写字楼以及一个带有斜角的开放空间，那里曾经是一个角落。

结果那儿差不多成了一个办公园区。由于那里实施的分区规划规定不许留下空白的墙壁，所以，开发商必须开发一些街面层的零售设施。那里还是一个步行区，但是，某种有价值的东西丢失了。这些有价值的东西是新与旧的混合、连续性的意义、与一个历史性大街的联系。如果这个新的写字楼真的保留了新与旧的混合，保持了连续性，保留了与一个具有历史性的大街的联系，那么，这个新建筑一定很不错。但是，事情恰恰不是这样的。

218

房地产商人会很快地宣传新建筑本身。甚至就在他们正在摧毁周围建筑环境时，他们也会声称它的周围建筑环境优美。① 在为东五十街地区非常高

对花旗银行大厦产生负面影响的会是跟花旗银行大厦类似的建筑。

---

① 如果我们想知道即将兴起的新特色，请查看新开发项目的名字。那个名字一般就是那个项目会摧毁的东西。

249

的写字楼和公寓大楼做广告时，房地产商都是拿那里的低层建筑作为那个地区的建筑环境特征。用褐砂石建筑或饰面的房屋是房地产商青睐的广告画面，海龟湾花园的排房，通往阿姆斯特院的栅栏和胡同，也是房地产商在销售时对客户津津乐道的建筑环境。我住在约克维尔区，高大的建筑遮了那些矮建筑的阳光，但是，高大的建筑与那条大街对面的那些有太平梯的五层楼建筑有着依附关系。尽管那些小商店勉强在那个地方经营，但是，那些老建筑里住着的人的确离不开它们，它们让那些街段充满生气，当然，大部分商店和咖啡馆一直都在陆续搬走。

　　巨型建筑的内部有某种东西会拖住人们，不让他们离开那些巨型建筑。一些人设想，巨型建筑里的零售商店会推动整个市中心的商业繁荣。其实，事情很少会是那样的。那些巨型建筑常常是降低了整个市中心地区的商业竞争而不是刺激了那里的竞争。斯坦福购物中心一直都是如此包罗万象，所以，在它周边的许多地方小店生意难以为继。斯坦福市的首席规划师史密斯（Jon Smith）曾经说："我们所面临的最大规划挑战是如何把已经进入这个购物中

万豪侯爵夫人酒店百老汇入口，由建筑师波特曼设计，通往卸货区。

好几代年轻人都喜欢在比尔特莫尔酒店的这个大钟下聚会。（现在，那里是美国银行广场。）尽管这面钟还在那儿，可是，钟下面现在成了前台。

心的人带出那个购物中心。"

　　许多城市一直都在声称，它们要抛弃郊区购物中心模式。奥克兰就是一个。奥克兰有两个购物中心，都是以街为导向的。主管开发的领导人威廉斯（George Williams）说："我们不让那些住在城里的人去那些他们不认识的地方。我们要让我们的市中心成为以街为导向的市中心。"杰克·伦敦滨水购物广场看上去是一个综合体，但是，它没有采取中庭的建筑形式。人们是走在大街上的。

　　旧的巨型建筑正在开始看上去像块化石。购物中心兴许运行得不错，但是，老式的混合使用的巨型建筑已经有了麻烦，有些已经接近破产。**为那些讨厌城市的人仿制城市归根结底不是一个很有理智的想法。**人们喜爱真实的东西，喜欢在市场经受了检验的东西。波士顿的法纳尔大会堂市场是美国最成功的零售方案，它与巨型建筑相反。城市大街穿过法纳尔大会堂市场，法纳尔大会堂市场是敞开的，暴露的，甚至没有空调和供暖。而且，我们知道我们身处何方。

"身处何方"是巨型建筑不能回答上来的问题。巨型建筑从它们的周围借来了空间感，但是，它们没有把它们周围的氛围带进巨型建筑里。这是什么地方？什么时候？是晚上还是白天？是春天还是冬天？我们看不到巨型建筑外边的世界。我们也不知道我们究竟在哪座城市，或者，我们根本就不知道我们是不是在一座城市里。也许我们是在机场或一个新的中转站。我们可能在西海岸，也可能在东海岸。我们可能是在外国。背景音乐没有给我们提供线索。什么地方的音乐都一样。什么地方都一样。我们身处同样的受到控制的建筑环境中。

巨型建筑正在过时，而且它们产生的后果非常糟糕。过时的交通方式一般会暴露出它的弊端，巨型建筑可能同样也会暴露出它的弊端。巨型建筑是登峰造极的高速公路时代走下坡路的最后表达。巨型建筑是留给未来的一种恶劣的模式。

第十五章　空白的墙壁

空白的墙壁正在成为美国城镇景观的一大特征。我是在 20 世纪 70 年代后期注意到这一现象的。当时我正在查看我旅行中拍下的照片，空白的墙壁很抢眼，让我想起，我曾经非常青睐有着空白的墙壁的那些建筑。巨型建筑空白的墙壁最显眼，当然，空白的墙壁还有许多其他的例子，它们在照片上都是最亮的部分，硬挺的垂直，清晰的水平，蔓延开来的墙壁上没有任何可以挑剔的细节，仅仅是纯粹的白色空间，像建筑模型似的。

从那以后，我对各种各样的空白的墙壁做了分类，追踪它们的起源，如果可能的话，追踪它们在市中心的效果。我不会假装中立。我认为空白的墙壁在城市里产生了负面效果。可是，在跨过比较新的和比较大的空白的墙壁，即跨过那些不仅在绝对尺度而且在街景上留下很大印记的墙壁时，我得到了一种反常的快感，我必须承认这一点。

我甚至还有了计算空白的墙壁指标的想法。计算空白的墙壁占整个墙壁长度的百分比，这个墙壁高度以 30 英尺计算。如果我们计算出一个市中心的所有空白的墙壁，我们就可以大体知道全部美国城市的空白的墙壁的比例。工作量不小。不一定非要计算出这个数字来。实际上，哪些城市会名列前茅是很显然的。

这里讨论的空白的墙壁不是那些因为相邻建筑拆除而无意之中留下的没有覆盖起来的墙壁。这里讨论的空白的墙壁是那些在设计上就是空白的墙壁。它们传达了一个信息。它们宣布不信任这个城市，不信任这个城市的大街，不信任这城里不受欢迎的人。

223

世界上最高的空白的墙壁：纽约市的摩天大楼 AT&T 长线大厦。

中小城市最容易受到空白的墙壁的影响。大城市肯定是有空白的墙壁的，例如纽约，就有世界上最大的空白的墙壁，旧金山有最粗野的空白的墙壁。然而，如果谁真建立了一个空白的墙壁指标，那么，最大比例的空白的墙壁会出现在比较小的城市。区域购物中心最直接地影响到那些比较小的城市，它们最容易屈服，采取不想失败所以干脆合作的态度。市政领导可能完全是郊区的，不说精神上就是郊区的，至少住在郊区，后辈甚至更为郊区化。所以，没有几个人还记得人声鼎沸的市中心是个什么样子。他们经历过的中心就是郊区购物中心的中庭。建筑师和购物中心的顾客的经历一样。

最主要的基本模式就是郊区购物中心。走出高速公路枢纽，空白的墙壁是有作用的。它提供了更多的货架空间，没有橱窗不是一个问题。当人们驱车而来时，他们就已经决定要来购物中心了。不需要诱惑，根本就没有过客。

现在，这种郊区购物中心正在被搬进市中心。市中心是有过客的，有相邻的建筑和大街。但是，郊区购物中心的形式几乎没有变化。每一件事都内部化了，就像郊区购物中心那样，很少或根本就没有窗户。主要差别是停车场。这些市中心的购物中心的停车场是多层的地下停车场，而郊区购物中心可以有巨大的地面停车场。有些购物中心增加了更多的空白的墙壁，但是，有些墙上的数字有很好的简单的几何形状，看上去比它们所服务的建筑要好看。

会展中心是带来空白的墙壁的另一种建筑形式。它们在大城市是很大的。它们在小城市同样很大，占据两三个街段的巨大钢筋混凝土建筑几乎没有窗户。会展中心专家说，这种封闭起来的建筑形式是会展中心所需要的建筑形式，否则，会展中心会"泄漏天机"或"受到污染"。也就是说，不与其他的东西混合在一起。所以，紧密地封闭起来。有些专家会锁定来到会展中心的人一整天。

这种分离运转着。我绘制过紧靠购物中心或会展中心的公共空间里行人的活动图表，我很惊讶地发现，究竟里边发生了什么和外边发生了什么，二者之间几乎没有什么关系。在购物中心或会展中心里可能有成千上万的人，

224

255

新泽西的贵格桥购物中心1号公路，空白的墙壁在那里是起作用的。

但是，相邻的人行道上和长凳上的人却屈指可数。

在一些地方，这种分离是明显的，在正常城市生活和会展中心的活动之间尤为如此。在会展中心里，与会的人几乎走的是一个封闭的回路，乘坐班车，从酒店到会展中心，然后，再回到酒店。陪他们来参会的则去逛商店，他们分别展开自己的活动。从整体上看，与会者和当地的人之间几乎没有交集。到了晚上，这种分离完成了。大街宁静下来。大部分餐馆打烊了。办公的人都回家了。唯一活跃的地方在酒店的中庭里，与会者与其他与会者待在一起。

巨型建筑让空白的墙壁得到了登峰造极的表现。正如我们在前一章所提到的那样，对巨型建筑来讲，空白的墙壁是必要的。巨型建筑必须认识到围绕它的城市对它构成的威胁，让自己避开那些危险。巨型建筑必须做到内松外紧，小心翼翼地把自己包裹起来，让外边看不到里边。一面空白的墙壁就可以达到此目标，空白的墙壁越大，越显而易见，它避开外部危险的功能表达得越纯粹。

然而，究竟为了谁呢？当危险出现时，大部分巨型建筑并不能很好地规避危险。因为到商城里来的人想用墙把他们自己围起来以避免危险，这种招揽顾客的承诺其实已经断然地被否定掉了。我们现在推测，巨型建筑在经济上的效益不错。不过，还有一个很大的问题需要回答：它们怎样影响着邻里以及整个市中心地区？

　　巨型建筑空白的墙壁一直都把它与它的邻里隔离开来。从这些毫无生气的高墙边走过。无论高墙里发生了什么，高墙外丝毫不受影响。在人行道上走的人寥寥无几，往前延伸几个街段，行人依然稀稀落落。没有商店，没有任何活动，空白的墙壁已经扼杀了可能出现的生机。

　　社会机构喜欢使用空白的墙壁，它们对此总有一种技术性的解释：需要 ²²⁶使用墙壁空间来满足计算机需要的温度和通风条件，满足采光需要，不受自然光线变化的影响。其实，这些并非建设空白的墙壁的真正原因。空白的墙壁的目的在它本身。**空白的墙壁展现了社会机构的权力、个人的卑微，如果空白的墙壁不是用来震慑人的话，它们明显意味着贬低个人的价值。站在华盛顿新 FBI 总部前面，我们连看上一眼都觉得有罪**。这个 FBI 总部的确看上去凶神恶煞的，但是，可笑的是，它自己才是真正容易受到伤害的，那里到处都有聪明人可以用来躲藏的隐蔽空间、死角和犄角旮旯。

　　权力和担心结合在一起。如果对那些社会机构的建筑设计做评判的话，我们可能想象到，那些社会机构的确觉得它们自己正在受到围攻。它们到处安装监控摄像头。它们用标志告诉我们该做这件事，不该做那件事。"这些车位供政府车辆使用。""下午 3:30 以后，谢绝入内。""禁止入内。"

　　有些设施使用空白的墙壁围合起来，如电话设施。当那些设施出现在市中心时，它们通常也背朝大街。如地处华尔街地区的 AT&T 长线大厦。这面空白的墙壁绝对是破纪录的，空白建筑立面的高度超出 40 层楼，肯定在世界上是绝无仅有的。在这面空白的墙壁的底座上建有一个非常小的告示"不要在此打球或玩飞盘"。

　　我们可以对空白的墙壁做点什么？与任何美好的东西相比，空白的墙壁都令人厌恶至极，例如，以一个不透明的黑色玻璃为背景，一个镀铬的消防栓看上去就很优美。**这些空白的墙壁简直是在呼唤某种东西能够替换它们，某种文明的涂鸦，"到此一游"之类的低俗标志。肯定不能这样做。这些建筑完全没有幽默可言。**

不同区域的空白的墙壁是不是有所不同呢？我拍下了全国上百面空白的墙壁，我用这些照片测试了人们的场所感。作为讨论空白的墙壁问题的一部分，我快速放了 60 张空白的墙壁的幻灯片。我没有按照地理区域来排序，而是以数目来排序。出于某种原因，观众觉得蛮有意思，但是，在涉及地理区域时，他们无言以对。有区域的线索吗？没有。包括我自己在内，至今还没有任何人可以识别出空白的墙壁的区域差别，或者说，没有任何人可以识别出空白的墙壁的任何一种真正差别。如果靠近那些墙壁，我们肯定可以看到某种差别，水平的、垂直的水泥纹路。但是，从远处看，墙上的不同消失了。

处理空白的墙壁的最好办法就是根除它们，或者，至少阻止它们再出现。具体办法就是填补那些空白的地方，或用某种东西去替代什么都没有的墙壁，尤其是街面上的零售店。

城里人有这个权益。**占有临街物业却使用空白的墙壁面对大街的业主不仅让他自己的临街部分死气沉沉，也打断了那个街段零售氛围的连续性。**商店之间是有聚集效应的，在生意上相互促进。让一段临街面光秃秃的，打断一个商店系列，受损的是那一段大街。

这一点在美洲大道上尤其明显。那些过去经营熟食店、酒吧和商店的地方现在变成了广场，临街大玻璃后边是银行的柜台。有一个这样的建筑就已经很糟糕了，当整条街的临街面接着临街面都是这样，那么，整条街都会变得很沉闷。这样，整个大街的商业氛围的确会丧失掉。那些建筑不再把物业租赁给各种各样的食品店，于是，食品店都缩进了大街下面的地下通道里。

如果让开发商自己决定的话，他们会乐于把第 1 层楼出租给大公司，这样，租金更多，而且没有什么麻烦。而且，开发商因为提供这样一些乏味的广场而得到了相当可观的建筑面积奖励。要求他们让那些临街物业繁荣起来似乎不为过。我们曾经支持制定一个条款，要求临街建筑立面至少要用50％从事零售业。有关广场的法规还有许多其他条款，所以，通过这个条款完全没有什么值得大惊小怪的。

在以后的5年里，没有什么轰轰烈烈的。重复这样一个判断，开发商是一个很务实的群体，一旦什么写进了分区规划，他们一般是会遵循的。按照常规，开发商是会开发临街零售店面的，零售物业的租金显然很高。当纽约对市中心区的分区规划规范进行大规模反省时，似乎打算要求，除入口外，要用100％的临街建筑立面来开发零售业。这个条款会从奖励式分区规划中分离出来。无论有没有奖励，用100％的临街建筑立面来开发零售业是强制性的。另外两个条件必须得到满足：商店必须从大街上进入，如果临街立面使用玻璃的话，那些玻璃一定要让人们可以看到里面。

这个条款不声不响地在纽约发挥着积极作用。有些店面比规划师希望的还要宽，规划师希望看到许多比较小的临街店面，20英尺至25英尺见宽，这样，店面开启数量会更多一些，形成一个很有特色的商业街。从总体上看，这个条款在纽约执行的效果不错。因为这些商店，大街的确活跃起来，而且也因为那些本来会出现的空白的墙壁没有再出现。

其他城市也正在按照这个精神做。华盛顿州贝尔维尤市现在要求在指定的大街上提供街面层的零售空间。旧金山虽然没有在零售区强行要求开发零售商店，但是，市政府在项目审查时会推动开发商去做这件事。丹佛政府在开发"第十六街商业街"时，给开发商提供额外的建筑面积奖励，只要他们把街面层用作零售商业店面。必须直接从大街上进入商店，大街上的人一定可以透过玻璃看到里边。没有一个城市禁止空白的墙壁本身，要求积极地利用空白的墙壁似乎更实际一些。（如果关注纽约市有关空白的墙壁的法规，请参见附录 B。）

有了管理空白的墙壁法规的城市会在这个问题上做得更好些，对于中小

228

城市来讲尤为如此，因为那里的开发商都有郊区购物中心的开发经历。在最近的一个城市中心开发项目中，开发商排除了在街面层开设商店的计划，只做一点象征性的标志。这个开发商的租赁代理告诉他，这种类型的零售不会选择城市中心。开发商的这个想法基本上不会成为现实，实际上，这个开发项目的设计排除了开发商的设想，而且按照规划委员会不成文的规定行事。

与空白的墙壁抗争并不容易，因为没人介意。人们没有为有或没有空白的墙壁去争论。人们常常不认为空白的墙壁是一个问题。空白的墙壁是逐渐多出来的。它们的出现另有原因，采用这种空白的墙壁有时还不错，把车辆与步行者、大街之外的通道分隔开来。按照目前的趋势看，空白的墙壁还不会消失，甚至那些最具有示范性的城市也不会不再多出空白的墙壁来。

如明尼苏达州的圣保罗，它是美国的空白的墙壁之都。我们不会希望圣保罗会成为空白的墙壁之都，实际上，圣保罗是最适合居住、有吸引力和友好的城市，它有美国最与时俱进和有效率的市长们，圣保罗下城区的改造是很符合人性的，而且有一条很不错的大街。圣保罗还有美国最完整的天桥系统之一，而且它可能是设计得最好的。

天桥系统正在付出高昂的代价。天桥让街面层冷清起来，这是格雷欣法则的一个明显例子。建设天桥与非法削减店面和橱窗大同小异，都产生了令人惊讶的后果。然而，认识到这种后果的人寥寥无几。人们在天桥上一个地段又一个地段地走，面对的都是空白的墙壁，与在街面上走的枯燥经历一样。偶尔会出现一个中断，很像车库墙上那种造成视觉错误的窗户。

圣保罗可能会展开一个城市更新项目，重新发现它抛弃掉的街面，这完全不是不着边际的预言。亚特兰大把它的老地下通道改造成一种旅游场所，西雅图也把它破陋的小巷改造成了旅游景点。实际上，商业街更重要，应该重新恢复那些已经面目全非的商业街。迪士尼乐园拿模拟的大街做买卖。实际上，城市真实的大街要比迪士尼模拟的大街好得多。真实的大街近在眼前。

第十六章　奖励式分区规划的兴起与衰落

　　奖励式分区规划的想法似乎很美好。开发商想尽他们所能在开发用地上扩大建筑面积。为什么不去利用他们的贪婪呢？规划师找到了一种方式。他们首先会缩小规划分区，减少对开发商可以开发建筑面积的限制，有条件地放宽分区规划的限制。只要开发商可以建设一个公共广场，或一个拱廊，或与此相当的公用设施，开发商便可以超出分区规划的限制。

　　执行奖励式分区规划，开发商得到了额外的建筑面积，公众得到了公用设施，按照原来的规划约束，公众可能得不到相应的公用设施。同时，市政府可以得到更多的房地产税，所有这些公共设施的建设不由公共财政支出，所以，这是一场双赢的游戏。

　　1961 年，纽约开始制定这种奖励式分区规划。在随后的 10 年里，奖励式分区规划实际运行了起来。在奖励式分区规划的推动下，纽约市中心新开发出来的开放空间总量超过了美国其他城市新建的开放空间之和。其他一些城市也效仿纽约的做法，实施了类似的奖励式分区规划。在此过程中，纽约的分区规划向着有弹性的、具体问题具体处理的方向推进，因此，纽约继续在城市规划管理方面独占鳌头。

　　如果真的因地制宜，具体问题具体处理，开发商会要求更大的奖励，许多富有想象力的分区规划律师会帮助开发商扫清障碍。规划师会通过发明新种类的奖励空间来展示出他们的智慧，如画廊、中庭、花园、横穿街段的通行区、覆盖起来的步行区、屋顶花园。人们可能会把这种分区规划称为"分区规划法令的转折"，或者，"纽约的复杂分区规划"。规划界弥漫着兴高采烈的情绪。

当时，人们对这种奖励式分区规划的前景应该是有所警戒的。实施有弹性的奖励式分区规划可能事与愿违。开发商很快会开发从来没有见过的巨大建筑，建筑造成的阴影会越来越多，阳光甚至都不会再眷顾大楼下的那些小街小巷，那里的人们期望不要再建设高层建筑了。然而，开发商会对严格的分区规划不满意。因为在一个确定的场地上，只有不断增加建筑面积，他们才能挣到钱。规划师会对弹性的分区规划不以为然。市民团体对这种奖励式分区规划最不满意。开发完成后市民团体才惊呼上当，他们会捶胸顿足，要求彻底检讨奖励式分区规划。

我打算在这一章里谈谈这段历史的来龙去脉和留下的教训。奖励式分区规划并不只是纽约有，但是，纽约树起的的确是一个糟糕的样板，所以，其他城市还很为它们没有完全学习纽约而骄傲。不过，纽约执行奖励式分区规划取得的经验教训正反两方面都有，那些现在正在开始采用奖励式分区规划的城市可能要小心翼翼了。

让我们先看看奖励式分区规划的雏形。最早的分区规划是从采光开始的。18世纪，巴黎的建筑高度以街道宽度的倍数来决定，街道越窄，沿街的建筑就越矮，反之，街道越宽，沿街的建筑就越高。1916年，纽约开始实施分区规划制度，那时的分区规划沿用了上述原则。1916年前后建设起来的公正大厦是不遵循这种分区规划原则的标志。公正大厦的分区规划要求向上建设的建筑物必须与一个曝光面相吻合。与一个曝光面相吻合便会产生一个特殊的角度，让光线可以沿着这个角度照射到大街上来，对狭窄的街道，光线沿特定角度照射到大街上来的效果很明显，而对于比较宽的街道这种效果就不那么明显。如果一个建筑在它的较低部位上有了足够的梯阶形后退，那么，这个建筑可以向上生长很大一截。许多建筑都是这样设计的，帝国大厦和克莱斯勒大厦最为明显。但是，比较常见的建筑是"庙塔"，仿佛是小方盒子叠在大盒子上，一层一层地搭建起来。

20世纪50年代，纽约全面修正分区规划的需要已经显露出来。自从纽约实施分区规划以来，它的分区规划已经积累了 2 500 个破例的个案。在这个过程中，建筑开发规模已经倍增。更重要的是纽约的分区规划对建筑密度太宽容了。改革团体传阅的画面揭示了这种宽容的可怕后果。如果纽约的建筑继续沿着合法限度开发，纽约本身就会变成一堆大楼。显然，限制或减少一些地区的建筑密度势在必行。

分区规划的标志：公正大厦。它在 1916 年成为纽约实施分区规划的起点。

规划师同样这样认为，在他们提议的新的标准中，他们大规模减小了可

231　以允许的建筑密度。他们通过提高容积率的办法达到减小建筑密度的目的。
容积率是开发商的建设地块面积与允许开发商建设的建筑面积之比。对于商
业区来讲，容积率为 15。这个容积率意味着开发商可以开发的建筑面积是他
用来开发的地块面积的 15 倍。开发商可以平铺也可以向上设计他们的建筑，
建设大楼当然可以占用较少的开发场地。

　　这里没有涉及建筑高度的限度。然而，容积率实际上包括了建筑的高度
限制。当大楼不断向上生长时，它会越来越不经济。对于大部分写字楼场地

232　的规模而言，在实施容积率 15 的标准时，建筑物高度大体限制在 30 层—
32 层。

　　通过排除旧分区规划"天空为界"的规定，容积率限制了纽约市建筑开
发的体量。不过，规定容积率并不是有意限制开发商。容积率 15 意味着很大

布鲁克林普拉特学院的波特（Brent Porter）教授开发了一种简便易行的阳光研究
方法。他把一组模型放在阳光下，然后，把一天里每小时建筑阴影的倾斜角度做
出记号。这样，这些模型定向地投下的阴影其实就是实际建筑物投下的阴影。

的建筑量。纽约的开发商在场地有限的条件下，通过设计，很好地使用规定的容积率，开发了大量建筑。第二次世界大战以后建设的都是中等规模的写字楼。

当时实施新的分区规划是有好处的。为了让开发商支持这种新的分区规划，规划师拿出了奖励。这种分区规划奖励首先运用到广场。规划师们已经对那时刚刚建成的西格拉姆大厦留下了深刻印象。西格拉姆大厦很漂亮，产生了许多空间和光照，使一个笔直的大楼有可能比旧的缩进的建筑更优美一些。为了敦促开发商提供相应的空间，分区规划拿出了一个交易方案：开发商每提供 1 平方英尺广场空间可以增加 10 平方英尺写字楼空间。按照这个奖励标准，写字楼的整个建筑面积可以提高 20%，容积率则从 15 上升至 18。不仅如此，这个奖励还可以作为一种权利，只要开发商服从这个分区规划的各项指南，他们的规划设计肯定会得到批准，不需要专门的审核或批准。

总而言之，这种新的分区规划标准是很有吸引力的，开发商喜欢它。但是，毫不奇怪，开发商对这个新的分区规划依然有反对意见，不过，这个优惠奖励还是足够从开发商那里得到一个相当勉强的支持。

当时不乏持怀疑态度的人。个案不会对这个规则提出疑问吗？如果认为容积率 15 是恰当的上限，那么，超出容积率 15 的上限也是恰当的吗？规划师觉得答案涉及补偿。他们认为，额外增加的建筑密度的确不足以补偿开发商提供的公共空间。

当时，其他人同样如此认为。民间团体认为，1961 年的分区规划制度的确向前迈出了一大步，他们不打算对理论问题说三道四。开发商一样。所有各方都接受了奖励式分区规划，当时，奖励式分区规划呈现出光明的前景。

这种奖励带来的基本上是令人尴尬的成功。在随后的 10 年里，开发商无一例外地在建设写字楼时得到了建设广场的好处。在 1961 年至 1973 年期间，纽约以这种分区规划的办法建设了大约 110 万平方英尺的新的开放空间，这个数字超出了美国其他城市那个时期建设的开放空间的总和。

这个结果应该被看成一个警报。一个建筑很快就出租完毕，在这种情况

233

下，房地产商认为他们可能把房租定得太低了。纽约市规划委员会可能得出这样的结论，它低估了奖励的价值。开发商从奖励式分区规划中得到了很大好处，这一点似乎是明摆着的。一些人怀疑官商勾结。

在以后对奖励式分区规划进行的成本效益分析中，凯登（Jerold S. Kayden）计算了 1961 年至 1973 年期间广场的建设成本。计算出来的建设成本是 3 820 278 美元。开发商通过这个成本而得到的回报是 7 640 556 平方英尺的额外商业空间。保守地估计，当时纽约写字楼每平方英尺的平均纯房地产价值为 23.87 美元，凯登计算出来的奖励价值为 186 199 350 美元。换句话说，开发商在广场上投入 1 美元可以得到 48 美元价值的额外商业空间。

在许多案例中，开发商的收益更大。许多开发商能够从市政府周期性地提供的各种减税优惠中得到好处。市政府在缓解建筑业下滑趋势时会提供这类减税优惠，但是，建筑业总是有涨有落的，减免的税收一般会在建筑业繁荣的峰值期间被消耗掉。

234 开发商的收益是否太大了？规划师认为，开发商的收益并不大。开发商和规划师都说成本效益分析仅仅是数字上的，无论如何，开发商的收益不是来自公众。开发商得到的额外建筑空间来自空中，并没有要城市付出代价。

但是，真正的成本不是以现金计算的或不是以土地或建设成本计算的，真正的成本是那些损失掉的阳光和光照，[①] 以及那些新增人口加在市政设施上的压力。但是，使用良好的广场所产生的收益远远超出了提供这些收益的直接成本。

每一个广场真的付出了这样的成本吗？谁也不知道。

那时，纽约市规划委员会建立了一个城市设计小组，由一群杰出的青年建筑师、规划师、律师组成，在一些特殊的开发区还建立了它的分支，他们带着他们特有的想象力和风格工作。那时，我正在参与编制纽约市的总体规划，所以，我有机会目睹他们的工作。城市设计小组在设计方式上的创新和

---

① 奖励式分区规划的更大成本是损失掉的阳光和光照，这是一种很少计算进去的损失。

他们创造出来的新空间都是值得我们尊重的。

但是，那些新的空间是如何产生的呢？当时还没有一种对项目实施监督的机制。工作队伍很大，却没有一个人的工作是检查实际成果。我在一项计划中曾经提议建立一个评估单元。结果是石沉大海。

这就是我建立"街头生活项目"的诸理由之一。正如我在其他地方谈到的那样，我认为，观察人们如何使用城市空间会对我们应对广场和拱廊的特殊问题有所裨益。我最希望证明的是，对人们如何使用城市空间的观察是普遍适用的和简单的。

显而易见，许多城市空间很糟糕，人们除了可以把那些城市空间当作通道之外，那些城市空间竟然那么乏味，那么空荡荡。但是，也有一些城市空间很不错。我请规划师们观看我拍摄的那些空空如也的广场，我也请他们观看我拍摄的那些人声鼎沸的广场，规划师们同意，需要进一步做成本效益分析。规划委员会的主席埃利奥特认为，成本效益分析可以帮助建立新的分区规划标准。我们达成了协议。我的小组将研究究竟什么让好的广场运转自如，究竟什么让不好的广场难以运转。如果能够把我们的发现转变成严格的开放空间设计指南，那么，规划委员会会把这个设计指南并入新的开放空间分区规划中去。

这就是当时所发生的事情。制定开放空间分区规划指南不难，贯彻开放空间分区规划指南则是需要时间的。如同那个时期的大多数分区规划指南一样，开放空间分区规划指南本身是依法办事，它相当详细地描绘了建设开放空间的规则，最大化允许的广场高度、座位数量、树木的最低种植数量，等等。

对开放空间分区规划指南持反对意见的人提出，开放空间分区规划指南会约束建筑师的设计自由，用公式规定设计。美国建筑师协会地方分会的主席奥本海默（Herbert Oppenheimer）对此种判断做了最好的反驳。他支持开放空间分区规划指南，他认为，严格的开放空间分区规划指南并不意味着减少了建筑师的自由，而是给了建筑师更大的自由。没有开放空间分区规南，开发商就会发号施令。例如，如果不规定座椅数量，可能就完全没有座椅，因为这恰恰是开发商希望的结果。如果有了具体要求，那么，剩下的就是选择过去没有座椅的地方。因为反对制定开放空间分区规划指南的人正在诉说建筑师的困境，所以，证词就很重要了。1975 年 5 月，纽约市的预算委员会批准了这个新的开放空间分区规划指南。

新的开放空间分区规划指南产生了积极的效果。对这个指南的责难被证明是没有根据的。一旦这个指南正式颁布，开发商马上跟进。在随后的 10 年里，开发商或建筑师都没有抱怨过这个基本指南。

开发商安装了长凳和椅子，种下了树木，有些开发商超出了最低要求，还种植了花草，开发了食品商亭，等等。新的开放空间分区规划指南还鼓励对现存的广场进行改造，一些原先无人问津的广场经过改造起死回生。其他城市也采纳了这个开放空间分区规划指南，有些城市复制了根据纽约实际情况计算出来的那些精确规模。每 30 平方英尺广场空间需要建设 1 延英尺的可以落座的空间，计算可以落座的空间数量的这个公式在延英尺人和平方英尺人之间做了平衡。开放空间分区规划已经被载入美国无数的分区规划法令中，直到现在，运转良好。

到目前为止，开放空间分区规划的实施还是不错的。然而，在它实施之后不久，曾经飘来几片乌云。当时，纽约市政府的财政陷入困境，而且很快接近破产。众所周知，许多大公司把它们的总部搬到了郊区，更多的公司似乎准备追随这场运动。建筑繁荣一下子消失了。从 1973 年的 1 226 万平方英尺的竣工水平下降到 1976 年的 36 万平方英尺的竣工水平。

开发商寻求帮助。他们要求能够让他们开发体量更大楼层更高的建筑。他们要求在小街上和大道上建设那些高而且大的建筑。开发商除了面临金融问题外，他们还缺少好的开发场地。中曼哈顿以东地区剩下的场地都太小，所以按照既定的建设规则，开发商无利可图。开发商可能认为，市场正在呼唤他们向中曼哈顿以西地区转移。但是，他们看到了一个更简单的信息。改变纽约市的开发规则。

236

纽约市规划委员会很合作。规划委员会的城市设计小组正在构思新的奖励：贯穿街段的走廊，覆盖起来的步行区、廊道和中庭。他们甚至拿出更多的奖励来鼓励在中庭里开设商店。开发权转移，把分区规划划分的街段合并起来，以及其他一些对策，与这些奖励结合起来，这样，开发商可以把容积率提高到 18 以上。而且，把奖励用于大开发场地，也用于小开发场地：AT&T 大厦、IBM 大厦、特朗普大厦，特别是特朗普大厦的容积率达到了21.6。比增加建筑体量还重要的是改变了建筑开发设计审查程序。只有改变建筑开发设计审查程序，才能让建设这样的建筑得到合理的解释。

当时，有两个途径让一个项目通过审查。一个途径是依法办事。开发商遵守标准的分区规划条款，不寻求任何特殊或个案处理。开发商不需要面对审查机构。他甚至不需要拜访规划委员会或社区理事会。只要建设部门发现他的建筑设计规划合乎规则，便可以开始执行了。

另外一个途径就是寻求规划建设的特殊许可。如果走这条路，开发商必须通过一个费时的审查程序。当时，《统一土地使用审查程序》（ULURP）对旧的规划建设审批程序做了简化，给每一步审查阶段规定了确定的时间。我在本书的尾注里对此作了详细描述。市政府对开发商做了妥协。这里只要提到这一点就足够了。开发商需要做的就是参与一系列协商，当然，他可以在这个过程里提出更多的要求，例如，更大的建筑体量。

让我们看看正反两方面的意见。纽约的经历并非独一无二，任何地方在项目审查过程中都可能反反复复。坚持游戏规则？有弹性地做个案处理？规划建设审查委员会争争吵吵的历史不过是在这两种方式之间来回变动的历史。

坚持游戏规则和做个案处理各有利弊。按照分区规划法令办事是没有弹性的。那些法令在开发项目提出之前就已经建立起来了，有时非常详尽，它们是必须服从的规则，例如，广场的最小规模，地面上的最大高程，等等。它对不同场地几乎不加区别，这种"一刀切"式的分区规划法令意味着它是不带人情味的，所以，它倾向于产生出那些按照分区规划法令所做的规划设计。按照 1961 年的分区规划，设计出来的都是像西格拉姆大厦那样的耸立在开放空间里的独立大厦。

当然，依法办事有很大的优势。对于开发商来讲，开发项目有了确定性。他可以掌控时间。他只要拿出规划设计书，就可以得到批准。规则清晰，在建设展开之前，规则就在那里了，在开发规定编制出来之前，规划师们必须做好案头工作。他们公平对待所有的开发商，他们排除了个案处理时的繁文缛节。如果开发项目有广场奖励，而指南中又缺少相应条款，可以对指南做修正。

特许方式提供了很大的弹性。允许规划师改变设计要求以适应特殊情况——更好地满足规划法令的意图，而不是满足字面条款。而且，在协商阶段，可以建议设计方案作出调整，而这些调整也没有遵循既定分区规划法令。

规划师对耗费时间是无所谓的，但是，开发商借钱办事，急于求成。规划师能够对设施提出建议，他们通常对开发商形成很大压力，例如，要求开发商建设额外的扶梯或地面层的公共厕所。

但是，规划师放弃了官僚程序这个盾牌：他们不再采用强硬立场拿法令说事。按照特许方式，正如开发商都了解的那样，只要有必要，规划师可以调整分区规划法令，以适应开发项目。更直接地讲，规划师可以制定出一个分区规划来。

在争取通融上，开发商拿着一手好牌。开发商可以推进城市经济，产生工作机会，增加税收。重要人物会与开发商站在一条战线上。市长、商业团体、大商人、支持建设一个更好的城市的人，都会给规划师带去无形的压力，他们不想看到以官僚式的吹毛求疵的方式对待开发商。

对规划师来讲，这种压力很正常，顺从各种社会力量不是什么新鲜事。但是，以分区规划这种高级形式出现的顺从确实还是前所未有的。例如，奖励建设中庭的开发项目。闭口不谈新建设项目对周围建筑环境的影响，只要规划委员会没有注意到新建项目对周围建筑环境的影响，这个新项目就可以得到规划批准。甚至在困难情况下，闭口不谈新建设项目对周围建筑环境的影响也是可以做到的。只要宣布新建设项目所产生的影响利大于弊。

纽约市的《环境质量审查程序》采用归谬法来审查。作为获得批准的一个条件，建筑项目必须得到认证，它对环境不产生重大负面影响。几乎没有发现哪个重大建筑项目对环境产生负面影响。实际上，根本就没有发现哪个建设项目有重大影响，无论是负面的还是其他的。

怎么会这样呢？答案在于是谁填写的这些表。基本调查手段是"项目数据声明"。这里有两个问题，原文如下：

1. 项目会改变整个场地的形式、尺度或特征吗？也就是说，这个项目与周围的开发不同吗？—是，—否

2. 项目会改变对市政设施（治安、消防、供水、排水、学校、医疗设施，等等）的需要吗？—是，—否

第五大道的特朗普大厦就是一个相关的例子。对"项目数据声明"中这两个问题的回答都是"否"。对所有其他问题的回答也同样偏向开发商。为什么不这样回答呢？这些问题都是建筑师回答的。没有证据表明，对这些问题展开过任何独立调查，如研究大厦产生的阴影。随后，环境审查程序做出决定：这个项目"对环境不产生重大影响"。

没有重大影响。无需改变尺度。喔哦。55 层的玻璃立面大楼。规划委员会可能说过，是的，特朗普大厦事实上会影响周边环境，但是，权衡利弊，还是利大于弊。特朗普大厦还有可能产生有关基础设施承载能力的问题，它的建设会要求增加市政服务能力。这个项目不会增加对市政设施的需要，这个声明显然是忽悠人的。但是，规划委员会还是说，"没有重大影响"。

一个项目要想得到规划委员会的批准需要做很多工作。作为一个序幕，开发商可能拿出一个难看的设计方案。他这样做是想说，他的确可以按照现存的分区规划法令建起一幢建筑，不过，那幢建筑是不堪入目的。几乎任何一个其他的设计方案都会大大改进他拿出来忽悠人的设计方案，于是，规划师兴高采烈地对此作出调整。以后，非建筑专业的批判者还是不认可这个建

筑，于是，规划师会反驳道，如果你认为这个设计不好，那么，你应该已经看到过第一个设计了吧。

开发商经常会立刻去找大项目。他的建筑师设计一幢建筑，这幢建筑尽可能地拿到了全部可以得到的规划奖励，把建筑建设得更高。规划委员会会反对，他们同意一部分，但不是全部。在建设许可中，他相应增加了体量，但是，他可以把这个增加说成是减少。例如，一个开发商一开始提出建设一幢25层高的大厦，并且满足获得规划奖励的要求，于是，这幢建筑会变成35层。开发商最后采取32层的设计方案。这样，这幢建筑降低了3层。开发商要星星，规划委员会只会给他月亮。

规划委员会会起草一份专项法令，使这个特殊项目合法，以免人们还以为这个特殊项目破坏了分区规划，这项专项法令以文件形式书写下来，好像它具有普遍适用性。并没有恩惠。规划委员会在批准这个项目之前，一定会找到需要和收益，把它们与这个庄重的法令一道公布出来。对于开发商来讲，他为了自身利益必须按照这个法令做许多事情：服从所有相应的建筑法规和规范；雇用保安，保持场地清洁。最后，开发商必须"让这个设计服从这个分区规划"——相当多余的条款，这个分区规划其实已经服从了开发商的设计。

239

随着时间的推移，规划师会认同他正在监控的项目，有时，他成了那个项目的鼓吹者。他自己的建议已进入了那个项目之中。他与那个项目同在，而且延续很长时间。他目睹着开发商和建筑师所面对的问题。

建筑模型是一个纽带。它**可能有诱惑性。一旦我们围着建筑模型观察，我们在一定程度上会被那个地方所感染。**[①] 我们不过控制了一个很小的空间，我们却以为我们有着很大的控制力。这就如同我们给一个地方作图一样；我们画出来的图与那个真实的地方是不一样的，但是，我们觉得我们画的地图就是那个地方。

---

① 建筑师继续说道，拆开屋顶。到我的营业场所里来。

一天晚上，可能是在一个教堂，开发商、建筑师和规划师把他们的建筑模型拿到了一个社区理事会的成员们面前。开展批判。一些人充满了敌意，展开了不公正的批判，举止很无礼，所以，不能把这次集会与一些有关分区规划的公众集会相提并论。有一个人的表演让我知道了革命的人民法庭是什么样。他们简直把建筑师们当成土匪来对待，他们大喊大叫地打断律师们的讲话。一次痛苦的经历。

　　但是，不要哀叹。开发商还有钱和权力。他可以找到顶尖专家。他的律师可能是不多几个真正懂得纽约分区规划的人之一。一些社区理事会的成员可能给这些专家展示他们的批判，但是，这种社区理事会通常没有对立面来驳斥这些人的批判。优秀的建筑师可能很会表达，大部分建筑师都很会展示自己的作品，社区理事会的成员对此很欣赏。社区理事会的成员中的许多人竟然成了建筑艺术鉴赏家，他们发现比较好的建筑师在聆听他们的意见时最没有敌意。约翰逊是这方面的权威。我不知道社区理事会成员的意见最终是不是在设计上实现了，但是，社区理事会成员肯定是接受他们的。

　　建筑师带来了模型。甚至那些最好斗的社区理事会成员也会被那个模型弄得神魂颠倒。那个模型如此完美无瑕，让人们的内心世界里燃起美好的遐想。如果建筑真能做到这一点，城市该有多美呀！那个建筑模型的顶部是可以移动的，只等我们去移动。我们可以从那里向下看到中庭。只要我们围着这个模型多玩一会儿，我们就会上钩。

240

　　许多社区理事会成员已经很有经验了，他们变得不那么对立，变得更加内行。如果他们认为一个开发商的设计不好，他们依然会让开发商面对非常困难的局面。但是，当一个开发商带来一个设计完美的开发方案，他们真的很欣喜，很有礼貌。他们提出的建议是很有作用的，让项目得到实质性的改善。

　　虽然，对于涉及建筑规模和外形的问题，社区理事会是没有权力的，然而市政府有关部门在批准社区理事会不同意的项目时是很为难的，所以说，社区理事会还是有些影响的。当然，市政府的有关部门还是勉强批准了这样的项目。因为社区理事会预计到这种情况会发生，所以，社区理事会可以赶紧撤退，喝声倒彩。

为了获得批准，开发商会用到"数字"。不，开发商会妥协，开发项目不会是完美的。但是，开发商得到的会是最好的妥协。尽管很勉强，计算还是要做的。哪怕改变的仅仅是一个因素，整个事情都会走样。

1969 年，波特曼设计了时报广场酒店，这个设计当时面临着很大的困难。当波特曼提出设计方案时，规划委员会还是很兴奋的，因为他们正在推进剧场区的更新改造，他们认为这个酒店的建设对那个地区会是一个很好的催化剂。但是，很多人并不认同这种看法。按照开发设计，需要拆除三座剧场，从规划上看，这样做似乎不是一条适当的振兴之路。另一个问题是酒店的建筑设计本身。车行道和停车位主导这个建筑的街面层，而街面高层的建筑立面是空白的墙壁，所以，这个设计实际上展开了对纽约大街的宣战。

出于这种或那种原因，这个项目推迟了，整个建设在 1982 年才开始。那时的纽约已经发生了很大的变化，但是，这个项目的设计并没有改变。当时，分区规划规定街面层为商业零售，不再支持建设空白的墙壁。但是，除几个装门面的变更外，这个建筑的外墙基本上还是空白的。建筑师不会改变他们的设计。规划师们实际上没有对他们施加压力，所以，恰恰是寻求建设一条繁荣的街景的规划委员会成了这个颇受争议的项目的推手。1986 年年初，这家酒店开张，而建筑设计是 1969 年的设计，它就像一头冻在苔原上的巨兽。

争议的最后一个问题是爱国主义。为什么你要充当改变纽约的好心人？为什么你要与市政府作对？如果这个项目因为鸡毛蒜皮的事情而遭到破坏，受损失的是每一个人。银行会撤退，成千上万的建筑工作机会会丢掉，数百万的额外税收也会付之东流。那些想要改变分区规划的财团也会搬到斯坦福去，开发商则会去新泽西。

开发商总是贪得无厌的。但是，官员们几乎不会这样讲，尤其是在城市财政捉襟见肘的时候（城市财政常常是这样）。从这个意义上讲，城市是开发商的城市，美国大量城市确实是开发商的城市。

为了顶住这类压力，规划委员会需要支持。规划委员会需要民间团体的支持，那些民间团体会与他们一道发出声音。在纽约，最强力支持城市规划、城市设计和城市历史遗产保护的民间团体出现在公共听证会上，他们会反对规划委员会的设想，同时也常常支持规划委员会的设想，他们反对的成效最大。他们可能让规划师受委屈，但是，规划师也能看到他们的作用。他们形成的压力让规划师处在与开发商协商的比较有利的位置。

在审查过程中，场地监控是审查全过程的中间阶段。规划师通过把开发商的注意力引向对处在侧翼上的极端社会势力的威胁上从而对场地实施监控，这些极端社会势力包括空想的社会改革家、市政艺术协会团体、塞拉俱乐部之类的环保组织、自我标榜为公众利益服务的律师以及其他很快聚焦于开发项目的任何一个缺陷的那些人，他们会抵制借分区规划输送的奖励，要求严格遵守分区规划法令，采取其他极端立场。当规划师不能有效地应对开发商，自己感觉不到正在到来的风暴的时候，民间团体就会变得具有建设性，成为中流砥柱，要求更为理性。那也是分区和计划很糟糕的时候。

大约在 1980 年，纽约的规划事实上很不尽人意。大建筑招来大建筑。每一次增加建筑面积的期待都得以实现。开发商明白他们可以在一个场地上得到超出分区规划规定的建筑面积，他们依据这个事实来计算土地价值。在开发商和地主之间的大部分交易是建立在预估的基础上：如果分区规划不出现变更要花多少钱；如果分区规划出现变更要花多少钱。的确存在投机风险，无论什么分区规划，开发项目必须得到规划委员会的批准。**市场预测它可以得到批准，这本身是对规划委员会做出的尖锐的评判。**

如果规划委员会不同意增加容积率，开发商可以以拮据为借口。他们公开声称，他们本以为可以增加容积率，所以，他们偿付的地价达到了极限。如果市政府食言，他们就没有任何盈利了，这对他们不公平。这是一个很愚蠢的争辩，不过，这个争辩很有效果。

所以，规划师们无一例外地不强求执行建筑高度和梯级形后退的法规。1961 年的分区规划曾经具体规定，建筑物覆盖的场地面积不能超出开发场地面积的 40％，必须至少从大街边沿开始梯级形后退 15 米。对于大开发场地，开发商不介意这个规定，可是，对于小场地，梯级形后退意味着建筑物变小，从而得不到他们预计可以赚到的那些红利。规划师们迁就这些开发商。规划委员会的成员之一，前副主席加伦特抵制这种不强求执行。但是，不强求执行成了规则。20 世纪 70 年代后期建设的大部分大厦所覆盖的场地都超过了开发场地面积的 40％，在华尔街地区，建筑物所覆盖的场地超过了开发场地面积的 80％。建筑物与大街边沿的距离不足 50 英尺。实际上，有些建筑从房基线笔直上升，如公正大厦，纽约执行分区规划正是以这个大厦为标志的。

随着建筑物日趋庞大，它们给附近的场地形成了巨大的压力。实际上，因为这些大建筑的出现，导致人们想要拆除那些本应该受到保护的建筑。萨克斯第五大道精品百货店和波道夫·古德曼精品百货店就是一例。它们不仅是重要的商店，而且它们的尺度和适当的高度对周围建筑环境都是至关重要的。波道夫·古德曼大楼让大量的阳光照射到普利策广场地区，它的白色的石灰石立面把足够的反射光投射到第五大道，提高了那里的采光水平。

一幢 12 层的大楼 100％地覆盖开发场地一般被认为经济地利用了土地，没有超出分区规划限度多远，大约也就是赚了 3 层楼。不过，超出这个限度会放大这个建筑的吸引力。开发商自己的投资很少，他采用累进式手法扩大投资，任何新增楼层都有很大的吸引投资的作用。这是打擦边球的开发商所寻求的。如果规划委员会允许开发场地的容积率从 15 上升至 18 的话，新增建筑面积可能会翻 1 倍，而在容积率达到 21.6 时，新增建筑面积会翻 2 倍。现在，12 层楼应该淘汰掉。使这类建筑面临危险的不是市场，而是纽约市规划委员会和它放任的分区规划。

当时出现的一个问题是，一些开发商没有提供他们承诺的公用设施。除了广场有既定规则，规划师忙着给其他空间发放规划奖励，从扩宽人行道到建设隐蔽式人行道，建筑中的购物廊道，横穿街段的通道。从大街进入建筑内部的这些发展让覆盖的步行区发展到了顶峰。花旗银行大厦令人眼花缭乱的大厅就是一例，纽约市政府呼吁开发商建设中庭和画廊。

如果不是这些中庭中的两个发生了爆炸，中庭很快就会充斥纽约。开发商私吞了那些额外的租赁空间，他们没有把那些空间用于商店和他们承诺提供的空间。规划委员会说，这些开发商的确不善，但是，他们对此无能为力。

有时，缺少商店和公共设施是因为产权变更，新的业主不了解先前业主所做的承诺，拒绝受那种承诺的约束。在最初遇到这种不遵守规则的行为时，纽约市政府的反应不大。但是，民间团体的行动最终把这种不遵守规则的行为大白于天下。

但是，实际效果呢？强制执行方面的一个问题始终都是缺少实际处罚办法。纽约市政府可以轻微处罚，或者，放一颗原子弹，撤销开发商的土地使用证。这样，租赁户有权拒付房租，实际上，因为这种措施过于严厉，极少实施。不过，的确有一个业主十分顽固，拒不履行相关承诺，市政府吊销了他的土地使用证。这个案例涉及林肯广场2号，一幢办公和公寓结合的大楼，是摩门教的区域总部。这个建筑获得了额外6层楼的建筑面积，但必须提供一个街边景观化的广场。可是，业主不过留出了一个没有制造任何景观的空间。这个空间非常难看，我周期性地去拍摄那个场地，更新我的摄影纪录。那里总是昏暗的，到处是垃圾，没有长凳，也没有人。1983年5月后，按照规定，这幢建筑的房客可以拒付房租。1988年，民间艺术博物馆最终接管了这个空间。

有时，业主以广场状况的恶化为由而不去履行获得分区规划奖励的承诺。例如格雷斯广场，那个广场不小，硬化的地面，空空荡荡的，毫无遮拦，很不宜人，倒是成为毒品贩子青睐的交易场所。所以，开发商用铁丝网把它圈了起来。开发商这样做明显违背了获得额外建筑面积的承诺，规划委员会敦促他拆除那个铁丝网。这个开发商聘请了纽约规划委员会城市设计小组的前负责人。这个规划师声称，这个广场无可救药。我们为什么不用这个场地建设一座 2 层楼的购物商城呢？

这个开发商很积极，他应该是积极的。这个开发商并没有为这个广场的失败负责。建商城的想法得到了一些支持，包括社区理事会的支持。但是这个想法令人震惊，民间团体反对，这个想法失败了。许多年里，这个广场一直都处于走向地狱的边缘。然而，现在可以尝试一种新的解决办法，让这个地方具有吸引力。这个公共空间项目已经有了一个规划，这个规划要求建设食品小亭、配备桌椅以及举办音乐会和其他活动。

其他城市也有类似的问题，辛辛那提就是一个。喷泉广场是美国最好的广场之一，广场周边地区所发生的事情也被关注了。一个开发商计划建设一幢酒店—写字楼的综合大楼，于是，辛辛那提市投入 2 000 万美元清理了喷泉广场以南的一块场地。作为回报，这个开发商打算建设一个用玻璃封闭起来的公共空间作为室内广场。

结果，这个城市得到的是一个 1 万平方英尺什么设施都没有的广场，没有长凳、桌椅、小吃店和布置圣诞节装饰的设施。市长表达了他的不满。城市设计审查理事会也同样表达了他们的不满。这个理事会的一个成员尼兰（David Niland）说："这是美国绝无仅有的加了所谓'平民风格'但其实是最枯燥的内部空间。"

这个开发商的团队继续嗤之以鼻。他们说，他们所承诺建设的就是一个过道而已，而不是坐一坐的地方。威斯汀酒店的客人会乐于看到街头流浪汉在那里坐下来吗？一群民间领导人搬来一些桌椅，举行静坐示威。这个开发商无动于衷。他不愿意在那里布置桌椅，即使反对者示威，他也没有那样做。

需要再提一提的是，**在分区规划和奖励问题上，如果我们没有具体说清获得奖励的理由，我们什么也不会得到**。最好把要求以书面方式写下来。

在纽约，公寓大楼的开发商对履行获得分区规划奖励的要求最不经意。他们知道分区规划奖励是要拿公园式的公共空间来交换的，但是，这些建在建筑地面层的公共空间常常并不让公众使用。他们甚至在建筑立面的各种台沿上安装尖利的东西，让人们无法在那里落座。

1977 年，纽约与广场相关的法令得以通过，规划委员会强化了分区规划管理，保证公众可以进入那些公共空间，保证那些建筑的沿街立面的底层开展零售商业活动。在我居住的地方，一个开发商建起了一座大楼，大楼街面层的外表看似商店，实际上并非分区规划要求建设的零售商店。他还在"公园"的边沿上安装尖利的东西。规划部门一直都没有认真对待他的所作所为。

我这里讨论的都是开发商赖账的案例。大部分开发商还是履行义务的。除了个别开发商，写字楼的开发商还是提供了协议规定的公用设施。但是，那些例外很显眼，以至人们以为每个项目都如此。实际上并非如此。当然，对奖励式分区规划，对其他任何因素，都要保持清醒的头脑。

20 世纪 70 年代后期，问题完全暴露出来了，非常巨大的建筑一幢又一幢地拔地而起。它们一起产生的效果堪忧，如同麦迪逊大道一样，建筑鳞次栉比。什么时候才能结束？规划委员会发放了很多特别开发许可证，改变了许多开发规则，这样，两卷本的分区规划规则已经膨胀到了可怕的程度。

民间团体联合起来：关注公园的人、主张历史遗产保护的人、建筑师、景观建筑师。报纸和杂志开始撰文批评规划委员会。规划委员会自己也严厉谴责了分区规划的状态。一个社会团体联盟提出展开一个涉及分区规划的大型研究，这时，一个基金提出，如果规划委员会承担这项研究，它会给予资助。规划委员会接受了这个建议，纽约"中城分区规划研究"于 1979 年展开。

规划委员会聘请我担任这项分区规划研究的顾问。我的任务是评估各种各样的奖励和它们产生出来的空间。哪些奖励正在发挥作用？哪些奖励应该保留？哪些应该加强？哪些应该终止？

在一个广场研究中，我使用了延时摄影、观察、简单计算人头的办法，研究空间。这样展开研究不困难，证据却是很有力的。大部分空间运转不是很好，与给予它们的补贴不等值。减少"大街上的行人拥挤"本来就是一个欠思考的目标，然而，规划师正在奖励那些把人从大街上拉走的开发项目。

这里就是这类主要空间以及我们的发现：

245

横穿街段的通行区：这些都是规划师的空间。规划师设想，通过横穿建筑物的空间，减少行人在人行道上的拥挤。我考察了这类空间并发现，大部分使用这种通行区的人是去那个建筑的人。很少有人使用这样的通道以避开大街走捷径。人们还是选择走真正的大街，甚至在寒冷的冬季，人们也是这样。1 月份，在每小时 250 人使用奥林匹克塔通道的时候，与此并行的第五大道上却有每小时 4 500 人。

正如没有缓解大街上行人的拥挤一样，小街人行道上的行人也没有减少。怎么会这样呢？横穿街段的通道不能替代人行道，当然，它们是一种连接通道。除非直升机降落在建筑上，否则，人们还是得先走人行道，然后再使用这种横穿街段的通道。

横穿街段的网络：为了推进这类通道的网络，规划师提出，在那些横穿两条大街很频繁的地方，开发商应该提供一个贯穿街段的通道，在可能的情况下，与大街对面的任何一条通道连接起来。应该要求和奖励建设这种通道。

246

的确已经有了一些不完整的网络。在第五大道和第六大道之间的长街段上就有一个不完整的网络。这些网络大部分是在 20 世纪 20 年代和 30 年代建设起来的写字楼内，大约在地下 200 英尺，有电梯，在通道中部有报摊，有些地方还有商店。对了解情况的人来讲，这些不完整的网络肯定是一种便利设施。人们可以曲曲折折地从第四十二街一直穿行到第五十三街，大约有 2/3 的时间是在建筑里的。大部分步行都是局部的，很少有人会走完全程。大部分人到达目的地的路径都在一个街段范围内。因为横跨市中心的街段很长，所以，没有多少捷径可以走。当然，在整体上看，通过每一个通道的人数都很小，在高峰时段，平均每小时仅有 200 人通过。如果真有更多的连接，比较好的标志，肯定会有更大的人流。问题是建设它们的代价有多大。

不应该为此支付财政资金。完全应该要求开发商在他们覆盖整个街段的建筑里提供横穿街段的通道。为什么要奖励提供横穿街段的通道？开发商不提供这种通道说明他思维不正常。

拱廊式人行道：拱廊式人行道在城市设计文献中档次很高，所以，奖励式分区规划很推崇它们。欧洲提供了不少成功的样板，例如，巴黎的里沃利路，那里的拱廊覆盖了建筑之间的整个步行道。纽约奖励的人行道具有不同的形式，它是一种与正常人行道并行的附加带，不过，它缩进建筑或用悬臂屋顶覆盖起来。有了拱廊式人行道，整个行人空间翻了一番，而那些拱廊可以给行人挡住雨雪。为了促进开发商建设连续的拱廊式人行道，在林肯广场规划分区中，只要沿百老汇建设拱廊式人行道，开发商就可以得到建筑面积奖励，一些开发商的确这样做了。

但是，拱廊式人行道运行不好。其他地方的情况大同小异。人是很顽固的。即使人行道不断在扩宽，人们依然走正常的人行道，而不去改变他们的路径。正如延时摄影展示的那样，人们坚持在原先的路径上走，就是在行人很多的情况下，他们仍然走原先的路径。

他们为什么不呢？行人不需要额外的空间，使用那些他们必须使用的路径。没有奖励给拱廊式人行道。拱廊式人行道的确让人们不淋雨，但是，它也遮了太阳，挡了自然光，因此，拱廊式人行道一般是昏暗的。这样说可能有些不敬，意大利城市的一些昏暗的、中世纪的廊道的确是这样。

下雨怎么办？想不到有那么多人冒雨走。如果真的开始下起倾盆大雨，他们会跑进可以避雨的地方，如果只是下着毛毛细雨，大部分还会在外面的人行道上行走，少数人会走进拱廊。

拱廊式人行道的受益者是零售商和那些逛商店的。大部分拱廊式人行道都有特色零售。但是，这里也有一个很大的倒退。这个额外的空间缩进了商店，偏离了主要的行人流。我们很难给这个效果做定量描述，走进这样的地方，我们会注意到，商店在我们的周边视野的边沿上。我们要做的当然就是转过头，然后能看到商店。实际上，没有多少人这样做。我们偶尔会看到行人露出疑惑的眼光，然后，走进商店看看。行人有意识地做出了决定，事实上，行人权衡了得失。当商店在行人的右手边时，最能吸引行人。当公园的入口在行人的右手边时，有类似的效果。当商店的入口成为人行道的一部分，出入商店易如反掌，心血来潮地到商店里逛逛是很频繁的。最吸引人的是商店的橱窗。

拱廊商业街：纽约的大部分拱廊商业街都是破破烂烂的，把它们说成一种空间类型有失公允，暗淡阴冷的拱廊商业街不知从哪儿冒出来，也不知它们会走到哪里去。不过，还是让我们想想这种拱廊商业街的好处。如果把这种拱廊商业街与那些有商店的横穿街段的通道结合起来，的确会有吸引力。伦敦的伯灵顿拱廊商业街就是一例。克利夫兰和普罗维登斯有美国最好的拱廊商业街。

这些拱廊商业街是作为商业建立起来的。它们现在还是商业，一直打便利的牌。它们与大街息息相关：容易看到，狭窄的步行通道，很强烈的场所感——一切都为了盈利。

如果它们可以盈利，就让开发商去开发。但是，不应该给补贴。如果没有补贴就开发不了，可能是这个项目本身有问题，所以，不开发这类项目对城市更好些。通过给大街之外的零售业提供补贴，让纽约正在向不利于大街零售的方向倾斜。

有顶步行区：对于规划师来讲，最高形式的内部空间就是中庭、拱廊商业街、大厅，用分区规划的术语讲，有顶步行区。花旗银行的中庭就是一种重要类型。西格拉姆大楼推动了广场分区的形成，而花旗银行新增了一种内部空间类型。这种内部空间有天窗，数层商店和餐馆，很多可以落座的地方，很好地组织了娱乐活动。这样的地方甚至还有公共厕所！菲利普·莫里斯大厦里的惠特尼雕塑花园，新的 IBM 大厦的花园和画廊，都是这类有顶步行区的成功案例。

我会在另一章里谈到有关内部空间的正反两方面的意见：私有化问题以及与郊区购物中心里的内部空间的区别。还有所谓成功问题——把东墙拆了补西墙，或者说，为开发内部商业空间而把它们需要的用来做陪衬的周围环境破坏掉。

不过，当时的紧迫问题并不是中庭是否可以良性运行的问题。一些中庭明显运行良好。当时的紧迫问题是，市政府是否应该给中庭建设发放奖励。

我认为他们不应该这样。

争论的焦点不是反对中庭或横穿街段的通行区、拱廊式人行道或廊道等。因为这些内部空间无论在哪里都会产生意义,只要市场告诉开发商这些内部空间可以赚钱,开发商就会开发建设它们。然而,我们应该把开发这类内部空间当成一种**公共政策**吗?无论出于何种考虑,这些空间都是内部化的公共空间,它们正在削弱真正的大街。规划肯定不应该鼓励削弱真正的大街。这个判断旨在反对奖励那些以削弱大街为共同特征的各种空间,这些空间的最终是否成功依赖于从大街上拉走多少人。

有些公共空间的成功有其自己的规律。广场就是最纯正的公共空间,很多广场得到了很好的利用,特别是那些按照 1975 年以后的指南设计的广场。规划者似乎为了保留广场开发奖励而向前迈了一步,让开发商建设城市小公园。

当时,建设城市小公园的想法重新出现。我们那时正在编制 1975 年的广场指南,却了解到一些开发商不建广场还好些的例子。正如第六大道的那一串广场所显示的那样,那些广场可能打断大街立面的连续性,造成空间太多的后果。在适当的地方布置比较小的空间会更好一些。

有人提出,为什么不奖励这种小空间呢?一个开发商打算开发临街场地,如果他可以在附近的小街上找到一小块场地,建设一个类似佩利公园那样的公园,他仍然可以在开发临街场地上获得奖励。这个交易不错。开发商可以开发公园,把没有使用的空间所有权转移到他的楼房开发场地上,这样,他把以小街价格获得的建筑面积加到在大道旁开发的建筑面积上。纽约市得到最方便的小公园,而且不用承担维护小公园的开支。

就在我们庆贺建设城市小公园的想法时,一个始料未及的困难正在靠近。第五社区理事会是中城地区的一个社区组织,它的一些成员对建设小公园的 249 想法持反对意见。他们认为,这个交易太便宜开发商了。他们反对我们推荐的所有事情,仅仅同意我们提出的目标,且把目标提高到 500%。这样,整个一揽子规划建议在市预算委员会上都不能通过。

为了让其他规划建议得以通过，规划委员会对第五社区理事会做出了一个妥协。它撤销对城市公园条款的进一步研究，把重新引入城市公园条款的工作搁置到未来。第五社区理事会接受了这个妥协，不再反对整个规划建议。幸运的是，仅仅只有城市公园条款遭遇了真正的反对，预算委员会批准了其他规划建议。

1982年，时来运转，这个重新引入城市公园条款的工作时间到了。作为大厦和广场更新的一部分，国际纸张公司提供了一个几年前设想的那种小公园。这个公园应有尽有，鲜美食品厨房、椅子、桌子、洗碗水池、遮阳伞、喷水池、树木、阳光、爵士乐以及很多很多享受它的人们。再也找不到一个比这种空间收益更好的证明了。

我的意见是，撤销所有的分区规划奖励，把奖励用于广场和城市公园。在那些涉及基本公共利益的地方，不应该有一种挂在那里做诱饵的奖励，应该强制执行。如果一个大厦在两条街上都有入口的话，人们应该能够横穿过它，开发商不会因为这个连接得到奖励。

许多得到奖励的空间被装饰成了大厦的大堂。开发商和公司都很乐于把他们的投资花在面子上。不应该把规划奖励用到那些给公司撑面子的事情上。街面上的商店也一样。对于街段前面、对于大厦的周边建筑、对于整个市中心，业主们都可以通过提供横穿街段的通道而获利。不应该通过给那些业主奖励，再要求他们去做提供横穿街段的通道之类的事。

分区规划所要做的是，强制建设那些应该下令建设的公用设施：商店、我们可以看到内部的玻璃墙、报亭、公共厕所、出售小吃的设施，以及可以落座的地方。为什么要付钱给开发商，让他们不要在建筑边沿上安装尖利的桩子？或者说，为什么要付钱给开发商，让他们不要把台沿建得太高，让人够不着？在文艺复兴时期的意大利，建筑要求要让公众可以使用。我们应该尽可能地提出这类要求。

让开发商满足这类要求不是不可能的。**开发商是很实在的。一旦要求写成了文件，它就是了；他们还有许多其他的事情需要关注而不会纠缠在旧的争论上**。1975 年，在有关加紧开放空间分区规划指南的听证会举行期间，有开发商到会作证，声称类似种更多的树之类的规划要求会导致他们破产。但是，自那以来，再也没有开发商反对开发可以落座的地方和种树了。实际上，开发商接受大部分硬性要求是情理之中的。人们觉得房子太容易租出去了，超出了那些开发商的想象。租赁价格一定一直都太低了。

在开发商自己的战略会议上，开发商并不担心依法律执行政府的政策。他们讨论的是有关这些政策的对策。他们希望拿出什么来？什么是最后的退路？他们是否拿出规划师所要的第三种选择或尽早拒绝规划师所要的？

的确，不提要求，就得不到。所以，提出要求。

1982 年，规划委员会对纽约中城分区规划做了大规模修订。这个修订的《中城分区规划》所包含的具体要求就很多了。它下调了中城地区建筑密度，把容积率从 18—21.6 降至 15—18。当时，规划师希望开发商去曼哈顿西区（包括百老汇和中央公园），所以，那里的容积率仍然保持在一个比较高的水平上。

这个修订的《中城分区规划》减少了给广场和城市公园的奖励。给广场的奖励从 3 降至 1。给剧场区拱廊的奖励，给特殊情况下的中庭的奖励，留有余地。

规划委员会对公用设施的要求严格了起来。不再是奖励，而是提出具体要求。例如，对于有两个临街立面的建筑，要求开发商提供横跨街段的通道。实际上，不那样做是很愚蠢的，所以，规划委员会决定不给开发商奖励了。

规划委员会要求沿街立面连续展开零售活动，零售商店的入口面向大街，可以通过玻璃橱窗看到里边。规划委员会要求种植更多和更大的树。不再频繁地去种树苗，分区规划规定最少种植 4 英寸直径的树，用铁制栅格覆盖地面，每棵树至少使用 200 立方英尺土壤。这个规定意味着开发商不能在盆里种小树，开发商为了得到更多的路边停车位很有可能种植小树。现在他们不得不挖坑种树。

最后，规划委员会说，它打算不再与开发商协商分区规划条款了。投机的开发商早就得知了这个消息，知道规划委员会改变了过去的工作方式。开发商只能信守承诺。在这个修订的《中城分区规划》颁布以后的最初几年里，中城地区的大部分建筑项目都是依照分区规划办事的，没有任何人可以变更分区规划。

但是，随着时间的推移，对分区规划的讨价还价又开始了。松动一出现，麻烦也随之而来。当时，争取在分区规划上做个案处理的大楼有城市之尖、萨克斯大楼附加部分、里佐利大厦和科蒂大厦。然后就是体育馆项目，因为这块场地的业主是纽约市，所以，它的开发不受任何分区规划的约束。市政府提出了开发意向，十分贪婪，没有几个开发商可以承受。

不过，规划委员会值得赞扬。规划委员会看到分区规划离开了预期的方向，所以，它采取步骤，逐步纠正分区规划的失误。不过，一个问题仍然没有解决。分区规划怎么会变得如此扭曲呢？**一个学派认为，奖励式分区规划的想法没有问题，问题出在执行上**。这个观点不无道理，可能在一定程度上反映了事实，但没有切中要害。与分区规划相关的规划师一直都是最有能力的，实际上，他们创造了美国最著名的城市设计项目。虽然表面现象一直都在变，但是，问题的实质却依然如故，其他城市也一样。

奖励式分区规划的基本问题在奖励式分区规划的程序本身。这个程序绑定了奖励式分区规划的走向。可以肯定，这个看法是马后炮，但是，其中还是有一个普遍真理。**如果一个标准固定不变，掌握那些标准的人会鼓励违背那个标准**，一系列结果开始启动。**例外引起例外**，市场压力逐步加大——认可一种倾向的压力，扭曲那些抵制这种倾向的人的判断。

不过，还可以从相反方向看待奖励式分区规划，可以这样说，奖励式分区规划本身不好，但是，执行奖励式分区规划的结果还不错，可圈可点。奖励式分区规划已经在纽约的核心地区产生了许多开放空间，如果没有奖励式分区规划，这些开放空间是不会出现的。对于可以落座的场所来讲，对于那些可以坐在下面的大树来讲，奖励式分区规划已经明显改善了相应的供应。奖励式分区规划推动了室内公共空间的建设，它们中间一些很舒适的。

代价如何？开发商通过分区规划奖励得到了附加的建筑面积，开发收益是巨大的，价值以数百万美元计。开发商赚钱本身并不一定不好，关键是公众因此得到了什么回报。很不幸，公众因此而得到的回报太少了。公众的确得到了一些在设计和使用上都不错的空间，但是，公众所得到的更多的空间在设计和使用上都是很有问题的。

不仅如此，奖励式分区规划所付出的更大代价实际上是损失了阳光和光线这些最基本的环境元素。人们很少考虑到这种损失。老一套的道歉是，阴影是"重复的"，也就是说，阴影落在先前已经在那里的阴影之上，果真还有更多的阴影投下来，也不会有什么不同。可是，更多的阴影投下来会产生不同的效果。

容积率 15 这个数字并不神秘，可是，对阳光而言，容积率 15 似乎是一个临界值。建起 40 层—50 层的大楼，大楼超出了容积率 15 而达到 18 或超出 18，它投下的阴影会变得很大，可以肯定，一旦我们放弃旧的建筑高度和梯级形后退的要求，阴影便会产生。正如我在有关阳光和光线的一章中会谈到的那样，公众损失的不仅仅是直接阳光，他们还损失了二次光线。实际上，纽约中城地区下午 3 点以后的大部分光线都是反射光，人们最深切地感觉到的恰恰是这种反射光的损失。

损失了阳光和光线是十分明显的。佩利公园下午 3 点就黑了，其实，那里本来不至于下午 3 点就没亮光。甚至在夏至的时候，大楼上还阳光普照，佩利公园就如此昏暗，以致下午 3 点公园人造瀑布上的灯就都打开了。

拿到分区规划奖励而建设的公用设施补偿了阳光和光线吗？这种环境元素的丧失很难定量和计算其价值，但是，我们所看到的事实表明补偿是不公平的。从理论上讲，真有一种公平的补偿吗？一种特定的舒适不能弥补极端巨大建筑所带来的负面影响。这些负面影响和这种舒适相互独立。无论一个中庭多么宜人，它也不能减少大楼产生的下沉气流，也不能减少投射到它上面的阴影。分区规划奖励让产生阴影成为可能，所以，分区规划奖励可能造成更多的伤害，而让相对较少的人获得好处。设想下如果这甚至不是一个好中庭呢？补偿概念其实是一种倾斜概念，好像抢了彼得的钱付给保罗一样，但不承认这是打劫。

另一个成本是影响了大街的繁荣。让行人避开拥挤的人行道，规划师以此为由一直都在把行人引向内部空间，离开人行道。那种内部空间本来是公共性质的，但是，它并不是彻底公共的。这种内部空间是一种反常的城市设计，好在大部分情况下，这种内部空间运行不起来。如果内部空间真的都运行起来，城市就更遭殃了。

另外一个问题依然存在。规划委员会最终看到了必须做什么。可是，为什么用了如此之长的时间才认识到必须做什么呢？研究并不是问题所在。走上大街，实地考察，基本上就可以回答这些关键问题了，任何时候都可以做研究。例如，有关拱廊式人行道，用两天时间便可以确定它们不能按设计运行的原因。然而，发展是另一件事。发展以若干年计，就拱廊式人行道来讲，它在纽约发展了 12 年。

为什么用了如此之长的时间才认识到必须做什么，这个问题正在引来若干问题。广场奖励设立之后的 13 年，在规划委员会正在考虑广场运转之前，才有了拱廊式人行道。我们在 1972 年对拱廊式人行道展开的两天研究与我们在 1982 年用相同时间展开的研究一样容易，如果真是如此，两天的研究一定对规划委员会很有帮助。

253　　　　时间滞后问题与另一种时间滞后问题叠加在一起。纽约已经在规划方式上做了创新，尤其是分区规划，其他城市常常紧跟纽约，它们有时不仅借鉴纽约的规划措施，而且一字不漏地复制纽约的规划。但是，它们并没有马上去实施。它们也推后了它们的实施时间。所以，两个时间延迟叠加了起来，结果，当纽约放弃了特定规划方式时，其他城市可能刚刚采用纽约的规划措施。

奖励式分区规划本身没有自我校正机制。一般而言，在分区规划中，一直都没有尽全力去弄清什么可行，什么不可行。大部分规划和设计学院都没有讲授分区规划的课程。所以，事情只能如此。规划文献充满了"评估""监控"和"反馈"之类的术语，人们可能还以为"评估""监控"和"反馈"都是标准运行程序。其实"评估""监控"和"反馈"不在规划的标准运行程序里。军队有它的督战队，市政府有它的审计官，大公司有它的管理顾问。可是，规划部门恰恰缺少规划监督管理机制。我们可以阅读所有的相应管理条文、分区规划、总体规划，可是，我们却找不出一个条款或一项预算，要求一个人上街做实地考察。

不做实地考察并不是因为规划师没有好奇心或者他们不善于观察。作为个体，一些规划师的观察非常敏锐，他们乐于观察他们正在规划的那些场所里的生活。但是，观察是业余爱好，占用的是他们自己的私人时间。日常规划工作异常繁忙，没有时间做实地考察，大部分人肯定是愿意去实地看看的。他们当然是自愿的。可以想象，一个规划师可能会去跟他的领导说，你鼓动大家去实地考察的想法真的会失败的。

一种方式的失败是一回事，认识到这种方式的失败是另一回事，二者之间是有时间延迟的，而且，这种延迟时间不短。想想我们在城市规划上所犯过的错误，想想我们花了多长时间才认识到那些错误。**我们必须等到炸掉圣路易斯的普鲁伊特-艾戈住宅大楼才发现它的设计方式是错误的吗？**实际上，许多年以来，证据就已经显现了出来，人们没有办法生活在高层公寓集聚地。**我们必须坚持我们对城市中心所做的更新改造吗？**我们已经目睹城市更新的破坏性效果很长时间了。

一些规划师走出办公室做实地考察。旧金山的规划师们做了不少这类工作，他们一直都在兢兢业业地重新考察他们的分区规划和开发政策。匹兹堡的规划师研究了如何使用市中心空间的问题，他们从实地观察到的情况出发提出开发要求。这类例子不胜枚举。

　　民间团体的观察常常是最好的。其中一些民间团体十分专业，如"纽约市政艺术协会"，介入了建筑师、律师和许多专业人士的工作，而且不收取费用。外行同样很有价值。面对复杂的规划分析，他们一般会提出一些简单的问题，而且做大量的实地考察。

　　拿我家附近的三个案例作为本章的结尾。一个案例是下调纽约上东区的建筑密度。社区民间团体认为，应该保护小街小巷的适度规模。纽约市规划委员会也这样考虑。然而，下调建筑密度需要对 200 个街段逐一展开详细研究。那时，市规划委员会既无预算也无人员可以做这项工作。"上东区历史保护区之友"的会长罗森塔尔（Halina Rosenthal）说，他们可以自己做这项工作。她组织了自愿观察小组，逐个街段地详细记录下建筑高度、目前使用的状况和其他数据。经过 5 个月的努力，他们给规划委员会提交了一份完整的报告。规划委员会做出反应。在几个月内，规划委员会下调了上东区大部分小街小巷里的街段中间的建筑密度。这样，建筑物的高度不能超出行车道路的宽度或不能超过 60 英尺——法国人在 17 世纪的巴黎就已经建立了这样的制度。

　　第二个市民参与的案例涉及建筑物塔尖超出规划高度的问题。城市俱乐部的主席古德戈尔德（Sally Goodgold）有一天在中央公园看垒球，故事从这里开始。古德戈尔德从垒球场看到了一群建筑挨着卡内基音乐厅向上攀升。其中一幢大楼就是"城市之尖"，她发现"城市之尖"比现存的建筑要高，她是了解现存建筑高度的。实际上，"城市之尖"原本不是这个高度。古德戈尔德把她的看法告诉了其他的观察者。《纽约杂志》听到这个风声，调查了这个问题。"城市之尖"的确太高了，高出 12.5 英尺。市有关部门震动了。不守规矩。它要惩戒开发商的雕虫小技。开发商可以保留这个尖顶，但是，他必须以给社区跳舞团体再建设一个可以使用的空间作为补偿。

　　第三个案例涉及东九十六街 108 号那幢超出分区规划法定建筑高度的大

楼。一个叫做奇维塔斯（CIVITAS）的民间团体的领导人怀疑开发商打算超出分区规划允许的建筑高度。她查看了官方文件，由于对分区规划图做了错误的解释，这个建筑的设计实际上超出了分区规划的规定。建设部撤销了这幢建筑的建筑许可。于是，开发商向法庭提起诉讼，而且打算建设额外的8层楼。这个民间团体不服。纽约州高等法院的最终裁决是，开发商必须削减设计楼层。开发商再次上诉，问题转到了上诉法庭。上诉法庭至今还没有做出裁决，但不管怎么裁决，开发商都不亏。

255

这些案例很复杂。但是，它们反复说明了这一点，恰恰是民间团体和市民们支持和了解了规划和分区规划的时候，规划和分区规划的问题才会暴露出来，问题才能得到纠正。民间团体和市民们走上大街，进行实地考察，才是最重要的。

第十七章　阳光和阴影

美国城市都在加速失去它们的阳光和光线。不过，在失去阳光和光线的规模上、在动用技术和复杂城市设计手段解决这个问题上，其他任何城市都不及纽约市。当然也没有任何一个城市从一开始就面临如此巨大的阳光和光线问题。对于许多直到今天还有阳光的城市来讲，纽约已经积累了许多经验教训。

纽约20世纪60年代开始的那场建设高潮不过是埋下了失去阳光和光线的祸根，随后，这里竖起一座高楼，那里竖起一座高楼，纽约渐渐失去了阳光和光线。纽约人适应性非常强，斗转星移，其实没有几个人注意到光线的消失。实际上，他们丧失的光线是巨大的。对多年的航拍照片进行比较，我们会发现，70年代中期，纽约的阴影面积大大增加了。当时还有一些闲置空间和低矮的建筑，那里零星散落着阳光。但是，中城地区大部分到了下午3点左右就笼罩在阴影中。

随后，那些零星的空地被建筑物填上了。街边的那些石灰石和赤褐色砂石建筑被拆除掉了，代之而起的是高层建筑；所以，在大街上，高层建筑让路给更高层建筑。这场博弈至今还没完结。第五大道还是一个很亮堂的大街，许多低层的街段还留在那里。但是，正在建设的建筑物对阳光和采光正在产生深远的影响。

大部分失去的光线已经是间接光线了。人们常常说，新建筑的阴影落在了旧建筑的阴影上，我们没丢失什么光线。其实不然。阴影是叠加起来的，光线明显减少。黑暗的地方更黑暗。我们不仅仅失去了阳光，我们还失去了头顶上的那一片天，失去了光线，实际上，光线使我们可以区别我们是在阴影中还是在井底。

在采光问题上，纽约一直都在倒退。帝国大厦和克莱斯勒大厦等许多高层建筑都是按照当时的规则建设的。但是，那些老的大厦建筑相对纤细。那些老的大厦与大街保持足够的距离，那些老的大厦本身仅仅使用了整个开发场地的一部分。现在的大厦常常完全没有梯级形后退，沿道路与场地的交接处拔地而起。更糟糕的是，不说故意，至少在效果上，最大程度地阻断了阳光。它们不是切入阳光，而是与阳光并排而立，投下巨大的向北的阴影。

如同我在有关奖励式分区规划一章中提到的那样，奖励的建筑面积造成一些地方失去阳光。最典型的例子是第五十三街东边的佩利公园。1970年，一个开发商在正对着佩利公园的南边建起了一幢写字楼。为了通过规划奖励获得额外的建筑面积，开发商提供了开放空间和一个横穿街段的廊道。横穿街段的廊道给行人提供了一个捷径，但是，若干个商店和看到佩利公园的视线都在下午3点以后被这幢写字楼的阴影笼罩着，而产生这个阴影的原因就是奖励那个廊道的建筑面积让这个写字楼又向上长高了几层楼。

客观地讲，在那个地方建设任何一幢写字楼都会阻断佩利公园的阳光。但是，那只是一个问题。几乎任何一个新建筑都可以建在那里。分区规划没有给小街小巷提供保护。随着时间的推移，大部分可以开发的场地都开发了，那时再谈保护小街小巷就太晚了。

与大部分城市的分区规划一样，纽约的分区规划里也设有与阳光和光线相关的条款。纽约的分区规划宣布类似公正大厦之类的旧建筑不合规范，因为它们直接从街边就向上立起来。纽约的分区规划规定了一个想象的从大街后倾的暴露平面。建筑物越高，它就越必须向后梯级形后退，以至不违反这项有关采光的分区规划条款。

巴黎的分区规划也有相同的发展过程。18世纪，巴黎规定建筑高度与街道宽度挂钩：狭窄街道上的建筑低矮，而比较宽阔街道两旁的建筑高一些。奥斯曼在巴黎重建中延续了这个原则。后来，周期性地调整分区规划，改变了高宽比率，这样就允许檐口线向上挪一点，然后，向上再挪一点。复折式屋顶扩大了檐口线以上的面积，再扩大一些。最后，整个建筑体量翻了一番。

纽约以更短的时间实现了同样的改变。规划师不断调整建筑高度和梯级形后退法令，然后再撤销它们。天空曝光面真正成了想象中的。开发商依然在他们的设计中绘制天空曝光面，实际上，那些设计是明显妨碍阳光和光线射入的。

使用日照表、计算机地图、比例模型，再加上一点点艺术，尽管建筑规模保持不变，我们还是有可能比现在的设计要得到更多的光线和更少的阴影。然而，在采用这些技巧之前，我们要重申一点，确定的规模是至关重要的。**大建筑物投下大阴影。更大的建筑物投下更大的阴影**。没有最优临界值，不过，纽约最初设置的 15 的容积率是一个合理的上限。这种容积率可以投下大量的阴影，但是，街道的空间可以吸收其中大部分。当建筑物向更高和更宽大的方向开发时，硬伤便产生了。当大楼升至 40 层—50 层时，阴影的影响大大增加。对于接受阴影的一端来讲，变化就不是程度问题，而是有和无的问题。它们原先有阳光，现在，它们没有阳光。

我们需要的是光照分区制。如果确定了一个建筑的体量限度，我们不仅可以减少阻断阳光，而且可以增加光照反射面。我们甚至可以操纵和把阳光引向原先缺乏光照的地方。在这个过程中，我们可以创造一些不同寻常的和很有建筑效率的新的建筑外形。

光照围合体是一种最综合的分析方式。南加利福尼亚大学的诺尔斯（Ralph Knowles）是致力于光照围合体开发的先锋。他把光照围合体看成一种想象的容器，它控制着人们对时间和空间的开发。传统的天空曝光面的确可以规定建筑高度和建筑规模。光照围合体同样也是一种分区规划方式，用来设置建筑的高度和规模，不过，光照围合体概念本身是有自己的特点的，它量体裁衣，目标是让尽可能多的光照有可能投射到其他建筑上去。

迄今为止，对光照围合体的主要应用涉及太阳能的开发。人们为住宅开发区设计若干分区光照围合,从而使每座住宅可以让更多的阳光落在邻居的屋顶上和太阳能收集装置上。美国西南部的许多城市已经采用了光照分区法令。与这种阳光入射通道相关的大量法律和技术基础工作已经完成,有理由期待未来会更广泛地把光照围合体用到分区规划上。

在那些阳光最容易照射的地方,已经在保证采光问题上做了大量的工作。让郊区的住宅低矮不是一个问题,而把光照分区规划用于城市则是很困难的,这项工作刚刚开始。诺尔斯正在洛杉矶的一部分地区开发各种分区规划模式。国家标准局资助了一些研究项目,探索在郊区购物中心和办公园区开发太阳能的可能。巴尔的摩城市改造部门正在研究低层商业街段的几何形状如何影响光照、热和光线。

人们最近才开始关注城市中心地区的采光。加拿大的卡尔加里是一座遥远的北方城市,它在处理城市中心地区采光问题上名列前茅。这座城市地处高原地区,北纬51度,非常艰苦的气候条件。卡尔加里的风常常很大,冬季平均气温在零下40摄氏度左右——在真正寒冷的时候甚至更低。当然,那里天空晴朗,阳光充足,堪称加拿大城市之最。

但是,阳光入射角很低。这就意味着大型建筑可以投下非常长的阴影。冬至时,卡尔加里塔投下的阴影横跨市中心8个街段。因为卡尔加里最近才开发大型建筑,所以,卡尔加里面临前所未有的问题。不过,卡尔加里并非不知道这类问题。它至少采用了严格的光照分区规划指南。这个指南详细描述了每一条街道的阳光入射角和入射平面,开发商必须遵守这个规律,保证阳光的射入。因为构成了光照分区规划的围合体,所以,在公共开放空间以南的建筑将会在37度范围内,在昼夜平分时,卡尔加里城市中心上午11点的阳光入射角恰恰就是37度。

卡尔加里市政府正在执行它所倡导的光照分区规划。它的新的市政府大楼就是按照卡尔加里的阳光照射特征设计的。阳面,大楼达到最高层,13层。然后,台阶式降低大楼高度,一直降低到3层楼高。阳光入射角为37度。这样,在昼夜平分点时,从上午11点至下午3点,阳光都可以洒到附近的开放空间里，而在春季后期和夏季，那个开放空间全天大部分时间都有阳光。

另外一个北方城市，西雅图，因为阳光刺眼问题也采用了光照分区规划。低阳光入射角和一些新的玻璃幕墙的大楼，二者结合起来，让西雅图的居民发现他们正眯着眼面对比以前强烈得多的反光。

在开发一个新希尔顿酒店时，此类问题跃然纸上。市环境审查机构已经确定，这个建筑不产生负面效应。但是，工程一完成，这幢建筑的环境影响相当明显。它的玻璃幕墙把光线反射到了州际公路入城的关键路段上。冬季的早高峰时段，阳光的入射角很低，所以，那个玻璃幕墙把阳光直接反射到了司机的眼睛上。于是，车辆减速导致那里出现了严重的交通堵塞。

260　　　如果真有谁想去预测这些光照的反射，估计光照反射的后果肯定不是一个问题。1978 年，西雅图市议会通过了一项法令，要求考虑到这类因素的影响。这样，在审查所有开发建设意向时，都要考察光照和反光的负面效果，必须通过设计消除掉这些负面影响。

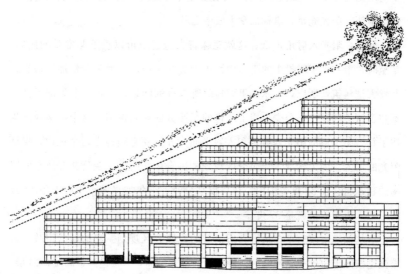

为了让阳光入射通道最大化，卡尔加里新的市政厅大楼采用了 37 度的坡度阶梯下降。

没有几个城市建立了有效的建筑高度规定并且始终坚持它们。巴黎在 17 世纪做到了这一点，不过后来它用上升檐口线的骗局丧失掉了自己的优势。弹性一直都是一个问题。只要有弹性，开发商和建筑师以及房地产市场就可以适应几乎任何水平的弹性，不捣乱。调整、个案和摇摆不定的公共政策，对这些因素的预测让土地价格上升，接下来，让建筑高度不断攀升。

然而，费城在限制建筑高度上却是很成功的。因为费城在限制建筑高度上是没有变通的，所以，费城是成功的。用规划师培根（Edmund Bacon）的话讲："不是法律而是共识创造了一个历史上从未有过的建筑高度线。费城迄今还没有任何建筑超过这个建筑高度线。"这个高度就是市政厅楼顶上威廉·佩恩雕塑的高度，491 英尺。

这个高度没有法律基础，也不是依据容积率或天空曝光面而确定的。这个高度似乎象征着一种至高无上的权利，费城的最高建筑只能是市政厅，市政厅是费城的中心，这个中心用费城的这个聪明的奠基人的雕像加冕。

实际上，491 英尺已经很高了，足够建设 40 层的大楼，对几代开发商来讲，这个高度限制都是不费劲就可以实现的。（费城写字楼的高度数据显示，几乎没有写字楼超过这个建筑高度限度。）

1985 年，开发商劳斯（Willard Rouse）提出建设一幢超出这个高度的综合体，由 2 幢大楼组成，一幢大楼的设计高度为 826 英尺，另一幢大楼的设计高度为 700 英尺。若要让这个综合体高度低一些，那么，就建设 3 幢高度均为 491 英尺的大楼，建筑高度在建筑限度之内，但是，建筑体量就要大一些。

反对这个开发意向的呼声很高。但是，也不是没有支持这个建筑高度的声音。许多费城人认为，费城是时候摆脱它令人乏味的城市形象，最好像纽约那样开发一些真正的高大建筑。如果这样做了，它会提醒人们，费城现在进入了开发高大建筑的时代，而不再是一个沉睡的费城。

费城市长古德（Wilson Goode）举办了两天的听证会，听听有关在费城开发高大建筑的意见。随后，古德放弃了以威廉·佩恩雕塑的高度作为费城建

261

完全照耀在阳光下的格里纳克公园，由于购买了地役权和优先权，充足的阳
光应该会延续下去。

筑高度的限制。以威廉·佩恩雕塑的高度为费城建筑高度的限度，这种共识结束了。

费城人认为许多好事会接踵而来，可是，并没有。

阳光就是金钱。得到更多商业空间的代价是丧失相应单元的光照。建筑师可以通过他的建筑设计从一定程度上改变这个等式。当然，关键因素是建筑体量。我要重申的是：大建筑物投下大阴影。更大的建筑物投下更大的阴影。而且可以挣更多的钱。除非城市在建筑体量、阳光和光线上实施严格的指导，否则，金钱会战胜阳光。

达拉斯的案例值得借鉴。正如一个官员所说，达拉斯从来都是鼓励开发商的。达拉斯却始终都没有涉及光照、建筑体量和高度的有效指南。所以，从达拉斯市中心建成那天起，市中心的一个新的公园，即感恩广场就面临危险。这个公园是一个三角形的开放空间，那里充满阳光，甚至冬季也一样。

朝阳的那条街的对面，清理出了一个场地，用来建设一个非常高的、厚厚的板状办公楼。感恩塔，当然名不副实。商人斯图尔特（Peter Stewart）是感恩广场背后的支撑，他委托一位当地的工程师对光照展开一系列研究。研究成果显示，感恩塔会投下长长的阴影，其长度超出了它应该有的阴影长度。按照设计，这个感恩塔是侧向着太阳的，所以，中午时分，在最需要阳光的时候（除了 7 月和 8 月，那时不需要阳光），它投下的阴影会很大。如果把这个建筑的棱角切掉，它就给阳光留下了一个口子，它产生的阴影就要小很多很多。但是，开发商是不会对他们的设计方案做一丝一毫的改变的。达拉斯市政府也不会迫使开发商这样做。这个感恩塔矗立了起来，与预测的结果一样，投下了巨大的阴影。

这个不离不舍的斯图尔特把目光投向了达拉斯其他容易受到伤害的空间，要求市政府采用严格的光照和阴影法令。达拉斯市政府喜欢这个想法。开发商不喜欢。问题被搁置起来。

在所有的城市中，在拿光照去交换建筑体量的问题上，纽约遥遥领先。

263

在 1961 年的分区规划议案中，纽约就确立了 15 的容积率。纽约规划委员会以过去的经验为基础，找到一个适中位置，确立了这个标准。这个标准当时不错。在容积率 15 或以下的情况下，建筑阴影的确不是不可以忍受的，大量的阴影实际上投射在大街上了。但是，随着容积率的继续提高，甚至在个别案例中，容积率被提高到了 21.6，这样，高大建筑所产生的阴影超出了比例。正如我在分区规划一章中所提到的那样，对体量的追逐是不会有止境的，开发商总希望在开发场地规模确定的情况下可以获得更多的建筑面积，这样，开发商当然越来越不在意他们的开发对周边建筑环境的影响。更糟糕的是，规划师也同样越来越不考虑新开发对周边建筑环境的影响。

就格里纳克公园附近的这幢大厦来讲，开发商和规划委员会都负有不可推卸的责任。规划师在审查这幢大厦的设计方案时发现，它的体量太大，在大街边笔直地耸立起来。不仅如此，廊道奖励、中庭奖励、分区规划街段的合并、放松有关高度和梯级形后退的要求、从相邻的地标转移而来的空中使用权，这些奖励加在一起，使这个建筑获得更大的开发体量。

如果这个开发项目真的按设计开发了，它会造成不止一方面的影响。有些人发现，按照设计，这个建筑高度会把阴影投射到格里纳克公园上。可以肯定，这幢大楼产生的阴影是一种人为的疏忽。规划师不知道也不想知道这幢建筑会挡住阳光。他们对此没有做过任何调查研究。建筑师也不知道这幢建筑会挡住阳光。在他绘制的阴影图上，阴影是落在白色的空间上，而不是落在实际存在的公园或其他建筑物上。规划师们的确承认那里有一个公园，但是，规划师说，阴影会落在另一幢建筑的阴影上，所以无须考虑。规划委员会批准了这个开发项目。

社区理事会和民间团体抓住了最后一根稻草，决定再做一次努力。在最终核准之前，他们把问题交给了预算委员会，要求它推翻规划委员会的决定，拒绝开发商使用这些奖励去建设一个体量巨大的建筑。他们向预算委员会提交了他们研究光照的报告。按照设计，这幢建筑的确会有阴影，时间不好的情况下至少会出现 2 层楼或 3 层楼的阴影。预算委员会首开先河，撤销了给中庭的奖励，下令把这个建筑的高度减少 3 层。

规划委员会目瞪口呆。开发商目瞪口呆。其他开发商也同样目瞪口呆。
不言而喻，这肯定出乎开发商的预料。他们越狂怒，越是把火撒到规划委员
会的身上，实际上，规划委员会一直都是偏向他们的。

在 1982 年修订的《中城分区规划》中，规划委员会以新的方式重新引入
了建筑高度和梯级形后退规定。为了保证大量的"日光"和光照，克沃特勒
（Michael Kwartler）和施瓦茨曼（Alan Schwartzman）开发了一种双重方式，
一个是规范性的，另一个是绩效。双重方式的目标是同一个，建筑上要留出
足够的开放的天空，要让日光可以照得到下方。

建筑师可以选择。执行规范其实就是依法办事，规范提出了具体的建筑
高度和梯级形后退标准，如果遵循这些标准，会得到预期的日光。如果规划
满足了这些标准，就可以得到批准。

第一种方式衡量的是原因，第二种方式衡量的是效果。建筑师估算他设
计的建筑会遮挡的自然光线数量。建筑师根据日光估计表，绘制出若干不同
位置可以接受的日光的数量。他把整个平面划分成若干想象的方块。通过计
算日光被遮挡和不被遮挡的方块数，建筑师可以计算出让他的设计可以通过
规划审查的采光百分比。

75％的采光百分比可以通过规划审查。如果建筑师拿出的方案达到这个
百分比或超过这个百分比，那么，这个开发项目是可以得到规划批准的。
75％的采光百分比还能进一步得到改善，通过增加建筑表面的反光性能，让
一定数量的光线反射到大街上。

到目前为止，大部分建筑师选择了遵守规范。绩效方式比较复杂，但实
际上未必有人们想的那么复杂。建筑事务所使用计算机绘图技术可以很快计
算出采光方块数。有些人把这项工作计算机化了。

应该输入纽约计算机的一个数字是正北偏东 29 度。先搁下这里讨论的主
题，让我解释一下为什么这样做。大部分城市的道路网格都是正南正北布置

的，主要道路是南北向或东西向。纽约的道路网格不同，不按正北正南布置道路对纽约不是一件坏事。1811 年，授权决定纽约未来路制的委员会开会，决定纽约采用矩形网格的路制。这个委员会的解释是，矩形网格在建筑构造上最便宜，胜过欧洲的那种圆形网格或椭圆形网格。

为了让矩形网格适应岛形的曼哈顿，这个委员会必须一定程度地改变道路取向。南北大道并非正南正北，而是偏东 29 度。这样，就让道路有了最优的采光模式。因为街段的北边道路偏东，它们可以在早上采集到几个小时的阳光。街在上午大部分时间、中午和下午都可以采集到阳光。（如果那些街段上的房子有向外凸出的窗户，直到太阳落山，它们都可以采集到阳光。）阳光在下午 1 点—2 点时可以完全照射到步行的大道上。总之，矩形网格的路制最好地把光照和网格结合了起来。

倒退从来就有。纽约市政府在开发自己的场地时，充分显示出了贪婪，市政府不仅允许而且要求大体量的建筑。这些大体量建筑产生的巨大阴影预示着一定会引起新一轮的别出心裁的理论。无影建筑就是一个。这些理论的光照分析图显示了建筑物会投下的阴影的轮廓，而不是其他建筑已经投影过的那些空间。阴影掠过的速度是另外一个变量。把建筑物的绝对高度看成一个改进元素，非常高的建筑物的阴影会很大，但它的顶部会快速扫过城市。舆论非常反对这种塔尖式的建筑，也许写字楼市场也反对这种建筑。

在美国城市中，旧金山一直都最热心于保护它的阳光。不久前，旧金山很得意地放松了一把。旧金山把最大建筑容积率设定为 14，给开发商提供奖励，这些奖励可以让开发商建设体量更大的高层建筑。市民们紧张起来，担心旧金山踏上"曼哈顿化"的道路。

环境保护主义者鼓动了一场全民公决，1979 年，他们提出了一个反高层建筑的议案供表决。环境保护主义者主张，把旧金山中心地区的最大建筑高度减少到 200 英尺或 20 层，而在与城市核心相邻的地区，把建筑的最大高度减少到 80 英尺—130 英尺。

但是，环境保护主义者的提议在公决中以微弱劣势败北。但是，减少容积率和降低建筑高度的倾向并没有消失。旧金山规划委员会随后对它的奖励式分区规划、建筑体量和高度规则展开大规模修订，确定把旧金山的最大建筑高度减至550英尺，相应削减最大容积率和奖励。

1984年，另一个反高层建筑的《K修正案》提交公民投票。这个修正案提出，任何建筑的阴影不得落到公园和公共开放空间上。几乎可见的愤怒对修正案的提出是有利的。在此之前10年，旧金山的中国城就出现过这种情况。当时建设了太平洋电信大厦，这是一幢22层的大厦，没有比它更丑陋的建筑了，在我收集的空白的墙壁案例中，它是最糟糕的空白的墙壁之一。它不仅看上去令人讨厌，它还在全年大部分午餐时间里把阴影投到了圣玛丽广场。

1982年，距太平洋电信大厦几个街段的地方，一幢打算建设的140英尺高的公寓大楼威胁到了一个很小的公共空间。一个来自伯克利的景观建筑项目的小组来到规划委员会，精确地证明，如果建设这幢大楼，那里有多少个小时会没有阳光照射。这个小组还说明了未来如何把这类建筑开发意向消灭在襁褓里。这个小组绘制了说明太阳"扇面"的图，所谓太阳"扇面"其实就是一组想象的平面，用来精确对应阳光入射的角度，低角度的平面向东延伸接受晨光，有些比较陡一些的平面接受来自南面的中午的阳光，再低下来向西的平面接受下午的阳光。

旧金山市规划委员会接受了这种方式。降低了围绕休憩游戏场所周围建筑规划许可的高度，以保存那里的阳光。受到鼓舞的社区团体进一步提出，在全市范围内使用这种光照分区规划。1984年6月，这个问题交给了选民。最后以2/3的多数得到批准。很巧。市议会的议案暂时中止了在联合广场附近开发几幢高层建筑的设想。

第十八章　反光

　　我们一直都在讨论控制阴影的措施办法。实际上，我们还需要探索许多积极因素。同样一幢巨大的而且设计不善的大厦可以给一个地区造成很大阴影，也能给另一个地区带去反光。我们应该探索这种反光的可能性。同样，我们应该探索如何通过聚光技术把太阳光反射到那些以前终日没有阳光的地方去。所以，我们需要全面研究新开发建筑对它周边建筑小气候的影响。

　　就技术问题而言，规划机构通常从建筑师和开发商那里获得数据。这些规划机构没有预算资金去自己做研究或委托别人做研究。所以，他们对获得那些数据心存感激，当然，他们应当对那些数据持怀疑态度，不过，事实正相反，他们通常在最终报告中把那些从建筑师和开发商那里获得的数据当成了自己最终判断的依据。事实上，他们在阳光研究上就是如此。我并不是说建筑师和开发商提供的数据完全不准确，而是说他们提供的数据整体上是不精确的。我最近考察的三项建筑阴影研究显示，它们不仅在数据上不准确，而且，那种不准确昭然若揭。一项建筑阴影研究标注了正北向西偏6度的位置。另一项建筑阴影研究把建筑阴影投在一个理论空间上，而没有具体指出那个空间上究竟有什么建筑。第三项建筑阴影研究标注，接近黄昏时刻，太阳旋转到了340度的位置上，实际上，太阳旋转270度就是一天。

　　审查机构没有指出这些设计错误。就算是这些研究把太阳都标注在东边，
审查机构可能对其建筑阴影研究的错误也会视而不见。可能存在某种与审查过程相悖的因素。旧金山规划委员会对建筑师和开发商研究的过分信任给它自己带来麻烦。旧金山出现的最糟糕的建筑阴影之一恰恰是建筑师指出没有

建筑阴影的建筑。当那幢大厦形成的建筑阴影成为现实后，旧金山规划委员会放了马后炮，对此展开了大量的批判，它信誓旦旦地宣称不再重演此类错误。很幸运，在跨过旧金山海湾的伯克利，恰恰有规划师可以寻求帮助的建筑审查机构。

阿普尔亚德（Donald Appleyard）拿到了国家科学基金的一笔研究费，建立了一个"环境模拟实验室"。他的第一项研究就是模拟从道路上看到的建筑环境。他制造了马林县的地形模型，这个模型达到一个房间的规模。他在那里悬挂了一架16 mm的摄影机。在计算机的操纵下，这个摄影机可以在任何一种模拟速度下沿着设定的路径行驶，拍下从驾驶员眼中所看到的建筑环境。

在研究旧金山阳光和建筑密度在道路高程上产生的效果时，阿普尔亚德的这种方式很有帮助。阿普尔亚德和他的继承人博塞尔曼（Peter Bosselmann）使用世界博览会留下的旧金山的大模型测试了多种光照选择，随着建筑物的上升或下降，梯级形后退的增加或减少，会产生不同的光照模式。这些都是动态的。随着这架摄影机所呈现出来的难以置信的逼真图景，人们会看到步行或驱车状态下光照的效果。

正如我在前一章所说的那样，这些模拟帮助旧金山的规划师们编制了新的和比较严格的建筑高度限制和体量限制。它们还帮助对开发商提出的开发项目展开论证。在很多情况下，这种模拟显示出，建筑物会投下比开发商设想的要大的阴影。这种模拟还显示，经过对设计的巧妙调整，建筑物的阴影会实质性地减少。有些建筑师开始很不理解，但是，他们最终还是对建筑设计进行了调整。

这个实验室的设备价格不菲，但是，基础工作不需要太复杂的设备就可以完成。博塞尔曼曾经到纽约帮助开展对时报广场的研究，那次事件证明了这一点。当时，纽约市政艺术协会担心，对时报广场地区实施分区规划可能是一场灾难。于是，市政艺术协会询问博塞尔曼能否使用简单的技术手段，对此做一个快速的研究。他能。他按照那个地区的建筑现状，制作了一个模型，那些建筑立面基本上与实际建筑立面一样，包括标志。新增加的模型组成了不同的设计可能。这些模型可以在桌面高度移动，这样，研究人员就可以看到不同的设计选择所产生的建筑环境效果，对百老汇和第七大道视线的影响，对杜菲广场背后的纷繁的标志的影响。

269 　　若干个相关的看法得到了明显的证明。普通写字楼会把时报广场变得平淡无奇。但是，重新布置这个特殊地方的分区规划会提升时报广场。这些模型所显示出来的结果着实让市政府的官员和规划师大开眼界。纽约是否会注意那些特殊的经验教训是一个问题。然而，更大的问题是，纽约是否注意到了这个一般经验教训，建立起纽约自己的建筑环境评估中心。

　　规划委员会是合理的建筑环境评估中心。但是，它们并没有承担起这项工作，它们实际上不太可能去做这项工作。它们乐于接受评估报告，甚至接受批判性的评估意见，但是，它们不愿意成为建筑环境评估的主办方。它们主张使用政府之外的力量来展开对建筑环境的评估。无论如何，要想完成这项工作，必须依靠某种独立的中心。①

　　这个中心应该拥有可以使用各种技术的人员和相关设备，使用伯克利率先展开的阳光分析研究方法，对若干建筑企业的开发活动，尤其是斯基德莫尔、奥因斯和梅里尔这类大建筑企业的开发活动，使用计算机模拟它们对阳光和阴影的影响。这种建筑环境评估中心应该展开风洞试验，研究一个建筑是否会产生风和改变小气候。大部分城市的风都比芝加哥的风大，但是，几乎没有几个城市安排了可以挡风的公共座位。公交汽车站的设计更多地是为了展示广告而不是为了让人舒适。实验可以对此提供不少帮助：正确位置的夹道、玻璃制的挡风墙、充满阳光的小小空间和避风港。规划师和设计师还没有为非常寒冷的地方例如卡尔加里探索可能性。

　　这种建筑环境评估中心也能对已有建筑和空间的使用和没有使用的状态展开评估。我展开的街头生活项目实际上证明做这类评估并不麻烦。我当时希望，规划师们不仅接受我们的发现，而且采纳我们采用的方式，发展他们

_____

① 我们需要独立的评估中心来鉴定大型项目对小气候的影响，一旦发现问题，要尽可能早地更改设计方案。

自身的能力。匹兹堡的规划部做过一项与我们相似的广场研究，很好考虑到了研究中的发现。当然，据我所知，到目前为止，通过公共空间项目所展开的评估是唯一一个真正的专制评估项目。

如果这种建筑环境评估中心真与大学联合起来，那会是很有帮助的。这种建筑环境评估中心应该云集各路神仙，规划师、建筑师、景观建筑师、开发商、社区活动分子、议员、规划委员会的负责人。资金支持会是至关重要的。收取市政府和其他客户的服务费用，可能让这种中心在一定程度上自负盈亏，当然，它应该在财政问题上是独立的。这种建筑评估中心应该有能力提出它自己的问题，不仅仅只对别人的提问做出回应！最好的研究途径会是探索新的可能性——采用新的方式，让小气候更有益于健康、有更多的阳光和光线。

比较小的城市也有足够的理由去建立相似的评估机构。**比较小的城市没有那些出现在大城市的建筑尺度和密度问题，当然，这对比较小的城市来讲是件好事。它们至今还有充足的阳光。**从比例上讲，小城市开展环境模拟的成本肯定要比大城市高，因为可以分担模拟成本的建筑相对少。当然，模拟成本高不到哪里去。

社区规划董事会开发出了一些很有效率的阳光研究方法。普拉特学院的波特教授制作了社区特定地区的小尺度模型。然后，把这些模型放在日晷示意图上。他使用阳光作为光源。他把模型拿到室外，转动和倾斜这些模型，直到一根小棒的影子与指定的时间线相交，例如，12月22日，下午2点。这些模型的投影会很接近建筑物的实际投影状况。波特还发明了制作相应静风区图的方法。波特和他的学生为上曼哈顿东社区全面展开了阳光和风的小气候研究。他们发现了二者有着紧密的联系。遮住了大量阳光的大型建筑一般也会在它们的底层产生很猛烈的下沉气流。

我要再说一遍的是，研究手段其实不是一个问题。无论是高端技术或低端技术手段都可以回答建筑小气候问题。实际上，提出建筑小气候问题才是关键。探询建筑小气候问题一定是一个动态过程，不断把问题引向深入。例

270

如，这个大厦会让多少阳光照射到它的相邻建筑上。这是人们常常提出来的可以用阴影图回答的问题。

但是，还有一个更重要而且很少有人提出来的问题。这个大厦**能够**让多少阳光照射到它的相邻建筑上。回答这个问题需要想象。建筑高度和梯级式后退法规可能保证大厦上边有一定数量的开放空间；但是，与建筑高度和建筑梯级式后退相关的法规未必保证相邻建筑可以得到充足的阳光。

我们可以想想大部分建筑的选址和形状。**如果我们真要推演这些建筑留出的阳光通道的话，我们的结论是，太阳从东边升起，旋转一圈，回到东边太阳升起的地方。许多建筑显示出，所有方向的立面都是一样的，照射到一幢建筑各个立面上的阳光仿佛都是一样的。东、西、南、北：朝南的和朝北的立面常常没有区别。**

太阳不是在东边下山，而是在西边下山的，太阳不过是旋转了 180 度。

271 **这一点不需要研究了。**如果我们打算让大厦的采光最好，我们应该配置模块让大厦向北的面倾斜。这就是卡尔加里分区规划的要点。然而，一般来讲，几乎没有几幢大楼让向北的面倾斜。实际上，我们看到的建筑形状正好相反。一幢大型公寓楼把最低的部分放在场地的南端，而把最高的部分安排在场地的北端，这样，削减了落在建筑西北部分上的阳光。这幢建筑一直因为它别出心裁的设计而受到称赞。

如果能够早些和严肃地提出建筑阴影问题，建筑形状所产生的影响会好一些。这一点同样适用于那些戴着高帽子的建筑。纯粹出于疏忽，一个建筑师为了安装电梯和储水罐，在他设计的大楼后部竖起了一个"高帽子"。如果事先就提出了建筑阴影问题，他会认识到，给这种建筑再加上一个高度，会给一个重要公共开放空间投下阴影。如果把这个"高帽子"放在大楼的前部，却不会新增建筑阴影。可惜，当时没人提出这个设计会产生的建筑阴影问题。这幢建筑成为了一种标志。我们从未想到它会成为这样的标志。

所以，我们需要对所有的建筑都展开它们对周围地区小气候的影响研究：模拟风洞试验，不仅仅确定向上的风，也确定向下的风；通过对阳光的研究，确定建筑物可能投下的阴影，确定反光，确定何时何地会出现阴影和反光；失去的光线仅仅是因为够不着但可以设法"够着"。实际上，我们需要探索建筑对小气候影响的积极因素。

反光就是这些积极因素之一。大型建筑反射的光照度不小。不过，有时这种反光的角度不对，或者反射到了错误的地方——就像西雅图的眩光。当然，这种反光有时十分有益。例如，纽约花旗银行大厦就产生了很有益处的反光，以致接受反光的那个街段里的树木都比以前生长得更快一些。花旗银行大厦的影响范围不小。春季，接近黄昏时分，花旗银行大厦把阳光反射到第五十七街和第五十八街之间那段第五大道的西侧，这道反光大体在 7 个街段上展开，直到 IBM 大厦为止。

佩利公园也是反光的受益者。在南边的一幢大厦和东北方向的一幢大厦建设起来之后，这个公园失去了大量的阳光。公园的一侧是一面黑色的砖墙。当阳光落在那面墙上时，大量的光向西南方向反射，反射到了佩利公园。这种反射光很柔和，这道反射光一直延伸到下一个建筑为止。

城市设计指南有时排除了朝北暴露的开放空间。我认为这是一个错误。向南暴露肯定不错，但是，没有暴露面的空间也不应该受到排斥。因为存在反光，所以，那些没有暴露面的空间有可能获得间接光线。纽约的格雷斯广场就是一例。格雷斯广场运行得不好，但是，并非因为缺少阳光。阳光可以在下午照射到街北的一幢大厦上，这样，它把大量的阳光反射到这个广场上。 272

这类反光效果基本上不是有意为之。在极个别的案例中，建筑师的确预测到了反光，但是，在我所了解的案例中，建筑师都没有在设计上考虑利用反光。哈姆纳（Easley Hamner），花旗银行大厦设计建筑师斯塔宾斯（Hugh Stubbins）的合伙人，曾经说道，他们担心街南边那些建筑的业主因为花旗银行大楼的反光而起诉他们。在得克萨斯州，确实有因为建筑反光造成相关建筑使用更多的空调散热而对簿公堂的案例。花旗银行大厦没有因为反光而遭到起诉，也没有证明有必要改变这幢大厦的建筑设计。当这幢建筑完工后，大部分反光所产生的影响是积极的。

为什么不通过设计来利用这些反光呢？在一定角度上，一个表面反射的光等于它接受的光。如果我们了解到一个反光，我们就可以计算出下一个反光接受对象，依次把反光传递下去，这个设计不坏。我们有很多这类反光；我们可以确定那些反光来自哪里，何时发出反光。

我们还要确定建筑表面的反光性质。建筑的表面材质是影响反光质量的关键因素。玻璃幕墙可能会降低进入那幢建筑的热量，但是，反射出来的光线会很强烈。玻璃把光按照光射进来的路径平行反射回去。根据太阳的方位和高度，采用黑色玻璃做表面材质的建筑可能就是一束光或一个大黑洞。

多孔的建筑表面材质，如砖头或石灰石，在反射光的能力上有所不同。它们反射更多的光。例如，白色砌石的反射系数为 0.85，而黑色玻璃的反射系数仅为 0.12。当然，反射光不刺眼，是温和的。黑色玻璃面把太阳光再平行反射回去，与此不同，多孔的建筑表面材质分解了光线，扩散了它们。对于城市设计来讲，多孔的建筑表面材质可以产生两个好结果。一是光照射着的那些建筑会均衡地把光反射出来，二是那些建筑因为光的均衡反射而不刺眼。采用多孔表面材质的一些建筑相当鲜艳夺目。

同样重要的是反射到其他地区的光线。这种反射光可能让人感到很愉悦。第五大道五十几号街段是一个很精彩的地方，其中一个原因是，那里的建筑表面以石灰石为主。照射到这些建筑表面的光线再反射到周边建筑物、大街和人身上，这种反射光不烦人，而且很美观。就像好餐馆的照明灯一样，灯光一般从侧面照射，而不是从头顶上照射，这样的光线遮掩了那里可能存在的瑕疵。（对夫人的忠告：如果你想让人看到你的最好的一面，最好行走在第五十五街和第五十七街之间的那段第五大道西侧，时间大体在春分时节的下午 4:30 左右。）

观察这些光照效果的来源时，我们会发现，浅色调的建筑表面反光效果
273 不错，如波道夫·古德曼大楼。我们还会看到，新近清洗过的圣帕特里克大教堂如何让周围街道豁然一亮，而通往洛克菲勒广场的通道一侧是低层的石

灰石建筑是它照亮周围的一个关键因素。

其实不只是美观。我曾经沿着第五大道检测照度，当时我发现，虽然头顶上那片天的照度都是相当一致的，但是，在眼睛高程上的光线明显有差异。这些差异基本上是由建筑立面所使用的材料所致：卡地亚的石灰石，奥林匹克塔的黑色玻璃。一个建筑扩展了那道光线，另一个建筑再把它传递下去。

现在，规划师们要求，沿第五大道开发的任何新建筑，从临街面直到第一次梯级形后退，至少 20％的建筑立面要采用浅色调的建筑材料。更好的是，分区规划给使用了浅色建筑材料的建筑师加分，鼓励他们使用自然采光。其他城市应该也在采用同样的步骤。只要让建筑师不去使用黑色玻璃来装饰建筑立面就是一种成功。

建筑立面不是使用反光建筑材料的唯一地方。街段内部，那些开发留下的孤岛，都可以因为反光而获益。建筑后墙的反射光就能发挥一定作用。许多居住街段同样如此。褐色的后墙不美观，把地处北面的那些后墙刷成白色，它们会让街段里面也美观起来。

我们还可以提出另一个问题。是否存在可以拦截下来的阳光？只要我们有这个愿望，可以拦截下来的阳光的确存在。当然，拦截阳光毕竟是一种例外。人们在建筑设计时已经考虑到阳光和阴影，绘制了阳光和阴影图。例如，阳光和阴影图说明了一个广场的哪些部位在什么时间里会有阳光，哪些部位有可能处在建筑阴影中。黑白相间，阳光在这，阴影在那，如此而已。

这样，多种机会被掩盖了起来。当我们考察广场的不同部位时会发现，阳光投射下来的各种角度。阳光可能完全没有投射到广场的地面上，但是，在广场地面之上，阳光正以一个角度，投射到广场上空 20 英尺的高度上。那个高度的阳光是始终存在的，问题是广场上没有任何东西去拦截它和反射它。如果那里真的长了树，假定长着 30 英尺高的皂荚树，广场里就有阳光了，那道光线仅仅照射了广场的一个很小的部分。但是，有和没有拦截下来的光是有差别的。扩散的和斑斑点点的光可能让人感觉很好，具有诱人的魅力。

为了抓住这类拦截阳光的机会，计划好种大树是很重要的，树干的直径至少要 8 英寸。这就意味着，在广场设计时就考虑到树坑的大小和深度。这件事可能不易。新的广场和小公园常常建在地下车库之上，树给车让了位。要在规划阶段，就给树木留下足够的空间。一旦开发完成，再想找到种树的地方实际上是不可能的。

利用直接投射是另一种借光的方式。这种直接投射的方式类似约束光源，但使用的是指向特定目标的阳光。为了说明这种方式，让我先假设一种情况。一个市中心的小公园失去了大部分直接照射的阳光。更糟糕的是，新建筑把小公园包围了起来，于是，那个小公园里几乎没有阳光了。可是，一座新的写字楼带来了希望。当那个写字楼建成后，从写字楼的屋顶上可以直接看到这个小公园。

是否可以从那里把一些阳光投射到那个公园？如果使用一面镜子，可能让公园里的人不舒适，而使用反光板的效果可能会好一些。不需要太多的反光板就可以给小公园送去具有实质意义的反射光。可以使用计算机去追踪太阳，从而给公园送去最大可能的反光，包括公园中心一尊雕塑的背光。

很勉强吗？当然勉强，但是，比起一些勉强向上发展的建筑，利用反光板借光还要好点。例如，建筑师德尔·斯卡特（Der Scutt）设计的特朗普大楼使用了棱柱形玻璃，于是，光被反射到任意方向上。无论规划与否，这类建筑正在摆弄着阳光。所以，预测那些建筑的效果是有意义的，可以预测什么是比较好的效果。

新的太阳光学领域提出了利用阳光的一种可能性。这种实践的先锋人物是科学家迪盖（Michael Duguay），他现在在贝尔实验室工作。在 1977 年的一项实验中，他证明使用"太阳跟踪器"就可以捕捉到阳光，通过设置在建筑里的一个小洞，把捕捉到的阳光通过管道，投射到建筑内部。这种设备达·芬奇一定可以设计出来。实际上，这个光的反射装置的大部分元素自古有之，镜子、齿轮、透镜和一种最基本的认识，那里可以随时采集到阳光。

迈阿密大学正在应用这种方式设计迈阿密新的市政工程大楼。在一个类似戈德堡（Rube Goldberg）设计的方案中，在市政工程大楼的楼顶上安装了十台反光器。通过一个镜子和透镜系统，阳光被送至大楼内部的工作区。这样，捕捉到的阳光大大削减了他们采光所需要的电量。

现在，市场上已经有了计算机控制的设备，跟踪太阳，把捕捉到的阳光反射到建筑内部空间里。同样的原理也可以用来补充外部空间的光线。安装在高处的反光板可以把光从高处反射到那些很暗的地方，如佩利公园。反光板可以使用偏振滤光镜，按照接收到的光，控制传递出去的光。当然了，这个操作比较棘手，而且如果这种装置工作不当是会吃官司的。但这是一个多么炫目的秀！用激光束也可以，但是，还有什么可以比自然光线更好，我们其实并不需要高科技就有各种可能采集到阳光。

古时候的人比我们更足智多谋一些。建筑师普卢默（Henry Plummer）在《阳光礼赞》中把阳光描绘成最令人为之惊叹的力量，而阳光恰恰与时间一起存在。他写道："从古埃及人的庙宇到朗香礼拜堂，都能够把握住流逝的时间，它们根据太阳的变化，通过结构，克服固定形式的惯性。五彩的光芒划破夜空，根据光线的射入角度、影子的长度和光线掠过建筑表面的不同，软化和硬化着建筑纹理。"

只有当我们考虑到光线的这些作用时，**我们才能够尽其所能，让光线的反射效果更恰当些：稍微倾斜的立面可以抓住黄昏到来之前的那一缕阳光；在屋顶上安装一个反光板，照亮小公园中的昏暗的地方；像克莱斯勒大厦的塔尖，无论我们在哪里，它的光芒都让我们觉得不错。我们需要更多地考虑诸如此类的事情。**

275

第十九章　采光地役权①

我们一直在讨论的分区规划方式其实就是某种贿赂。我们不是把要求阳光作为一种权利，而是用甜言蜜语去哄骗得到一缕阳光。我们一直都在要求开发商做的不过是别把阳光全给遮住了，留出一些阳光，而只有他们这样做了，才可以得到丰厚的回报。实际上，这种行为愈演愈烈，以至于出现了一种将它合法化的分区论。当一个开发商争取增加8层楼或更多层楼时，规划委员会只允许他新增4层楼，明明是增加了建筑体量，却被说成减少了建筑体量。当一个开发商的开发场地与一个城市公园相邻，这个开发场地可以允许的建筑体量和高度有限制吗？没有。相反，允许他不受高度和梯级形后退约束，增加开发建筑的高度和体量，结果把建筑阴影投射到了那个相邻的公园里。这就是"公园更新区"的法令。

阳光应该是一种地役权，而不是一种可有可无的便利设施，警力应该保障这种地役权。然而，法庭并没有保护这种地役权。当运用警力超过了某条线时，就会被视为"无偿占用"。法庭坚持，政府不能动用警力去逼迫人们交出他们的利益。一方想要得到，就必须付出代价。

法庭早晚会把阳光看成不只是一种权利。很大程度上这取决于市民和环境保护社团能多么成功地推广阳光是一种权利的观念。旧金山最近出台的法规和法庭的认定都在鼓励这种观念。

现在，还有其他一些可以采用的方法。即使我们仅仅把阳光看成一种利

---

① 按合同约定，利用他人不动产，以提高自己的不动产的效益的权利。——译者

益，我们也会看到，公共机构在处理阳光问题上的能力已经得到了相当大的强化。公共机构可以购买阳光，租赁阳光，为阳光免税。这种观念听起来像是天方夜谭，其实，在权利和利益之间的模糊区域里，的确存在着一些很有吸引力的机会。

购买阳光的一种方式是通过购买采光地役权。我们从一个房主那里购买一个具有约束力的协议，那个房主不再在他的房子上增加任何建筑物，所以，不会挡住我们的阳光。过去几年里，作为先锋的科罗拉多州，以及其他一些州，都通过了涉及采光地役权的行政法令。这些法令的目标是为了保障太阳能收集者的阳光。我们必须非常清晰地表述地役权。我们必须确定，房子上方受保护的空间到底有多少，购买地役权需要支付多少，以及侵犯了对方的权利需要赔偿多少。在赔偿问题上是有争议的。有些人提出，在乡村，地役权可能很便宜，而在城市，地役权可能非常昂贵。

还有另外一种避免赔偿的方式。新墨西哥州的法令就是一种模式，之后，加利福尼亚州和明尼苏达州的法令也借鉴了这种模式。这些法令援引了西方水权法的"谁是第一"的原则或"优先占有原则"。这些法令规定，第一个安装太阳能设备的人首先获得阳光，而且还将继续获得阳光。此后，在那里展开的其他开发一定不能侵占那个人的"阳光之窗"，即阳光到达他的屋顶的那个路径。

这基本上是一种授予。水权法的最初想法是优先分配对暂时的稀有自然资源的使用。按照这种涉及阳光的法律，第一个使用阳光的人永久性地得到了使用阳光的权利。就这个人南边的邻居而言，第一个使用阳光的人处于极端有利的地位，他可以严重阻挠新的开发，削弱那些邻居的房地产开发权利。

我目前还没有充分的经验来做出可靠的结论，但是，我猜想，地役权的方式会被证明是正确的，当然不是没有局限性，而"优先占有原则"则是不正确的。我还猜想，地役权的方式会被证明在保护阳光上最有效，这种方式主要用于城市地区。

空间所有权转移与采光地役权的方式有联系。空间所有权转移及指定标志性建筑，一直都是减少历史保护区开发的压力的有效方式。按照纽约市的法规，市政府可以指定一个建筑为标志性建筑，或指定一组标志性建筑所在地区为历史保护区。这样，那个标志性建筑的业主，在没有得到市政府有关部门批准的情况下，不能擅自改变那些建筑。保护阳光是在不经意中实现的，不过，保护阳光肯定是这项法规的重要成果之一。

保护性建筑的业主没有得到赔偿。当然，他不是两手空空，实际上，他也得到了一个红利。他可以出售这幢建筑没有使用的空间所有权，如果没有被政府指定为标志性建筑，这个业主本可以得到更多的建筑面积。（例外情况：按照纽约市的法规，地处历史保护区的建筑不具有空间所有权转移的资格。）

最高法院支持使用《纽约市标志性建筑法》处理纽约中央车站时，提出了对空间所有权实施转移的问题。当时，中央车站的业主抱怨，市政府把这个火车站指定为标志性建筑，使得业主不能得到合理的回报。最高法院不同意业主的这种说法。最高法院提出，中央车站可以出售它的空间所有权而获得相当可观的回报。一次，中央车站向菲利普·莫里斯公司出售75 000平方英尺的空间所有权，挣得200万美元；使用这个权利，菲利普·莫里斯公司给它的大厦增加了3.5层的规模。

私人同样可以出售他们的空间所有权。如曼哈顿第五十八街的瑞典教堂就这样做过。按照这个地区的分区规划，这个仅有5层楼高的教堂本可以建设成更高的建筑。开发商欲在与这个教堂相邻的场地上开发写字楼。他想，如果真买了教堂的空间所有权，他就可以保证写字楼的右侧受到保护，当教堂场地建起一座大楼时，他的写字楼的窗户不至于被遮挡。而且，他有权增加这个写字楼已经被批准的建筑面积。

教堂同意出售它的空间所有权。1978年，这个教堂只付了57万美元买下这块地。现在，它不仅有了这个建筑，还通过出售教堂上面的空间再挣了99万美元。（注意：这个圣巴托罗缪教堂案最终结果并不好，不过，原因是教堂没有去探索出售它的空间所有权的可能性。但是，教堂财迷，想通过开发教堂的一部分场地而成为合作开发商，挣更多的钱。）

空间所有权转移一直都仅限于转移给相邻场地，隔壁、对门或成对角的场地。为了扩展这个转移的范围，空间所有权必须可以"流动"。如同农业地区的开发权转移一样，空间所有权可以跳跃到另外一个有点距离的"受让场地"上。这种转移产生了一些难题。主要难题是，增加的建筑体量会影响接受空中转移的地区。临界点应该是什么？谁决定场地边界？这类决定需要一个具有高度专业水平的评审委员会，它可以抵制政治压力，而且有智慧。人们愿意寻找这样一个机构。

还有另外一个问题。这个问题与"转移"这个词汇相关。对于空间所有权，新增建筑的潜力并没有被约束，它可以转移到其他地方，与空间所有权让出的地方相比，转移出去的空间所有权有可能对另一个地方造成更大的负面影响。由于地役权的存在，新增建筑的潜力不能转移，它被中断了，没有任何开发潜力可以转移。捐赠者让出了他的权利，允许他人新建建筑，导致他自己的房产或者说地役权赋予他的一切权利受损，这个损失是永久的。但是，地役权是就特定房地产而言的，与这个房地产"共存"，并约束以后的所有业主。这就是为什么分区规划不起作用的地方，地役权可以。而且，长期的约定对地役权的转让能获得减税优惠是至关重要的。

以上原则最成功的应用案例就是环境保护地役权，它往往应用于还在开发中的农场和乡村土地。地役权规定，业主不能在农作物覆盖区里随意建房，不能削山坡，不能砍大树，不能在溪流里筑坝，不能竖起大型广告牌，不能让农场在外观上乱糟糟。这种地役权是永久性的。这些约束与那块特定的土地"共存"，对后续业主具有同样的法律效力。

地役权未必覆盖一个房地产的全部范围。从早期地役权案例中得到的最有意义的教训是根据土地定制专属地役权的必要性。一块土地的某个部分可能适合开发。如果业主想要采用保护性方式开发那块土地，那他可能愿意无偿贡献出他对溪流、沟壑、湿地、树林的地役权，那些地方对美丽的自然景观是不可或缺的，于是，良好的自然环境也改善了被开发的那一部分。这其中有大量富有创造性的谈判，参与者有地方土地信托组织、各种保护委员会、自然资源保护机构等。（其中的佼佼者是我家乡的"布兰迪万自然资源保护区"，对一个保守地区而言，是一个极具智慧的地区保护计划。）

回头看，我们对城市地役权的认识则慢了很多。城市第一次应用地役权涉及建筑立面形式的地役权管理。这种管理尤其涉及历史建筑的外观保护。这类项目的主角是历史建筑保护团体。地方政府最终卷入其中，地方政府通过了标志性建筑的法规，使用它的权威，建立专门委员会，来强力推行历史建筑保护行动，于是，地役权是第一道防线。

280　　以后还挖掘出实施物业地役权管理的其他可能。1970年，"纽约标志性建筑保护公司"成立。那时纽约已经有了一部相关法规，有了标志性建筑保护委员会。我们当时想，像我们这样的非专业团体可以支持标志性建筑委员会，推动它的工作，做一些这个委员会不能做的事，如购买和再利用旧建筑，或保护那些没有得到标志性建筑称号却有建筑或历史意义的建筑和街段。

我们的第一批行动之一是获得一批建筑立面的地役权，那些使用了褐色砂石、石灰石且尚未受到破坏的旧商业建筑的建筑立面的地役权。对旧建筑的感情，捐献立面地役权可以减少他们的所得税，都是推动他们捐献立面地役权的原因。他们常常会为此来找我们。

我们会对那些建筑立面的地役权做出规定，基本要求是，不要对建筑的外观做任何结构性改变。我们特别关注的是从道路水平上所看到的那一部分建筑立面。业主必须保证让建筑外观维持良好状态，预先拿出一笔钱来支付管理机构在管理建筑立面地役权上的开支。那幢建筑的业主和后继人与以税收为目的的地役权评估有关。无论如何，业主从国税局那里得到一笔相当可观的减税，当然，这笔减少的税未必是他们中一些人所要求的数量。

有些问题需要解决。一开始，我们提出的条件很宽松。调查和监督工作量很大，有一些我们始料未及的事情发生。（屋顶问题拖了很久，从中我们才了解到，以从大街上看为基础编制的指南未必总能令人满意；一些住在屋顶上的人威胁要与我们对簿公堂。）

当然，对建筑立面的地役权实施管理还是可行的。由于有试用期，我们对我们的程序进行了调整。我们不喜欢"立面"这个术语，觉得使用"受保护地役权"可能更好。我们编制了宣传册和相关的材料，准备掀起一场出售运动。

1980年，国会通过了一项法案，改变了针对地役权的税收处理办法。寥寥数语，这项法案便让我们的事业受到威胁。

这项法案对"建筑意义和历史意义"做了严格的定义。这样，具有"建筑意义和历史意义"的房地产是：（1）在国家历史场所名单上的，或（2）在一个历史保护区中确定具有意义的。换句话说，这项法案把地役权保护限制在已经由其他法令保护了的房地产上。所以，这项法案实际上推翻了我们的项目。

果真如此吗？我们注意到，这项法案其实没有伤害保护权和景观地役权。国会当然设想这项法案是针对乡村和郊区空间的。但是，这项法案中并没有声明这些条款仅限乡村和郊区空间。所以，国税局针对这个法案的实施办法就相当关键了。 ²⁸¹

我们越想越觉得我们的立面地役权其实就是景观地役权，效果上肯定如此。但是，我们必须阐明这一点。无论那些建筑物有什么样的建筑或历史意义，我们都必须肯定，它们的最大福祉是保护景观，**城市**景观。

我并不认为与国税局开会沟通会产生什么效果，最好还是亲自去一趟华盛顿，找相关人士面谈。我们去华盛顿特区会见了斯莫尔（Stephen Small），他是国税局的一个官员，负责起草这项法案的实施细则。我们向他介绍了我们的想法。斯莫尔的第一反应是疑惑，这可以理解。试试看，小伙子！当然，他耐心地听取了我们的陈述。当我们讨论光和空气、尺度、缓解城市密闭时，他看到了城市景观地役权的强有力的证据。他承诺他会尽量扩大这个实施细则，把城市景观地役权包括其中。

斯莫尔果真这样做了。1986 年 1 月，这个实施细则公布了，其中包括了所有涉及城市景观地役权的要点。如何把一个景象看成"景观"呢，以下是这个实施细则中提出的一些标准：

　　土地的开放性（对于城市或人口高密度聚居区，对于林区，土地的开放性会是一个比较重要的因素）。

　　缓解城市密闭。……

　　这种土地使用在一定程度上维持了城市景观的尺度和特征，以保护开放空间、视觉愉悦，以及周边地区的阳光。

斯莫尔认为，这个实施细则会让我们第一个城市地役权项目获得最大收益。格里纳克公园的确如此：阳光，花草树木，水墙，喷水池，母亲带着孩子，年轻的情人，坐在秋天阳光下的老人，应有尽有。

我们在房地产分布图上寻找可能的捐献者。我们发现，格里纳克公园对面的一幢 4 层楼的建筑，业主是地产商和民间领袖德斯特（Seymour Durst）。我们问他是否考虑捐献这个地役权。他说他会那样做。德斯特的律师、格里纳克公园基金会、标志性建筑保护委员会三者之间展开了异常深入的讨论。1986 年 12 月 24 日，圣诞节前一天，德斯特先生转让了这个建筑物的地役权。

282　　德斯特先生的建筑不高，挡不住格里纳克公园。获得这幢建筑地役权的目的是让它保持不变。第二，防止出现一幢可以遮挡格里纳克公园阳光的大厦。通过维持低矮状态，这幢建筑维持了那个街段原有的氛围和适当尺度。

城市地役权项目的潜力是巨大的。城市里的开发价值很大，但是，实施城市地役权项目可以产生良好的效果。正如乡村地役权项目已经证明的那样，禁止开发一块地产的某一个部分剥夺了那里的开发价值，但可以增加那块地产其他部分的开发价值。保护性开发就很好地应用了这个原理。

只要适度控制新增开发，城市就可以得到很好的保护。想想那些褐色砂石建筑。它们通常只有4层楼高，保证了它们周边建筑的采光。如果这个高度没有冻结起来的话，从业主那里索取立面地役权会很容易。一些业主可能很快会考虑在屋顶上加一层房子或大棚。为什么不那样做呢？阳光研究显示，如果那个新增建筑物的屋顶从檐口线折回，后背按照太阳照射角度倾斜，那么，阳光是不会被挡住的。

低矮建筑明显适合于展开地役权项目，既享受通过别的建筑而到达的阳光，也让阳光通过它们。当然，中高层建筑也具有相同的品质。纽约许多街段几乎可以享受到完全的阳光，因为那里的许多建筑都是20世纪30年代建设起来的6层公寓楼。那些建筑的消防通道不怎么样，但是，在全年大部分时间里，它们都不遮挡太阳，更重要的是，这些建筑先占有了这些场地，否则，这些场地会用来开发新的大型公寓楼。

甚至非常大的建筑也可以进入地役权项目。假定一个大公司拥有一幢大楼和一个小公园，这家公司愿意尽可能地保护那个小公园。街对面的场地已经整理出来，用于开发另一幢大楼。一般情况下，街对面的那幢大楼会向上建，阻挡住大部分阳光，事情一定会是这样。可以这么说：不打破鸡蛋，怎么做蛋卷。

显然，要求新建建筑要小一点的地役权会花去上千万的成本，相当于那个大厦的一半成本。但是，地役权未必一定要如此苛刻。让我们回到佩利公园这个例子。当太阳在南边的塔上升起时，观察太阳的轨迹是极其痛苦的。在下午的部分时间里，阳光接近于完全无遮。但是，阳光还是被遮挡了，佩利公园阴暗得很，这种状况年复一年，是不会改变的。

在一幢大厦的选址上做一个相对小的变更可以在一个空间的采光上和得到阳光的时间上产生重大不同。达拉斯大厦就是一例。但是，这种情形很少有人去预测。人们投入大量的资金去建设一个重要的开放空间，而不去保障他们的南侧。他们甚至不去设想被挡住了阳光这个灾难。

其实，在大厦选址上稍稍做一点变更是很容易的。太阳最可靠，做一些

283

基本测量，我们就有可能计算新建筑可能的阴影边界。牧师的办公室是一个例子。一个教区的房子有 2 层楼高，在一个小公园的边上。公园董事会想从教堂那里购买地役权，让教堂把那幢教区的房子保持在 2 层楼的高度不变。这样，就不会再有更多的建筑阴影落到公园里。教堂不置可否。牧师打算在那幢教区房子上再加一层，给自己当办公室。

阳光研究显示，如果一个高度为 11 英尺的建筑物建在教区房子的一端，不会再给公园带去新增的阴影。教堂同意了地役权限度，比起购买完全不许建设的地役权，这样做的成本要低很多。

在购买—再卖项目中，地役权很有用。还是以格里纳克公园为例。这个公园的北边暴露面正在被大厦挡起来。挡住它的北边暴露面确实不影响阳光，但是，减少了公园上方的天穹和开放的感觉。不过，在朝北的一大堆大厦中间有一道缝。这个缝来自"正宗麦科伊酒吧和烧烤"餐馆的背后。"正宗麦科伊酒吧和烧烤"餐馆只有 3 层楼高，所以，它成了一个天窗。

这个公园的一个朋友花了 100 万美元买下了这家餐馆。稍做整修后，规定了这处物业的地役权，限制对它做任何进一步的开发。很快它就以 100 万美元的价格售出了。这样，我们在格里纳克公园里，朝水墙上看，在一个小消防通道旁，有那么一片蓝天。之所以仅有那么一片蓝天是因为那片蓝天并不是理所当然的。

第二十章　大公司外迁

　　大公司外迁缓慢开始。第一家撤出纽约市区的公司是通用食品公司，它于1954年撤往怀特普莱恩斯。10年以后，国际商用机器公司（IBM）先搬到阿蒙克，然后，搬到奥林，再后来，搬到斯坦福。1970年，大公司外迁逐渐加剧。一些公司搬到了美国南部和西南部，即所谓阳光地带。大部分公司迁往纽约的郊区，特别是康涅狄格州的费尔菲尔德县。到1976年，30家大公司搬出了纽约市区，更多的公司正在搬迁，包括最大的公司之一，联合碳化物公司。写字楼空置率正在攀升。随着纽约市接近破产边缘，纽约市看上去仿佛要全面崩溃了。

　　许多人说，不早不晚，水到渠成。甚至纽约人也对此发难。《纽约时报》发表《不怪联合碳化物公司》的社评；是纽约市让联合碳化物公司失望了。新泽西州立大学城市政策研究中心主任斯特恩利布（George Sternlieb）博士在此之前已经预料到会有大公司迁出纽约内城的这一天，他说："让头上中弹的人花点时间明白他已经死定了。纽约可能不明白它死定了，但是，我们只要看看外迁公司的数目，纽约死定了的事实便昭然若揭了。"

　　然而，纽约的崩溃还在延续。当时关于纽约的负面新闻接踵而来，于是，纽约的形势触底。至今还没有决定外迁的公司可能就不搬迁了。已经搬走的那些公司其实很久以前就露出它们想搬迁的愿望。我们研究公共空间时早已看到这种大公司外迁的早期示警迹象，那就是那些大公司自己的写字楼。大公司其实会给出提示：它们在城里待不长了。

　　联合碳化物公司在公园大道的总部就是这样的建筑。这幢建筑当时是国际建筑公司斯基德莫尔、奥因斯和梅里尔的最佳作品，很壮观。但是，这幢建筑在运转上处处显示出对这座城市的不信任。这座建筑的两侧和前面都是空旷的带状空间，没有任何长凳或台沿可以让人稍稍落座。建筑入口由保安把守。1976 年，联合碳化物公司宣布它要离开纽约，搬到康涅狄格州西南部的丹伯里去，这个消息应该是预料之中的。

当时，纽约的坏消息已经坏到不能再坏的地步，接下来，纽约的竞争地位正在向好的方向转化，大规模外迁刚要停止，所以，联合碳化物公司搬迁的时机不是很好，似乎有些荒唐。外国商家已经成为很大的推手；外国企业，尤其是财团，正在搬进纽约。大公司的国际分支正在扩张，它们要扩大的地盘正是纽约。许多原先想搬出纽约的企业开始犹豫了。菲利普·莫里斯公司宣布它不外迁了，辉瑞制药公司也宣布留下。虽然纽约的麻烦没有完，但是，毕竟得到了一个喘息。有时间总结经验教训。

有一件事搞清楚了。把搬迁当作经济上的举措其实是非常昂贵的，对大公司都是这样，更不用说其他规模的公司了。拿联合碳化物公司为例。在公园大道 270 号，联合碳化物公司有一幢 53 层楼的大厦，使用面积约为 120 万平方英尺。联合碳化物公司按每平方英尺约 92 美元卖出，合计收入 1.1 亿美元，对于这样的建筑，这样的区位，卖出这个价格，纯属贱卖，对买者，制造商汉诺威信托公司，无疑是一次意外收获。汉诺威信托公司按高于联合碳化物公司大厦每平方英尺 333 美元的价格出售了自己的小写字楼，合计收入 1.61 亿美元，然后，再买联合碳化物公司大厦。

联合碳化物公司新总部入驻的那幢建筑的使用面积比纽约这幢建筑的使用面积稍大一点，为 130 万平方英尺，购买价达到 1.9 亿美元。为了与公路衔接，公司必须建设一段公路和一个交叉路口，这个费用只能由纳税人承担了。

凯文·罗奇（Kevin Roche）和约翰·丁克卢（John Dinkeloo）设计了联合碳化物公司新总部入驻的那幢建筑。那幢建筑不难看，与这个公司高度集中的管理结构相匹配。有些人很惊讶。他们原以为借着这次外迁改变管理方式，它会建立一个给部门更多自主性的比较现代的组织。但是，事实并非如此，那幢建筑仍然没有跳出 20 世纪 50 年代的水平。

无论如何，联合碳化物公司搬迁到了距纽约 90 英里的地方，公交服务不到位。搬迁费是高昂的：4 000 万美元。对于 3 200 个雇员来讲，大约有 700 人住在相对近一些的地方，不需要搬家。1 200 人必须搬家，找到新的居所和学校，公司给他们搬家一些补贴。

就在联合碳化物公司搬迁的时候，丹伯里的住房供应短缺，尤其是中等收入的人可以承担的住房短缺。对那些要到那里去工作的人，公司的这次搬迁让那里的住房更昂贵了。他们本身也造成了状况。许多人只能每日长途旅行。

其他办公增长地区程度不同地遭受了类似的不平衡。居所与工作场所不在一处，在家门口步行上班的新城镇理想从来都没有真正变为现实。一些建在新泽西可以狩猎的莫里斯县和萨默塞特县的写字楼，把许多白领办公室工作人员带到了美丽的乡村。但是，他们只能白天使用那里，他们在那里没有居所。那里的确有足够的空间开发住宅，那里剩下的大部分农场和庄园最终还是会消失，那里会满是住宅。这会延续很长时间，而且可能非常昂贵。世外桃源会逐步消失。

那时，外迁公司的员工正在偿付着不合理的交通费用。这是办公园区增长所面临的一个基本问题，很难想象未来一些年会实质性地减轻公司员工的交通负担。办公园区产生的是混合的、全方位的交通流，而当时修建的公路是为了满足其他聚落模式的需要，满足其他种类出行的需要。在办公园区，无论我们去哪儿，都似乎没有直接的路径。我们走的是之字形的路，面对没完没了的红绿灯，向左转，一条路，向右转，又是另一条路。公路不坏，令人发指的恰恰是公路之间的混乱。

工程师不能解决这个问题。这个问题本质上是政府的问题。一段公路究竟允许有多少个出入口？开发商应该计算公路立交桥的成本吗？是不是应该有公路立交桥？为了解决公路之间的交叉问题，是不是应该修建更多的立交桥？在哪些城镇修建立交桥？几乎没有几个区域管理机构愿意啃这块硬骨头。在有机构愿意站出来之前，留在 95 号州际公路上吧。下了 95 号州际公路，你就会遇到麻烦。

　　无论是在乡村地区，还是在城镇，公司正在让他们寻找的终点一塌糊涂。康涅狄格州的格林威治镇现在有 200 万平方英尺的办公空间，大部分集中在这个镇的中心。然而，没有提供大部分雇员使用的公共交通。他们必须开私家车，使用的则是 18 世纪修建的道路。5 点钟是一个令人难忘的时间点。对于老板来讲，这个位置不错；有些老板的家就在附近。向北部树林和庄园方向走，多走不了多少路。但是，大部分雇员并不住在格林威治镇。他们走出新英格兰高速公路 5 号出口之后向南便进入了东海岸最拥堵的交通路段。

　　在格林威治和斯坦福，火车站距公司总部不远。但是，只有少数雇员使用它们，可能是因为下了火车，他们还要开车，所以，大部分人索性全程开车。

　　有哪些因素会导致公司搬迁？交通是一个因素，还有税收、办公成本、是否有适当的员工以及其他明显因素。例如辉瑞制药公司，运用计算机对可能导致公司搬迁的诸种因素进行分析，每个执行官对其加权，给诸种因素排序。公司选址顾问，如梵图思公司，对公司是否应该搬迁、搬到哪去提出建议。选址顾问会拿出 A、B、C 等不同的区位做具体比较。

　　这类研究一直都很引人关注。仅仅参考文献有时就达到电话号码本的厚度。但是，这类研究基本上证明，看得见的那些因素几乎不是导致公司搬迁的原因。

　　导致公司搬迁的恰恰是看不见的因素。"环境"是个涵盖广泛的术语。把那些委婉的托辞搁置一边，以下是公司高管所说的环境：（1）城市中心不是好地方：犯罪、肮脏、噪音、昏暗、波多黎各人，等等；（2）即使城市中心还好，中产阶级的美国人还是认为城市中心不是什么好地方，他们不打算迁移到城市中心；（3）为了吸引和留住人才，我们必须给他们提供一个比较好

287

的环境；（4）我们必须搬到郊区去。联合碳化物公司对它的两年研究做出这样的总结："我们总部的员工的长期生活质量需求"才是主要因素。

自我服务一直都是大公司迁出城区的特征。不在乎城市中心，不在乎公司，在乎的是已经搬迁的那些人，在乎的是他们需要的生活方式。

难怪高管不动声色。雇员需要的生活方式？**公司不需要花钱满足员工的需要。公司不需要对选择 A、B、C 做比较。他们要做的就是查查电话本，看看老板住哪，老板住哪，哪就是公司要落脚的地方。**

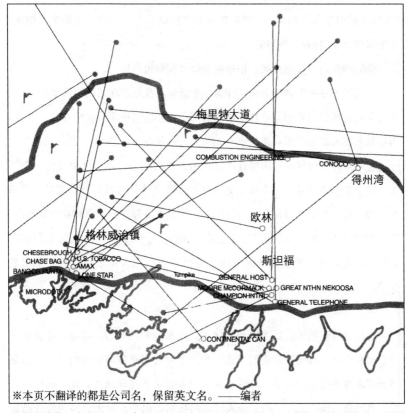

※本页不翻译的都是公司名，保留英文名。——编者

网络化结构正发挥作用。在搬出纽约市区，给它们的员工寻找比较好的生活品质的 38 家公司中，31 家搬到了格林威治和斯坦福地区。实心圈表示首席执行官在计划搬迁时的住所；空心圈表示新总部的落脚处。首席执行官居住地距公司总部的距离平均为 8 英里。

老板住哪，哪就是大公司搬去的地方。就在大公司搬迁高峰时期，我做过一个区位研究。我绘制了一张图，反映过去 10 年以来大公司从纽约市区搬到郊区去的情况。通过查看旧电话簿、街道图和高管登记，我绘制了首席执行官以及其他高管在决定搬迁时的居住地。然后，我再绘制出公司搬迁的位置。

288 38 家公司中有 31 家搬到了靠近首席执行官居住地的地方。首席执行官居住地距公司总部的距离平均为 8 英里。

  地理聚集出人预料。格林威治镇是核心区域，尤其是 4 英里半径范围内，"火树乡村俱乐部"以东，"费尔费尔德乡村俱乐部"以西。在那个圈圈里，集中居住了 12 位首席执行官。

289 他们的公司迁往何处呢？格林威治镇及其周边地区。

  这几乎不是一个偶然分布。作为一个验证，我把留在纽约市区里的 95 家大公司的首席执行官的家庭住址绘制成图。他们的居所不是集中在几个地点，而是散布在大都市区里，他们中有 1/4 的人居住在市区里。

  公司解释，仅仅在做出搬迁决定之后，首席高管的选择才会成为一个因素。这个事实表明这样一个相反的情况，首席高管的选择一开始就是一个基本推动因素。两者同时存在，所以，人们没有去解释它。在格林威治案例中，除了客观分析之外，明显还有其他因素的影响。同伴的影响。首席执行官们青睐的位置，这个最重要的区位研究恰恰是在高尔夫俱乐部的更衣室里展开的。

  高管是否要把他的员工搬到郊区去，那是他们的权力。但是，搬到郊区对公司究竟好不好呢？高管们当然认为搬迁对公司是好事，他们可以拿出很多证据来为搬迁合理背书。忠诚于城区的人肯定不这样认为，他们同样有证据。当然要检验。后来，有了令人惊讶的数据，但是，对大公司的外迁已经没有多大影响了。我逐年进行比较，只是最后几年的公司外迁可以让我们得到确定的结论。

当然，有几点是清楚的。某种周期性的过程在发生。许多公司表现出搬迁的癖好，搬迁与公司的发展阶段相关。搬出城区的公司一般是大公司，那些接近美国顶尖 500 强的公司。那些公司一般是技术导向的，管理层中的工程人员数量很大。那些公司资本充足，不像它们发展的早期阶段那样依靠银行了。那些公司从小城镇发家，搬到纽约，然后，又离开纽约。

无论公司离开市区的推动力是什么，大部分高管似乎乐此不疲。他们有充分的精神准备，在搬迁中得到一种愉悦，中层管理人员也高兴如此。他们喜欢周围有宜人的环境，乐于节约出行时间，这样，在办公室而不是家里度过更多的时间。（早上 8 点而不是 9 点到达办公室。）刚刚搬出城区的人可能还很怀恋城里熙熙攘攘的情景，过一段时间，他们就会淡忘了。无论他们丢失了什么，他们不想知道那是什么。

可能会有磕磕碰碰。只要高管高兴，公司迁出城区，一些人可能就要离开那家公司了，迁移是一个不证自明的判断。那些人中有一部分有能力的和富有进取心的人，可能拒绝离开市区，于是，他们加入了其他公司。出了城区的一些人发现了与世隔绝的氛围，也离开了公司。

大部人适应乡村环境。乡村环境不难适应。乡村有很多的空间，让人心情愉悦。乡村地区的办公空间一般比城区的办公空间要大，一些顶级高管的办公室可谓巨大。那里还有诱人的公共空间。办公室外可能有树荫覆盖的步行道，是郊游的地方。

这些地方十分安静。让人首先注意到的就是安静。**室外不是没有声响，人们可以听到的就是草坪上自动喷水器发出的声音，还可以听到附近隐隐约约的车辆行驶的声音**。除了早上 8 点和下午 5 点，其他时间里，看不到多少人。在偏远的办公园区，有些高管可能围着办公楼散步。在通用电气公司的办公室里，一些人一天都转不了一圈。大部分时间里，员工几乎没有室外活动。

在这些地方，人们的节奏放慢了，不难觉察到这一点。从城区搬来的，到那里办事的人，对那里的慢节奏印象深刻。对一些人来讲，轻松的、不紧张的氛围适合于思考问题。而对另外一些人，那种氛围太沉闷了。

意大利乡村式风格的园区：新泽西皮帕克的受益管理公司。

一位高管说，"他们步伐缓慢""他们不紧不慢地说话，他们慢慢地思考"。从另一个角度描绘这种状态，"枯萎了""老气横秋"。这肯定是一种带有偏见的指责，不过，公司不妨听听这类看法。城市办公空间不能不受成本的约束，一位在城区工作的高管说："对那些家伙来讲，办公室那么大不是什么好事。""与人面对面接触要费点劲。他们像青蛙似的跳到那里，他们正在失去面对面的联系。"一些搬出城的公司高管有时会感到惊讶。他们说，不是他们自己变得懒散了，他们原先一直都处在比较紧张的氛围中。但年轻人怎样呢？一个年龄不小的高管说："我担心他们。太无忧无虑了。从长远角度看，搬到郊区对公司不是好事。"

　　其实这些都是主观感受。不是主观感受的是那些公司总部的独立性。公司总部，甚至那些公司总部所在的城镇中心，与周围社会几乎没有太多的联系。那些公司总部有汽车文化的元素：开车来，再开车走，与外部世界没有多少交流。公司总部本身的各种服务让外面的服务没有必要了。尤其是在远郊公司总部基地，总部本身的各种服务都很丰富。新泽西皮帕克的受益管理公司园区就是由低层建筑群围绕一个庭院和钟楼组成。那里有室外和室内用餐的地方，还有商店、医疗设施。那里有车库，所以，把车开进地下车库，乘电梯，走几步就到了办公室。

　　就是在城镇中心，那些公司总部也是独立的。在斯坦福，那些公司沿着一条宽阔的林荫大道一字排开。但是，路上没有什么行人。在独立的总部之间几乎看不见人行走。街对面是一个巨大的购物中心，但是，人行道上，行人寥寥无几。没有自动给行人让路的交通信号灯，行人必须自己按电钮，等待放行信号。

292

　　斯坦福所建造的是一个建筑公园。由一群美国最著名的建筑师设计的建筑形成了一系列独立的展览，有些获奖。弗兰岑设计的"优等国际公司"建筑是唯一一个临街的建筑，它有一个室外广场，地面层有惠特尼博物馆的一个分支。许多其他建筑在水平道路上没有行人途径。人们通过设在楼顶停车场的通道进入建筑。

无论公司总部是在总部园区里还是城镇中心，公司总部的人都有类似的问题。来访的客户很少。 大门口的车辆不多，**留给来访客户停车的地方也不繁忙，设计的车流量大于实际车流量。**

打算搬出城区的公司高管们要当心这一点。他们已经听说过客户来访不多。但是，他们认为，他们有足够的影响力招来客户。人们真的会来：把产品卖给那家公司的人，给公司提供服务的人，来高攀的人。可是，没有不速之客。正如公司"如何找到我们"的传单所描绘的那样，要做好访问计划，做这类计划不会全不费工夫。（"从 38 号公路梅里特出口出来，向右转，上中环路，继续向前走，一直走到第三个停车灯……"）

有些人畏惧了，而那些人常常是很重要的客户。一个反垄断律师回忆说："他们甚至给我派了一辆豪华车。他们说，我应该在怀特普莱恩斯准备这个案子。来一次就够了。我说不行，他们可以派高管来见我。我们在巴克利酒店租间房，在那里谈案子。我就是这样做的。"

问题还不是来访的客人很少，实际上还有谁来的问题。当高管必须去远郊探访另一家公司的高管时，他们必须明白，这里已经有了不得已而为之的意思。他们并不喜欢这样做。一位高管告诉我，他和另外两个高管必须去新泽西一家公司的总部。他们不得已去那里。新泽西这家公司有一种工艺，他们很想得到使用许可。他说："我们必须去两次。我们真没招了。那家公司的高管们坐在大椅子上。那里像一个法庭而我们是农奴。我们的确觉得很傻。实际上，那里不是做交易的地方。"

别人的领地不是与他交易的好地方，尤其当这次出行本身是不得已的。真正重要的交易最好是在一个公共场所以非正式的方式实现，那个公共场所对双方都合适。这类场所在市区里比比皆是，俱乐部、餐馆、建筑物的大厅、街头巷尾。这些地方是城市网络的核心，切断自己与那些地方的联系的公司失去了虚拟的电子系统不能提供的东西。

有些公司只有通过使用更多的顾问来补偿公司因地理位置而造成的孤立。

许多专家出去与人接触，交换意见。我指着空空荡荡的访客停车位问一位高管，那些专家应付访客吗？这位高管一言以蔽之："我们雇用他们。"

迁出城区的高管有规律地回到城区，公司希望他们能在城里与更多的人会面。"我们鼓励他们把时间安排得紧凑些，以便与更多的人会面。不要浪费时间闲聊，不要把午餐时间拖得太长。"也就是说，没有惊喜：没有邂逅，没有意料之外的目标。

外迁公司的一些工作已经重新回到了城区。公司对此很敏感，但是，公司的许多雇员到城区去做一件重要工作：保持联系。尤其是与那些进行了通信联系的人做面对面的交流。人一走，茶就凉。公司留在城区的那一部分人中有些比以前忙多了。实际上，通用电气公司原先在列克星敦大道的总部大楼现在的工作人员比原先的还要多。有些当时没有给自己留下返回空间的公司便使用酒店或公寓楼做生意。

从某些方面讲，迁往郊区已经促进了联系。乘飞机前往公司分支机构的现象正在上升，一些公司已经扩大了它们私人飞机的数量，不说时间，高管在路上的次数比以前多了。在郊区新的公司总部里，公司各部门是水平布置的，而原来在城区大楼里，各部门是垂直安排的，所以，在郊区，各部门之间的交流比以前更多了。这种情况在午餐时刻尤其明显，员工聚集在用餐室里和公用区里。

当然，这些联系都是公司内部的联系，公司员工跟公司员工交流。这样一来，公司离开主流就更远了，更容易受到伤害。每一个大型组织倾向于内部交流。向郊区迁移增强了这种内部交流的倾向。

迁往郊区是退却行为，建筑体现了这种退却行为。许多新建筑在设计上 294
非常具有防御性质，仿佛有很多而不是很少的陌生人试图闯入公司。许多公司像堡垒似的坐落在陡峭的山坡旁。美国制罐公司的建筑像一座"金手指"的城堡，入口像一个吊门，是高管驱车的出入口。通用电气公司有一个门房，人们在进入总部大楼前需要受到检查，一个指定的雇员会来接他们。

没有无家可归的老妇人，没有酒鬼，没有行为怪异的人来骚扰公司景观

化的围墙，但是，公司似乎仍热衷于沿用城里对待他们的方式。保安四处出没。那里布置了监视系统。保安使用监控录像设备，几乎可以看到公司领地的任何一个角落。大厅里的总控设备和以前一样，有一格格的小电视屏幕和闪烁着的灯光。这些都是许多大厅令人印象深刻的设计元素和精神核心。

公司说欢迎欢迎，公司的建筑却说别来了。

1976 年以后，公司外迁风潮日益减弱，每年大约有 2 家公司外迁。1986 年，节奏加快，大约有 4 家公司外迁，还有一些公司声称它们打算迁出纽约市区，如埃克森、潘尼、美孚、美国电话电报公司。如同 20 世纪 70 年代中期一样，搬迁的消息警告了纽约市。许多人说，其实纽约曾经有过这样的经历。

人们普遍把外迁看成对市区的谴责：市区税负太高，那里充斥着犯罪、紧张和扭曲。以前对公司强调的所有因素的详细研究，当然还包括原先公司迁往郊区的经验。一般的假定是，无论从经济上还是环境上，那些公司在郊区运转得很好。

果真如此吗？我在做 1976 年的研究时，因为这种搬迁延续的时间不长，所以，难以据此得出什么结论来。但是，10 年过去了，我们有了翔实的数据。我使用市值这种最没有水分的指标，追踪了 38 家从城区迁出的公司和 36 家没有搬迁的公司。

第一个发现是，在 39 家从城区搬出的公司中，17 家公司已经找不到了。它们已经卖掉了，或者与别的公司合并了，不再是主要合伙人，剩下 22 家公司。我追踪了这 22 家公司从 1976 年 12 月 31 日至 1987 年 12 月 31 日期间的股市价值，市值上升了 107％，高于 93％的道琼斯工业股票平均指数。

295 没有离开纽约的公司怎样呢？结果是出人预料的。36 家没有离开纽约市区的大公司的市值平均增加了 277％，比搬出城区的公司的市值增长高出 2.5 倍。

因为变量太多，所以，很难确定造成这种状况的原因和结果。可能因为公司地处郊区反应迟钝了。但是，我们也可以说，公司因为迁出城区才好起来的，否则会更糟糕。

我认为，公司在迁出城区之前就已经有走下坡路的蛛丝马迹。搬出去的动力似乎来自公司内部，是公司周期性变化的结果，独立于市区和市区问题。简而言之，那些搬出去的公司本身就经营得不好。有些已经老了，负担很重，发展缓慢。若干公司有着同样的问题。（美国制罐公司完全失去了原先的生意，把公司名换成了 PRI，向金融转型。）套用约翰逊的话说：如果一家公司厌倦纽约了，那么，那家公司肯定就厌倦了生活了。

那些公司越来越讨厌纽约市区。它们常常引述某人的抱怨来表达它们自己的愿望。它们青睐桀骜不驯的乡巴佬。当公司最终宣布它们要搬走时，那是对纽约市区的一种报复。选择离开市区是一种退缩的行为，回到过去。纯粹的搬迁、规划研究和设计工作可能是一剂强心针。无论如何，搬迁对于高级管理小组的确是一剂强心针，而对于下属未必如此，他们只得加入搬迁。

另外一项研究显示，搬出去的公司和留在城区的公司在绩效上有很大差别。阿姆斯特朗（Regina Belz Armstrong）在区域规划协会 1980 年的一份评估中分析了三种公司：留在纽约市区的，搬到郊区的，完全迁出纽约大都市区的。她研究的因素是生产率、效益和增长速度。

就 1972 年至 1975 年搬到郊区去的 23 家公司来讲，大部分公司的效益低于纽约大都市区相同产业公司的平均效益，大部分公司的增长率仅为其他公司的 50%。搬出纽约大都市区的 20 个公司的绩效比平均水平稍许低一点。

根据我的研究，留在纽约市区的公司经营得很好。每美元劳动力的产出和效益平均值高于区域和国家的平均水平，增长速度高于搬出城区的公司的平均水平。

成本如何？阿姆斯特朗的研究和我的研究都揭示了这个问题。在搬出纽约市区的理由中，纽约市区成本太高居首。这些成本确实很高，包括住房、通勤和孩子就学都很贵。纽约市区的办公空间也是很贵的，十字路口的写字

296

西班牙乡村式风格的园区：拉斯科利纳斯，得克萨斯州。

楼比背街的写字楼更贵。

　　但是，成本是相对的。它们得到了什么回报？从较低成本中它们挣得什么好处？办公室的日常运转开支对收益和绩效更重要一些。阿姆斯特朗的研究和我的研究都谈到了这个问题。公司搬到郊区，的确降低了办公室的成本，但是，减少了办公成本并不等于一定有很好的绩效。留在纽约的公司在办公空间上开支比较大，那些公司的绩效相应也不错。

　　有可能会有更多的公司迁出纽约的市区。更多的公司衰老、臃肿，作为一种惯例，它们会离开。这对于它们离开的那座城市，尤其是对公司扎堆迁出的那座城市来讲，肯定是痛苦的。

那些城市正在失去后台办公室的工作，那些后台办公室也搬到郊区的办公园区去了，那些城市还失去了总部。当公司向南、向西南方向搬迁，它们未必一定是搬到市镇的核心地区。潘尼就不是落脚在市中心。从纽约搬出来的一些公司不是落脚达拉斯，而是普莱诺。达拉斯的一些领导人难以置信。搬到普莱诺？

市中心正在激烈竞争。市中心失去的办公室工作机会一直都是大型的、老公司的那些工作机会，而那些公司最有可能搬迁到郊区去，它们一旦这样做，对市中心犹如一个大爆炸。新工作机会的增加最有可能出现在比较新的、比较小的公司。它们大部分是地方企业，正如雅各布斯所看到的那样，地方是所有这类新公司的发源地。小公司需要获得各种各样的专业服务和专业人员。小公司不可能一应俱全。小公司的规模不足以自己包揽所有的专门服务。小公司不可能选择在一个孤立的地方落脚。小公司需要在市中心或靠近市中心的地方得到运营许可。

周转是活跃的。许多公司会倒闭，但是，总有些公司会成长为大公司。它们中间的一些最终会搬到郊区去，当然，在它们大发展的那些年里，它们会在市区里繁荣起来。至少我们的比较研究显示了这种倾向。作为一个群体，在城区竞争过的公司证明它们比那些没有在市中心经历过竞争的公司更坚韧，更有收益。十字路口肯定是一个非常好的商业位置。

第二十一章　半个城市

　　30 年前，我从飞机场出来，第一次看到达拉斯。达拉斯仿佛是从棉花地里冒出来的，由无约束的、自信的、不加修饰的楼群组成。

　　今非昔比，现在的达拉斯有了更多的大楼，楼更高了，灯光通明。但是，那个达拉斯不是你们看到的达拉斯。或从机场开车去达拉斯，或从北面驶进达拉斯，我们首先看到的是环绕着若干四叶苜蓿叶形立交路口的大楼。拉斯科利纳斯开发区地处达拉斯的郊外，它的天际线给人留下了深刻印象，以致人们常常误以为它就是达拉斯。实际上，达拉斯随着郊区的开发而不再增长。

　　达拉斯向郊区蔓延的倾向是显而易见的，当然，相同的开发正在达拉斯都市区的每个角落里展开。会展中心、微缩的市中心、增长走廊、城市村庄、科技园区，没有一个令人满意。不能令人满意的部分原因是，那种开发在形式上总有一些怪异，没有一个统一的体系。20 世纪 60 年代的新城思潮有着一组联系非常紧密的目标，形体上也是相互联系的；如果新城失败，那它的思想一起失败了。比较而言，现在的增长是没有乌托邦的约束的。

　　达拉斯郊区的开发非常投机，开发形式各式各样。有些开发是大楼簇团组成的。有些开发是在公园里建设低层建筑。有些开发形成了高层建筑走廊。但是，大部分开发都有若干个开发商。开发场地或与公路毗邻或靠近公路；在开发区里或附近有购物中心；交通出行依靠私家车，不仅外出，就是在开发区内部，也要驱车；有一个旅馆，包括大厅、健康俱乐部和会议设施（必然会有现代的音响系统支撑）；有精细的园林；与机场衔接——实际上，有些开发区本身就是机场城的一部分，方便高管出行，他们可能完全绕过真正的市区。

有些开发区处在大都市区的边远地区。纽约市以北，开发区已经超出了韦斯特切斯特镇，到了帕特南县。沿 22 号公路的几家大型农场已经转变成了大型混合使用开发区，大部分剩下的农场已经被开发商买下，同样用于大型混合使用开发。

有些开发区靠近城市中心区，明显牺牲了市中心区的利益。在底特律市区外，绍斯菲尔德市的郊区已经被转变成了巨大的办公园区，现在，郊区办公园区的写字楼面积大于底特律市中心写字楼的总面积，即 2 100 万平方英尺对 1 500 万平方英尺。

新泽西一直都是最特别的增长案例，对于这个"走廊"州来讲，那些增长采取走廊的形式是不足为怪的。新泽西州立大学城市政策研究中心主任斯特恩利布博士研究了那些增长走廊中的 8 个。他发现，那些增长走廊没有牺牲纽约市的利益，却牺牲了新泽西州那些老工业城镇的利益，如特伦顿和新不伦瑞克。那些老工业城镇需要更多的工作机会，白领的和蓝领的工作机会都需要。但是，它们得不到那些工作机会。蓝领工作机会萎缩了，白领工作机会流向了新泽西的增长走廊。

最有意思的增长走廊是沿 1 号国道靠近普林斯顿段。第一个把公司建在那里的是美国无线电公司（RCA）。1942 年，美国无线电公司在那里建立了萨尔诺夫（David Sarnoff）研究中心。从形式讲，美国无线电公司建筑是一个常规建筑，3 层—4 层楼，看上去像一家工厂。设计时预计到了后继开发，所以，这个建筑很紧凑，周围留出了大片绿色空间。

恰恰是普林斯顿大学建立了 1 号国道开发的特征。普林斯顿大学在这条公路的两侧汇集了几乎 3 000 英亩原先没有用于建设的土地。不像美国无线电公司的单一模式，福雷斯特尔分散建设了大范围的低层建筑，建筑与建筑之间保持空间距离，有些建筑延伸到了树林背后。IBM 和美国无线电公司的其他机构入驻，成为那里的成员。一家斯堪的纳维亚企业建立了一个会议中心和餐馆，那家餐馆在当地很受欢迎。在福雷斯特尔校区以北和以南，其他

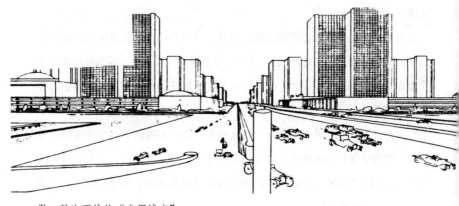

勒·科比西埃的"光辉城市"。

300　开发商开始开发写字楼。1987 年，5 英里长的道路两侧已经开发了 2 500 万平方英尺的写字楼空间，剩下的没有开发的土地建设成了园林绿地。

　　与普林斯顿的联系已经商业化到了极致。一开始还谈论协作和相互交流之类的问题，谈论如何推动企业界和学术界的人们深度交往。结果完全不是期望的那样。大学的学术界人士非常忠于职守。当然，企业界和学术界的接近依然是那个地区的一大特色。跨过依然开放的田野，从 1 号国道上，我们可以看到普林斯顿大学的建筑，普林斯顿大学在它们的文告中几乎都拿那种景色作为背景。可以肯定，普林斯顿的价值正在传递。至少从推广材料中会看到这一点。在推广材料描绘的 1 号国道的世界里，有与世隔绝的空间，有与青年经理们混在一起的衣冠讲究的知识精英。

　　一个普林斯顿的价值肯定已经传递开了，那就是普林斯顿的邮政编码，08540。随着邮局顾客的增加，普林斯顿的一个主要邮局从普林斯顿城镇核心区搬到了郊区，落脚在这个 5 英里长的走廊的中段。作为一个不错的指标，这个邮政编码包括了很多企业。

　　这些企业并非公司总部，它们一般自己独立运转，建立它们自己独立的园区。例如，在普林斯顿地区，制药巨头默克公司和教育考试服务中心总部有自己独立的领地。搬到我们正在讨论的这种中心的那一部分基本上是公司

弗吉尼亚的水晶城。

的白领后台部门。美林证券就是一例。它在这一段 1 号国道走廊上建立了两个部门,一个提供给共同基金账户做交易的空间,另一个处理数据。这段 1 号国道走廊还吸引了保险公司的分支办公室,贝尔系统的部分组织,等等。这些服务性企业非常小,包括一个人的公司。卡内基中心大楼有一个"高管中心",可以作为办公室计时租用,可以使用会议室,还提供打字和复制等办公服务。

301

如同其他地方一样,这一段 1 号国道走廊上的劳动力市场很紧张,以后可能更紧张。1981 年,5 英里长的道路两侧开发的办公空间为 500 万平方英尺,到了 1987 年,那里的办公空间增加到 2 500 万平方英尺,随后会发展到 3 000 万平方英尺。训练有素的白领劳动力供应短缺,文秘和数据处理人才尤其短缺。特伦顿和新不伦瑞克没有劳动力储备,他们只有需要工作的蓝领劳动力。随着整个走廊的发展,蓝领劳动力越来越远离这个白领劳动力的工作场所。

邓白氏商业信用评估公司区位部部长惠洛克(Keith Wheelock)告诉这个走廊的一群高管们,办公空间太多,人和住房太少,这就是格林威治—斯坦福反复出现的情形。对于打算搬进这一段 1 号国道走廊的人来讲，他们的忠告很简单，离它远点。

离开这段走廊的另一个原因是交通。沿着东海岸，没有任何一个路段的拥堵程度可以与 1 号国道相比。交通信号灯一个接一个，小汽车堵在右道上，没完没了的等待。错开上下班的时间可以稍微改善那里的拥堵状态。过街天桥也能缓解一部分拥堵。过街天桥让人们比较容易从 1 号国道进入和离开他们的公司。

302

但是，这仅仅是一个开始。1 号国道并不通往大部分人要去的地方。人们离开和进入 1 号国道同样困难。没有主导方向，哪个方向都堵车。这种布局模式纯粹是新泽西的，殖民时代就建设起来的道路模式，沿着这条路，没有几个明显界定的地方，去这里和去那里没有区别。这就是大规模公共交通解决不了多大问题的理由，人口的高度集中是因为经济。但 1 号国道沿线的人口密度太低了。

这种状况也有好的一面。当布局模式处于这种状态，好事就出现了。那里有 19 世纪的框架式住宅和维多利亚姜饼屋风格的住宅。这个地区有很好的树林，留下来的农用地数量之大出乎意料。围绕普林斯顿，西边是庄园式乡村，沿着劳伦斯维尔路，是一系列很有吸引力的豪宅、养马场和曲曲弯弯的小径，还有普林斯顿本身。

当然，对来这段走廊上班的人来讲，这些其实都没有多大关系。那些可以买或租得起好房子的高管、律师和华尔街的人们不在 1 号国道上工作。如果他们可以买或租得起 1 号国道地区最小的大地块住宅的话，在 1 号国道上工作算是有运气的。他们至少需要 5 万美元的年收入，市场上几乎没有几幢这类价位的房子。

在东不伦瑞克，"刚够进入住房市场水平"的房子的平均地块规模为 55 英尺×100 英尺，包括 3 个卧室，建筑面积为 1 100 平方英尺至 1 700 平方英尺，市场上的售价为 14 万—17 万美元。往上升一个档次的宅基地大一点——为 90 英尺×100 英尺——有可以停两辆车的车库，并且可能在地下。

它们在市场上的售价为 16 万—19.5 万美元。背对 1 号国道向里延伸，住房价格逐渐下降。但是，即使在乡村，或多年以前曾经是乡村的地方，住房价格还是没有下降多少，而人们的驱车长度延长了。

高管对此并不烦恼。在斯特恩利布的研究中，沿增长走廊的那些公司的头头脑脑说，与公路衔接和土地价格是影响他们选择这里的主要因素。在他们的考虑因素一览中，是否有雇员居住的经济适用房排在最后。正如他们知道的那样，没有几个雇员——14%——住在公司所在地的行政边界内。很遗憾。

新城模式设想的是步行上下班，所以，这种增长走廊模式与新城模式相距甚远。当然，新城模式是不现实的，也是一种倒退，新城模式让都市区可以展开的各种工作的优势大打折扣，新城模式实际上描绘的就是一种公司城镇。不过，新城模式的一个方面，步行本身，还是十分先进的。

在这些新的综合体中，没有多少可以步行的地方，无论这种状况是一种自然的或文化的想象，最多似乎也就是步行 800 英尺至 1 000 英尺而已，大约相当于购物中心两端的距离。但是，即使距离那样短，人们还是要钻进小汽车，驱车成了一种条件反射，开车比实际距离更重要。人们在市区都这样做，人们在郊区也这样做，我们对此没有什么好谴责的。再重复一次这样一个预言：如果美国人真能够把他们的步行半径仅仅扩大 200 英尺，那么，美国的土地使用将会发生一场革命。

当然，真要这样，必须做出一些制度上的改变。必须真有可以步行的地方。从普林斯顿到 1 号国道的一个会面地点，采取步行的方式，让我非常勉强。那一天，天气很好。我有充分的时间，所以，我决定走到那里去，沿着那条安静的田园道路华盛顿路走。路有些潮湿，但是，还是富有魅力的。然而，当我走到 1 号国道，这条田园式的路径消失了。没有路径过街——没有法定的过街路径。我最后只得猛冲过去，一些小汽车冲我按喇叭。路的那一边是有人行道的。当 1 号国道钻过涵洞时，这条人行道消失了。我被挤在路边，大车小车擦肩而过，我与它们的距离恐怕只有几英寸。

当我到达会见地点，人们简直不相信我是步行来的。人们问我，**你走来的？从普林斯顿**走来的？他们肯定认为我是个疯子。

我的确有点一厢情愿，以为人们都想步行。卡内基中心的开发商兰迪斯（Alan Landis）为了找到把步行与休闲娱乐结合起来的方式，找到宾夕法尼亚大学的人类学家洛（Setha Low），研究了若干个郊区综合体。洛发现，在所有的体育运动中，大部分人青睐的还是步行，尤其是午餐后。她还发现，没有什么地方可以安全地走走。人们必须在行车的路上走。既没有小径，也没有铺装好的人行道。开发商和建筑师并没有提供步行专用道。

卡内基中心接受了这个教训。它建设了许多小径，建设了可供选择的小径，可以歇口气的地方。卡内基中心有一个很有吸引力的用餐的地方，一个可以转转的小水塘。距离标示了出来。行人可以了解到自己究竟走了多少路，这显然是刺激性的。我在一些总部基地也看到过标示走了多少路的设施。例如，在康涅狄格的通用电气公司的高管告诉我，他们是不是"一圈人"或"两圈人"——围着建筑物转一圈大约 1/4 英里。

如果真有一个可以当目的地的地方，当然对步行很有帮助。沿着 1 号国道的福雷斯特尔村在这方面做了最大胆的实验。福雷斯特尔村的建筑以相对高的密度簇团，按照紧凑的城市形式布局。有一些像购物广场的内部空间，但是，真正让福雷斯特尔村独具特色的是它的街巷，规模不大，舒适，沿街布满了商铺。传统的社会机构，办公室设在商店楼上。最初的租赁客户基本上是高档商店，也许太专门化了。那里最终可以有 125 家商店，加上可以接受 200 名儿童的日托幼儿园，还有一家万豪酒店和一个会议中心。开发商把它叫作"一站式村庄"，"让我们可以得到日常生活所需要的一切"。

不完全是这样。它是一个很棒的村庄中心，但有一点，它是一个没有"村"的"村庄中心"。没有住宅，没有学校。也许随着时间的推移，这个中心周边的空地可能吸引人们去居住。当然，直到现在，那里没有一个人住在步行距离之内。除非有人入住，否则，福雷斯特尔村可能并非真正的村子。

看到这种不是村庄的地方，人们会想起传统城镇模式是多么优秀。传统城镇的网格式布局和城镇中心不仅仅是有效率的开发形式，也是扩展的极好基础。例如，人口达到1.5万—2万的城镇，只要向外延伸2个—3个街段，就能让这个城镇的人口增加50％。很遗憾，大部分城镇并没有这样做，新增人口被分散到了比城镇本身的土地多得多的更大的范围内。当然，在大多数情况下，城镇依然还是中心。

大部分这类新增长区缺少可以使之扎根的城镇，甚至缺乏一个副中心。那些新增长区的大部分元素之间没有相互联系，没有城镇中心标志性建筑所引起的相互作用。那些新增长区只能依靠小汽车出行，甚至在新增长区自己的边界内出行，也离不开小汽车。

10英亩用来做一件事。与流行的郊区蔓延相比，走廊模式稍微有了一点人口密度了，不过，这只是比较而言。按照任何市区标准，走廊的人口密度依然很低，所以，成为那里许多问题的根源之一。正如这个走廊出版的报纸，《1号国道》所说："问题不是人太多，而是几乎没人。"

最紧凑的模式是卡内基中心的模式。卡内基中心没有把建筑物沿1号国道一字排开，而是围绕中心开放空间簇团。第一批大楼完成时，建设了一个小水塘、桥、小径和露天咖啡馆。建筑簇团与建筑簇团之间是开放空间，远处有一个很大的条状草坪，作为绿化带被保留了下来。即使不去考虑比较大的空间，建筑空间与开放空间的比例还是很小的。

在福雷斯特尔村的第一期开发中，建筑空间与开放空间的比例极小。建筑物相互分散布置，中间交织着大片绿地。这种布局让那里呈现低建筑密度的特征，突显了自然景观。与此相反，沿1号国道，各类餐馆、廉价商店、电影院、汽车旅馆和令人目眩的标志延伸了近半英里长。可以理解，福雷斯特尔村的人期待的是另一个开发方向。

地方政府朝着当地人所期待的方向修订了分区规划。按照福雷斯特尔村的模式，这个分区规划要求所有的新开发都要采取低建筑密度方式。这个分区规划把办公园区的平均容积率确定为0.25，这当然是一个非常低的容积率。这个分区规划要求宽阔的开放空间缓冲区，要求大量的硬化路面把所有

305

的建筑元素联系起来。如果我们计算实际的建筑痕迹，那里的平均容积率大约在 2 或 3。就建筑数量而言，这个分区规划确定的开发模式是无计划地扩展式的，也许可以说是一种高等级的无计划，但仍是无计划地扩展式的。

视觉上的收益令人失望。20 年前，科研园区和办公园区刚刚出现时，它们似乎成为了规划和设计的模式。人们特别欣赏科研园区和办公园区的低密度。现在，低密度成为了一种规则，于是，另一种想法正在出现。

开放空间没有有效地利用起来。大量的开放空间是单调而重复的：巨大的草坪衬托着公司的标志，无垠延伸开来的绿地。有些景观堪称典范。福雷斯特尔村以绿树著称，许多树上都挂着树名标牌。

但是很明显，这些开放空间没有多少人使用。开放空间的边缘和滨水部分使用状况最好，收益最大。当然，这些收益取决于有多少人去使用它们。除了从空中鸟瞰外，实际上，大量的开放空间，尤其是这类开发园区中间数平方英里的地域无人问津。

20 世纪 60 年代制定的许多"2000 年规划"设想了大片开放空间。因为那些规划不切实际，所以，它们失败了。抽象的开放空间是不能延续的。1 号国道本身会证明这一点。需要给开发区的开放空间确定功能。要使用开放空间，否则，就会丧失开放空间。

1 号国道走廊的一项开发成为这方面的一个范例。它有着富足的开放空间；那些开放空间之间相互联系；许多人日复一日地在那里步行。这项开发比起 1 号国道的平均开发密度要好得多。我说的就是普林斯顿大学。这个大学主校园的容积率为 0.75。虽然做了补充开发，人们还是没有觉得开放空间有多么拥挤。建筑物提供的非常好的围墙使这些开放空间在尺度上适宜。小径让开放空间连接起来。人们在那里走动。

我们该做什么呢？复制普林斯顿镇可能不是什么良策，当然，城镇的想法正在成为一种新方式传播开来。米德尔塞克斯—萨默塞特—默瑟区议会的会长哈米尔（Samuel Hamill）认为，未来的增长应该集中在中心里，新泽西城区是可以遵循的最好模式。

无论答案是什么，问题已经摆在了桌面上，迫使人们去思考他们10年前不曾想到的步骤。例如，有一种日益增长的情绪，授权公路区征税来建设公路，让房地产受益。1号国道走廊地区的领导人正在与州规划委员会合作，编制一个州范围的规划。人们支持建立区域机构来审查大型开发项目。

这类计划的分歧点是，区域机构在多大程度上可以掌控地方政府。新泽西的区域机构源于地方，一些人毫无疑问地会争取对这种区域机构的任何一种否决权。许多开发商也一样。即使这样，区域机构还是有相当的权力。哈得孙河流域委员会就被赋予了某些权力。它可以拖延一个项目的展开，但不能否决这个项目。然而，拖延权一般都变成了否决权。借贷利率很高，开发商明白，他必须提供完整的数据，否则无法通过审查，而拖延的时间会使他举债经营。加州环境委员会在审查过程中经历了类似的情况。工作人员应该具有高度的专业知识，能够形成建设性的对策，这是必不可少的。

但是，像1号国道那样的博弈，使用拖延权未免太晚了。必须使用新的措施和办法，如开发权转移，绿带网，保护性开发。不过，大部分重大土地使用决策已经完成，在需要影响更大增长的时候，拖延不是办法，它很不适应变化。可能可以做一些填充式开发，在新开发中采用比较紧凑的模式。然而，改变1号国道恐怕很难，这是一个汽车导向的低密度开发带。

类似的增长地区也有可能发生了质变。费城以西的普鲁士王村现在应该是一个城市了。普鲁士王村横跨三个主要公路的交叉口，有足够空间承担办公、研究和购物等功能，成为一个规模适当的城市。但是，普鲁士王村没有成为一个城市，甚至没有成为一个镇。它依照各个部分的堆积通过公路进出，并被公路分割。

307

美国有一个增长地区正在另辟蹊径。它就是地处西雅图以东20英里的华盛顿州的贝尔维尤市。10年前，它还是一个典型的小汽车导向的郊区，写字楼和停车场拼凑成一个市中心。大约在1978年，超出这个城市边界的一个巨型购物中心威胁到了这个城市，所以，它的领导人不得不采取行动。相当确切地讲，贝尔维尤市地处交叉路口。它的领导人必须尽快决定，他们究竟想建设一个什么样的地方。

贝尔维尤市的领导人决定，贝尔维尤市应该是一个市区。他们否决了开发购物中心的方案，他们明确坚持，不应该通过某种交换来成为市区。市区应该是中心，一个完全可以步行的中心，有许多商店和餐馆，有许多令人愉悦的室外空间。

这就是他们勾画的蓝图。贝尔维尤市正在建设的中心商务区不是蔓延式的，采取了紧凑的开发模式，有着明确的边沿。在中心商务区的核心，开发商只要提供相应的公用设施，便可以得到奖励，开发容积率可以达到 8。如果他们提供市政府指定的公共空间，开发容积率可以达到 10。但是，越过中心商务区之后，市政府要求开发商把开发限制在 0.5 的容积率上。这个规划控制体现了集中和指导开发的公共决策，而不是简单地展开开发。

由于有了博弈规则，开发商不再是跳跃式地开发空置的空间，而是实施了填充式开发。市区依然是紧凑型的。从市区的一端很容易走到另一端。这并不是说人们就一定要走那么远。我最后一次去那时，其实并没有看到很多人在步行。贝尔维尤市的居民坚持认为，他们步行得越来越多了，在过去两年里，核心区的行人明显增加了。由于集中，更多的人聚集在那里，更多的设施推动他们步行。

他们认为，真正的市区结构有可能诱导更多的步行活动。中心步行走廊把市区分成两块。一边是很有吸引力的购物中心，另一边是一个独特的公交中心，那里有很多椅子，有天棚。开发商沿着这个走廊开发，市政府编制了奖励性分区规划，植树、铺装漂亮的地面、安装路灯和能挡住来自西北的毛毛雨的天棚，都可以得到市政府的奖励。在可能聚会的场所，建设了小公园，包括良好城市空间应该具有的设施。

308　　　　贝尔维尤市已经开始建设一个大型的中央公园。几年以前，15 英亩大小的学校场地成了多余的。在很多城市，贪婪的市政厅会把它卖掉，让开发商做大规模开发。贝尔维尤市却从校区购买了这个学校场地，举办了一个全国范围的设计竞赛，选择胜出的设计。1987 年年中，这个公园的第一部分开放，散步的、慢跑的和吃午餐的人已经发现了这个公园，它甚至在夜晚也派上了用场。

小汽车得到了整治。不是建设更多的停车场，反而是削减停车空间。过去，实行的新建筑的标准是，每 1 000 平方英尺办公空间提供 5 个车位。现在，削减成每 1 000 平方英尺办公空间提供 3 个车位。在中心商务区还禁止修建商业停车场和车库。所有在市中心工作的新就业者的一半必须拼车或乘坐公交车到市中心上下班。

城市设计指南支持在街道两侧创造醒目的和有吸引力的墙壁，宁可让临街面贴着房基线，也不要向后退却避开行人。贝尔维尤市效仿纽约的设计规范，推行沿交通走廊或主要大街开展零售商务。商店必须允许顾客从街上可以直接进出。建筑里的商业走廊不给奖励。商店门面上的玻璃一定是可以透视的。空白的墙壁是违反规定的。

贝尔维尤市鼓励人们住在市中心。对此，它有一个明确的计划。贝尔维尤市始终没有以中产阶级的品味对房屋或街区翻新，因为它没有旧房子来实施高档次更新改造。为了推动建筑商的参与，这个城市在两个地区对住房建设给予特殊奖励。一个底层用于零售、楼上用于公寓的复合体建筑群修建起来了。

贝尔维尤市明确它的未来走向，如何实现其目标的基本计划也是开放性的。对比而言，大部分大规模建筑群通常是一次完成设计的，即使它们的建设要延续很长时间，在最后阶段才能建成，但它们的规划是最终状态的规划。这种规划有两个后果。一个结果是同质同种。一个巨大建筑群的小单元比起一个中型建筑群的小单元，一般要缺少吸引力。我们不容易确定究竟是什么原因造成了这种状态，但是，差别是可以看得见的。

另一个结果是面对变化而让设计僵化，反对变化。这种规划不承认还有其他的观念的存在，这种规划不按照第一阶段的经验教训来修正自己。人寿保险公司承担的巨大住房项目一直都沿袭了这样的方式。大部分西海岸居住项目都是如此，高层建筑和一系列两层别墅混合着围绕花园而建。低层建筑很快就被租赁了，但是，高层建筑租赁缓慢。市场对它们是公平的，然而，在后续展开的建设中，两种单元的比例依然不变。没有实施弹性的机制。最终，困难的住房市场帮助大楼摆脱了困境，没人注意留下的教训。

贝尔维尤市将会怎样成功呢？贝尔维尤市采取的开发方式与现在的郊区开发模式相悖，郊区开发模式的乐观情绪正在降温。新城镇思潮似乎也许诺了不少，事实证明，那些承诺是不现实的。我的直觉是，贝尔维尤市会成功的，甚至离成功不远了。正如贝尔维尤市的首席城市设计师欣肖（Mark Hin-shaw）所说，实践证明这种方式是可行的。他指出，贝尔维尤市的方式与新城镇理想有相似之处，强调行人的运动和行人的尺度，强调公共交通。但是，在一个关键方面，贝尔维尤市的方式与新城镇的理想完全不同。新城镇设计有反城市的偏见，倾向于营造美景，倾向于纯净和秩序，而贝尔维尤市本身就是一个城市，它要建设的是一个市区。欣肖说，贝尔维尤的市中心正在向高密度和都市化方向发展，即便这看起来不和谐，他充满希望地说。

一个老郊区应该采用这种方式发展的确有些滑稽。正如我们在下一章会看到的那样，大量的美国市区正在采取截然不同的方式。为了与郊区竞争，市区正在变成郊区。

第二十二章 市区如何被废黜

郊区与市区的界限越来越模糊了。郊区办公园区正在模仿市中心。市中心正在模仿郊区办公园区。这个判断也许有些夸大其词了，不过，一个现实问题被提出来了。市中心走向何方？可能有两种相反的倾向。一方面，正在整理市中心的城市强化道路的作用，从总体上重新强调市中心的主导地位。但是，越来越多的城市正在走向反方向。它们扩展市中心，让市中心更加依赖小汽车，道路不再适合行人行走，零售业不再沿街布置了。它们实际上尽其所能地消除市中心过去形成的优势。

作为区分一个城市属于哪个阵营的一种方式，我准备了一个包括 8 个问题在内的检测表。在这 8 个问题上，没有任何一个城市都答"是"，当然，的确有很多城市的得分还是很高。相反，有些城市的得分很低。似乎有一个趋势，各城市很确定地走这个方向或走另一个方向。

1. 在城市更新中，市中心大部分被成功地夷为平地？

2. 至少半个市中心成了停车场？

3. 市政府和县政府办公室是否已经搬到办公园区去了？

4. 道路是否已经重新被规划成了超大街段开发场地？

5. 这样的开发是否包括了封闭的购物中心？

6. 这些超大街段开发场地是否用天桥连接起来？

7. 这些超大街段开发场地是否用地下通道连接起来？

8. 是否正在计划使用自动人行道系统？

分数越高的城市，越有可能是那种丧失了自己特有价值的城市，丧失了城市感的城市，丧失了值得骄傲的地方的城市，[①] 不知自己从何而来和走向何方的城市。正是那些几乎没有任何保障的城市正在寻找称之为冒险的新方式，搜索所有种类的建筑杂耍。

中小规模的城市似乎更易于受到伤害。就一件事而言，它们的市中心常常比非常大的城市受到公路更大的制约。非常大的城市在依然缺少对其内部实施改造的情况下，可以对公路采取反制措施。可是，许多比较小的城市从来就拧不过公路，因为顺从公路而摧毁了它们自己大部分的中心区。小城市的苜蓿叶形公路交叉口可以消耗掉很大比例的中心区，而大城市则不然。苜蓿叶形公路交叉口可以对市中心的布局结构造成严重破坏。

比较小的城市在许多方面面临比大城市更严峻的挑战。因为结构性原因，郊区购物中心的竞争对比较小的城市打击更大。对于比较小的城市来讲，从市中心到立体交叉路口和购物中心的距离常常在 3 英里—5 英里。在一些情况下，那些市区边界包括了一些郊区的城市，允许开发商在市区边界内建设购物中心，现在，那些城市已经后悔当初做的蠢事。那些留在市中心的零售商们被伤害了，最后的百货公司正准备关门或已经关门了。最惨不忍睹的景象是把窗户封闭起来，特别是把那些面对没有一个人的步行广场的窗户封闭起来。

比较小的城市的市中心区一般都是低密度的。人口密度很低的市中心区一般不是城市的整体人口不多，实际上，有些吸引了有限人口的村庄已经有相当高的人口密度了。问题出在人口分布上。无论都市区的人口数目是多少，市中心的人口数目才是问题的症结。在很多情况下，都是因为没有足够多的人让市中心运转起来。

对比而言，大城市的市中心聚集了很多人，无论从绝对数上还是从相对

---

① 受伤害最大的就是这些城市，它们是跳跃式开发和建筑杂耍的牺牲品。

数上都是如此。由于市中心产生的行人流,想设计一个不运转的开放空间都很难。这种开放空间一旦建设起来,常常因为很大数目的过路人和大数法则而摆脱了困境。

我在第一次参观一座城市时,喜欢在中午时分到100％的街角观察行人状态。如果每个人行道上人流低于每小时1 000人的话,这个城市将无计可施。它丧失了它的引擎。

许多城市的问题源于它们的布局。那些城市布局分散。一件事本来在一个小区域里是可以运转的,但是,一旦把它分散到一个很大的区域里,就运转不起来了。步行街就是一例。有些步行街运转良好,例如,科罗拉多州博尔德市的步行街,佛罗里达州坦帕的步行街。但是,很多步行街运转得不好。失败的原因有很多,不过,基本原因只有一个,那就是空间很大却没有什么活动。有些城市马路很宽,尤其是在西部城市,有些街竟有100英尺宽。除了汽车使用的部分,那里看上去空空荡荡,行人寥寥无几。那里有一个真空,石头花园和雕塑没有填满它。这个真空很宽,以致大街的一边无法影响到另一边。我们有时甚至在大街的这一边看不清对面的店名。

还有一些步行街太长了。当一些城市建设一条步行街时,它们可能竭尽全力,让这条街的长度达到6个—8个或10个街段。这样的步行街太长了。没有几个城市可以承受这种规模的步行街。如果一条步行街的长度不足几个地块,可是它真的运转不好,我倒想看看这样的步行街。限制在3个街段的长度上可能不错,实际上,许多城市在资金短缺时才发现它们兴建的步行街太长了。

另一种扩散是,离开原有的中心,再建设一个新的中心。在市区边缘聚集一些土地常常不困难而且比较便宜,有时,那里有非常巨大的开放场地可以开发。如果在那里建设一个卫星市区,支持者会说,他们会开发两个市区之间的那片空间,让两个市区联合起来。

但是,两个市区可能没有联合起来。堪萨斯城就是一个例子。它的皇冠中心距市中心12个街段。这个中心覆盖了85英亩,大小几乎等于市中心本身。但并不完全就是市中心。市中心也没有向皇冠中心偏移。这个中间空间没有开发多少，许多堪萨斯城的居民认为，如果这两个中心真的合在一起，堪萨斯城会更好一些。

几个街段甚至也可以成为一种分裂距离。俄亥俄州的哥伦布市就是一例。哥伦布的市中心是紧凑的，州的首府和很好的广场成为那个市中心的一部分。全美互助保险公司在距离这个核心 4 个街段的地方建设了自己规模很大的总部建筑，后来，用一个过街天桥与一家酒店连接起来。它们似乎与市中心完全不同。市中心与这个总部建筑之间的空白地带依然存在。

直线距离并不重要，重要的是连续性。**紧凑的市区运转得会好些。这一点很明显，许多不错的市区都有一个核心，这个核心也就是 4 个街段见方。**如果一项活动与这个核心相邻，那个活动就成了那个核心的一部分。如果那个活动是一个商店，其他的商店就会支撑这个商店。当然，如果我们让新的活动跳出市区的这个核心，那么，连续性就被打断了。在达拉斯，人们认为，市政厅广场不景气的原因之一就是它离开市区太远了。其实不然，那个广场离开市区不远，从主街算起，也就是 3 个街段而已。不过，那个广场看起来似乎比这个距离要远。当高层建筑中间突然插入低层建筑、分割标志和停车场时，那里的连续性明显被打断了。除非对那里做些有意义的填充，否则，人们还会继续觉得这个广场很遥远。

在为体育场或会展中心选址时，城市常常选择远离中心的偏僻场地。这样做可能更经济一些。人们能通过公路去那里，所以，这个场地至少对 1/4 的都市区是方便的。实际上，选择市中心会更好一些。圣路易斯和匹兹堡证明了这一点，在市区里或靠近市区的体育场会推动市中心的生活，那个体育场牵扯了更大范围的地区。

那些不赞成中心选址的理由的基础是小汽车。那里会有足够的停车场吗？在西雅图会展中心选址上就有过这个大问题。西雅图会展中心的一个选址是市区之外的博览会场地，西雅图会展中心的另一个选址在市区边缘上。西雅图会展中心的最后一个可能选址是市中心的一处公路遗址。那个地方紧邻西雅图公路公园，西雅图会展中心本身就成了市区的一处吸引人的地方，包括阳台、屋顶花园、商店和露天咖啡馆。在一次关键公众会议上，选址委员会听取了 17 位会展中心专家的论证。所有人无一例外地反对市区选址。他们说，偏远场地会给公交汽车提供很多空间，把人们从市区的酒店里拉到那里去。不过，那里就谈不上屋顶花园和商店了，所需要的就是一个封闭起来的盒子。选址委员会深深地吸了一口气，最终选择使用那个公路遗址建设西雅图会展中心，并建设了许多屋顶花园和商店。

我们现在一直都在讨论的隐患涉及城区的扩散。然而，更糟糕的隐患在另一个方向上，那就是把市区封闭起来。一些城市可能开始考虑，我们无法战胜它们，所以，我们可以加入它们。为了避免衰退，它们欢迎在市区建设郊区的购物中心。它们放弃商店而得到购物中心。

购物中心会是独立的，所以，它会很大程度地影响周边地区。顺从的城市可能首先抹掉一条路，这样，购物中心就可以延伸，占据更大的空间。类似购物中心的郊区模式，这种市区购物中心也会以汽车为导向，会在规划上要求更大数量的停车车位。更大范围地拆除市区老建筑，给建设更多停车车位腾位置，通常是建设市区购物中心所要付出的代价。

我们已经提到过建设市区购物中心所要付出的另外一个代价可能是第 2 层步行系统。建设一座天桥的出发点没有什么不好，例如，在车库和写字楼之间架一座天桥。但是，随着这类设施的发展，最终把商店和服务设施连接成为一个完整的系统。于是，出现了两座城市：**街上面一层的使用者是白人中产阶级，街面系统的使用者则是黑人和低收入的人**。①

接下来的后果可能是高大空白的墙壁的比例增加。因为第 2 层步行系统吸引了更多的人，所以，当街面层吸引不了几个人的时候，人们认为第 2 层步行系统不错。格雷欣法则发生作用了。作为废黜的结果，窗户被封闭了起

---

① 二层系统可以分割城市，地面系统使用公交汽车。

来，坏的替代了好的。空白的墙壁繁衍了空白的墙壁。

最糟糕的中断是停车场。尽管停车场不必是丑陋的，但是，停车场一般都很难看。用以停车的建筑物的几何造型可以因其异样而让人忍俊不禁。可以用店铺来填补那些建筑物留给街面层的空白的墙壁。停车场可以种上一些树和灌木。停车场的有害之处在于那里没有人，没有活动，没有功能。日间的车库并不是价值最高和最好的使用方式，不过，人们真把停车当成了价值最高和最好的使用方式。

在一些美国城市，市中心的很大一部分空间都被清理出来变成了停车场，以至那里的停车场比以前更多了。的确太多了。有些城市，如堪萨斯的托皮卡，已经达到了峰值水平。如果那些城市再清除一部分剩余的空间用来停车，我们就没有什么理由去那些城市和停车场了。

减少对新增停车车位的规划要求是放开的第一步。社区没有像以前那样要求停车车位，但是，它们依然很大程度地放纵停车的人，比较小的城市尤为如此。新写字楼每 1 000 平方英尺办公空间要求提供 3 个—5 个停车位，而且，车库一定在写字楼内或相邻的地方。结果，车库至办公室的距离非常短，整体步行活动水平很低。

如果不新增停车车位会发生什么呢？在纽约，南街海湾安排了 30 万平方英尺的零售空间，挤满了顾客却没有新增停车车位。一些顾客坐地铁来，一些人乘公交车来。大部分办公室的雇员们是走来的。

至此，唯一有希望的行动就是**不**新增停车车位。不久以后，我们可能真的开始削减停车场。这样做可能产生经济意义。热情支持小汽车的开发商和市政当局夺得了市区一些最好区位的街段。印第安纳波利斯就是一例。这个城市不错，纪念碑圆形广场里有一个很好的核心区域。但是，它周围的很多地方都变成了停车场，所以，很难想象未来发展会不去清除停车场。清除圣路易斯的普鲁伊特-艾戈住宅大楼就是一个具有象征意义的事件。所以可能首先清除的是市区停车场。在那些水泥地面下藏着很多有

315

价值的土地。

清除市区停车场的行动已经来临。对于那些由停车车位和停车场主导的城市而言，一个关键的市政问题是缺少停车空间，令人遗憾。还是拿达拉斯来讲，达拉斯的停车空间与办公空间的比例在全美是最高的。但是，研究继续提出增加停车场，而且，停车费用要保持中等水平。

一位参加有关停车问题调查的访问者很惊讶，达拉斯有如此之多的停车场，停车费用如此低廉。在两家报纸的帮助下，我给市民们拟定了一组问题。第一个问题，市区有足够的停车场吗？回答是，**没有，不够，而且太贵了**。第二个问题，停车的位置与上班的位置有多远？回答是，平均距离为 2.5 个街段。

2.5 个街段。达拉斯的街段不长。其他城市的经验类似。供应限制了需求，所以，停车本身已经成了一个目的，停车问题对人们的影响更多的是心理上的，而不是实际上的。假定，仅仅是假定，如果美国人真把他们的步行半径扩大哪怕几百英尺，① 结果可能是市区的解放。停车场可以向外推，这样就可以给市区减少压力；不是把车库隔绝起来，而是把那些空间释放给其他积极的活动使用。代价呢？停车的人必须比现在多走 5 分钟，如果真是那样，对他们不无益处。

路边停车比以往更浪费空间了。与马路牙子平行停车正在成为一种丧失掉的技巧。许多 30 岁以下的人习惯郊区购物中心的头进泊车方式，他们不能使用其他方式泊车。因此，一些城市不得不把平行停车改成头进泊车。

道路用地是很有潜力的基本空间资源。一个超出想象数量的道路空间没有用来行车，有着不少多余的道路用地。正如许多项目显示的那样，这类空间常常有很好的区位，它们可以用来营造公园和坐一坐的地方。减少一个车道，把它改造成人行道，不仅让街更适合于行人，也让交通的功能更加有效率。

---

① 那会是美国土地使用上的一场革命。

　　　　总之，浪费之中有机会。不愿意多走几个街段，过分供应给不良使用的车辆空间，供应不足的、使用或好或坏的步行空间，为存储汽车而侵占市中心空间，这一连串的不良方式不能不让人兴奋。只要我们智慧地去观察，城区其实有大量的空间等待开发。就拿列克星敦大道来讲，在那些最拥挤的地方，其实还有许多空间可以利用。

大多数美国城市都是从紧凑型布局起步的。这种紧凑型布局通常是方格式的，每个街段大体为 200 英尺×300 英尺。正像许多城市相信的那样，它们第一次作了正确的决定。紧密的方格和短短的街段可能缺少灵活性，但是，这种布局模式让步行活动最大化了，提供了许多最好的街头巷尾的空间。

方格式布局常常不顺应地形，早期的设计图有时会出现两种布局，一个朝这边，另一个朝那边。也有调查员像喝醉了酒做出的设计，一个南方的城市竟然有图纸上的两条平行的道路事实上走到一个点上的设计。

方格式布局的特性让偏离方格式布局不无意义。佩恩的费城是对称的，4个公共广场相互距离相等。不过，穿过费城方格的大对角线是人们现在还钟爱的特征之一，那个对角线用来建设了城市美化运动倡导的林荫大道。费城市场以南的那些非常狭窄的街巷也是人们现在还钟爱的地方之一，那些非常狭窄的街巷是费城方格式布局中的一些部分。那些非常狭窄的街巷产生了一个很好的步行区。

1807 年绘制曼哈顿岛的理事会喜爱方格式布局。他们明确否决了椭圆形、圆形或其他欧洲模式。他们说，重要的事情是推动经济发展，方格式布局最适合经济发展。所以，他们绘制了一个方格式布局模式，没有提供公园或公共广场。公园或公共广场是后来出现的。

但是，专员们牢牢把握了一个适当的标准。大部分方格式布局都是以指南针为基础的。但是，曼哈顿岛的方格式布局不是以指南针为基础的。曼哈顿岛的走向是歪斜的。专员们追求最大的开发潜力，这种追求始终不渝地延 318

续到了今天。因此，他们让方格适应曼哈顿岛的歪斜，而不是指南针。这样，设想的南北向大道的北端实际上是正北偏东29度。这样，阳光可以照射到三个暴露面上，包括北面，早上都可以照射到1小时15分钟的阳光。专员们始终都亏欠居住在褐砂石建筑中的几代居民。

旧金山是另一个例子。正如人们常常说的那样，如果在这个山顶上也采用方格式布局，那一定是旧金山人疯了。但是，方格式布局似乎可以运转，当地震和大火摧毁了这座城市时，旧金山人正确地回归了方格式布局。方格式布局至今似乎还是可以运转的。

然而，方格式布局并不像紧凑式布局那样重要。如同直角和矩形会影响布局的紧凑性一样，曲线和斜角也能影响布局的紧凑性。17世纪，荷兰人在曼哈顿的尖尖上布置了一个异乎寻常的街道模式。它运转至今。那些街巷的光线太暗，空间太窄。小汽车不易穿越那些街巷。所以，小汽车避而远之。行人主导了那里。行人甚至在禁止行车之前就或多或少地占用了拿骚街。

波士顿的情况类似。如果我们想设计步行街，波士顿金融区那些弯弯曲曲的街巷肯定是我们可以效仿的最好榜样。那些街巷的设计超越了它们的那个时代，偏向行人而不是小汽车。波士顿的行人好斗，当小汽车缓慢驶入弯弯曲曲的狭窄街巷时，行人常常欺负开车的，车辆完全停下来。后来，波士顿禁止了机动车在一些主要商业街上行驶，步行活动一直都很庞大。不过，这种局面原先就已经确定下来了。

我是在城市中心区里长大的，不过，我再三思考所有城市中心区时，还是偏向费城的中心区，它协调得最好。之所以如此的原因很多，土地测量员霍姆斯（Thomas Holmes）、培根和斯库尔基尔河；无论什么原因，费城市中心的开发从来都没有打散，而是集中在从河流到河流的2英里矩形范围之内。费城市中心是精确按照规划建设的，费城市政厅地处它的中心，它是一幢巨大的第二帝国式砖石建筑，威廉·佩恩的巨大雕像耸立在这幢建筑的顶部，它至今仍然是费城的标志性建筑。关于费城有一点，你知道你身在何处。

另一份遗产是短街段。许多美国城市，尤其是那些老城市，街段长度大体在 200 英尺—300 英尺，实践证明这个街段长度安排是可行的。但是，有些城市觉得这个街段长度存在不利方面。市中心被割断了，切碎了，不适合于机动车交通。太多交叉路口，太多交通信号灯，没有几条贯穿性的主干道。这类城市倾向于开发商提出的开发方案，清除一条街或两条街，去掉短街段，建设超级街段。

这些城市应该三思。小街段让市区对行人有利。正如规划师乌巴赫（Ron Ubagh）所指出的那样："街段越小，窄街的数目就越多，市区气氛就更高。机动车被更多地分散到市区之外，在行人和机动车之间更加兼容。"

方格式路制曾经非常适合有轨车，适合把有轨车延伸到郊区。最初的那些郊区把方格式路制与弯曲的道路和林荫大道结合起来，如果奥姆斯特德与此相关的话，更是如此。但是，居民区模式当时是相对聚集的，在设立任何一个车站时都要考虑到有没有足够的人口值得设立一个车站。许多比较新的远郊地区不仅缺少公交服务，而且还缺少可以使公共交通具有经济效益的开发模式。

比较老的城市适合于公共交通。人口集中可以让公共交通有效率地运行起来，所以，老郊区有公共交通运行。有些地铁线因为失去乘客而惨淡运营，难以维系。但是，那些公交系统已经建成，维护它们的费用远远小于建设新地铁线的成本，纽约维护老地铁线的费用大约为 30 亿美元。

从投资成本的角度看，重新发现有轨车是一个特别受到欢迎的开发。第二次世界大战后拆除有轨车轨道的许多城市现在正在铺设有轨车系统。它们不再称它为有轨车，而称它为"轻轨"，强调这类公交车辆的高技术成分。萨克拉门托计划建设 18 英里长的轻轨线，第一段刚刚落成。这种轻轨车看上去非常像在街心里行驶的有轨车。对于萨克拉门托的市民来讲，轻轨车是有远见的，市民们很喜爱它。市长鲁丁（Jane Rudin）说："这是把萨克拉门托引进 21 世纪的关键一步。"

与重轨系统相比，轻轨系统的投资成本会低很多。圣迭戈利用现存通行优先权建设 16 英里长的轻轨线，从墨西哥边界到市中心，基础设施建设投资为 860 万美元。这种轻轨的车厢是德国双接头车厢，车体采用了消防车使用的红色，它们在街上行驶时，十分显眼。

更新潮的是自助人行道系统，这是一种在高架轨道上运行的车辆。它们是全自动的，与一些机场系统相似，具有同样的低沉的声音，告诉乘客让出上下通道来。这种系统究竟有没有意义还需要研究。

就一个方面而言，自助人行道系统是一个倒退。很多年里，对未来城市的描绘都包括了单轨和闪闪发光的支架。单轨车厢悬挂在轨道上，自助人行道系统在轨道上边运行。但是，它们两者都有问题。正如纽约发现的那样，头顶上的支架对街道产生破坏性的影响，房地产价格体现了它的负面影响。这种轨道设施的白色和清洁也不会保持很长时间。随着时间的推移，高架轨道的下方可能会变脏，成了灰色。

自助人行道系统与其他公交系统的配合不是很好。迈阿密现在除了新的地铁系统外，还有自助人行道系统，它的运营长度为 1.9 英里，绕市中心一周。它的确是地铁公司运营的，但是，两个系统没有连接起来。它们的规格不同。所以，人们在自助人行道上一圈一圈又一圈地转。

无论是重轨还是轻轨，新的轨道系统的一个问题是它们的线路结构。它们不成比例地服务于那些需要公共交通的高收入群体，而没有很好地服务于那些最需要它们的黑人和低收入群体。例如，华盛顿特区的内城地区主要集聚着黑人，而乘坐地铁的主要是白人和高收入人群。（按照最近的调查，73％的乘客年均收入在 2.5 万美元以上。）

就大部分城市来讲，公共交通是指公交汽车。有时，公交汽车的状况很糟。迈阿密 7 年没有买过一辆公交汽车，它的运营状态很差，在它的运营线路上只有一半的运营能力在运行。纽约似乎无法买公交汽车，大量的公交汽车司机技术不佳。他们堵在半路，不能轻松地开到下一站。当然，一些城市的公交汽车系统很好，新设备得到维护，运营时间频繁，公交汽车站有遮阳或遮雨的棚子，司机训练有素。亚特兰大就是这样一座城市。亚特兰大还有地铁系统，也许它现在并非那么需要这个地铁系统，它以后肯定需要，那时，它的公交汽车系统会很好地与地铁系统联运。

公交系统的成本是巨大的。新系统的有些部分的成本超过预期，而对那些已经建立起来的系统而言，维护成本也是巨大的。有更多的因素需要加以考虑。**因为公交系统的运营，我们不再需要巨大的停车场了，这是人们在计算公交系统成本和收益时完全没有考虑到的一个最大好处**。通过削弱小汽车的主导地位，减少停车场和车库，公交系统增加了市中心的整体性。因为公交系统的运营，市区有可能成为可以步行的市区。减少停车场的收益，提高环境质量的收益，还不说审美上的收益，就足以让公交系统成为一个可以接受的交易。

321

填充；向外延伸

紧凑的市中心的功能是零售。在一个相对小的地区集中各类商铺，商铺鳞次栉比，红红火火。过去的确如此。但是，在 20 世纪 60 年代和 70 年代，许多城市的中心城区失去了它们的紧凑性特征。随着市中心零售业的衰落，店铺前冷冷清清，百货公司和电影院的橱窗钉上了木板。失去商店已经够糟了，更糟的是连续性的中断。总体来说，可能仍然有很多商店，但它们非常分散，以至于在任何一个街区中，因密度不够而无法正常工作。

市区的市场虽然萎缩了，市区的空间并没有萎缩。那些有足够的商店来填满 10 个街段的街面的城市曾经有过 16 个或更多的零售商业区，现在，出现了很多空当。如果当初它们真的压缩它们的零售区，现在的情景会好很多。

佛罗里达州的盖恩斯维尔就是一个例子。盖恩斯维尔市中心的零售店输给了郊区的零售店，不过，市中心剩下的零售店数目应该还能撑起市中心的繁荣。但是，事实并非如此。市区里的商店分散在整个零售区里，那个零售区太大了。每个街段上的商店寥寥无几，相互之间的距离已经超出了相互支撑的距离。成为任何一个城市资产的新书店和旧书店完全不能在市区维持下去，不过，它可以在城镇边上的商业带上经营。像盖恩斯维尔这样的市区所需要的是城市更新。通过市区改造，压缩市区。让书店回到它应该待的地方。这种更新改造目前还没有实际展开，但是，它至少可以让城市不要朝扩散的方向发展。正如我们已经提到过的，当它们建设步行街时，它们总是没有考虑到支撑零售商业的规模而一味延长步行街。

填充是城市应该做的。如果一个城市可以找到适当的租赁户来填充关键空置场地，那么，哪怕稍微一点点变动都会产生很大的不同，这种不同体现在市区的面貌上，也体现在经济收益的规模上。但是，这通常只是一厢情愿，各种各样的机会无人问津。

市区需要更多的商店，不过，市区最需要的是专门的商店。然而，零售混合一般是偶然事件，商店与市场之间错误匹配太多了。例如，鞋店或妇女服装店太多了，购物商场在这方面独占鳌头，但是，购物商场在男士商品方面不占优势，那里没有一流男士用品商店。市区里可能有家具店，但没有布料店，有照相馆，但没有货色齐备的摄影设备商店。有时甚至遗漏了必不可少的商品。有一次，我在科罗拉多的博尔德想买阿司匹林。博尔德是最有吸引力的市区之一。人们在步行商业街上溜达，有些人坐在草地上晒太阳，有些人读书，还有一个人弹吉他。室外用餐的地方很不错。那里有很多商店。我可以买书、录音制品、皮货、油画等。那里还有一个凉亭，出售自制的冰激凌。但是，就是买不到阿司匹林。更新改造后的维多利亚酒店没有开设任何商店。我像成千上万的美国人一样，开车去购物商城买阿司匹林。

为了填充市区，必须对外联络。**商城的经理们不是坐在那里等待好的商户入驻。他们四处寻找好的商户。市区的管理者们同样应该这样做。**马里兰的弗雷德里克有一个很好的商铺系列，足以胜过两个大商城。一个很主动的市长领导了一个寻找商铺的行动，引入了匹配适宜的各类商店。在弗雷德里克市区，没有任何了不起的店铺，但是，商家鳞次栉比，没有一个街段的临街面空置着。

新墨西哥州的阿尔伯克基开始了最长的对外联络。一位重要的银行家要阿尔伯克基有一流的食品。这个城市从来就没有的一种餐馆是传统的日本餐馆。一个使节被派到了东京。他偶然遇到了一个日本大亨，大亨对这个想法很上心，结果就在阿尔伯克基开了"Minato 餐厅"。

好的专业店所发挥的作用比填充闲置空间还要大。专业店拓宽了人们的需要。达拉斯西端历史区的出现就是一例。15 年以前，那个地区包括一些倒闭的酒厂、工厂和仓库。规划拆除那些建筑，改为停车场。1975 年，达拉斯市宣布那里为历史区，一些富有想象力的建筑师和企业家开始重新启用那个地区。现在，那个地区混合了商店、写字楼和餐馆，最后统计共有 35 个商家，比以前的达拉斯中心的商家还多。那里的商家经营的商品各式各样，有些非常好，非常昂贵，有些是日常用品，有些商店放荡不羁，显示了达拉斯与加尔文派的意识形态渐行渐远。达拉斯西端历史区值得一去，深刻影响了人们对市区的感觉。许多人认为，达拉斯有了一个市区，那些原先会把店铺搬到公路交叉口去的商家现在适应了达拉斯中心的商业氛围。

有些市区正在复制购物商场的物理形式，试图借此与购物商城展开竞争。 323
市区应该复制的是购物商场的集中管理， 能够协调商户选择，做宣传广告，出租和市场调研。购物商场当然在产权上占有优势，市区没有这个优势。虽然缺少产权，市区仍然可以在增强零售方面做很多事，各种各样的市区协会一直都在敦促市区做更多的贡献。市区正在推进建立公私合体，建立起与购物商场一样的管理体制，如选择商户和区位，即填充和向外延伸。

一些城市已经建立了商务改善区，以此推动更新改造，重新评估收益房地产的税基。在纽约，通过一些公司和房地产业主一起建立的"中央合作"联营企业，改善那个地区。这个联营企业包括了 124 个房地产业主，他们按每平方英尺 0.1 美元集资，一年可以募集到 500 万美元。这个联营企业再拿这笔钱来补充城市公共服务的不足部分。

作为第一步，这个联营企业委托汤普森夫妇对这个地区做一个盘点，考虑这个地区的改善方案。通过分析，结果出乎预料，并且形成了一个很不一般的地区改善纲要。汤普森本人曾经就是一个零售商（设计研究商店），所以，他特别重视这个地区的零售发展潜力。

在许多小城市，全国历史保护托管协会的"主街项目"已经建立了许多类似的组织。到目前为止，还没有任何一个区拥有实质性权力，如征用权。但是，在掌握实际权力方向上有了进展。在缅因州，给开发区授权的法律已经建立起来了，具有权力的公共机构可以出租和终止那些没有绩效的商铺的租赁合同。

集中管理的最好一例是宾夕法尼亚州立大学商业区。几乎没有几个小城市有宾夕法尼亚州立大学商业区那样密集的和繁荣的商店、服务和餐馆混合体。宾夕法尼亚州立大学商业区的零售业依然沿主要道路一字排开，没有间断或闲置的临街店面。宾夕法尼亚州立大学商业区的街景是宾夕法尼亚的。保留了主要电影院，它放映电影。街上人很多，甚至到了晚上，人也很多。

那条大街的一侧聚集了 3.5 万大学生，它的繁荣与此分不开。实际上，那里还有一个更大的市场，那里及其附近地区聚集了 4 万居民。那里还有两个购物中心，但是，市区一直都在加强它作为这个区域真正中心的地位。

324　　房地产商弗里德曼（Sidney Friedman）是宾夕法尼亚州立大学商业区繁荣的一个原因。在那里商店、餐馆和写字楼的股份中，弗里德曼占主要部分。他在大学期间，开了一家自行车出租店，从那里淘得第一桶金。20 年前，他开始收购那里的商店。当时，那里正在衰退。主要商店正在倒闭或迁走。那个电影院很少开放，学生说，那个电影院是小城里最差的地方。很著名的宾夕法尼亚州立大学旅馆可能就要被拆除了。

弗里德曼买下那家旅馆。他当时已经在那家旅馆的角房里与他的妻子订婚了。那个角房实际上是一个两层楼高的破旧凉亭，而那家旅馆确实地处100％的街角。后来，弗里德曼继续收购其他房地产。当时，他并没有什么战略想法，不过是一家店铺一家店铺地收购而已。他说："我发现我追逐潘尼百货或凯马特百货公司是没有意义的，它们对这个小城镇来说都太大了。我们最好还是搞专营店，高端男女时装店、礼品店、熟食店、民族特色的餐馆、夜总会。"

弗里德曼没有把商铺租给快餐连锁店。他说："我可以以每平方英尺 15 美元至 20 美元的价格租给快餐连锁店，而租给地方上的商店，仅能得到每平方英尺 10 美元的租金。但是，我还是选择了地方商家。这个城镇不适合经营快餐店。"

为了适当混合商户，弗里德曼外出观察。在阿尔图纳，有一家很好的男士用品专营店。于是，弗里德曼建议这个业主到他的大街小巷里开一家分店。现在，这个分店的生意比本店还要好。

弗里德曼注重小巷和小店，他尤其为考尔德路感到骄傲。考尔德路是一个更新过的巷子，以前是店铺进货的背街。他自己把一家商店的门改为朝着这个巷子，而在这家店的另一个立面上，他开了一个"错层的"商店，两层使这个临街门面产生双层冲击的效果，晚上给那里照明。

弗里德曼没有购物中心所拥有的势力。地方分区规划委员会并非顺从了他。其他的业主可能恰恰与他的经营方向相反，如把店面租给汉堡王、罗伊·罗杰斯快餐店和温迪快餐店。但是，弗里德曼已经为这个活跃的社区建立了基础，实际上，弗里德曼没有特殊的权力，这个事实给更多相关的城镇提供了经验。

第二十四章　市区中产阶级化的案例

我们的中心城区最需要的是有更多的人住在那里。年轻人只要听到这个召唤，会回到老街段，让它们恢复往日的繁荣，那一定会是一件幸事。令人振奋的例子层出不穷。1957 年，我正在给《财富》周刊撰写"探索大都市"的系列文章，那时，我们的确能够在许多城市拿出有吸引力的街段的案例来。但是，那些案例地区大多属于高收入阶层生活的地方，从我们做的市场研究中，很难看到向市区中心的回迁。

一个很重要的原因是市中心所能提供的住房类型。最需要的住房种类是乔治敦区和布鲁克林海茨的联排住房。这些联排住房对大部分人明显是遥不可及的，不过，这些联排住房提供了设计和推广新型住宅的线索。当时，这些联排住房没有引起重视。那时，联邦第一条款下的城市更新项目刚好正在展开，从尺度上，从思想上，那些项目都恰恰与旧的街段背道而驰。这种城市更新在各个城市之间差异不大。不仅街段被夷为平地，整条街上的建筑也被拆除了，在绝对的绿地上规划出巨大的超级街段，然后，在那些超级街段上建起了高层住宅楼。

大错就这样铸成了。这些没有希望的新乌托邦当时并不惨淡，因为它们当时必须是灿烂的。这些没有希望的新乌托邦是对城市功能深刻误解的具体表述。

诸如租赁户的满意度、犯罪率以及应该得到的维护之类的指标已经证明，与低层住宅相比，高层住宅楼很不适合有孩子的家庭。但是，建设高层住宅楼的冲动当时无法停止。在纽约市，这种项目模式成了不可动摇的规则，以致很难建设除它之外的任何一种公共住宅。而且，它还是一种很上相的模式。在建筑照片中，地面看上去不干净，灰色的水泥面对乌云密布的天空闪着白光。特别引起关注的是圣路易斯的普鲁伊特-艾戈住宅大楼的照片。

大量旧房的供应是城市尤其是老城市的很大一笔资产。那些旧房没有乔治敦区和布鲁克林海茨那些红砖块房子的品质。它们丑陋，许多是赤褐色砂石的，它们的妙处需要花很多时间才能欣赏到。这类住房大部分状态不佳，大量的这类住房已经丧失了赎回权。但是，这倒是一件幸事。有些场地积极地推动了对它们的更新。巴尔的摩使用那些用来抵税的失去赎回权的房子建立了一个"安居"项目，市政府象征性地收取一定金额，便宜卖掉它们，而购买者必须修缮它们。结果那里建成了非常吸引人的街段。奥特伯恩住宅是一个非常具有巴尔的摩地方特色的地方，像巴尔的摩其他地方一样，建筑门前的台阶是白色的。

匹茨堡是开展"安居"项目的另外一个城市。匹茨堡是从"住房大变卖"开始"安居"项目的。当时，政府出售了58套市政府所有的住房，售价100美元，而买者要修缮它们。从那以后，价格已经上升了，那些被人遗弃的房子以300美元的价格卖给安居者。

然而，那些改造老街段的人得不到政府的太多帮助，当然，不是完全没有政府帮助。联邦政府用联邦住房管理局担保的贷款补贴郊区住房，但是，没有给城市更新改造住房相应的补贴。住房和城市发展部有一些示范项目，包括"城镇中的新城"项目。那个项目设想的是改造郊区，用充满反高密度和反城区的条款约束项目建设者。

银行、保险公司都没有提供什么帮助。银行只对更新改造基本完成和不再需要资金的地区提供贷款。保险公司常常非常谨慎地对待老街段，那里非常难获得适当的火灾保险和相关索赔政策。

现金是一大问题。当银行答应提供贷款时，买房的人需要支付一笔首付，这笔款数额不菲，通常是房价的30%，房价上涨，首付相应也要费点劲。住房更新的所需实际开支也不易弄到。次贷的利率是个天文数字，而且还款时间很短。

　　尽管困难重重，城区破旧危房的更新改造运动还是得到了支持。当时在这个问题上形成了共识。有着石片建筑立面、破烂窗户和空置地块的街段，让人感觉年久失修。实际上，这类街段的道路设施和工程设施可能基本完好。就任何一种比例的更替成本来讲，买房子的人都得到了一份城市基础设施。

　　在那些旁观者的眼里，旧房子具有一种以前人们还辨别不出来的美。例如，对褐砂石建筑立面的审美判断就发生了相当的改变。褐砂石建筑立面原先让人觉得单调、暗淡和乏味，实际上，人们觉得它们很丑，但是，随后，在不作任何形体上改变的前提下，人们对它们的审美判断改变了。它们成了优美的意大利风格的样板，它们的门廊正在柔美地唤起城市节奏。粉刷褐色立面确实是亵渎。如布鲁克林的公园坡，褐砂石的宽度大约在 24 英尺以上，镶木地板和染色玻璃，它们成了人们仰慕的对象。那个时代住宅区特有的 18 英尺的基脚又受到推崇，因此提高价格。买了那些房子的人认为他们正在做一笔不错的交易。正如以后房地产市场证明的那样，他们的确做了一笔不错的交易。

　　好消息？我们当时真会这么想。但是，很多人并不这么想。不认为是什么好消息的人使用了一个令人不安的城市事务术语，"中产阶级化"，现在，旧城区的中产阶级果然返回了城市中心，那些曾经热捧恢复中产阶级街段可能性的人们不高兴了。他们说，中产阶级化是精英化，市中心的中产阶级化是以牺牲贫穷阶级为代价的，中产阶级人群替换了贫穷人群，从而打破了稳定的街段和族裔群体。每一个有关城市问题的会议都会谴责中产阶级化。对我们的所作所为感到羞愧。

　　市区中产阶级化一直都在限制政府的支持。让我拿第一批市区中产阶级化案例中的一个为例。在 1969 年的《纽约市规划》中，规划委员会热情地鼓励更新改造那些以褐砂石建筑为标志的街段。这个《规划》写道："在面临巨大困难的情况下，那些以褐砂石建筑为标志的街段已经得到了更新改造，如果那些困难真的被消除了，想想能够做什么是很匪夷所思的。"这个《规划》最后提出，

● 给一家独住或两家共住的房子募集市政公债或提供贷款担保。

● 建立周转基金给住房价格和一般贷款之间的差额搭桥。

● 募集更新工程长期公债。

● 市政次贷还款时间延长到 20 年，而次款利率与正常贷款利率一样。

● 临时减免住房改造税。

这些建议没有得到支持，反而受到了批判，而且是受到了许多民间活动分子的批判，他们曾经被指望支持这些建议。反对者指控这些建议是精英主义。布鲁克林地区保留大量以褐砂石建筑为标志的街段，其范围延伸数平方公里，但是，批判者的判断是，改造以褐砂石建筑为标志的街段是一小撮自作聪明的曼哈顿自由派人士和吃蛋饼的食客们鼓噪的。（"吃蛋饼的食客"以后变成了"雅皮士"。）

替换了什么？在什么时候？这种对市区中产阶级化的指控具有非常错误的导向。仔细查查街段居民的变更，我们会发现，几乎没有几个直接住户替换的个案，也就是说，当一个住房业主进门，房客就出门。低收入的房客时常搬家，一个街段里 40％的房客会搬家。住房和城市发展部估计，在所有搬家的人中，只有 4％的人是因为住户替换引起搬家的。住户替换发生的时间通常是在购房者到达之前。

什么引起了市区的中产阶级化？**中产阶级化的概念意味着，街段改造是对贫穷人群住房的主要威胁。实际上，问题正相反。**街段的衰落才是对贫穷人群住房的主要威胁。中产阶级的投资并没有打击贫穷人群。**打击贫穷人群的恰恰是撤资**①，不再投资的房地产业主让那些建筑朽败下去，打击贫穷人群的还有那些绕开那些街段的人和放火烧房子的人。纽约市更新改造的以褐

---

① 联邦政府才是最糟糕的祸首。

砂石建筑为标志的住房单元少于布朗克斯区人们抛弃的那些住房单元。

联邦政府的公共住房计划是不再投资的最糟糕的案例。联邦政府投资建设的公共住房单元逐年下降，从1978年的6.85万套，下降到1985年的1 426套。这些公共住房单元的条件每况愈下，按照法律，房租不能超过家庭收入的30%，但是，地方政府公租房的价格已经守不住这个底线了。公共住房的维护资金不足，所以，丧失掉的公共住房单元比新建的还要多。我们需要彻底检查公共住房计划的政策和设计。当然，最需要的还是相当数量的资金。

329　　更新改造计划正在很好地进行着，它们在没有住户替换的情况下展开。佐治亚州的萨凡纳是"标志性建筑更新改造"计划的一部分，在维多利亚区，更新改造了1 200套住房单元，其中600套会出租给低收入的黑人家庭。在堪萨斯城，夸里提山（Quality Hill）街段的更新改造项目通过重新整修旧建筑和填充新的3层楼联排住宅，恢复了原先的街段。老住户占用了这个项目所提供的大部分住房。

哈莱姆可能会在那一天成为城区更新改造的范例。哈莱姆已经遭受了撤资和住户替换的打击。实际上，自从1970年以来，那里的人口流失一直都在持续，大约失去了1/3的人口。大部分出租房都严重损坏。但是，哈莱姆还有不少优势。那里有公共交通，那里有宽阔的林荫大道，公园容易进出。那里有很多清理出来的场地，可以新建住房，那里有不错的以褐砂石建筑为标志的住房，有些街段的街景十分优美，如奋斗者街。

就美国整体而言，城市中心区更新改造的市场很小。大部分有效数据显示，对城市中心区住房实施更新改造，其主要客户是已经住在城里的那些人。接下来的是那些在郊区居住的人，他们因为这种理由或那种理由选择返回城区居住。这可能是一个摇摆的人群，随着住房供应增加和居住成本下降，这一部分人群的数量会增加。他们中间大约有1/3的人一直住在郊区，他们中相当比例的是空巢老人，孩子已经长大成人，独立生活了。估计全美这类更新改造的城区住房单元大约每年有不多于10万套上市。

当然，这批为数不多的居民可以对市区中心产生影响，影响其他人对市区中心的看法。因为这一部分住房如此之少，所以，相对小的增加就可以发挥很大的带动作用。例如，在丹佛，2 700 人就会让城区人口翻一番。增加这样数目的居民不会让酒吧挤不进去，不会让夜晚的街上人头攒动。就像郊区的居民一样，城区的居民也是居家一族。但是，他们住在城区毕竟让城区有所不同，让城区成为非常正常的城区。在北卡罗来纳州的夏洛特市，北卡罗来纳国民银行支持在距离市中心 5 个街段的地方开发公寓小楼住宅。人们可以从那里步行上下班。那些居民还推动了零售和服务业的发展，让晚上有了更多的娱乐休闲活动。这些步骤是振兴市区的重心。

这类市区里的更新改造区还在建设中。它们通常很大，常常是有明确的地区范围，如废弃的老货场，那些地方给建筑师和开发商一块白板，让他们有机会绘制美好的图景。那些更新项目本身是不够的，周边街段并不在它们的规划范围内。那些更新项目为城市服务提供了机会，如开一家食品店，开一个酒吧。芝加哥的一个中产阶级开发项目"高塔公寓"就是一例。英格拉哈姆（Catharine Ingraham）在《国内建筑师》上撰文，把高塔公寓称为山寨城市。"在一个独立开发项目中，把城市规划中的那些城市构件按照设计愿望整合在一起，仿制城市的多样性。仿制的越多，从地方特有的城市里抽取出来的元素就越多，结果似乎更是人造的。这类开发与它营造的那种真实的多样性并列。"

确实有一些不错的案例。好的案例有时产生所有人都不能理解的坏结果。年复一年，从一个地方到另一个地方，居住项目已经按照密度合理、非常经济、有着令人愉悦的尺度建设起来了。它们脱颖而出。

最好的当代范例之一是旧金山的圣弗朗西斯广场。聚集的公寓小楼，内部的开放空间，私密的天井，让圣弗朗西斯广场成为一个非常美好的街段。25 年以前，它是为中低收入家庭建设的。经受住了时间和地点考验的设计一般是永恒的，我要重复这个观点。找到那些丢失的经验应该不难，它们都与我们相关。

330

第二十五章　回到广场

市中心会持续存在下去吗？

我们所看到的让我们怀疑市中心会持续下去。走上公路，我们就看到弱化市区中心的后果，看到了分离的市中心杂乱无章的混合，没有凝聚点或相互关联。就它们自身而言，有些成分很不错，但是，每一个分离的中心仍然是一种堆砌起来的混合。我们很难看到每一个分离中心的光明前景。

把市中心的那些后台工作搬到郊区去，这种分散化的倾向愈演愈烈。结算中心已经搬走了。因为城区所提供的服务和公交网络，市区可以说，把这些功能留在城区内更有意义，例如，在低费用的布鲁克林，而不是曼哈顿。没有几个大公司会相信这个判断：究竟是市中心还是郊区适合它们。

美国东北部地区和中部北部地区的那些市区似乎受到的冲击大一些。长期的人口研究提出，那些市区的确受到了冲击，那些市区正在"老化"，功能性地被废弃，正在适应衰退的制造业经济和高价的劳动力，无论如何，那些城区正处在错误的位置上。信号是明确的。向南和向西南转移。那些区域的城市正在扩大，提供低税收，低成本的住房，更容易驾驭的劳动力，寒冷的北部所没有的生活品质。

但是，阳光地带的城市不是没有它们自己的问题。税收相对低的原因是基础设施投资推迟而导致税收推迟。石油收益不再支付滞后的基础设施投资。一些城市的人口增长其实一直都在很大程度上是相邻街段的合并所致，现在，城区可以合并的地方几近绝迹。那些城市谈不上公共交通，那些城市已经被小汽车和公路挟持了，那些城市受惠于小汽车和公路。生活品质？南部的环境让来自北部绿色景观地区的移民大开眼界。那些温和的冬天是付出了代价的。

不过，区域比较不一定会引起反感。北部城区预料之中的老化被一些重要的相反倾向所掩盖。向西南部地区的迁移在很大程度上是成熟产品和工艺技术的转移。西南部地区的许多制造业工厂很快也会老化，与其他地方一样，一年就够了。北部走下坡路的城市所出现的良好发展态势一直都令人惊讶。

区域差异与区域相似同样重要。正如经济学家赫克曼（John Hekman）所说，并不是区域变老了，而是产品变老了。产品有产品自己的生命周期，创新、开发、成熟，然后标准化。制造商在不同阶段所需要的资源是不一样的，这种需要的变更可以推动制造商做出远距离的地理迁徙。

这就是一直都没有停止的向西南部区域的工业迁徙。赫克曼拿计算机工业为例。"高度复杂的产品和生产过程一般选择布置在主要技术中心，如波士顿、纽约、明尼阿波利斯，以及最近崛起的达拉斯和帕洛阿尔托。"周边产品和系统仿制一般会散布在其他地方。它们的生产成本比较低，不需要高科技。西南区域拥有标准化产品的低生产成本优势。但是，新英格兰地区在新生产工艺开发方面具有技术和研究优势。在新企业产生率方面，马萨诸塞州仅次于加利福尼亚州。

大西洋中部各州有些问题。这些地区的州和地方政府常常集中在补贴和限制政策上，抓住老工业不放。赫克曼认为，使用补贴和限制政策抓住老工业不放是可能出现的最糟糕的失误，它们应该关注的是培育具有较大技术含量的企业。赫克曼指出："改变产品周期和工业迁徙不是留住老工业，而是用新工业去替代老工业。"

麻省理工的经济学家伯奇（David L. Birch）得出了类似的结论。伯奇详细研究了美国城市不同门类所产生的工作岗位，他发现，大部分城市每年流失大约相同百分比的工作机会，平均为 8％。这种工作机会的流失是企业活动的正常结果。伯奇说："经济衰退的根源不是工作机会流失，而是没有新的工作机会去替代流失的工作机会。——有的发展战略就像用大拇指挡住大坝，就像告诉潮水不要退潮一样徒劳无益。"

我对纽约市的公司迁徙展开了研究，那些研究给上述结论提供了进一步的证据。纽约市无力阻止公司外迁。公司外迁在很大程度上是内部原因引起的，公司外迁是那个公司和那个公司所属产业内部周期变更的结果，公司外迁独立于城市本身和城市的优劣。这种公司迁徙实属正常，这样讲并不是替城市辩解，而是说，公司迁徙并不完全都是坏事。正如市场评估比较所显示的那样，搬出去的公司一般绩效不佳，留在那个城市里的公司效益不坏。

城市当然不想失去任何一家公司，不论它经营得怎样，但是，城市最有可能的还是失去公司。这种转变不无益处。**城市正在失去的工作机会主要是在比较老的和比较大的公司里**，那些效益不是非常好的公司恰恰适合于卷铺盖走人。比较而言，**城市正在得到的工作机会主要是在比较新的和比较小的公司里**。

伯奇研究了 1972 年—1984 年期间旧金山的经验，他发现，小企业正在创造新的工作机会。雇用 100 名员工以上的比较大的企业正在减少工作机会。公司经营的年头也是一个因素，经营不足 4 年的公司在 1972 年—1984 年期间创了 30 597 个工作机会，而经营 12 年以上的公司在 1972 年—1984 年期间减少了 13 382 个工作机会。

纽约一直都在享受类似的工作机会增长。1986 年，纽约净增 64 000 个办公室工作机会，期待 1987 年也会增加大体相同数目的工作机会。一些工作机会是源于地方企业的扩大，大部分工作机会是金融服务业的。这种扩大让人334 兴奋到有些担忧的地步，它吸收了腾出来的大部分空间。搬进纽约市的企业，包括一些来自阳光地带的企业，带来了工作机会。最能带来工作机会的是那些正在起步的全新企业。

传统的经济发展计划集中给大企业减税和其他一些保护措施。像赫克曼一样，伯奇认为这是不良策略。减税和其他一些保护措施不能满足增长部门的需要，而对于那些停滞增长的部门采取此类策略会有一些效果，但是，对增长部门来讲，这样做所取得的效果不及对停滞增长部门采用此类政策所取得的效果。减税在繁荣时期给人以积极的印象，那时，城市的顾虑不多。纽约在这方面已经上当许多次了。公司对此类支持的感激不至于产生多么大的影响。博弈继续展开。大型写字楼项目的主持方迫切需要优惠，它们威胁，如果它们得不到优惠，便会去斯坦福。当纽约揭穿它们的老底，它们可能会留下来。如果它们走，纽约也没办法。

大型写字楼项目是新工作机会的基本来源，这种想法很顽固。大部分城市设想那些项目真的会带来工作机会，把写字楼建设与城市经济繁荣画等号。但是，增长恰恰是因为那些被挤出写字楼市场的企业。它们需要比较旧的地方即可，只要离开市中心不远就行。

伯奇提出："写字楼的开发不是工作机会的开发。实际上，写字楼的开发可能是某种遏制因素。那些可以租得起每平方英尺35美元的企业不是可以产生新工作机会的企业。为了给写字楼让路，旧建筑正在被拆除，而那些产生新工作机会的小企业恰恰只能租得起那些旧建筑。"

可以承担得起高租金写字楼的人数正在减少，那么，如此之多的新写字楼为何还在建设呢？这种建设并不是因为任何新增需求。全美写字楼空置率已经上升有一段时间了。投资一直刺激着写字楼的开发。巨额投资供应推着写字楼开发向前走。市场给予你的市场也可以拿走。

纽约市尤其脆弱。它在20世纪80年代中期在产生办公室工作机会上表现不凡的一个原因是金融部门的巨大增长。市场帮助创造的市场也可以拿走。紧随1987年金融危机而来的工作机会萎缩是严重的。这种工作机会的萎缩会变得更糟糕。

当然，工作机会和人的变动一直都青睐城市。正在受到最大鼓励的地方是那些出现增长的地方。那里产生的工作机会多于失去的工作机会，而且增加工作机会的公司主要是那些比较新的和比较小的公司，未来增长最有可能来自它们。

那些效益最好的公司的确是留在城里的公司，而那些搬走的公司一般效

335

益稍差。但是，城市不能因此而得意。搬走的公司带走了很多工作机会，心理上的伤害也许是人们谈论最多的。

甚至那些留在城里的公司也把一些工作机会转移到了郊区。那些工作是比较常规的工作，城市当然对此不快。把一些工作机会转移到郊区可能还会持续。留在城区的公司总部正在精简，例如，一些公司总部不过几间办公室和几个执行官而已，主要机构搬到了郊区。

无论工作机会减少与否，城区中心失去的工作机会可能开始多于创造出来的工作机会。但是，这不一定就是灾难。**20 年以前，人们还在斥责城区中心人太多**。他们说，市区中心如此之多的人让人的行为变得不正常了，所以，他们从这类角度谈论城市人口高密度造成的城市问题。**现在，市区真的减少了一些密度，正像一些人看到的那样，市区中心几乎没有因为人口密度减少而让人们的生活正常起来**。斥责城区中心人太多那些人会用市区人口密度，作为城区弊病—绝症的证据，来解释任何新增的企业外迁。

市区衰落会停止吗？让我们回到 1 号国道走廊及其相关事物。正如我们已经提到的那样，1 号国道走廊及其相关地区正在替代市区中心成为白领工作的地方。那里会替代市区中心而成为中心吗？有些人认为会的。他们把这些新地区看成真正的未来浪潮，不只是另一种郊区，而且还是一种新的城市本身。菲什曼（Robert Fishman）在《资产阶级乌托邦》中做了这样的表达："在我看来，战后美国发展的最重要的特征一直是，几乎同时发生的住房、工业、专业化的服务和办公室工作的分散化，这种分散化不再需要城市中心，城市外围进一步与城市中心分离，建设起分散的环境，这种环境具有城市所具有的全部经济和技术动力。"总而言之，它拥有城市中心的全部优势却抛弃了城市中心———座没有眼泪的城市。

怎么会这样呢？菲什曼说，恰恰是技术，尤其是先进的通信技术，让最好的城区和郊区成为可能，"这种先进的通信技术完全取代了传统城市的那种面对面的接触"。先进的通信技术产生了没有城市集中的城市多样性。

但是，我们也付出了代价：蔓延。菲什曼把那些蔓延出去的郊区称为"技术郊区"，承认"技术郊区"有些乱糟糟的，而且，这种状况可能会持续一段时间。不过，他认为，区域规划和先进的交通科技最终会正确地把它们安排好。

这种乐观主义的前提是，还有很多选项摆在那里供我们选择。果真如此？我们很容易忽视了原先采用的那些开发模式的后果。在大部分新增长区，正式的决定已经形成。那些新增长区类似乡村居民点的开发。最初的那些居民点常常具有以前大量郊区居住者到达时的那种持续增长的特征。实际上，许多大都市区早在20世纪50年就出现了大规模郊区化。农民卖掉了他们那些沿乡村道路的关键地块。修筑河流堤坝防止洪涝灾害，或者让河流进入地下管道系统。树木茂密的山脊被削平了。那些居民点的名称已经告诉了后来人，人们习惯用他们就要摧毁掉的自然特征来称呼那些居民点。

然而，当时的确就影响新增长模式有充满希望的讨论。20世纪60年代，人们都在制定"2000年"的规划，大胆地想象着各种可能性：无核增长点，线状开发，环状的卫星社区，等等。人们在难以计数的学术会议上权衡着各种各样选择的优劣。那些憧憬让人们欣喜，那些憧憬让选项有序地排列起来，人们正儿八经地谈论那些选项，仿佛那些选项实际上在那等着变成现实似的。

最有名的规划是华盛顿都市区"楔形绿地和走廊"规划。这个规划要求把增长引入类似走廊的地区，保护大量楔形绿色开放空间里的成片土地。这个规划实际上是一个错误的规划，开发商已经购买了楔形绿地中的关键地块。但是，这个规划在一个时期里继续作为这个区域美好未来的希望，规划师们宁愿拿着一份规划下地狱，也不愿意两手空空，不拿一份规划就上天堂。

这并不是说，区域规划不能帮助新增长地区。新增长地区展开以后可能非常需要区域规划。但是，新增长地区展开一旦开始，很难想象在增长模式上还会发生任何重大改变。随着公路、交叉路口和购物中心的建成，未来的选择就受到了限制，不能再做太大变更。

肯定是有治标措施的，在科技园区设置出入口，建设过街天桥以改善进出购物中心的通道，新的道路立面，新增限制性的道路延伸线或全新的公路。不过，这类措施可能非常昂贵，而且，采用这类措施会更加难以应对缺少中心的蔓延发展态势。交通流散布各处，它们之间需要更多的衔接道路。

分散化有许多问题。是否有任何现实的选择呢？当然有，城镇。几千年前就出现了城镇，城镇作为一种很好的聚居形式延续至今。

拿我的故乡宾夕法尼亚州西南部的西切斯特为例。这类城镇有许多优势。这类聚居地的模式是紧凑的和有效率的。土地调查员霍姆（Thomas Holme）按照经典棋盘式布置了这个聚居点。那里有完整的住房类型，包括独门独院的住宅，共用一面墙的两个住宅和排房。

从所有这些住宅出发，都可以步行到城镇中心。当然，这并不是说人们实际上真走了那么多路。他们是依赖小汽车的美国人。不过，从理论上讲，他们是可以步行到市区的。

市区是完整的。回溯到 20 世纪 50 年代，这个城镇的先辈们拒绝了城市更新，无人可以确定，他们究竟是懒惰呢，还是深谋远虑。所以，这个中心避免了被拆除。许多不应该拆除的独立建筑被拆除了，如这个城镇一开始就有的一家旅馆——土耳其大佬酒店（Turk's Head Hotel）。但是，好在有一些怪人和历史保护主义者，最好的老建筑还是保留下来了，获得了新的功能。例如，老建筑变成了银行。

从交叉路口下来，有几家不用下车的银行。西切斯特有**可步入式的**银行。我们可以在大街上步行。我们不需要小汽车。两家大银行的建筑与周围的环境融合得很好。它们都有希腊神庙式的白色大理石前立面。它们代表**大手笔**。

城镇和乡村之间界限分明，一种注定会消失的非常有益的东西。在这个城镇以北 5 英里的地方，由劳斯设计的埃克斯顿购物广场是另一个不祥的预兆。这个购物中心仿佛会让西切斯特上西天。莫斯特勒百货公司和其他几家商店关张了。

劳斯曾经说，像西切斯特这样的城镇可以打专卖店和餐馆的牌与购物中心竞争。这是劳斯设想的城镇。在西切斯特，若干专卖店的确经营得不错，如服装专卖店简·查尔方特就经营得很好。西切斯特有很好的餐馆。一对法国夫妇接管了东盖伊街的贵格茶馆，以法式餐馆的名字 La Cocotle 重新开张。市政厅变成了一家餐馆。一幢老的工厂大楼的一部分也变成了餐馆。

律师行是这个县的基础产业。律师行在市中心一家挨着一家。切斯特镇法院本身就很显眼。它的钟楼、5 层楼的农场和商业大楼都是切斯特镇的制高点。当我们从东边靠近这个城镇时，从很远的地方就可以看到它们，看到它们让人倍感安慰。

关于主街，贝克（Russell Baker）这样写道："当我们站在主街上，我们可以告诉我们自己，这是市中心，'所有的事情汇集成了一个点'，我们觉得不可思议但很舒服，这种舒适源于我们知道我们身处何处，什么状况。……在购物中心，我们知道我们不是站在市中心，而是市中心没有抓住的一个边沿。"我的感觉很像贝克的感觉。

生活在城镇里的那些人最能感受到他们的城镇产生的场所感。但是，**这种场所感对住在市中心之外的人也很重要。一个有着紧凑核心的边界清晰的城镇可以凝聚这个乡村**。如果那里真有值得一去的地方，那里就是一个比较好的可以**住进去**的地方。

有理由在一个城镇的周边做扩展而不是超出城镇做蛙跳式开发。西切斯特镇是一种有效率的城镇模式。如果西切斯特镇真在 20 世纪 50 年代和 60 年代在每边都延伸 2 个街段的话，30 年的增长可能不难应对。但是，事实并非如此。政治现实就是政治现实，它要求扩大几百平方英里土地和数千平方英里的工程设施。

我没有说什么都不对。有些开发，尤其是保护性开发，还是可圈可点的。切斯特镇做了不少正确的事，如购买若干区域公园。由于一个重要的购买土地开发权的项目，保护了布兰迪万地区美丽自然景观免遭开发的破坏。如果购买了土地开发权的土地一直延伸到了西切斯特镇，最终的结果会更加合理和更加经济。美国许多城镇的情况同样会更加合理和更加经济。

在新增长区也可以这样做。根本改变方向已经太迟了，果真如此，应用购买土地开发权的方式还是可以紧缩扩展的模式。沿着这个路线已经有了一些进展，如在福雷斯特尔村建设的集购物、酒店和办公为一体的建筑。正如前边提到过那样，华盛顿州贝尔维尤市已经成为了最好的先锋，把办公园区转变成了城市。

对于那些把郊区增长地区当成未来城市的人来讲，关键词是"科技"。他们的看法不无道理。**城市中心的特征并不是高科技**。事实上，城市中心明显没有使用多少科技。城市中心确实有电梯、电话、复印机和空调。不过如此。城市中心所特有的东西不在此。

从社会角度讲，城市是一种非常复杂的地方。从自然环境讲，城市相对

339 简单。作为城市中心，必须有街巷、建筑、会面和谈话的地方。**就本质而言，现在的城市中心与古希腊的广场可以相提并论**。

威彻利（R. E. Wycherley）对古希腊的广场做过详细的研究，我打算引述一些他的研究。我们可以通过类比，在古希腊广场的历史中看到可供今天城市借鉴的经验教训。相似之处很多，尤其是古希腊广场最终发生的令人惊讶的转变。

威彻利这样写道："相当水平的开放空间就是所需要的全部。良好的供水很重要，以及满意的排水。因为古希腊广场必须成为城市生活和主街的一个便利的聚焦点，所以，要有一个适当的中心场地。……同样自由的空间满足各种目的。人们可以聚在一起高谈阔论。需要的唯一设备就是供讲演者使用的讲坛和可能的坐位。"

随着时间的推移，建筑物增加了。有一个供地方行政官员使用的议会建筑。拱廊或开放式柱廊用来作为一般目的的建筑物，最终成为一排商店。古希腊广场是一个良好的集会场所，有一排树遮荫，有许多让人驻足的地方（例如，喷泉之屋或酒店）。

威彻利写道："市民中心和市场之间没有清晰的界限。古希腊广场里有公共建筑和圣地。在同一个广场里，有卖肉的、卖鱼的和卖其他东西的。"卖书

的有他们的摊子，开钱庄的有自己的桌子。"当广场人头攒动的时候，如早上，市场一定是喧嚣的，让人焦虑不安。鱼贩子名声尤其不好，瞪着顾客，漫天要价。"

古希腊广场是一个社会交往的场所。人们会在广场里走来走去，在树荫下或靠着一个喷泉水池聊天。对阿里斯托芬（雅典诗人及剧作家）那样的人来讲，广场里的那些人是低俗的、不良的人。他没有看出苏格拉底之流的"游手好闲的人"能干出什么好事。亚里士多德也不怎么样。像一些现代规划师一样，阿里斯托芬想把各种功能分开，让它们独立起来。阿里斯托芬建议建设两类广场，一个广场用于商业，另一种广场用于宗教，没有游手好闲的人，没有低俗的活动。

威彻利指出："不过，希腊人始终把他们的生活要素混合在一起，无论好还是不好，在古希腊的广场里，这种混合是显而易见的。"从形体上也能看到这种混合，广场是城市道路网络的一部分，广场没有独立于城市的其他部分，而是与它们联系在一起的。

到了公元 3 世纪前后，古希腊的广场开始丧失掉它的中心地位。随着封闭的周柱廊宫殿的出现，古希腊广场与围绕它的城市隔离开来，甚至完全封闭起来。威彻利说："当时出现了一种倾向，把主要广场设计为一种封闭的建筑物。城市生活失去了原先的品质，这样的广场也不再是城市的一个像原先那样重要的组成部分，与社区各种各样活动的联系也没有那么紧密了。……广场仅仅成为一个建筑物，这意味着城市出现了一定程度的解体。"

现在许多城市正在朝着与古希腊广场被削弱和独立的类似方向发展。这样的结果并不意味着城市会衰退，但是，是值得注意的危险信号。正如在希腊所发生的事情一样，许多城市正在切断它们的关键公共空间与道路系统的联系，正在使它们的关键公共空间不再是城市中心，用墙把它们的关键公共空间围起来，使它们的关键公共空间本身成为一幢建筑物。城市正在增加两个希腊人所没有的分隔设施——地下通道和天桥。唯一振奋人心的消息是这种巨型建筑的运行有多么不好。这些项目中不少破产了，城市可能认识到它

340

383

们的失误。

古希腊广场的高度会是一个涉及正确与否的不错指标。那时，古希腊广场的特点是中心、集中和混合，这些特征其实也是运转最好的城市中心的特征。古希腊广场和现在的城市中心在形体上有着巨大差异，但是，就街头巷尾的日常生活而言，两者可能有很大的相似性。如果我身处古希腊时代，我会把一架延时摄影机安装在廊柱上，记录下古希腊广场的日常生活。我会特别有兴趣看看是否在行人中真会有相当数量的纯粹闲聊式的交谈发生。我会思考那里是什么样的，除非那里让人们感到舒适，否则，没有人会停下脚步。在那些地方，惹恼亚里士多德的是无聊的谈话，而现在惹恼人们的则是非礼、嘈杂和争吵，不过，街谈巷议确实是城市的硬通货。

街谈巷议过时了？电子产品没有减少我们喜欢谈话的习惯。走出搬到郊区去的那些公司总部大楼，我们可以发现那里不乏街谈巷议。如果那里真的没有街谈巷议，也会不错。唯一的麻烦是，谈话基本上是公司员工之间的谈话。他们在公司附近看不到他们期待出现的人，这一点很令人失望。

大大增加了的通信和旅行没有排除面对面的交流，它们反而刺激了面对面的交流。没有可靠的数据说明这一点，但是，会议、集会、专题小组、应激反应研讨会以及其他各种谈话形式大大增加了，各种组织给它们提供服务。
341　人们一般选择偏远的地方开展交流。许多会议在机场旅馆里举行，这说明人们要走多远才能面对面地交谈。

不过，市区依然是人们面对面交谈的基本场所。因为面对面的交谈很有可能是没有预料到的，出现在非正式的邂逅中，或临时的聚会中，所以，它们会发生在城区里。正如我一直都在讲的那样，街头巷尾最适合这类不期而遇的面对面交流。街头巷尾还是讨价还价的好地方，因为谁在那里也不占谁的优势。我曾经看到过很多执行官员们午餐后所展开的非正式交谈，我不得不惊叹有些人会最终得到他们想要的东西。电梯外的那点地方也不错，俱乐部和餐馆也不错，它们为公关提供了很好的机会。

金融市场之所以还留在市区是因为市区毕竟还是中心。人们一直都预测金融行业会把全部后台计算工作搬出城区。许多后台工作的确已经搬迁了。但是，金融行业的主要业务不是记账和支持性服务，而是遇到合适的人，而城区中心就是遇到合适的人的地方。世界上的大部分重要金融市场就是这样。它们依然守着它们起步的那个摊子，很少有例外。

问题当然很多。对城区抱有积极态度的人肯定认为，城区会度过一个又一个危机，最终还是保留了下来。乌托邦是不会成为现实的，可能永远都是海市蜃楼。城区优劣兼有，交织在一起。产生效率的集中是城区拥挤的原因，也是破坏城区阳光、照明和尺度的原因。许多城市问题源于外部，例如，城市周边地区的人口增长，很难预测，更不用说对此采取什么措施。

一直以来正在发生的是一种无情的简化。市区一直都在丧失那些它不再具有竞争优势的功能。工厂已经搬到城区周边地区去了，后台作业也正在搬迁之中。计算中心已经迁出了。但是，城区一直都在逐渐丢失掉那些自古以来就有的功能——人们面对面地聚在一起的地方。

市区中心比起以往任何时代都更是传播新闻和八卦的地方了，更是形成观念，推广观念和抨击观念的地方，更是策划、炫耀的地方。这是城市公共生活的基本特征，并不意味着完全值得赞扬，实际上，这种基本特征常常招人厌恶，嘈杂，吵吵闹闹，没有明显的目的。

然而，人的这种聚会是市区中心的特质，是市区中心成其为市区中心的原因，是市区中心具有决定意义的优势。人的这种聚会是引擎，是市区的真正出口物。市区中心完全不是一种装饰，它让人的这种聚会更容易一些，更顺其自然，更令人愉悦。人的这种聚会是市区中心的心脏。

让我添上一条方法论的注解。

我一直试图在写这本书时保持客观，但是，我必须承认一个偏爱。与同行相比，我发现，我们都有一个秘密的嗜好：想当然。

观察是捕捉。很像建筑师诱惑我们的那种缩尺模型。从掀开屋顶开始，

342

我们得到了一种力量感。对一个地方的观察一样，我们开始绘制示意图，标记下人们的踪迹，我们开始掌握那个地方。我们当然没有控制那个地方。现实不依赖于我们的意志而独立存在。但是，我们**觉得**我们掌握了那个地方，而且，我们可以形成对那个地方的专门解释，如果其他任何人对它说三道四，我们心生妒忌。

更多的诱惑在召唤。随着时间的推移，我们熟悉了各种各样街头邂逅者的节奏：纯粹闲聊式的交谈，反复再见，相应的手势，配角与主角。现在，我们可以预测这些街头邂逅者下一步可能会做什么，通过预测他们，我们得到了这样一种感觉，我们正在引起那些下一步的行动。他们是我们自己在那里的化身。当然是纯粹的错觉，但是，看到他们在街上做我们指望他们应该做的事情，我们得到了一种满足。

三个人在街头反复再见，他们中间的一个人的脚后跟前后摆动。其他人都没有这样做。最后，那个人的脚后跟不再前后摆动了。我思忖着，过一会，另一个人会前后摆动他的脚后跟。时间过去了。更多的时间过去了。没有一个的脚后跟动起来。更多的时间过去了。最后，他们中的一个改变了一下自己的姿势，他的脚后跟开始慢慢前后摆动起来。我对自己很满意。

附录 A 纽约市开放空间分区规划条款摘要

1961 年，纽约市实施了一种分区规划办法，拿建筑面积来奖励那些提供广场空间的业主。每 1 平方英尺广场空间，允许业主增加 10 平方英尺的商业建筑面积。当时对广场的要求是，公众可以 24 小时自由使用广场。后来人们发现，这就是对广场的唯一要求。

1975 年的修正案要求广场还要**适合于**公众，设立了专门的指南，保证广场适合于公众。这里以略有删节的形式介绍这个指南。

1975 年分区规划修正案

坐凳

每 30 平方英尺的城市广场面积应该有 1 延英尺可以落座的空间。如果城市广场所面对的大街至少有 2.25 度的坡度变化，或者整个城市广场有 2.25 度以上坡度变化，不在上述要求之列，则采用下述要求，每 40 平方英尺城市广场面积至少有 1 延英尺可以落座的空间。

坐凳纵深宽度应该至少有 16 英寸。靠背高度达到 12 英寸的坐凳，纵深宽度应该最少有 14 英寸。纵深宽度达到 30 英寸或更多，且两边均可入座的坐凳，应该双倍计算其可以落座的空间。

相对相邻步行表面高程的高度超过 36 英寸和低于 12 英寸的地方，不应该计入满足落座要求的可以落座的空间。

垣顶，包括但不限于树池、花坛、喷水池和水池的垣顶，只要符合上述坐凳标准尺寸，都可以计入可以落座的空间。

移动坐凳或椅子，不包括露天咖啡馆的椅子，可以把每把椅子计作 30 延英寸可以落座的空间。

当可以落座的空间不足计入延英寸量的 50% 时，可以用移动坐凳补充，这些移动坐凳可以在晚上 7 点至早上 7 点之间收藏起来。

台阶、露天剧场和露天咖啡馆的坐凳均不计入规定的可以落座的空间。

为了照顾残疾人，至少 5% 的可以落座的空间应该有靠背。

栽植和树木

开放空间分区地块的全部临街部分，每 25 英尺应该至少种植 1 棵胸径 3.5 英寸以上的树。每棵树的种植池至少使用 200 立方英尺的土壤，种植池中土壤的深度至少达到 3 英尺 6 英寸，整平种植池中的土壤，覆盖树池保护格栅。

城市开放空间里的树木：面积为 1 500 平方英尺以上的城市广场，要求种植 4 棵树。面积为 5 000 平方英尺以上的城市广场，要求种植 6 棵树。面积为 12 000 平方英尺以上的城市广场，要求每 2 000 平方英尺种植 1 棵树，或以部分城市广场面积计算。种植在城市开放空间里的树木，树的胸径在栽植时就应该至少达到 3.5 英寸。这些树木应该种植在至少使用 200 立方英尺土壤的种植池中，种植池中土壤的深度至少达到 3 英尺 6 英寸，整平土壤，覆盖树池保护格栅，或把树木种植在一个至少具有 75 平方英尺连续区域的种植池中，不包括种植池垣，树木间隔不大于 25 英尺。

栽植：种植池应该有至少 2 英尺深的土壤，种草或其他地面覆盖植物，如果种植灌木植物，种植池应该有至少 3 英尺深的土壤。

沿街零售

除了沿着狭窄街道加宽的那一部分人行道外，面对城市开放空间的建筑立面，或面对一个与城市开放空间相邻的廊道的建筑立面，其临街部分的50％应该用于建设相应地区规定允许的零售店或服务网点，但是，不包括银行、信贷机构、旅行代理或航空公司办事处，垂直运行因素、建筑门厅和地铁入口使用的临街部分都排除在这个50％的比例之外。另外，应该允许临街安排图书馆、博物馆和艺术博物馆。从城市开放空间或相邻的廊道出发，应该可以直通这些商业设施。

照明

城市开放空间应该有完善的照明，整体平均照明水平最少不小于2个水平英尺烛光（流明）。在整个黑暗的小时里，城市开放空间应该维持在这个照明水平上。应该有1个或更多的照明电力供应设施，每4 000平方英尺的整个供电量为1 200瓦，或按照开放空间面积分开计算，不包括扩宽的人行道。

流动和通道

城市广场应该在所有时间里向公众开放使用，公众可以从相邻的公共人行道，或经过至少长度达到50％的沿街立面已经扩宽成人行道的地方，直接进入这个城市广场。为了从街上可以最清晰地看到城市广场，沿着剩下的50％沿街立面，不应该有超出平均高度36英寸的墙壁，也不应该有任何一个点高于最相邻大街的马路牙子5英尺。

城市广场任何一个点上的高程不能比最相邻大街的马路的高程高3英尺或低3英尺。

一条至少有2.25度坡度的大街，面对一个面积大于10 000平方英尺的城市广场，这条大街与这个广场的距离至少有75英尺，在这种情况下，城市广场任何一个点上的高程不能比最相邻大街的马路的高程高5英尺或低5英尺，这个城市广场可以取马路的高程±5英尺之间的任意高程。不要求建设沿街的通道，不允许建设超出城市广场高程36英寸的墙壁。

一条大街的人行道上有一个地铁入口的，城市广场面对这个人行道，在城市广场本身，这个地铁入口不能被取代，在这种情况下，应该按照相邻人行道的高程建设这个城市广场，这个人行道在所有方向上距离地铁入口建筑物至少15英尺。

城市广场本身用作地铁入口的，台阶应该至少有10英尺宽。

一个城市广场或一个城市广场的部分延伸到整个地块，与两条街相连接，这两条街平行，或相互之间在45度范围内平行，地铁入口的台阶应该至少有40英尺宽。

与这个城市广场相连接的建筑墙壁，任何一段长度大于125英尺的部分，应该把其最大高度限制在85英尺，在此之上的建筑部分至少要从城市广场边界退红15英尺，这个限制条件不应该用于与城市广场相连接的宽度只有75英尺的任何一个建筑墙壁。

生理残疾人的通道

至少应该有一条通道到达以下每一种场所：

- 城市开放空间的主要部分
- 通往城市开放空间的任何一个建筑大厅
- 可能在城市开放空间出现的或与城市开放空间毗邻的任何一种使用空间

除了有特殊条款规定的更大宽度，这些通道应该有5英尺的最小宽度，排除和清理所有的障碍物。

在这类通道任何出现楼梯或台阶的地方，修建斜坡。这种斜坡的最小宽度应该是36英寸，坡度不大于1∶12，表面防滑，因为这种坡道是开放边坡，所以，应该修建 2 英寸高的安全坡边。坡道的每一个顶端，都应该有一块平台，这个平台可能是公共人行道，至少长 5 英尺。

在这种通道上的所有楼梯或坡道，都应该提供扶手。扶手高度应该是 32 英寸，扶手应该有中间围栏，其高度为 22 英寸，扶手应该延伸到楼梯或坡道之外至少 18 英寸。

在使用楼梯改变这类通道上坡度的地方，应该有封闭的立板，立板最大高度为 7.5 英寸，踏板宽度为 11 英寸，没有踏板凸边。

食品销售设施；允许的障碍物

从城市开放空间的最低处到它的最高处都应该是无障碍物的，当然，以下障碍物除外：通常在公共公园和游乐场地里可以看到的设施、设备和附属物，如喷泉和倒影池、瀑布、雕塑和艺术品、凉亭、棚架、长凳、坐凳、树木、种植床、垃圾桶、饮水池、自行车道；露天咖啡馆；亭子；户外设施；灯具和照明支柱；旗杆；公用电话；临时展览；遮阳篷；檐、系缆桩；地铁站出入口，可能包括自动扶梯。这些设施、设备和附属物可能只允许出现在城市广场和露天通道里，而不允许建在加宽的人行道上。亭子、露天咖啡馆、露天剧场、收费的溜冰场，可以在城市规划委员会主席和预算委员会建筑委员批准的条件下，布置在城市开放空间里。

亭子应该是一层楼的建筑物，建筑面积不超出 150 平方英尺，主要使用轻质建筑材料，如金属、玻璃、塑料或玻璃钢。

露天咖啡馆应该是一个永久性不封闭的餐饮场所，受相应地区法规许可的约束，露天咖啡馆可能有服务生，露天咖啡馆是露天的，可以搭建符合建筑规范的临时性织物软顶。

露天咖啡馆一定是从各个方向都可以到达的，与剩下的城市开放空间之间有一个边界。

露天咖啡馆可以占用的累计面积不超过城市开放空间总面积的 20%。

露天咖啡馆不应该安装厨房设备。厨房设备可以安排在与露天咖啡馆相邻的亭子里。

作为批准的障碍物，不应该界定露天咖啡馆的建筑面积。

可以在城市开放空间里使用亭子的窗口，向顾客提供露天餐饮服务。

在安装有饮水池的城市开放空间里，至少有一个饮水池可以供轮椅使用者饮水，高度应该是 30 英寸，可以用手和脚操作，展示国际通用的使用符号。

管理

大厦业主应该负责管理城市开放空间，包括但不限于管理允许障碍物的界限，管理垃圾，照看和替换分区内部和与这个分区相邻的人行道上的植物。

履约保证金

在获得建筑部任何使用证书之前，大厦业主应该给纽约市审计员提供一份履约保证金或城市抵押金，确保在大厦使用期间，完成法定的植树义务，提供法定的可移动坐凳，管理城市开放空间的垃圾，包括替换这些树木和可以移动设施。

如果业主没有履行相应法定义务，城市规划委员会主席会书面通知大厦业主，要求大厦业主限期纠正错误。如果在限定时间内大厦业主没有纠正错误，城市规划委员会主席可以宣布，大厦业主违约，没有履行法定义务，纽约市可以通过各种适当手段来强制大厦业主履行法定义务，包括雇人替大厦业主履行法定义务，植树、安装或管理公共空间及其设施，拿大厦业主已经缴纳的履约保证金，去偿付完成这些工作的劳动成本和材料成本。

证书

任何通过获得建筑面积奖励而建设起来的城市开放空间，应该在其永久性位置上，展示证书或其他永久性标志。这类标志应该注明，树的数目，可以移动椅子的数目，以及城市规划委员会要求的任何其他设施的数目，业主的姓名以及业主指定管理这个城市空间的人。

现存的广场

对于在这个修正案颁布之前已经存在的广场来讲，可以在广场范围内建设经由城市规划委员会主席和预算委员会批准的亭子和露天咖啡馆，这些可以推动公众对广场的使用和享受，稳定周边地区合乎需要的使用。建设亭子和露天咖啡馆是广场总体改善的一部分，包括提供更多的可以落座的空间和景观，业主负责管理这类对公共开放空间的使用。

其他条款

位置和朝向：尽可能满足朝南的要求。在附近存在其他大型空间时，为了保护大街墙壁的连续性，一个广场可以占用的临街面受到限制。

比例限制：不鼓励带状广场，所以，广场的宽度一定不少于广场长度的1/3。

露天中央广场：这些中央广场用在与地铁站相邻的空间里，在计划中的第二大道地铁站考虑到了这一选择。这个中央广场需要建设成下沉式广场，设想的中间层面积在 4 000 平方英尺—8 000 平方英尺之间。大街层应该有一条人行道，宽度至少 20 英尺，以及建设一个大街层广场的空间。

附录 B　街面零售令

　　为了禁止采用光秃秃的墙壁作为临街立面，在 1975 年获得开放空间奖励的严格要求中，纽约市规划委员会迈出了第一步。它要求购物中心临街立面至少 50％要用于零售商业，这是获得开放空间奖励的一个条件。

　　在 1982 年修订的《中城分区规划》中，纽约市规划委员会又向前迈出了一步。它要求，无论获得规划奖励与否，商业零售街上的所有临街立面全部都要用于零售商业。商店都要可以从街上进出，临街面的玻璃必须是透明玻璃。

　　以下是纽约市规划委员会所做的简单明了的解释和删略的文字。

　　81—42　商业零售沿指定大街的连续性

　　　　零售商业街的生机依赖于连续成排的零售设施，它们可以吸引顾客沿着整条街步行。开放空间占用的或非零售商业使用的地方可以打断顾客步行流，影响附近街面上的零售商业的生意。这个部分的条款旨在保护沿指定大街零售商业的生意，限制街面层的其他使用，只允许用于提高已有零售特征的那些商业使用。

　　做了删略的文字：

　　　　81—42　关于指定的零售商业街……一个建筑物的临街立面仅用于〔零售，个人服务，或娱乐〕。……允许博物馆和图书馆。……商店前允许使用的人行道，距离道路规划线的长度，不超过 10 英尺，如果在道路规划线上有拱廊支柱，那么，商店前允许使用的人行道，距离拱廊支柱的长度，不超过 10 英尺。

临街部分不允许用作前厅空间或入口空间或一个凹进超过 40 英 349尺的建筑物入口。

81—142　关于 C5 商业规划分区的宽临街立面，一个建筑物至少 50％的临街墙壁表面将在地面层是透明的，行人可以透过玻璃窗看到建筑物的内部。

　　　　纽约市规划委员会，《中城分区规划》（纽约，1982）。

　　　　　（可以在纽约市拉斐特大街 7 号规划委员会查看）

注 释

第二章　街头巷尾的社会生活

P. 8　　我们可以在不惊动拍摄对象的情况下，小心翼翼地拍下日常街头生活中的那些普通人。我们可以使用长焦镜头，在很远的地方拍摄他们，这是一种方式。这个角度对跟踪拍摄和拍摄行人流没有问题。但是，这种方式用来拍摄大部分街头活动的效果不好。靠近一些拍摄街头活动的效果会更好一些。我们只有逼近拍摄对象，才能比较好地拍摄下他们的面部表情、手势、脚步运动。问题是我们在拍摄时不能让拍摄对象知道我们的目的是什么。不过，在繁忙的大街上，他们通常是不理睬我们的。为了保持这种状态，在拍摄时，不要把设备举到自己眼睛的水平线上，我发现这很重要。所以，我把电影摄影机安装在水平仪上。当我降低水平仪的高度，我可以用胳膊抱住它，保证拍摄对象适当地进入镜头。我使用了一个广角很大的镜头保证做到这一点，让我有足够的现场拍摄深度来聚焦我的拍摄对象。我站在一边，努力把行人保持在我的视野的边缘上。我从来不与他们对视。如果他们发现我们正在拍摄，他们会立即注视我们，这样，我们就会影响我们自己的研究。盖尔对哥本哈根的街头生活展开了长期研究，他的研究显示，街头活动有了很大的增加。1968年和1986年之间，哥本哈根市中心的人口减少了33％。但是，使用哥本哈根市中心的行人人数却增加了25％。在此期间，街头活动的质量还有了改善。人们不仅仅更频繁地到市中心来，而且，他们在市中心的逗留时间延长了。

加藤（Hidetoshi Kato）教授和他在东京学习院大学的学生对等待行为做
了很好的研究。等待地点是东京涩谷车站前的广场，那里有日本著名的"忠
犬八公"的铜质雕像。忠犬八公是上野教授的宠物。忠犬八公每天早上都会
到这个火车站看它的主人离开，每天傍晚，忠犬八公还会回来迎接它的主人。
一天，上野教授去世了，再也没有回来。忠犬八公日复一日地到那个车站去
迎接它的主人。人们被忠犬八公的忠诚感动了。忠犬八公有名了。人们集资
在涩谷车站外修建了忠犬八公的雕像。这个雕像成了东京的重要集合点。

加藤教授在这个广场的上方架设了一台延时摄影机，记录日常活动。他
的学生们采访了在那里等候的人们。人们等待地点的选择上是一致的，他们
的第一选择都是稍微偏离那尊忠犬八公雕像中心的地方。人们在使用长凳
上也是一致的。如同纽约那些在凳子上落座的人一样，长坐的人比短坐的
人多。长坐的人占了那里大部分的长凳。白天，人们等候人的时间平均为
13 分钟，傍晚，这个时间为 9 分钟。日本人非常守规矩，当等候人的时间
太长时，可以看出他们不耐烦的神情。美国人对此比较随便，不是那么在
意准时到场。

大部分的等候是有回应的，有时也没有。在加藤教授看来，这个广场是
剧场，他说："这是年轻人下午 5 点寒暄，晚上 9 点告别的地方。这是大戏开
幕和谢幕的地方。有幸福的故事，也有悲惨的故事。"

参见加藤的《等候行为研究》，载于《街头生活比较研究：东京、马尼拉
和纽约》，加藤、大卫、怀特（东京：东京学习院大学，1978）。我们的计算
显示，按照人群规模，人的分布相当一致。在西格拉姆大厦广场里，独自 1
人的占 38%，结伴成群的人占 62%，其中，成对的为 38%，3 人成组的为
12%，4 人以上成群的为 12%。在埃克森广场，独自 1 人的占 47%，结伴成
群的人占 53%，其中，成对的为 34%，3 人成组的为 11%，4 人以上成群的
为 8%。这里计算的是坐着的人，包括坐着的一组人中那些站着的人。

以成群方式出现在公共场所的人比例低下是一种不祥的征兆。纽约公共
图书馆的台阶曾经是一个很受人欢迎的落座的地方，1974 年，那里以成群方

式出现的人的比例只有 33％。当时，那里毒品贩子横行。此后，那里开始出现了食品摊，摆放了座椅。以成群方式出现的人的比例上升至 50％—60％。在纽约中城的大街上，以成群方式出现的行人的比例大体为 60％。

伯科威茨（W. R. Berkowitz）对许多国家以成群方式出现在公共场所的人的比例展开了研究，他的研究显示，就以成群方式出现在主干道上的人而言，在土耳其、伊朗和阿富汗，61.6％的人是以 2 个以上人成群出现的，这个比例在英格兰为 61％，瑞典为 56.8％，意大利为 51.4％，美国为 48.9％。

参见伯科威茨的论文《城市行人社会模式跨国比较研究》，《跨文化心理学杂志》2：pp. 129—144。

P. 11   《纽约时报》的一篇文章已经对神侃提出了一个不错的定义。作家盖斯特在一篇有关神侃的文章中说，神侃与多嘴相同。蒙特利尔麦吉尔大学社会学
352   系主任魏因菲尔德（Morton Weinfeld）不认同这个看法。他在 1987 年 7 月 19 日的一封致编辑的信中提出："神侃展开的是一种轻松的、友善的、没有主题约束的谈话。好的神侃是平等的、合作的。多嘴是竞争性的，更像应对，东一榔头西一棒子，俏皮话、讥讽、不合逻辑，都是交流中的多嘴。实际上，多嘴的人是依赖神侃的人，又不在神侃之中。"

P. 15   参见埃弗龙的论文《手势、种族和文化》（Mastor：The Hague 1972），pp. 94—107，121—130。节选于《人体读物》，Ted Pelhemus 编辑（New York，Pantheon Books，1978）。

埃弗龙研究了纽约市东部犹太人和南部意大利人在相似和不同环境条件下的手势的时空和"语义"方面。

第三章　街头巷尾的人

P. 26   在尽可能不干扰研究对象的前提下，研究纽约的一个特殊地方，如 50 街

以上的那一段列克星敦大道，我们很快就可以看到那里的常客。只要我们友善地对待他们，解释清楚我们在干什么，他们是很配合的。在列克星敦大道上，我们最后了解了比我们预期要多的常客：小店老板，理发店的理发匠，沿街叫卖的小贩和发传单的人；公交车的调度，交通协理，各种各样的托和送信的，甚至习惯于靠在列克星敦饶舌俱乐部三层的窗口上的"六个可爱的神聊专家"。街上的小贩可能是一个问题。他们一般疑心病很重，尤其是他们发现有人拿着照相机对着他们的时候。毒品贩子当然是最糟糕的。不过，我们不能确认谁是和谁不是毒品贩子。在一些地方，无论我们朝哪个方向拍摄，都能很快拍摄到毒品交易，我们甚至根本就不知道他们在那里交易毒品。毒品贩子完全不喜欢有人在那里拍摄。毒品贩子认定布赖恩特公园是他们的地盘，所以，甚至拿个照相机从那里走过都是危险的。

打招呼是正常的。在我们开始观察东京街头的行人时，我们发现，一个热衷于观察的名叫今和次郎的文化人类学家50年前做过同样的事。那时，他描绘了学生上学和放学的日常流向，描绘了许多不同地方人们成群结队的特征，具体分析了他们的穿着、年龄和职业。他记录下了有多大比例的人是以成群结队的方式出现的（在银座，这个比例为75%），他们成群结队地走多远。他甚至绘制了人们在日比谷公园自杀的位置。

参见今和次郎的《考现学：过去和现在研究》（1930年版，东京：Dome-su，1971年重印）。正是在这本书里，今和次郎使用了"考现学"这个术语，或把他的工作表述为，以现代学的方法研究人的日常行为。

大卫详细研究了马尼拉的街头生活，他在那个研究中提出了协助和联盟 P. 26
对街头小贩的重要性："除了警察，小贩的实际问题其实就是如何度过漫长一天的各种简单问题，不要睡着，尽快吃午餐或上厕所。所有这些都需要伴侣。 353
实际上，小贩应该是成对成双的。无法避免的是，许多小贩无法带上一个伴侣。在这类情况下，其他的小贩一般认为自己有责任去帮助另一个小贩。我们看到过流动小贩很有效率地充当固定和半固定摊位小贩的伴侣。"

《弗里德里克诉芝加哥》的案子涉及霹雳舞，法官阿斯彭的决定很有意思。就像纽约一样，1983 年，霹雳舞也在芝加哥街头流行起来。年轻的黑人占了很大一片人行道，随着声响很大的音乐在那里耍把式。有些人跳得很不好，令人厌恶，有些人的确跳得不错，引来很多围观的人群。法官阿斯彭提出，恰恰是这些围观的人群引起大部分乱子。

但是，1984 年霹雳舞达到了顶峰，现在，我们只是偶尔看到这类街头表演了。这就产生了一个问题。如果霹雳舞是对公共安全的唯一一个主要威胁，而它现在基本消失了，那么，为什么还要颁布这个法令呢？在"有关霹雳舞的麻烦"的标题下，法官阿斯彭回答了这个问题：

"如果霹雳舞确实重蹈了呼啦圈的覆辙，现在已经不时尚了，那么，很多人围观的可能性就真的不大了。……这样，如果芝加哥选择明年重新颁布这项法令的话，最好在评估这项法令时考虑到霹雳舞现象的消失。如果霹雳舞现象成为了过去，且如果——如证据显示的那样——大部分其他街头表演吸引不了多少人，那么，这个法令的宪法基础可能会在未来几年里消失掉。"

参见案例《弗里德里克诉芝加哥》，619 F. Supp. 1129（N. D. Ill. 1985），vacated F 2d，(7th Cir. November 25，1986) 法官阿斯彭。

第四章　有经验的行人

P. 56　　戈夫曼给行人契约做了最好的定义："城市的大街，甚至在诋毁它们时，我们也得承认，它们提供了一种设置，陌生人之间显示出了相互信任。人们之间实现了一种自愿的协调行动，知道应该如何处理问题，每一个人都认为确实有这样一个协议存在，每一方都知道另一方掌握了那个协议的内容。简而言之，找到了通过惯例的制度性前提。避免碰撞就是一例。"

参见戈夫曼的《公共场合的关系》(*New York*：*Harper Colophon*，1972)，

p. 17。

为了测量步行速度，最简单和最精确的方法就是，拿一个秒表，跟着行 P. 56
人，记下走过一段距离的时间。在纽约的大道这样做很方便，南北向的街段
从建筑红线到建筑红线的距离为 200 英尺。在第五大道，早上 9 点，行人走
过 200 英尺平均需要花费 40 秒至 42 秒，走过 300 英尺，需要 1 分钟，每小
时可以走 3.4 英里。人们走过 200 英尺的速度不同，从 32 秒到 60 秒不等。
（正如其他地方提到的那样，交通信号灯的时间是为开车人的便利而设置的， 354
行人刚刚走到过街路口，红灯就亮了。）

许多研究证实了行人走直线的倾向。社会学家希尔（Michael Hill）在这 P. 57
样一个研究中追踪了 250 个行人的日常出行。绝大多数行人遵循了最短距离
路径的规则。女性的步行路径比男性的步行路径要复杂，年轻人的步行路径
比老年人的步行路径要复杂。

参见内布拉斯加州立大学社会学系希尔的《第三次行人研究年会会刊》
（Boulder，Colorado，1983）。

擦肩而过的技巧是戈夫曼提到的合作行为之一，心理学家沃尔夫把擦肩 P. 57
而过的技巧作为他的一个研究主题。沃尔夫和他的女搭档在纽约第四十二街
轮流接近行人。他们关注在人流中间的行人如何应对迎面而来的行人。有些
行人不怯弱，迎面而上。但是，大部分人绕道而行。在行人密度不大的情况
下，行人擦肩而过的平均距离为 7 英尺，而在行人密度很大的情况下，行人
擦肩而过的平均距离为 5 英尺。沃尔夫说，迎面而来的行人的"一般行为，
尤其是同性之间的一般行为，不是完全绕弯和避开对方，而是擦肩而过。当
一个行人采取擦肩而过的技巧时，他没有离开迎面而来的那个行人的路线，
没有避开对方或避开冲撞。为了擦肩而过，需要迎面而来的行人的合作。拿
着大包小包的行人反倒不那么费劲"。

参见沃尔夫的《行人行为注解》，收入比伦鲍姆（Arnold Birenbaum），萨
加林（Edward Sagarin）编辑的《场所中的人：熟悉的社会学》（New York：

Praeger，1973）。

P. 57　　诺尔斯注意到，许多对拥挤情况下的行人移动研究一般把行人们当作以一个人为基本单位的倍数来处理。这种方式混淆了这样一个事实，一对行人的行动可能不同于两个独立行人的行动。迎面而来的行人显示出，他打算直接从这一对人中间走过，这时，这一对人会拒绝让路，而且嘟囔着表达不满。

　　参见诺尔斯的《社会空间的边界：对入侵者的双重反应》，《环境与行为》（1972年12月）。

P. 64　　心理学家马克·鲍恩斯坦和海伦·鲍恩斯坦（Mark and Helen Bornstein）描绘了城市规模与行人步行速度之间的关系。在两年中，他们对欧洲、亚洲和北美6个国家15座城镇行人的步行速度展开了研究。在每个地方，他们沿着主街划出50英尺的段落，然后，记录下单独的和没有负担的行人的步行速度。他们选择在晴天、气温适中和几乎没有拥挤的状态下展开研究。两年结束时，他们把数据绘制到一张图上：一组数据涉及那个城市的人口，另一组数据涉及行人的平均步行速度。二者之间的关系是明显相关的。人口越多的城市，步行速度越高。对一个国家不同场所的比较显示，市区居民比小城镇的居民明显走得快一些。

355　　参见M. H.鲍恩斯坦和H.鲍恩斯坦的《生活节奏》，《自然》杂志（1976年2月19日）。

P. 65　　我们使用了若干种方式去测算行人的行走速度。一种方式是拍摄经过一个街段的行人。我们把摄影机架设在一幢建筑第5层的凉台上，俯瞰列克星敦大道第五十七街至第五十八街之间那个街段的东边部分。这个街段极端拥挤，还有各种障碍和绕行标志。通过跟踪拍摄行人，我们可以相当精确地测量出他们在他们行走的任意点的步行速度，记录下他们在步行时放缓和加速等状态。这种方式在研究橱窗、障碍等影响时特别有用。

盖尔对哥本哈根的行人展开过研究，他在研究中发现，在寒冷气候条件下，行人走过 100 米的路段平均需要花费 62 秒的时间，相当于用 37 秒走过 200 英尺的距离。

快生活节奏对人身体健康有多大影响呢？加州大学（弗雷斯诺）的莱文（Robert V. Levine）和巴特利特（Kathy Bartlett）研究了 6 个国家生活节奏和心血管疾病之间的关系。对生活节奏而言，他们测量了中心商务区行人的步行速度，测量了银行公共时钟的准确性，测量邮政工人填写邮票订单的速度。如预期的那样，经济发达国家的城市生活节奏最快，经济不发达国家的城市生活节奏最慢。就国家内部而言，大城市中人的步行速度比小城市中人的步行速度要快。

他们的一个假定没有得到证明。生活节奏与心血管疾病没有相关性。就生活节奏讲，日本明显领先。日本有最准确的时钟，最快的步行者，最高效率的邮政工人。日本还有最低比例的心血管疾病发病率。反过来讲，负担大不一定是坏事。

一个值得注意的情况是，在测试邮政工人要花多长时间填写一份邮票订单中，美国人做得最好，平均时间为 26.7 秒。纽约包括在这个研究中！

参见莱文和巴特利特的论文《六个国家的生活节奏、准时和心血管疾病》，《跨文化心理学杂志》(1984 年 6 月)

第五章　客观存在的大街

为什么没有可以扩宽的人行道？在改变道路空间以适应机动车流量变更 P. 69 问题上，交通工程师一直都是很有创意的，设立高峰期的逆行车道。可是，他们几乎没有给行人做什么。行人流实际上与机动车流一样在变动。另外，机动车流和行人流之间存在着可能的配合。例如，在列克星敦大道上，日常行人流图反映了中心商务区模式的特征，早、中、晚，中午人最多。对比而言，机动车流反映出蝶形特征，步行高峰期，机动车流反而不是高峰期。如果把整个车行道加以改造，有可能在中午时分使用标志扩大人行道，如 5 英尺，而车行道相应收缩 5 英尺。到了下午 2 点，重新放回标志。天方夜谭？现在的供需不平衡才是奇怪的。

356
P. 76　　盖尔基于他对哥本哈根行人的研究提出，每 1 米宽的人行道，每分钟通过 10 人—15 人，是一个不错的行人密度。如果用英尺表示的话，相当于每 1 英尺宽的人行道，每分钟通过 3 人—5 人，在弗鲁因建议的 7 人和纽约区域规划协会建议的 2 人之间。如果取中间值不错的话，这个中间取值就是每 1 米宽的人行道每分钟通过 10 人—15 人。

第六章　主观感觉到的大街

P. 79　　研究列克星敦大道的一个目的是为了认识行人驻足不动有多么大的意义。大部分行人研究都忽视了行人驻足问题，基本上只关注从 A 到 B 的旅行。那些研究没有告诉我们多少从 A 到 B 之间所发生的事情，实际上，行人有时根本就没有到 B。为了描绘旅行的偶然事件，我们对列克星敦大道一个街段路北的行人进行了跟踪拍摄。这里是 95 位行人的作为：16 位行人走进了这个街段的同一家商店里，1 位行人在那里转悠，最后过街到了路南，2 位行人驻足谈话 5 分钟，76 位行人完成了这段行程，平均时间为 58 秒，与不那么繁忙的街段比慢一些。行人路经什么可以实际影响行人的步行节奏。当人们路经一家卖鲜花的，一些人会放慢脚步，当他们路经制造商汉诺威信托公司大厦乏味的建筑立面时会加快步伐赶回失去的时间。

　　在维持秩序方面，现在城市官员的烦恼可能与中世纪英格兰市政官员的烦恼相似。索尔兹伯里-琼斯（G. T. Salusbury-Jones）在《中世纪英格兰街头生活》（牛津，1939）一书中告诉我们，那些市政官员如何努力试图让大街上的交通动起来。道路狭窄，各种障碍，如摊贩，让他们束手无策，马蹄声

和马车金属碰撞的声音尤其让他们烦恼。跑到路上来的猪也给他们带来了麻烦。猪喜欢上街，因为街上到处都是垃圾。

大街非常嘈杂：各种各样的铃声不断；叫卖声；木履的声音；工匠敲打的声音，他们的作坊都是对着大街的；车轮车轴的声音。不到中午，是不会有停顿的。

我对日本的研究仅限三次访问。第一次对日本的访问是在 1975 年，纽约 P. 87 的一群规划师和设计师与东京大都市政府的官员会面，这次会面得到了纽约日本协会和东京国际会社的支持。1977 年，东京学习院大学的加藤教授建立了一个小组，计划对纽约、东京、马尼拉的街头生活展开比较研究，由加藤、菲律宾大学教授大卫和我主持，比米斯（Margaret Bemiss）和欧文（Rebecca Irwin）协助。1978 年，研究结果《东京、马尼拉和纽约街头生活比较研究》（东京学习院大学，1978）发表。

1981 年，在《读卖新闻》组织的一个论坛的安排下，我再次访问了日本，随后展开了东京行人生活研究。

银座中央道的人行道吸引了大部分的行人，大街的中央很活跃。由于人 357 行道宽阔，引来很多人在那里散步，很像麦迪逊大道封闭时的情景。许多家庭三三两两地并肩而行。儿童表现出正在建立那里的节奏，家长附和着儿童的节奏。正如我们的摄像机录下来的那样，儿童似乎正在引领着父母的方向。很多行人围着许多食品摊，很多食品摊是百货公司开设的。

麦迪逊广场是神话摧毁了现实的一个案例。对这个广场的不满之一是它引来了一些不受欢迎的人。商人说，那些不受欢迎的人控制了麦迪逊广场。为了振兴这个广场，林赛（John Lindsay）市长邀请商人和其他一些人举行早餐会，让我放映我们记录下来的这个广场的活动。这些记录清晰地显示，使用这条大街的人是在那里工作和购物的人。在开幕当天的人群中，镜头里有一个长笛手和几个脱衣舞者，但在那之后，这个场景是最棒的镜头之一。有些零售商还是不相信他们所看到的一切。有一个人指责我篡改了录像片。

不过，另外一些广场项目还是得到了许可。华尔街地区的拿骚街人头攒动，成为了事实上的广场。布鲁克林的富尔顿街只允许公交汽车通行，安装了长凳之类的公用设施，也成为了一个广场。

第七章 设计空间

P. 112   关于在西格拉姆大厦前落座，建筑师约翰逊这样写道：

"我们设计了西格拉姆大厦前的那些地块，这样，人们就不能坐在那里了，但是，我们发现，人们会做出各种事来，他们随便坐在哪里。他们太喜爱那个地方了，所以，他们沿着大厦墙边很窄的台沿挪动着。我们在靠近大理石台沿的地方布置了水，他们可能会想，如果坐在那里，恐怕会掉到水里去。他们真没有掉进水里去，他们用各式各样办法坐到了台沿上。"

采访者："是啊，那里是我们唯一能够落座的地方。"

约翰逊："我知道这个情况。这个情况从未出现在密斯·范·德·罗厄的思想里，密斯·范·德·罗厄后来告诉我，'我从未想到，人们会愿意坐在那里'。"

参见库克（John W. Cook）和克洛茨（Heinrich Klotz）的《与建筑师的对话》（New York：Praeger，1973）。

P. 121   空间的长时间使用者占用了一个地方大部分的座位分钟。例如，在 IBM的中庭花园，我们对 3 张桌子的落座模式进行了详细分析，结果显示，从下午 12:30 至傍晚 7 点，共有 56 个落座的人，合计 1 077 个座位分钟。他们的平均落座时间为 19 分钟，落座时间中间值为 17 分钟。在 56 个落座的人中，17 个人占用了全部座位分钟的 54%。

在 IBM 大厦的这个中庭花园里，桌子是固定在地上的，但椅子可以移动。大部分人依然或多或少靠着桌子坐下。不过，的确有许多人选择把他们的椅子搬到另一个地方去坐。这种行动是一个很好的标志，告诉我们有可能在什么地方增加几把椅子和桌子。挪动椅子的人，就像沙滩上挪遮阳伞的人一样，一般只会稍微挪挪而已，很少有几个人会把椅子挪到很远的地方去。 358

固定椅子的一个让人讨厌的变种就是机场安排的那些连在一起的椅子。那些椅子通常都有扶手，不怎么是为了舒适，而是为了防止落座的人同时占用好几把椅子。萨默（Robert Sommer）认为，机场的座位设计没有考虑到机场的社会方面因素。他说，机场的椅子似乎是故意设计的，"不考虑乘客之间的谈话。成排的椅子背靠背或像教室安排座椅那样，全部朝着值机柜台，值班员像老师似的。……为了看到大部分候机大厅，不去设置衣帽钩。……有些人是独自一人到机场的，但是，很多人是与家人、朋友和同事一起来的。看到他们成排地落座在塑料椅子上，一丝忧伤之意油然而生"。

参见萨默的《巨大的港口》，《纽约时报》（1974 年 3 月 3 日）。

就落座的地方而言，干燥的比潮湿的好，这是林肯中心提供的另外一个 P. 123 经验。林肯中心的许多花坛边沿高度适中，都是可以落座的地方。但是，就在最需要落座的时间里，那些地方却不能坐下了。中午时分，藏在那些花坛里的喷水器开始工作，水喷到花坛里，花坛的边沿，所以，人们无法在那里落座。一个小时后，那些喷头停止喷水，如果有太阳，午后演出开始之后，那里就可以落座了。有人说服了负责管理此项事务的人，改变喷水时间，这样，尽管时间有限，人们还是可以在那些地方落座了。然而，在这种情况下，也不要指望林肯中心去做什么。物业部门顺势减少了地下室地区的可以移动的椅子，防止不受欢迎的人和公众使用。

　　　中央公园的委员们告诉奥姆斯特德，竖起一个栅栏，把公园围起来。奥姆斯特德对此做了有力的回应：

　　　"不仅使用石头修建马路牙子，还使用其他任何一种隔离方式，把外园与周边的大街隔开，这种方式不可取。对于那些打算使用内园的人来讲，把内园与人行道隔开也是不可取的。……路边的树木在设计上是用来构成公园景色的一部分，增加公园景观的美丽、吸引力和价值。应该让公园的景色增加人行道和街角的美丽、吸引力和价值。只要可行，公园内外两个部分应该融合为一个整体，相互成为对方的组成部分。"

　　　关于铁栅栏：

　　　"我认为，铁栅栏毫无疑问是最难看的。如果出于一些具体的原因不得不使用铁栅栏，那么，用的越少越好，不应该复杂、高大和鲜明，好像铁栅栏
359　本身就是某种值得敬畏的东西，最好让人关注它所围合起来的公园景色。"
（摘自奥姆斯特德致中央公园委员会的一封信。《40 年的景观建筑：中央公园》，奥姆斯特德和金博尔编辑，剑桥，麻省理工出版社，1975）。

　　　纽约花旗银行大厦提供了另一种类似洛克菲勒广场的下沉式广场模式。这个下沉式广场有两层，街面以上的那一部分有可以落座的边沿。夏季午间音乐会时，那里大体容纳了 400 人。这个广场的最低部分大约有 80 人，第一层的台阶上容纳了另外 80 人，下一层 90 人，街面层容纳了 150 人。

　　　在芝加哥第一国民银行的下沉式广场里，人群的分布大体类似。在容纳800 人的时候，我们做了计算，45％的人坐在广场比较低的部位上，15％的人在第一级台阶上，40％坐在较高的和半层的部位上。在周边人行道上，不断有人朝下张望。

　　　我们的发现与伊利诺伊大学（厄巴纳）景观建筑系的拉特利奇（Albert Rutledge）教授及他的学生们的发现相吻合。拉特利奇使用实地采风的基本方法，利用不长的时间，对这个广场进行了细致的评估，提出了一组改善那个广场的意见。参见《第一国民银行广场：后建设评估试点研究》（厄巴纳，

1975 年 6 月）。

第八章　水、风、树和光

《人的广场》（迈尔斯〔Don C. Miles〕等，纽约：公共空间项目，1978） P. 134
是一个特别强调城市空间的气候因素的研究。这项研究以分析西雅图的空间
为基础，揭示了雨多风多地区标准广场设计的缺点。这个研究提出了因地制
宜的设计思想。

为了描绘气候与开放空间里随意活动之间的关系，这个项目对弗吉尼亚
理工学院的一个广场做了多次摄影记录。然后，那摄影记录与气温、日照、
风速和潮湿程度联系起来。它们之间的相关性是非常强的，成为预测活动可
能水平的基础。

参见博克（Dean R. Bork）和瓦茨（Whit Watts）的《研究：气候与行
为》，《景观建筑》，（1985 年 7 月—8 月）。

有些建筑师不是很喜欢树，尤其是不喜欢大树。树木抢了建筑立面的风 P. 136
头。正是出于这样的理由，建筑师计划在美国最大的广场之一种植小型的树
木，并且零星布置起来。那些树木不会挡住人们看那幢建筑的视线。

这类建筑师实际上犯了一个视觉方面的错误。从静态的角度看，如建筑
照片上的树木，树的确可以挡住一部分视线。而从动态的角度看，有树木的
空间才是我们常常感受到的空间和建筑物，树木并没有挡住我们的视线。就
像电影摄影机的快门，间歇性出现的连续视图不断把景物展现在我们面前，
我们并没有因此而觉得视线被挡住了。

另一个视觉错误来自平面图。那些表示树木的图标似乎挡住了视线，其
实，真正的树并没有像图上所示的那样挡住视线，这种错觉在波士顿科普利
广场设计竞赛中成为一个因素。当时，科普利广场的一大特征是它的小树林。

大部分参赛者清除了这个小树林。他们的基本理由是，这个树林挡住了一个关键对角线的视线。实际上并非如此。这是 20 年以前的事，站在这些树下，我们可以清晰地看到对角线的另一端以及周围很大的范围。这场设计竞赛的胜者是艾博特（Dean Abbott），在他的设计中，保留了这个树林。那些树下第一次成了可以落座的地方。一些交通工程师也不喜欢树木。树木会破坏树下的工程设施。树木会占了机动车本可以使用的空间。树越大越麻烦。所以，最好不要树。埃文森（Norma Evenson）在谈到巴黎 20 世纪 50 年代扩宽道路时也提到类似情况，他们砍掉了巴黎道路两旁的很多树木。原先道路两侧是分别有两行树的，因为道路扩宽，道路两侧的树木分别减至一行，许多路上完全没有树了。

参见埃文森的《巴黎：变化的世纪》（New Haven, Conn：Yale University Press, 1979)。

第九章　空间管理

P. 142　　反对开设露天咖啡馆的一个理由是，那些咖啡馆已经成了老生常谈，尤其是凉亭。并非总是如此。一些年以前，对理想广场的描绘总少不了加上露天咖啡馆，法国风格的亭子，弹奏手摇风琴的人，儿童手里拿着气球。这种方式没有什么问题，可能是因为在当时的实际生活中根本就没有这类设施和氛围。现在，咖啡馆正在变成一种纯粹主义者不能容忍的状态。在为改造纽约格雷斯广场所举办的设计竞赛中，来自设计学院的方案有 260 个，仅有 6 个设计方案中包括了椅子或桌子，这 6 个方案中有 1 个进入了决赛。评选委员会里的几个著名建筑师支持了这种相对缺乏的"平常"元素。最终没有哪个方案被采纳，这个广场至今还是纽约最糟糕的广场之一。

第十章　不受欢迎的人

P. 156

林达伊（Nancy Linday）的《中央公园的社会经济划分：对纽约的文化冲突的分析》，《景观建筑》（1977 年 11 月）研究了不受欢迎的青少年。1973 年，公园事务委员克勒曼（Richard Clurman）要我们研究贝塞斯达喷泉。贝塞斯达喷泉成为了西班牙裔青年聚会的地方，还有毒品和破坏方面的问题。我们最好的观察者之一，林达伊整个夏天都在那里观察。她发现，大多数时间里，那些青少年都在正常使用贝塞斯达喷泉，当然，如果游客盯着他们时，他们可能会喧哗起来。她的建议是：与这些青少年一起工作；让他们参与管理项目；有更多的人来当"市长"。

361

纽约设想的麦迪逊大道购物中心没有通过的部分原因恰恰就是不受欢迎的人。当时，曾经做过 2 周实验，我们的照相机记录下了当时的情况。这些记录清晰地显示，使用这条大街的人是在那里工作和购物的人。但是，有些零售商人看到了不受欢迎的人。即使这地方到处是天使，他们仍会看到不受欢迎的东西。我在与一个商店老板交谈时，她注意到街上两个身着牛仔裤的年轻女人正在拍纸簿上写东西。商店老板说："她们就是不受欢迎的人。"

P. 156

公共空间项目使用了直接观察和延时摄影方法对一些重要开发空间展开了一系列研究，这些重要开放空间包括从哈莱姆的第一百二十五街，到国家公园管理局的游客中心。这个研究一直对改造有问题的空间很有效力。纽约市埃克森迷你公园曾经在一段时间里就是一个有问题的空间。毒品贩子侵入了那里，物业竖起高高的栅栏，想把他们拦在外边。不曾想到那些毒品贩子很高兴，那些栅栏让他们很容易就把那里当成了他们的巢穴。公共空间项目组的意见是，最好是把埃克森迷你公园改造成一种集餐饮和音乐在内的花园，

P. 158

让大众涌入，共同使用。于是，在那里布置了座椅，开了两个小吃店。午餐时，表演爵士乐。现在，这个地方相当不错。我们还制作了一段 12 分钟的录像，同时编写了介绍这类研究的报告。公共空间项目，153 Waverly Place，New York，N. Y. 10014。

P. 161 零售专家昂德希尔对改造后的林肯中心的通道中心和商店进行了很好的研究，他特别注意到了女厕所。这个女厕所与男厕所一样大，与公共场所的大部分厕所一样，高峰时，门口还有人排队。他提出，这个厕所的规模要扩大 1 倍，比较好的比例是 2.5∶1。这件事至今没有落实。参见昂德希尔的《差别万岁》（*Express*，1984）。

P. 162 写字楼设计中的特殊部分是设备层的设计。大楼的工程设备，主要是空调和供暖设备安装在那里。除此之外，那些楼层是空的，所以，不计入允许开发商开发的商业建筑面积。我最近看到一个设计，设备层安排了完整规模的男女厕所。因为除了工程人员，没人去那里的厕所，所以，这个设施似乎浪费了。果真如此吗？有一天，开发商可能发现，他实际上不需要设备楼层了。他很有可能把那里用于办公。厕所是现成的。

公共厕所的诞生地是巴黎，现在，那里正在试验一种新风格的公共厕所。不是原先那种供男人使用的圆柱形建筑，而是椭圆形的全封闭建筑，供男人或女人使用，里边有洗手池和厕所。当使用者使用完毕，离开那里，门一关上，清洗设备会自动开始工作。

362　　　　　　　　第十四章　巨型建筑

P. 207 建筑师波特曼的前合作者，建筑师康韦（William G. Conway）对巨型建筑进行了尖锐的批判，在这种批判中，提到了巨型建筑对它们之间空间的影响。在《反对城市庞然大物的实例》，《星期六评论》（1977 年 5 月 14 日）中，康韦认为，这些受控环境的想法显示出设计师与城市为敌的态势，而他致力于拯救城市。他写道，在亚特兰大，"这个南方女王城里的五个巨型建筑珠宝正在把女王的皇冠变成傻瓜的黄金。这种倒转过来的炼金术正在糟蹋巨型建筑之间的市中心。在设计和建设这些巨型建筑时，项目出资人和市里的官员们忽略了建设所要服从的经济规律，他们叫喊着建设更多的巨型建筑，却没有首先了解这些已经建成的巨型建筑已经产生的后果"。

有关底特律的"复兴中心"的文献如下： P. 214

"Megastructures for Renewal: A Strong Visual Form, High Densities and Citizen Participation Are Proposed for a Megastructure with Promise for Renewal Areas," *Architectural Forum* (June 1967).

"Soaring Costs Threaten Huge Center for Downtown Detroit," *New York Times*, April 2, 1975.

"Flawed Fortresses: Residential-Business Towers of the 1960's Yield to Separate, Coordinated Structures," *The Wall Street Journal*, May 19, 1978.

"Detroit's Symbol of Pride Is in the Red," *New York Times*, November 1, 1981.

"The Ren Cen: Owners Plan Large Scale Redesign," *Detroit Free Press*, April 24, 1985.

"Ren Cen Will Get a Friendlier Look," *Detroit News*, May 1, 1985.

"Detroit's Symbol of Revival Now Epitomizes Its Problems," *New York Times*, September 1, 1986.

有关波士顿的"老佛爷"，建筑批判家坎贝尔（Robert Campbell）在《波 P. 214
士顿环球报》杂志上撰文写道："不很清楚从何入手批判这个波士顿的'老佛

爷'。波士顿的'老佛爷'是灰色的，它的外观令人沮丧到难以置信的程度。波士顿的'老佛爷'最糟糕的方面是它朝东的那个立面，我们可以从金融区看到那个立面。建筑灾难鉴定师应该从贝德福德大街上的那幢建筑出发，退后 2 个或 3 个街段，以便看到它的全部影响。"

"任何一个重要的建筑应该把它的能量和它的信任提供给大街。与此相反，'老佛爷'把一个灰色的肩膀对着大街，看上去更像一座监狱，而不是一排商店。它的空白的墙壁和上了锁的大门把它自己与这座城市和城里的人隔离开来。……'老佛爷'其实是一个郊区购物中心落到了市中心。这么一个面朝里的建筑，它的生机在里边，而把空白的墙壁对着环绕它的世界。"参见坎贝尔的《非常复杂的老佛爷》，《波士顿环球报》（1986 年 9 月 3 日）

P. 217

363

我们可以很容易找到你会感兴趣的内部空间是地处佛罗里达椰林的梅费尔购物中心。建筑师和开发商特雷斯特（Kenneth Treister）设计它，目标是让它有一个清晰的方位线索。它没有对称的人行通道。每一个人行道都不同于其他：走廊宽度变化着，色彩和天花板的高度也不一样。招牌不一致，每个店都在变。所有这些独特性让那里看上去很繁华，也很愉悦。我们总可以找到我们感兴趣的。

第十五章　空白的墙壁

P. 222

最近建成的洛杉矶县艺术博物馆是一个留着空白的墙壁的典型建筑。赫尔特霍夫（Manuela Hoelterhoff）在《华尔街日报》（1987 年 12 月 15 日）上撰文，她说："佩里拉（William Periera）最近去世了，几乎没有得到什么赞誉，他是洛杉矶县艺术博物馆最初那个建筑群的设计者。那个最初的建筑群坐落在威尔希尔大道上一个开放的、阶梯式的和上升的庭院里，包括一系列展馆。这些展馆谈不上美，但是，它们以它们自己斑斑点点的方式对后背的公园和天空做出友好的姿态。……现在，沿着威尔希尔大道出现了一堵墙。

这堵墙把那些展馆和新建筑围了起来，从外边看，很像列宁墓。一个非常陡峭的楼梯插入这堵阴森森的墙，这幢建筑的最大出资人是大西洋富田石油公司，如果那些老板在那幢建筑的顶上欢迎我们，我们可能觉得是对我们努力爬上来的褒奖。"

有关利用空白的墙壁展开零售商业活动的法规参见附录 B。有关在街面层展开零售商业活动的进一步要求写入了这个剧场区的分区规划里。开发商必须把沿街立面 50% 的长度用于商店，整个长度不少于 40 英尺。规划师希望此类商业活动最好是与剧场相关的商业零售活动，如乐器店、演出服商店，等等。 P. 227

旧金山的规划部特别强调零售设施的连续性。对于商业区来讲，规划部确定地面层基本上用于零售。"除了大门，面对人行道的建筑立面空间应该用来设置商店的橱窗、展示空间和其他可以引起行人兴趣的设施。只有在情况表明没有可行的替代方案时，才允许使用空白的墙壁。" P. 227

多伦多伊顿购物中心的设计之所以引起市民的关注，就是因为设计中出现了空白的墙壁。这个设计承诺建设很漂亮的中庭，包括很多玻璃。但是，这个中心沿央街一侧的设计是一大堵空白的墙壁。尽管央街已经变得不雅，但是，它对市民的影响依然很大。建筑师被迫沿着这条街设计更多商业橱窗。因此，这个中心一直都很成功，这一部分央街虽然有些不雅，但总比空白的墙壁好。 P. 228

第十六章　奖励式分区规划的兴起与衰落

开发商有时需要得到某些赦免，不执行分区规划的规定。在这种时候，可能建立某种途径，让开发商得以开发。"特殊许可"是一个一般术语，涉及许多程序：规划委员会对开发项目给予的专门许可，对个别项目重新颁布分区规划，评审给予开发项目的奖励；如给予建设中庭的奖励；标志性建筑， P. 236
364

专门地区的分区规划，由标准和上诉委员会给予的赦免。

基本上有两个途径。一个是通过标准和上诉委员会。当开发商因为困难而寻求变通时会走这条路。开发商会提出，如果按照现存的规则执行，他得不到公平的收益。开发商可能碰到了一个非同一般的基岩，需要更多的爆破。开发商唯一可能继续这个项目的途径是改变设计，超出分区规划的许可，多盖6层楼。标准和上诉委员会会举行听证会。民间团体和街段团体都可以参加此类听证会，针对变更方案，举行多次听证会。不久以前，经过多次听证之后，这个委员会会允许变更。现在，这种做法更为严格了。

如果开发商不能提出事实的困难，他会走《统一土地使用审查程序》的途径。这个程序是1976年开始实施的，目的是减少项目审批时间，实际是通过协商，建立个案分区规划。开发商向规划委员会提交他的项目规划和设计，要求审批，"统一土地使用审查程序"从这个时候就启动。申请一旦完成，规划委员会会把项目申请发送给地方社区委员会。这种委员会可以在60天以内评审这个开发项目，举办公众听证会，写出推荐意见，送回规划委员会。在60天内，规划委员会进一步审查开发项目，举办听证会，进行批准和不批准的投票。然后，相关问题送至预算委员会，这个委员会是城市的指挥机构。再过60天，听证会之后，再次投票。这场博弈的每个阶段可以缩短，但不能超出各自的60天期限。

P. 236 纽约市有关规划问题的听证会其实是一件好事。这类听证会是在市政府的18世纪的会议厅里举行的。外边的走廊是一个重要部分。参加听证会的有民间活动分子，深陷八卦的分区规划的律师和他们的主要对手，在听证会上作证的分区规则制定和颁布者，出面作证机构的代表，游说这类规划举措的规划委员会的成员，等等。听证会上人流涌动，很紧张，我们如果出席这类听证会，我们会看到，所有人都在规划中。

在会议厅里，长条凳上挤满了各种各样的人，他们都是带着各种应对方案而来的。无论什么时候，这种听证会总会拖延1个至2个小时。听证会的成员坐在台子上。人们交头接耳，传递纸条。助手们进进出出，出谋划策。真正听别人作证的也就是一两个人。3 分钟到了，会有人通知作证的人。作证者可能表示怀疑。这似乎只有 1 分钟。听证会的主持方可能问作证者问题，或者简单说声谢谢，要求作证者把书面意见交给听证会的秘书。听证会上，作证者通常很有礼貌。他做了他应该做的。所有的事情都已经决定了。 365

审查委员会容易被不错的渲染图所迷惑，在一定程度上讲，那是因为大部分渲染图都很糟糕。例如，什么天空都用蓝色来渲染，什么草坪都用绿色来渲染。背景总是渲染成中性的模糊状，油罐车和铁路会看上去好些。但是，如果真的出现了一个很艺术的渲染图，那么，审查委员会令人惊讶地无语了，他们几乎不对这种场景的真实性提出疑问。路易斯维尔的一个爱搞恶作剧的设计师决定测试可信度。他对一个设想建设的步行街做了渲染，他绘制了一个很有吸引力的、闪闪发光的灯，悬在地面之上 12 英尺的地方，没有灯柱或任何支撑设施。悬在天空中。沿着这个步行街，他绘制了一个手牵一头狮子的妇人。在多次听证会和设计讨论会上，没有一个人问起这个悬在天空中的灯或牵狮子的妇人。 P. 239

人们越来越多地使用广场做写字楼的地址，用广场给大道命名，实际上，那个写字楼未必在那广场上（如公园大道广场，这个广场面对列克星敦大道）。戈德伯格（Paul Goldberger）建议，最后一步可能是拆除广场酒店，用写字楼和广场替代它。这样一来，这个写字楼可能称为"广场之广场"。 P. 243

第十八章　反光

圣迭戈的国际日光追踪系统公司出售屋顶反光镜。使用电子设备追踪日光，然后，把光线反射到屋顶上的散射器上。 P. 274

另外一种反射装置是费城的"照景镜"。这个装置由两面镜子合在一起制成，对着外面的一个 2 层楼的窗户，这样就可以看到外面的大街。这种方式并不愚蠢，它的确可以让行人看到一些原先在街头不易看到的空间，让那些空间更显眼。

第十九章　采光地役权

P. 276　　这个提供给紧靠公园做开发的开发商的奖励条款是纽约一般分区规划的一部分，适用于全城。参见《纽约市分区规划决定》（Section 74—851）。

第二十章　大公司外迁

P. 294　　这个比较研究的基础是两个群体：（1）郊区组。1977 年以前已经离开纽约市搬到郊区去的主要工业企业；（2）市区组。1977 年以前，总部在纽约市，至今留在纽约市的主要工业企业。比较时期为：1976 年 12 月 31 日至 1987 年 12 月 31 日。

　　一开始，郊区组包括 39 个企业。但是，其中 17 个企业通过兼并已经不 366 存在了，所以，有相当严重的消耗。

　　市区组比较稳定。最初有 39 个企业，仅有 2 个企业因为兼并而不存在了。

　　我曾经计算过从 1976 年到 1986 年 10 年间的对比。随着时间的推移，市场遭受了重创，我把研究扩大到 1987 年。不过，对研究结果影响不大。在 10 年期间，郊区组的企业平均增加 107%，而城里的企业则增加了 303%。就 11 年来讲，增加的对应平均值分别是 107% 和 277%。

第二十一章 半个城市

步行在许多其他交叉地区是不合规定的。福吉谷的普鲁士王村就是一个 P. 303
特别的令人不快的例子。除非冒很大风险，从路的一边走到另一边是不可能
的。大部分人当然是开车去那，所以，对他们不是问题。但是，如果一个人
没有车，如我一样，到那里去就有问题。如何出去呢？我问乔治·华盛顿汽
车旅馆的前台。他说，租辆车。就在基库尔基尔大街路口有一家"赫兹租
车"，但是，怎么去那？没有出租车，没有公交车，没有人行道。我沿着混凝
土挡土墙，冒险去那家赫兹租车。然后重回美国社会。

第二十二章 市区如何被废黜

美国一个著名的区域购物中心开发商说，大部分人口在 30 万或 30 万以 P. 311
下的城市不应该一定要有一个区域购物中心。他说，如果它们有，那是它们
自己的错误。劳斯在一个保护基金会议上谈到城市，"振兴老城市的问题之一
是，它的零售分布地区太宽了，以致不能产生一个市场，商店不能相互带动。
我要强调的是，城市把自己的零售设施聚集起来，相互支持，相互促进，这
一点很重要。市区中心应该在整个区域里成为最活跃的市场"。

参考文献

Chapter 1. Introduction

Calhoun, John B. "The Role of Space in Animal Sociology," *Journal of Social Issues*, 1966, Vol. 22, No. 4, 46 – 58.

Lofland, Lyn H. "Social Life in the Public Realm: A Review Essay," prepared for the *Journal of Contemporary Bibliography*, 1987.

Mumford, Lewis. *The Culture of Cities*. New York: Harcourt Brace, 1938.

The editors of *Fortune*, *The Exploding Metropolis*. Garden City, N. Y. : Doubleday & Co. , 1957.

Chapter 2. The Social Life of the Street

Ashcroft, Norman, and Albert E. Scheflen. *People Space: The Making and Breaking of Human Boundaries*. Garden City, N. Y. : Anchor, 1976.

Bakeman, R. , and S. Beck. "The Size of Informal Groups in Public," *Environment and Behavior*, September, 1974.

Barker, Roger. *The Stream of Behavior*. New York: Appleton-Century Crofts, 1963.

Birdwhistle, Ray L. *Kinesics and Context*. Philadelphia: University of Pennsylvania Press, 1970.

Brower, Sidney. "Streetfronts and Sidewalks," *Landscape Architecture*, July 1973.

Ciolek, Matthew T. "Location of Static Gatherings in Pedestrian Areas: an Exploratory Study. " Canberra: Australian National University, 1976.

Dabbs, James M. , Jr. "Indexing the Cognitive Lead of a Conversation. " Paper: Georgia State University, 1980.

——, and Neil A. Stokes III. "Beauty Is Power: The Use of Space on a Sidewalk," *Sociomelry*, 1975, Vol. 38, No. 4.

Efron, David. *Gesture, Race, and Culture*. The Hague: Mastor, 1972; excerpted in*The Body Reader*, Ted Pelhemus, ed. , New York: Pantheon Books, 1978.

A tentative study of some of the spatio-temporal and "linguistic" aspects of the gestural behavior of Eastern Jews and Southern Italians in New York City.

Gehl, Jan. *Pedestrians*. Copenhagen: Arkitekten, 1968.

——. *Life Between Buildings*. New York: Van Nostrand Reinhold, 1987.

This book, first published in Copenhagen, is one of a series of studies by architect Gehl that have had a major influence on design and planning in Scandinavia. The patterns of pedestrian life he has observed and the recommendations he has made are highly applicable to American cities. So too are his techniques for studying people — quite objective, but strong on imagination and humor. They are also a primer on the use of photography as a research tool. A splendid piece of work.

Goffman, Erving. *Behavior in Public Places*. New York: Free Press, 1963.

——. *Relations in Public*. New York: Harper & Row, 1971.

Goldberger, Paul. *The City Observed : A Guide to the Architecture of Manhattan*. New York: Vintage Books, 1979.

Hall, Edward T. *The Hidden Dimension*. Garden City, N. Y. : Doubleday & Co. , 1966.

——. *The Silent Language*. Garden City, N. Y. : Doubleday & Co. , 1969.

Heckscher, August, with Phyllis Robinson. *Open Spaces: The Life of American Cities*. New York: Harper & Row, 1977.

Henley, Nancy M. *Body Politics*. Englewood Cliffs, N. J. : Prentice-Hall, 1977.

Jaffe, Joseph, and Stanley Feldstein. *Rhythms of Dialogue*. Academic Press, 1970.

Lofland, Lyn H. *A World of Strangers: Order and Action in Urban Public Space*. New York: Basic Books, 1973.

Lynch, Kevin. *The Image of the City*. Cambridge, Mass. : M. I. T. Press, 1960.

McPhail, Clark, and Ronald T. Wohlstein. "Using Film to Analyze Pedestrian Behavior," *Sociological Methods and Research* , Vol. 10, No. 3, 1982.

Moudon, Anne Vern, ed. *Public Streets for Public Use*. New York: Van Nostrand Reinhold, 1987.

Proshansky, Harold M. , William H. Ittelson, and Leanne G. Rivlin, eds. *Envi-*

ronmental Psychology: Man and His Physical Setting. New York: Holt, Rinehart & Winston, 1970.

Sennett, Richard. *The Fall of Public Man*. New York: Alfred A. Knopf, 1977.

Sommer, Robert. *Personal Space*. Englewood Cliffs, N. J. : Prentice-Hall, 1969.
In this country, psychologist Sommer has been the outstanding exponent of direct observation of the impact of design on behavior, himself a fine observer andwalker.

Webb, Eugene J. , Donald T. Campbell, Richard D. Schwartz, and Lee Sechrist. *Unob trusive Measures: Non-reactive Research in the Social Sciences*. Chicago: Rand McNally, 1966.

Chapter 3. Street People

Booth, Charles. *Life and Labor of The People in London*. London and New York: McMillan & Co. Ltd. , 1902.

Boyle, Wickham. *On the Streets: A Guide to New York City's Buskers*. New York: New York City Department of Cultural Affairs, 1978.

David, Randolph. "Manila's Street Life: A Visual Ethnography. " In *A Comparative Study of Street Life: Tokyo, Manila, New York*, Hidetoshi Kato, William H. Whyte, and Randolph David. Tokyo: Gakushuin University, 1978.

Fried, Albert, and Richard L. Elman, eds. *Charles Booth's London*. New York: Pantheon, 1968.

Nager, Anita R. , and W. R. Wentworth. *Bryant Park: A Comprehensive Evaluation of Its Image and Use with Implications for Urban Open Space*. New York: Department of Parks and Environmental Psychology, program of the City University of New York, 1976.

Salisbury, G. T. *Street Life in Medieval England*. Oxford, 1984.

Suttles, Wayne D. *The Social Order of the Slum*. Chicago: University of Chicago Press, 1968.

Whyte, William H. *Analysis of Bryant Park: Recommendations for Action*. New York: Rockefeller Brothers Fund, 1977.

Chapter 4. The Skilled Pedestrian

Drummond, Derek. "Pedestrian Traffic in Downtown Montreal, " School of Architecture, McGill University, Montreal.

Fruin, John J. *Pedestrian Planning and Design*. New York: Metropolitan Association of Urban Designers and Environmental Planners, 1971.

A pioneering work on the levels-of-service concept as applied to pedestrians and the spaces they use.

Goodrich, Ronald. "Pedestrian Behavior: A Study of the Organization of Co-optive Behavior in Public Places." Paper, 1976.

Milgram, Stanley. "The Experience of Living in Cities: A Psychological Analysis," *Science*, 167: 146L – 68; 1970.

Whyte, William H. , with Margaret Bemiss. "New York and Tokyo: A Study in Crowding." In *A Comparative Study of Street Life: Tokyo, Manila, New York*, edited by Hidetoshi Kato. Tokyo: Gakushuin University, 1977.

Wolff, Michael. "Notes on the Behavior of Pedestrians." Reprinted in *People in Places: The Sociology of the Familiar*, edited by Arnold Birenbaum and Edward Sagarin. New York: Praeger, 1973.

Chapter 5. The Physical Street

Appleyard, Donald. *Livable Streets*. Berkeley, Calif. : University of California Press, 1981.

Pioneering study by an outstanding researcher on the impact of different levels of vehicular traffic on neighborhoods.

Brambilla, Roberto, and Gianni Longo. *A Handbook for Pedestrian Action*, 1977.

——. *The Rediscovery of The Pedestrian*, 1977.

——. *Banning the Car Downtown*, 1977.

——. *American Urban Malls*, 1977.

The preceding four reports were published by the Institute of Environmental Action, in association with Columbia University, New York. They are for sale by the Government Printing Office, Washington, D. C. , 20402.

Gruen, Victor. *Centers for the Urban Environment*. New York: Van Nostrand Reinhold, 1973.

Knack, Ruth Eckdish. "Pedestrian Malls: Twenty Years Later," *Planning*, December 1982.

Lewis, David, ed. *The Pedestrian in the City*. New York: Van Nostrand Reinhold, 1965.

Malt, Harold Lewis. *Furnishing the City*. New York: McGraw-Hill, 1970.

Federal Highway Administration. *Proceedings of the Fourth Annual Pedestrian Conference*. Washington, D. C. : Government Printing Office, 1985.

Pushkarev, Boris S. , and Jeffery Zupan. *Urban Space for Pedestrians*. Cambridge, Mass. : M. I. T. Press, 1975.

This study for the Regional Plan Association of New York is the most extensive ever done on pedestrian needs, and while based primarily on New York City, it has lessons for all cities. It is technically noteworthy for its use of aerial photography to chart pedestrian flows.

Rifkind, Carole. *Main Street*. New York: Harper & Row, 1977.

Rudovsky, Bernard. *Streets for People: a Primer for Americans*. Garden City, N. Y. : Doubleday & Co. , 1969.

Chapter 6. The Sensory Street

Bring, Mitchell T. "Narrow Village Streets Enliven a Crowded Kyoto," *Landscape Architecture*, June 1976.

Clay, Grady. "Why Don't We Do It on the Road?" *Planning*, May 1987.

Cullen, Gordon. *Townscape*. New York: Van Nostrand Reinhold, 1962.

Fleming, Ronald Lee. *Facade Stories*. Cambridge: Townscape Institute, 1982.

———, and Lauri A. Haldeman. *On Common Ground: Caring for Shared Land from Town Common to Urban Park* Cambridge, Mass. : M. I. T. Press, 1982.

Excellent guide to the maintenance and management of town and city spaces.

Fleming, Ronald Lee, and Renata von Tscharner. *Place Makers: Public Art That Tells You Where You Are*. Cambridge, Mass. : Townscape Institute, 1981.

Jackson, J. B. *Discovering the Vernacular Landscape*. New Haven, Conn. : Yale University Press, 1983.

Jacobs, Allan B. *Looking at Cities*. Cambridge, Mass. : Harvard University Press, 1985.

Lynch, Kevin. *The Image of the City*. Cambridge, Mass. : M. I. T. Press, 1960.

Sommer, Robert. *Farmers' Markets of America*. Santa Barbara, Calif. : Capra Press, 1980.

———, and Marcia Horner. "Social Interaction in Co-ops and Supermarkets," *Com-

munities, June-July 1981.

Valeri, Diego. *A Sentimental Guide to Venice*. Milan: Aldo Morello.

Venturi, Robert, Denise Scott-Brown, and Stephen Izenour. *Learning from Las Vegas*. Cambridge, Mass. : M. I. T. Press, 1972.

Chapter 7. The Design of Spaces

Carstens, Diane Y. *Site Planning and Design for the Elderly*. New York: Van Nostrand Reinhold, 1985.

Clay, Grady. *Alleys: A Hidden Resource*. Chicago: Planners Bookshop, 1978.

Davies, Stephen, and Margaret Lundin. "Department of Corrections," *Planning*, May 1987.

Edney, J. J. , and N. L. Jordan-Edney. "Territorial Spacing on a Beach," *Sociometry*, 37: 92 L4 1974.

Fein, Albert, ed. *Landscape into Cityscape: Frederick Law Olmsted's Plan for a Greater New York*. New York: Van Nostrand Reinhold, 1967.

Friedberg, M. Paul, with Ellen Perry Berkeley. *Play and Interplay*. New York: Macmillan Co. , 1977.

Hix, John. *The Glass House*. Cambridge, Mass. : M. I. T. Press, 1981.

Linday, Nancy. "It All Comes Down to a Comfortable Place to Sit and Watch," *Landscape Architecture*, November 1978.

Lyle, John T. *Design for Human Ecosystems*. New York: Van Nostrand Reinhold, 1985.

Panero, Julius, and Martin Zelnik. *Human Dimensions and Interior Space*. New York: Whitney Library of Design, 1979.

Project for Public Spaces. *Designing Effective Pedestrian Improvements in Business Districts*. Chicago: American Planning Association, 1982. Also available from Project for Public Spaces, 153 Waverly Place, New York, N. Y. 10014, 212 – 620 – 5660.

Project for Public Spaces. *User Analysis: An Approach to Park Planning and Management*. Washington, D. C. : American Society of Landscape Architects, 1982.

Project for Public Spaces, "What Do People Do Downtown? How to Look at Main Street Activity. " Paper, National Main Street Center, National Trust for Historic Preservation, Washington D. C.

Ramati, Raquel. *How to Save Your Own Street*. Garden City, N. Y. ; Doubleday & Co. , 1981.

Spirn, Anne Whiston. *The Granite Garden: Urban Nature and Human Design*. New York: Basic Books, 1984.

Trancik, Roger. *Finding Lost Space: Theories of Urban Design*. New York: Van Nostrand Reinhold, 1985.

Zimmerman, Hans Bernd. "Study of Social Patterns on Brooklyn Heights' Esplanade. " Paper, Graduate Center of the City University of New York.

Chapter 8. Water, Wind, Trees, and Light

Buti, Ken, and John Perlin. *A Golden Thread: 2500 Years of Solar Architecture and Technology*. New York: Van Nostrand Reinhold, 1980.

Environmental Simulation Laboratory. *Sun, Wind, and Comfort*. Berkeley, Calif. ; University of California Press, 1984.

Evenson, Norma. *Paris: A Century of Change 1878 - 1978*. New Haven: Yale University Press, 1979.

Fitch, James Marston, *American Building: The Environmental Forces That Shape It*. 2d edition. New York: Schocken Books, 1975.

Nash, Jeffrey E. "Relations in Frozen Places: Observations on Winter Public Order," *Qualitative Sociology*, Fall 1981.

Van Valkenburgh, Michael. "Water: To Freeze on Walls," *Landscape Architecture*, Jan. -Feb. 1984.

Zion, Robert. *Trees for Architecture and the Landscape*. New York: Van Nostrand Reinhold, 1968.

Chapter 9. The Management of Spaces

Art Work Net Work. *A Planning Study for Seattle*. Seattle: City of Seattle, 1984.

Beardsley, John. *Art in Public Places*. Washington, D. C. ; Partners for Livable Places, 1982.

Crowhurst-Lennard, Suzanne. "Towards Criteria for Art in Public Places," *Urban Land*, March 1987.

Crowhurst-Lennard, Suzanne H. , and Henry L. Lennard. *Public Life in Urban*

Places. Southampton, N. Y. : Gondolier Press, 1984.

Davies, Stephen, and Margaret Lundin. "Department of Corrections," *Planning*, May 1987.

McNulty, Robert H. *The Economics of Amenity.* Washington, D. C. : Partners for Livable Places, 1985.

Page, Clint, and Penelope Cuff, eds. *Negotiating the Amenities: Zoning and Management Tools That Build Livable Cities.* Washington, D. C. : Partners for Livable Places, 1985.

Project for Public Spaces. *Managing Downtown Spaces.* Chicago: APA Planners Press, 1986.

Public Art Fund. *Ten Years of Public Art.* New York: Public Art Fund, 1982.

Sommer, Robert. *Farmer's Markets.* Davis, Calif. : University of California, 1982.

Snedcof, Harold R. *Cultural Facilities in Mixed Use Development.* Washington, D. C. : Urban Land Institute, 1985.

Chapter 10. The Undesirables

Becker, Franklin D. "A Class-conscious Evaluation: Going Back to Sacramento's Pedestrian Mall," *Landscape Architecture*, October 1973.

Newman, Oscar. *Defensible Space: Crime Prevention Through Urban Design.* New York: Macmillan Co. , 1972.

Chapter 11. Carrying Capacity

Calhoun, John B. "The Role of Space in Animal Sociology," *Journal of Social Issues*, 1966, Vol. 22, No. 4, 46 – 58.

Milgram, Stanley. "The Experience of Living in Cities: A Psychological Analysis," *Science*, 167: 1461 – 68. 1970.

Chapter 12. Steps and Entrances

Archea, John, Belinda Collins, and Fred I. Stall. *Guidelines for Stair Safety.*

Washington, D. C. : National Bureau of Standards, 1979.

Blondel, Francois. *Cours d'architecture enseigne dans l'Academie Royale d'architecture*. Paris, 1675. De l'imprimerie de Lambert Roulland. Avery AA 530 B 625.

Fitch, James Marston, John Templer, and Paul Corcoran. "The Dimensions of Stairs," *Scientific American*, Volume 231, No. 4, 1975.

Goldberger, Paul. "Cavorting on the Great Urban Staircases," *New York Times*, August 7, 1987.

Templer, John, principal investigator. *Development of Priority Accessible Networks: An Implementation Manual*. Manual prepared by the U. S. Department of Transportation. June 1980.

Chapter 13. Concourses and Skyways

Brown, David, Michael MacLean, and Pieter Sijpkes. "The Indoor City," *City Magazine*, Fall 1985.

Dillon, David. "Dressed for Success," *Dallas Morning News*, November 1, 1987.

Drummond, Derek. "Redesign of Plaza Reflects PLM's Diminished Stature," *Montreat Gazette*, June 18, 1988.

Greenberg, Kenneth. "Toronto: Streets Revisited," *Public Streets for Public Use*, Anne Vernez Moudon, ed. New York, Van Nostrand Reinhold, 1987.

Jacob, Bernard. *Skyway Typology*. Washington, D. C. : AIA Press, 1984.

Miller, Nory. "Evaluation: The University of Illinois Chicago Circle Campus as Urban Design," *American Institute of Architects Journal*, January 1977.

Pangaro, Anthony. "Beyond Golden Lane: Robin Hood Gardens," *Architecture*, June 1973.

Pastier, John. "To Live and Drive in L. A. ," *Planning*, February 1986.

Ponte, Vincent. "A Report on a Sheltered Pedestrian System in the Business Center. " Report prepared for the City of Dallas, 1979.

Ponte, Vincent. "Reflections on the Pedestrian System," *Urban Design International*, Fall 1986.

Villecco, Marguerite. "Urban Renewal Goes Underground," *Architecture Plus*, June 1973.

Chapter 14. Megastructures

Brown, David, Michael MacLean, and Pieter Sijpkes. "The Indoor City," *City Magazine*, Fall 1985.

Jacobs, Allan B. "They're Locking the Doors to Downtown," *Urban Design International*, July/August 1980.

Oney, Steve. "Portman's Complaint," *Esquire*, June 1987.

Wolf, Peter. *The Future of the City: New Directions in Urban Planning*. New York: Whitney Library of Design, 1974.

Chapter 16. The Rise and Fall of Incentive Zoning

Barnett, Jonathan. *Urban Design as Public Policy*. New York: Architectural Record Books, 1979.

Cook, Robert S. , Jr. *Zoning for Downtown Urban Design*. Lexington, Mass. : D. C. Heath and Co. , 1980.

Evenson, Norma. *Paris: A Century of Change*, New Haven: Yale University Press, 1979.

Huxtable, Ada Louise. "Stumbling Towards Tomorrow," *Dissent*, Fall 1987.

——. "Structural Gridlock," *New York Times*, June 2, 1980.

Kayden, Jerold S. *Incentive Zoning in New York City: A Cost-Benefit Analysis*. Cambridge, Mass. : Lincoln Institute of Land Policy, 1978.

Chapter 17. Sun and Shadow

Bosselmann, Peter, et al. "Sun and Light for Downtown Streets. " 1983 Institute of Urban and Regional Development, University of California, Berkeley.

——. "Sun, Wind and Climate. " 1984.

Buti, Ken, and John Perlin. *A Golden Thread : 2500 Years of Solar Architecture and Technology*. New York: Van Nostrand Reinhold, 1980.

Knowles, Ralph L. *Sun Rhythm Form*. Cambridge, Mass. : M. I. T. Press, 1981.

San Francisco Department of City Planning. *The Downtown Plan: Proposal for*

Citizen Review. San Francisco, August 1983.

———. *The Downtown Plan*. San Francisco, 1984.

Chapter 18. Bounce Light

Bosselmann, Peter. "Experiencing Downtown Streets in San Francisco." In *Public Streets for Public Use*, edited by Anne Vernez Moudon. New York: Van Nostrand Reinhold, 1987.

Nazar, Jack L., and A. Rengin Yurdakul. "Patterns of Behavior in Urban Public Spaces." Paper: Department of City and Regional Planning, Ohio State University. 1987.

Plummer, Henry, "The Strange Rejuvenating Beauty of Radiant Things." *Architecture*, October 1987.

Chapter 19. Sun Easements

Small, Stephen J. *The Federal Tax Law of Conservation Easements*. Alexandria, Va. : Land Trust Exchange, 1987.

Whyte, William H. *Conservation Easements*. Washington, D. C. : Urban Land Institute, 1959.

Whyte, William H. *The Last Landscape*. Garden City, N. Y. : Doubleday & Co., 1968.

Whyte, William H. "Urban Landscape Easements." Paper: Land Trust Exchange, Alexandria, Va., 1988.

Chapter 20. The Corporate Exodus

Armstrong, Regina Belz. *Regional Accounts: Structure and Performance of the New York Region's Economy in the Seventies*. Bloomington, Ind. : Indiana University Press, 1980.

Birch, David L. "Job Patterns and Development Policy," *PLACE*, February 1982.

Gaffney, Mason. "The Synergistic City," *Real Estate Issues*, Winter 1978.

Hekman, John S. "Regions Don't Grow Old; Products Do," *New York Times*, November 4, 1979.

Sternlieb, George, and James W. Hughes. "The Changing Demography of the Central City," *Scientific American*, April 1980.

Chapter 21. The Semi-Cities

"An Action Agenda for Managing Regional Growth," Middlesex Somerset Mercer Regional Council, Princeton, N. J. , December 1987.

Corbusier, Le, *The City of Tomorrow and Its Planning*. New York: Dover Publications, 1987.

Fishman, Robert. *Bourgeois Utopias: The Rise and Fall of Suburbia*. New York: Basic Books, 1987.

Hamill, Samuel, Jr. *An Action Agenda for Managing Growth*. Princeton, N. J. : Middlesex Somerset Mercer Regional Council, 1978.

Jackson, Kenneth T. *Crabgrass Frontier: The Suburbanization of the United States*. New York: Oxford University Press, 1985.

Miles, Don C. , and Mark L. Hinshaw. "Bellevue's New Approach to Pedestrian Planning and Development. " *Public Streets for Public Use*, edited by Anne Vernez Moudon. New York: Van Nostrand Reinhold, 1987.

Sternlieb, George. *Patterns of Development*. Piscataway, N. J. : Center for Urban Policy Research, 1986.

Sternlieb, George, and Alex Schwartz. *New Jersey Growth Corridors*. Piscataway, N. J. : Center for Urban Policy Research, 1986.

Chapter 22. How to Dullify Downtown

Clay, Grady. "Why Don't We Do It in the Road?" *Planning*, May 1987.

Davidson-Powers, Cynthia. "Play Ball!" *Inland Architect*, November/December 1986.

Kowinski, William Severini. *The Malling of America*. New York: William Morrow, 1985.

Lancaster, Hal. "Stadium Projects Are Proliferating amid Debate over Benefit to Cities," *The Wall Street Journal*, March 20, 1987.

Muller, Edward K. "Distinctive Downtown," *The Geographical Magazine*, August 1980.

Pastier, John. "To Live and Drive in L. A. ," *Planning*, February 1986.

Redmond, Tim, and David Goldsmith. "The End of the High-rise Job Myth," *Planning*, April 1986.

Redstone, Louis G. *The New Downtowns*. New York: McGraw-Hill, 1976.

Ubaghs, Ron. "Viewpoint," *Planning*, January 1988.

Chapter 23. Tightening Up

Armstrong, Michael W. , and Bob Kemper. "Who Owns Downtown State College?" *Centre Daily Times*, February 9, 1986.

Barnett, Jonathan. *The Elusive City: Five Centuries of Design, Ambition and Miscalculation*. New York: Harper & Row, 1986.

Jacobs, Jane. *The Death and Life of Great American Cities*. New York: Random House, 1959.

———. *The Economy of Cities*. New York: Random House, 1969.

———. *Cities and the Wealth of Nations*. New York: Random House, 1984.

Lindsey, Robert. "Sacramento Finds Trolley Is a Symbol of the Future," *New York Times*, April 5, 1987.

Moudon, Anne Vernez, ed. *Public Streets for Public Use*. New York: Van Nostrand Reinhold, 1987.

Webb, Michael. "A Hard-nosed Developer Proves the Experts Wrong," *Historic Preservation*, April 1984.

Widner, Ralph R. "Revitalizing Downtown Retailing," *Urban Land Institute*, April 1983.

Von Eckardt, Wolf. *Back to the Drawing Board: Planning Livable Cities*. Washington, D. C. : New Republic Press, 1970.

Chapter 24. The Case for Gentrification

Goodman, John, Jr. "People of the City," *American Demographics*, September 1980.

Horstman, Neil W. "Proud Savannah," *PLACE*, May/June 1987.

Ley, David. "Gentrification: A Ten Year Overview," *City Magazine*, 1986.

Von Tungela, Jim. "Where Will Maudie Move Next?" *Preservation News*, July 1983.

Young Professionals and City Neighborhoods. Boston: Parkman Center for Urban Affairs, 1978.

Chapter 25. Return to the Agora

Bacon, Edmund. *The Design of Cities*. New York: Viking Press, 1967.

Birch, David L. *Job Creation in Cities*. Cambridge, Mass. : M. I. T. Press, 1981.

Cooper-Hewitt Museum. *Cities: The Forces That Shape Them*. New York: Rizzoli, 1982.

Dubos, Rene. *So Human an Animal*. New York: Charles Scribner's Sons, 1968.

Hekman, John S. , "Regions Don't Grow Old; Products Do," New York *Times*, November 5, 1979.

Jackson, J. B. *The Necessity For Ruins*. Amherst, Mass. : University of Mass. Press, 1980.

Price, Edward T. "The Central Courthouse Square in the American County Seat," *Geographical Review*, January 1968.

Redmond, Tim, and David Goldsmith. "The End of the High-Rise Jobs Myth," *Planning*, April 1986.

Sitte, Camillo. *City Planning According to Artistic Principles*. New York: Random House, 1965.

Thompson, Homer A. , and R. E. Wycherley. *The Athenian Agora*. Princeton, N. J. : American School of Classical Studies at Athens, 1972.

Tillich, Paul. Quoted in *The Metropolis in Modern Life*, edited by R. M. Fisher. Garden City, N. Y. : Doubleday & Co. , 1955.

Wycherley, R. E. *How the Greeks Built Cities*. Garden City, N. Y. : Doubleday Anchor, 1969.

索 引

Unless otherwise indicated, all streets, buildings, parks, areas, and other places included in this index are located in New York City.

Manhattan
  car-pedestrian accidents, 61 – 62
  grid layout, 317 – 18
Manila, 352 – 53, 356
Manufacturers Hanover Trust, 158, 285
Maps, 196, 200
Marin County (California), 268
Marriott Marquis Hotel, 220
Masonry, white-painted, 272
Mass transit, 319 – 21
Mayfair shopping mall (Coconut Grove),
  362 – 63
Megastructures, 206 – 21, 222, 225,
  362
Men
  plaza use, 106
  standing patterns, 108
  street conversations, 19
  walking speeds, 57, 64, 65
Mentally disturbed people, 48, 57
Merck, 300
Merrill Lynch, 300
Metropolitan Museum of Art, 34, 122,
  189
Metropolitan Opera House, 182, 192
Miami (Florida), 320
Michigan Avenue (Chicago), 38
Middle Atlantic states
  industry, 333
Mies van der Rohe, Ludwig, 112, 148,
  187, 201
Milan (Italy), 23, 211
Miles, Don C. , 359
Mimes, 35 – 36
Minneapolis (Minnesota), 194 – 95, 197,
  200, 205, 211, 212 – 13, 277
Mr. Magoo, 43 – 45, 154
Mr. Paranoid, 45
Mobil, 294
Monorails, 320
Montreal, 63, 175, 176, 194 – 98

Monument Circle (Indianapolis), 128
Moore, Henry, 146, 148
Morris County (New Jersey), 286
Moses, Robert, 137
Municipal Art Society of New York, 50,
  254, 268
Music
  public entertainment, 149, 151
  "Music Under New York"
  program, 149

Nassau Street mall, 357
National Bureau of Standards solar energy,
  259
National Geographic Society, 3 – 4
National Park Service, 167 – 70
National Register of Historic Places, 280
National Trust for Historic, Preservation,
  7, 323
Nationwide Mutual Insurance Company,
  312
Nature Conservancy, 279
Neighborhood rehabilitation, 326 – 29
New Brunswick (New Jersey), 299
Newbury Street (Boston), 90
New England
  industry, 332
New Jersey
  corporate locations, 299 – 304
New Mexico, 277
New York City
  blank walls, 224
  cold-weather activity, 134
  corporate exodus, 284 – 89, 294 – 97,
    333, 365 – 66
  food ordinances, 142
  incentive zoning, 104, 229 – 55
  jobs, 333 – 34
  landmark statutes, 277 – 78
  open-space zoning, 343 – 45
  overhead structures, 320

一小组观察者完成了"街头生活项目"的主要工作。他们如此勤奋，他们富有好奇心，他们努力对我的假说提出挑战，所以，我要感谢他们。前几年的主要研究者是拉塞尔（Marilyn Russell）和林达伊，与他们一起展开研究的还有肯特（Fred Kent）、阿舍尔（Ellen Ascher）、比米斯、赫伦迪恩和迪特尔（Elizabeth Dietel），他们后来建立一个名叫"公共空间项目"的组织。参与我们专项研究的有佩泽（Beverly Peyser）、伊斯曼（Ellen Iseman）和罗伯茨（Ann R. Roberts）。

许多社会组织支持了我们的研究，所以，我特别希望感谢美国生态环境保护协会和劳伦斯·S. 洛克菲勒。支持我们这项研究的还有文森特·阿斯特基金、纽约市基金、格雷厄姆美术高级研究基金、J. M. 卡普兰基金、全国地理学会、国家艺术基金会、纽约州艺术协会、洛克菲勒兄弟基金、洛克菲勒家族基金、阿瑟·罗斯基金。

1980 年，我编制了一本"大纲"。实际上，还有很多研究工作需要做，当然，我们工作的一个方面已经完成，这就是我们对广场和公园的研究。我们还掌握了建筑师和规划师的一些明显的经验教训，我觉得尽快让更多的人了解那些经验教训是很有价值的。于是，1980 年，在美国生态环境保护协会的支持下，这个手册用《小城市空间的社会生活》的书名发表。对此和后续的支持，我要感谢威廉·K. 赖利（William K. Reilly）。

随着我的摄影胶片的增加，我把它们编辑成了一部文献片，进一步说明《小城市空间的社会生活》。纽约市政艺术协会对此给予了支持，所以，我要感谢这个协会的执行指导惠灵顿（Margo Wellington）和这个协会的主席，弗里德曼，有了他们的支持，许多纽约的空间才那么光彩照人。

我要感谢波士顿公共电视台，它让《小城市空间的社会生活》这部文献片再获生命。作为"新"科学系列的一部分，这部影片在美国公共电视网播出，起了另外一个名字，《公共空间/人的场所》。

我还要感谢以下人给予我的帮助：Kent Barwick，Laurie Beckelman，Daniel Biederman，Peter Bosselmann，Angela Danadjieva，David Dillon，Donald H. Elliott，James M. Fitch，Nelson Foote，Martin Gallent，Brendan Gill，Sally Goodgold，Samuel Hamill，Mark Hinshaw，Philip K. Howard，Con Howe，Allan Jacobs，Fred Kent，Don C. Miles，Bons Pushkarev，Genie Rice，Halina Rosenthal，Stephen J. Small，Gail Thomas，George Williams 和 Conrad Wirth。

William H. Whyte
CITY：REDISCOVERING THE CENTER
Copyright：ⓒ 1988 William H. Whyte
This edition arranged with THE MARSH AGENCY LTD through BIG APPLE AGENCY，INC.，
LABUAN，MALAYSIA.
Simplified Chinese edition copyright：
2020 SHANGHAI TRANSLATION PUBLISHING HOUSE（STPH）
All rights reserved.

图号：09－2018－1091 号

图书在版编目(CIP)数据

　城市：重新发现市中心/(美)威廉·H. 怀特
(William H. Whyte)著；叶齐茂，倪晓晖译. —上海：
上海译文出版社,2020. 5
　书名原文：City：Rediscovering the Center
　ISBN 978－7－5327－8296－3

　Ⅰ.①城…　Ⅱ.①威…②叶…③倪…　Ⅲ.①城市空
间一公共空间一空间规划一研究　Ⅳ.①TU984. 11

　中国版本图书馆 CIP 数据核字(2020)第 046258 号

城市：重新发现市中心
[美]威廉·H.怀特　著　叶齐茂　倪晓晖　译
责任编辑/刘宇婷　装帧设计/徐小英

上海译文出版社有限公司出版、发行
网址：www. yiwen. com. cn
200001　上海福建中路 193 号
上海景条印刷有限公司印刷

开本 890×1240　1/32　印张 14.5　插页 2　字数 279,000
2020 年 10 月第 1 版　2020 年 10 月第 1 次印刷
印数：0,001—5,000 册

ISBN 978－7－5327－8296－3/C·096
定价：78.00 元